21世纪全国本科院校电气信息类创新型应用人才培养规划教材

Android开发工程师案例教程

倪红军　周巧扣　主　编

李　霞　葛云峰　副主编

内容简介

本书分为4篇。以Android开发入门、Android开发基础、Android开发提高、Android高级开发为主线，通过开发实例和项目案例，由浅入深、循序渐进地介绍Android应用开发的主要技术。书中开发实例步骤清晰详细，项目案例典型实用，操作步骤图文并茂，以便读者更好地学习和掌握Android开发技术，提高实际开发水平，快速成为一名合格的Android开发工程师。

本书适合作为应用型高等院校本科相关专业的教材，也适合有一定Java基础的Android开发人员阅读。为了方便教学和实践，本书配有电子教案，涉及的所有实例和项目源代码可以从www.pup6.com下载。

图书在版编目(CIP)数据

Android开发工程师案例教程/倪红军，周巧扣主编. —北京：北京大学出版社，2014.7

(21世纪全国本科院校电气信息类创新型应用人才培养规划教材)

ISBN 978-7-301-24469-2

Ⅰ. ①A…　Ⅱ. ①倪…②周…　Ⅲ. ①移动终端—应用程序—程序设计—高等学校—教材　Ⅳ. ①TN929.53

中国版本图书馆CIP数据核字(2014)第148243号

书　　名：Android开发工程师案例教程

著作责任者：倪红军　周巧扣　主编

策 划 编 辑：郑　双

责 任 编 辑：郑　双

标 准 书 号：ISBN 978-7-301-24469-2/TP・1341

出 版 发 行：北京大学出版社

地　　址：北京市海淀区成府路205号　100871

网　　址：http://www.pup.cn　新浪官方微博：@北京大学出版社

电 子 信 箱：pup_6@163.com

电　　话：邮购部62752015　发行部62750672　编辑部62750667　出版部62754962

印 刷 者：北京鑫海金澳胶印有限公司

经 销 者：新华书店

787毫米×1092毫米　16开本　23.75印张　551千字

2014年7月第1版　2016年2月第2次印刷

定　　价：48.00元

未经许可，不得以任何方式复制或抄袭本书之部分或全部内容。

版权所有，侵权必究

举报电话：010-62752024　电子信箱：fd@pup. pku. edu. cn

前　言

随着“三网融合”国家战略的推进，智能终端(3G手机、智能电视、IPTV、智能摄像机、智能监控、智能PDA等)将会成为“第三次信息技术革命”的载体。目前我国智能终端行业如芯片设计、软件开发、系统集成、Android开发、网络开发、游戏开发、移动商务、增值业务等需要的各种人才都处于短缺状况，特别是Android开发人才更是非常紧缺。

虽然现在很多高校为计算机类、电子信息类专业的学生开设了Android应用开发选修课程，但这些学生毕业后也很难真正满足IT软件企业的要求，他们要么由IT软件企业自己培训，要么由学生自己出资参加社会培训，这样更加剧了高校对学生的培养目标和企业对学生的用人要求的矛盾。为了解决这一矛盾，编者根据本科应用型人才培养要求，结合计算机科学与技术专业、电子信息工程专业课程体系，在多年的教学经验和实际的Android应用开发基础上，通过调研、实践编写了本书，以便进一步提高学生的软件开发素质，实现学校与IT软件企业的无缝对接。

本书在内容编排上注重由简到繁、由浅入深和循序渐进，力求项目案例典型实用、开发过程条理清晰、源码注释通俗易懂。全书根据Android开发工程师的培养目标，把Android开发工程师的成长过程分为项目入门开发、项目基础开发、项目提高开发、项目高级开发4个阶段。入门开发阶段包括Android开发平台架构与特性介绍、Android开发环境的搭建配置、Android应用程序结构的详细说明，通过本阶段的学习，读者可以了解Android平台的起源、发展、特点和体系结构，熟悉Android应用程序结构的组成，掌握Android开发平台的搭建和配置方法；基础开发阶段包括介绍用户界面基本组件的使用、用户界面布局、菜单和对话框的使用，本阶段是读者成为Android开发工程师的基本保证，通过本阶段的学习，读者可以掌握界面组件、界面布局、菜单和各类事件的使用方法；提高开发阶段包括介绍组件通信与服务、数据存储与访问、多媒体与网络应用开发技术，本阶段是读者成为Android开发工程师的技术保证，通过具体的企业项目案例详细讲解Android企业项目开发中的Intent、Service、Broadcast等通信与服务技术，SharedPreferences、文件存储、SQLite、ContentProvider等数据存储与访问技术、音视频和网络应用开发技术等关键技术；高级开发阶段包括介绍图形与图像处理、用户界面高级组件、自定义用户界面，通过本阶段的学习，读者可以熟悉Graphics类处理二维图像的知识，掌握Android高级组件与自定义用户组件的方法。

本书内容丰富，项目案例覆盖全面，满足了Android开发工程师成长过程的方方面面。在内容的编写上从实际出发，力求做到以下几点。

(1) 注重理论与实践相结合，强调了项目实践环节的重要性。

(2) 项目案例丰富，实用性强，并配备详细的源代码解释加强读者的掌握力度。

(3) 知识点层次鲜明，分析到位，便于读者把握完整的开发思路，快速提升项目开发能力。

本书第 1、2、4、8、10 章由倪红军编写，第 3、5 章由李霞编写，第 6、7 章由周巧扣编写，第 9 章由葛云峰编写。同时，南京师范大学泰州学院 2012 年 Android 开发工程师“软件工厂”的学员参与了本书的校对工作，南京欣业天成信息科技有限公司 Android 开发工程师许旺旺、陈涛对本书的编写提出了宝贵意见，这里对他们的帮助表示衷心的感谢。全书由倪红军负责统稿及定稿。此外，南京师范大学崔海源副教授、Google 中国大学合作部朱爱民老师在本书的编写过程中提供了大力帮助，在此表示感谢。

尽管本书在编写过程中经过反复修订，但由于时间仓促和作者水平有限，书中疏漏和不足之处在所难免，恳请广大读者提出宝贵的意见和建议，也敬请各教学单位在使用本书的过程中不吝指正，以便本书的修订。相关问题请联系 tznkf@163.com。

编　者

2014 年 5 月

目　　录

Android 开发入门篇

第 1 章　Android 开发环境 1

1.1　Android 的发展和简介 2

1.2　Android 平台架构与特性 5

1.2.1　Android 平台架构 5

1.2.2　Android 的特性 7

1.3　Android 开发环境搭建 8

1.3.1　安装 JDK 8

1.3.2　安装 Android SDK 10

本章小结 17

项目实训 17

第 2 章　Android 应用程序结构 18

2.1　应用程序组件 19

2.2　Android 应用程序结构分析 20

2.2.1　Android 应用目录剖析 20

2.2.2　资源的使用 23

2.2.3　AndroidManifest.xml 文件的结构 24

2.3　Android 中 XML 文件的使用 26

2.3.1　布局文件 26

2.3.2　图片文件 26

2.3.3　菜单文件 27

2.3.4　资源文件 27

2.3.5　动画文件 30

2.3.6　raw 目录下的文件 30

本章小结 31

项目实训 31

Android 开发基础篇

第 3 章　用户界面基本组件 32

3.1　用户界面基础 33

3.2　友好登录界面的设计与实现 34

3.2.1　预备知识 35

3.2.2　登录界面的实现 36

3.3　图片浏览器的设计与实现 40

3.3.1　预备知识 40

3.3.2　图片浏览器的实现 43

3.4　注册界面的设计与实现 45

3.4.1　预备知识 45

3.4.2　注册界面的实现 48

3.5　设置日期和时间的设计与实现 51

3.5.1　预备知识 52

3.5.2　DatePicker 和 TimePicker 的实现 52

3.6　导航条的设计与实现 54

3.6.1　预备知识 54

3.6.2　导航条的实现 58

3.7　模拟文件下载进度条的设计与实现 61

3.7.1　预备知识 61

3.7.2　文件下载进度条的实现 62

3.8　考试系统界面的设计与实现 65

3.8.1　预备知识 66

3.8.2　考试系统界面的实现 67

3.9　模拟 PPS(网络电视)消息提醒的设计与实现 71

3.9.1　预备知识 71

3.9.2　PPS 消息提醒的设计与实现 .. 73

本章小结 75

项目实训 75

第 4 章　用户界面布局 77

4.1　概述 78

4.1.1 布局管理器 78
4.1.2 View 和 ViewGroup 类 78
4.2 简易计算器的设计与实现 79
4.2.1 预备知识 79
4.2.2 简易计算器的实现 83
4.3 找不同游戏的设计与实现 87
4.3.1 预备知识 87
4.3.2 找不同游戏的实现 88
4.4 打老鼠游戏的设计与实现 93
4.4.1 预备知识 93
4.4.2 打老鼠游戏的实现 97
4.5 霓虹灯效果的设计与实现 104
4.5.1 预备知识 104
4.5.2 霓虹灯效果的实现 106
本章小结 108
项目实训 108

第 5 章 菜单和对话框 110

5.1 选项菜单 111
5.2 子菜单 114
5.3 快捷菜单 115
5.4 使用 XML 生成菜单 116
5.5 提示对话框 118
5.6 日期/时间选择对话框 125
5.7 进度条对话框 127
本章小结 130
项目实训 130

Android 开发提高篇

第 6 章 组件通信与服务 132

6.1 概述 133
6.2 私密联系簿的设计与实现 134
6.2.1 预备知识 134
6.2.2 私密联系簿的实现 136
6.3 启动式音乐服务的设计与实现 142
6.3.1 预备知识 142
6.3.2 启动式音乐服务的实现 143
6.4 绑定式音乐服务的设计与实现 146
6.4.1 预备知识 146
6.4.2 绑定式音乐服务的实现 148
6.5 跨进程计算器的设计与实现 151
6.5.1 预备知识 151
6.5.2 跨进程计算器的实现 152
6.6 广播接收器的设计与实现 155
6.6.1 预备知识 156
6.6.2 广播接收器的实现 156
本章小结 158
项目实训 158

第 7 章 数据存储与访问 160

7.1 概述 161
7.2 个人信息注册的设计与实现 161
7.2.1 预备知识 161
7.2.2 个人信息注册的实现 163
7.3 电话号码文件存储的设计与实现 165
7.3.1 预备知识 165
7.3.2 电话号码文件存储的实现 166
7.4 SD 卡文件访问的设计与实现 169
7.4.1 预备知识 169
7.4.2 SD 卡文件访问的实现 170
7.5 简单记事本的设计与实现 173
7.5.1 预备知识 173
7.5.2 简单记事本的实现 175
7.6 成绩共享示例的设计与实现 182
7.6.1 预备知识 182
7.6.2 成绩共享案例的实现 185
7.7 访问通讯录的设计与实现 194
7.7.1 预备知识 194
7.7.2 访问通讯录的实现 195
本章小结 199
项目实训 199

第 8 章 多媒体与网络应用开发技术 201

8.1 概述 202

8.1.1 多媒体技术介绍 202
8.1.2 网络技术介绍 203
8.2 音频播放器的设计与实现......204
8.2.1 预备知识 204
8.2.2 音频播放器界面设计 205
8.3 视频播放器的设计与实现......217
8.3.1 预备知识 217
8.3.2 视频播放器的实现 218
8.4 录音机的设计与实现......222
8.4.1 预备知识 223
8.4.2 录音机的实现 223
8.5 照相机的设计与实现......225
8.5.1 预备知识 225
8.5.2 照相机的实现 226
8.6 闹钟的设计与实现......231
8.6.1 预备知识 231
8.6.2 闹钟的实现 233
8.7 定时短信发送器的设计与实现......236
8.7.1 预备知识 236
8.7.2 定时短信发送器的实现 238
8.8 Android 聊天室的设计与实现 241
8.8.1 预备知识 241
8.8.2 Android 聊天室的实现 246
8.9 在线英汉双译字典的设计与实现......256
8.9.1 预备知识 256
8.9.2 在线英汉双译字典的实现 262
8.10 天气预报查询系统的设计与实现 266
8.10.1 预备知识 266
8.10.2 天气预报查询系统的实现 270
本章小结......274
项目实训......275

Android 开发高级篇

第 9 章 图形与图像处理 276
9.1 概述......277
9.1.1 2D 图形接口的程序结构 277
9.1.2 Paint(画笔)类和Canvas(画布)类......279
9.2 乒乓球的设计与实现 281
9.2.1 预备知识 281
9.2.2 乒乓球的实现 283
9.3 小画板的设计与实现 286
9.3.1 预备知识 287
9.3.2 小画板的实现 288
9.4 多功能图片浏览器的设计与实现 291
9.4.1 预备知识 291
9.4.2 多功能图片浏览器的实现 295
9.5 多变 Tom 猫的设计与实现 301
9.5.1 预备知识 301
9.5.2 多变 Tom 猫的实现 304
9.6 简易抽奖器的设计与实现 307
9.6.1 预备知识 307
9.6.2 简易抽奖器的实现 307
本章小结 311
项目实训 311
第 10 章 用户界面高级组件......313
10.1 便携课程表的设计与实现 314
10.1.1 预备知识 314
10.1.2 便携课程表界面设计 321
10.1.3 便携课程表功能实现 323
10.2 在线音乐播放器的设计与实现 326
10.2.1 预备知识 326
10.2.2 在线音乐播放器界面设计 ..328
10.2.3 在线音乐播放器的实现 328
10.3 猜扑克游戏的设计与实现 332
10.3.1 预备知识 332
10.3.2 猜扑克游戏的界面设计 333
10.3.3 猜扑克牌游戏的实现 334
10.4 电子相册的设计与实现 337
10.4.1 预备知识 337

10.4.2 电子相册的界面设计 340
10.4.3 电子相册的实现 343
10.5 文本阅读器的设计与实现...............349
10.5.1 预备知识 349
10.5.2 文本阅读器的界面设计 350
10.5.3 文本阅读器的实现 351
10.6 创建自定义组件...............................355
10.6.1 继承已有控件实现自定义组件 355
10.6.2 组合已有组件实现自定义组件 359
10.6.3 自定义控件的外观 361
本章小结 364
项目实训 364

Android 开发入门篇

第 1 章

Android 开发环境

从 2007 年苹果发布第一代 iPhone，引发智能手机的革命之后，移动互联网——这个全新的市场就此打开。经过短短几年时间的发展，移动互联网行业已经发生了翻天覆地的变化，拥有令人惊叹的发展速度，取得了举世瞩目的成就，甚至显现出取代传统 PC 互联网的趋势。而这其中，以苹果所主导的 iOS 平台、Google 所主导的 Android 平台以及微软所主导的 WP(Windows Phone)平台最为引人关注。通过这三大巨头互联网公司之间的互相博弈与牵制，目前的移动互联网市场已经基本形成三强鼎立、互相制约与抗衡的局面。

教学目标

了解 Android 系统的发展历史及各种版本的特点。
熟悉 Android 系统的平台架构及特性。
掌握 Android 开发平台的搭建步骤。

教学要求

知识要点	能力要求	相关知识
Android 的发展和简介	(1) 了解 Android 系统的发展历程 (2) 了解 Android 系统发展过程中各个版本的特点	
Android 平台的架构与特性	(1) 掌握 Android 系统的平台架构及其每一层功能 (2) 了解 Android 系统平台的特性	
Android 平台开发环境搭建	(1) 掌握 Windows 平台下 Android 开发环境的搭建步骤 (2) 掌握创建 Android SDK 模拟器的方法及参数设置	系统环境变量设置

1.1 Android 的发展和简介

虽然苹果在移动互联网市场上抢占了先机，但此后的 Google 也凭借其敏锐的眼光以及对未来市场的洞察力，联合 HTC、高通以及摩托罗拉等 30 多家公司共同宣布开发一款开源性质的操作系统，借此挑战苹果在当时移动互联网市场的统治地位。

关于 Android 系统的历史，首先了解下 Android 系统这个名字的来历。Android 这一词最早出现在法国作家利尔·亚当 1886 年发表的科幻小说《未来夏娃》中，作者将外表像人类的机器起名为 Android，这也就是如图 1.1 所示的 Android 图标名字的由来。

图 1.1 Android 图标

Android 系统一开始并不是由 Google 研发的，Android 系统原来的公司名字就叫 Android，Google 公司是在 2005 年收购了这个仅成立 22 个月的高科技企业。从 2005 年开始，Android 系统才开始接手研发，原来 Android 系统的负责人以及 Android 公司的 CEO 安迪·鲁宾成为 Google 公司的工程部副总裁，继续负责 Android 项目的研发工作。安迪·鲁宾很喜欢机器人，所以在他创立公司时就直接取名 Android，他最初的目标是想把 Android 打造成一个可以对任何软件设计人员开放的移动终端平台。在 Android 公司成立不久就获得了众多用户的青睐，同时很多人表示打算买下他的公司。而安迪·鲁宾发了封邮件给拉里·佩奇(Google 搜索引擎的创始人之一)，告诉他有人要跟他合伙的事情。几周之后，Google 就抢先把他的公司买下。

随着安迪·鲁宾加入 Google，2007 年网络上就盛传全球最大的在线搜索服务商 Google 公司将进军移动通信市场，并推出自主品牌的移动终端产品。2007 年 11 月 5 日，Google 宣布与其他 33 家手机厂商(包括摩托罗拉、华为、HTC、三星、LG 等)、手机芯片供货商、软硬件供货商、移动运营商联合组成开放手机联盟(OHA)，并发布了 Android 的开放手机软件平台。

在 2008 年的 Google I/O 大会上，Google 提出了 Android HAL 架构图，在同年 8 月 18 日，Android 获得了美国联邦通信委员会(FCC)的批准，在 2008 年 9 月，Google 正式发布

了 Android 1.0 系统，这也是 Android 系统最早的版本。其实，2008 年的智能手机领域还是诺基亚的天下，Symbian 系统在智能手机市场中占有绝对优势，在这种前提下，Google 发布的 Android 1.0 系统并没有被外界看好，甚至言论称最多一年 Google 就会放弃 Android 系统。

在 Android 1.0 系统发布后不久就有了一款搭载 Android 1.0 系统的具有代表性的手机出现，这款手机就是 T-Mobile G1(图 1.2)，手机由运营商 T-Mobile 定制，台湾 HTC(宏达电)代工制造。T-Mobile G1 是世界上第一款使用 Android 操作系统的手机，手机的全名为 HTC Dream。这款手机定价为 179 美元，采用了 3.17 英寸、480×320 分辨率的屏幕，手机内置 528MHz 处理器，拥有 192MB RAM 以及 256MB ROM。Android 推出后，版本升级非常快，几乎每隔半年就有一个新的版本推出。

图 1.2　T-Moblile G1

2009 年 4 月，Google 正式推出了 Android 1.5 操作系统手机，从 Android 1.5 版本开始，Google 开始将 Android 的版本以甜品的名字命名，Android 1.5 命名为 Cupcake(纸杯蛋糕)。该系统与 Android 1.0 相比有了很大的改进。它表现出来的能力才真正吸引了开发者的目光，用户界面得到了极大的改良，并且增添了录像、支持立体声蓝牙耳机、采用 WebKit 技术的浏览器，支持复制/粘贴和页面中搜索等功能。随后 Google 为 T-Mobile G1 进行了系统的升级并且发布了全新的 HTC G2 手机，HTC G2 采用的是 3.2 英寸屏幕，分辨率为 320×480，手机内置 528MHz 处理器，内存升至为 288MB RAM 以及 512MB ROM，在运行速度上有了明显提升。在 2009 年，HTC G1 以及 HTC G2 成为当时仅次于 iPhone 的热门机型。

2009 年 9 月，Google 发布了 Android 1.6 正式版，并且推出了搭载 Android 1.6 正式版的手机 HTC Hero G3，凭借出色的外观设计以及全新的 Android 1.6 操作系统，HTC Hero G3

成为当时全球最受欢迎的手机。Android 1.6 被称为 Donut(甜甜圈)。这个版本出现了全新的拍照接口，支持虚拟私人网络(VPN)，支持更大的屏幕分辨率，新增面向视觉或听觉困难人群的易用性插件。作为 Android 1.6 系统最具有代表性的手机，HTC Hero G3 采用了 3.2 英寸屏幕，分辨率为 320×480，内置 528MHz 处理器，采用 288MB RAM 以及 512MB ROM 的组合，手机采用了 Sense 界面，运行非常流畅。同时 G3 采用了 500 万像素的摄像头。

2009 年 10 月，Google 发布了 Android 2.0 操作系统，Google 将 Android 2.0 至 Android 2.1 的版本统称为 Eclair(松饼)。新系统与旧系统相比有较大的改进，改良了用户界面，改进 Google Maps 3.1.2，支持内置相机闪光灯，支持动态桌面设计。Android 2.0 版本的代表机型为 NEXUS One，这款手机为 Google 旗下第一款自主品牌手机，由 HTC 代工生产。NEXUS One 采用了一块 3.7 英寸触摸屏，分辨率提升至 480×800。手机内置高通 Snapdragon QSD8250 1GHz 处理器，拥有 512MB RAM 以及 512MB ROM，手机运行非常流畅。NEXUS One 拥有一枚 500 万像素的摄像头，在 2010 年 1 月正式发售，在当时受到了广大用户的关注。

2010 年 2 月，Linux 内核开发者 Greg Kroah-Hartman 将 Android 的驱动程序从 Linux 内核“状态树”(Staging Tree)上除去，从此，Android 与 Linux 开发主流分道扬镳。在同年 5 月份，Google 正式发布了 Android 2.2 操作系统。Google 将 Android 2.2 操作系统命名为 Froyo(冻酸奶)。Android 2.2 操作系统在当时受到了广泛的关注，根据美国 NDP 集团调查显示，在当时 Android 系统已占据了美国移动系统市场 28%的份额，在全球占据了 17%的市场份额。到 2010 年 9 月份，Android 系统的应用数量已经超过了 9 万个，Google 公布每日销售的 Android 系统设备的新用户数量达到 20 万，Android 系统取得了巨大的成功。这一版本包含大量让其他手机用户垂涎三尺的更新，包括完整的 Flash 支持、最多支持 8 个设备连接的移动热点功能、3G 网络共享功能、全新的软件商店、更多的 Web 应用 API 接口的开发。采用 Android 2.2 操作系统的手机比较出众的有 HTC Desire HD，该机采用了一块 4.3 英寸显示屏，分辨率为 480×800。手机内置高通 MSM8255 1GHz 处理器，这款手机采用的是 768MB RAM+1.5GB ROM 的组合，运行 Android 2.2 系统非常流畅，拥有一枚 800 万像素摄像头。除了 HTC，三星的 GALAXY S 也是一款受到众多用户喜爱的 Android 2.2 操作系统的手机，这款手机采用了 4 英寸显示屏，分辨率为 480×800，屏幕材质为 Super AMOLED，显示效果出色。手机内置 Samsung S5PC110(蜂鸟)1GHz 处理器，拥有 512MB RAM 以及 512MB ROM，手机内置 8GB 存储空间，500 万的摄像头成像效果非常出色。

2010 年 10 月份，Google 宣布 Android 系统达到了第一个里程碑，即电子市场上获得官方数字认证的 Android 应用数量已经达到了 10 万个，Android 系统的应用增长非常迅速。在 2010 年 12 月，Google 正式发布了 Android 2.3 操作系统 Gingerbread(姜饼)。相比 2.2 版本，新版的 Android 系统在多个方面都进行了有效的提升，增加了新的垃圾回收和优化处理事件，支持前置摄像头，支持 VP8 和 WebM 视频格式，提供 AAC 和 AMR 宽频编码，提供了新的音频效果器。目前比较热门的 Android 2.3 机型当属三星 GALAXY SⅡ。该机厚度不足 9mm，创下了最薄的智能手机纪录。手机采用 4.3 英寸显示屏，分辨率为 480×800，手机采用的是全新的 Super AMOLED PLUS 显示屏，显示效果出色。手机内置 Exynos4210 1.2GHz 双核处理器，拥有 1GB RAM 以及 4GB ROM，拥有 800 万像素摄像头，

支持 1080P 视频的拍摄。HTC Sensation 也是一款采用 Android 2.3 系统的高端智能手机，其搭载了 Android 2.3 版本系统以及 HTC Sense UI。在硬件方面，HTC Sensation 的配置十分出色，拥有一块 4.3 英寸 QHD 分辨率电容式触摸屏，采用了 1.2GHz 的高通 Snapdragon MSM8260 双核处理器，并且配备一枚 800 万像素的摄像头，内存采用 768MB RAM 以及 1GB ROM。

2011 年 2 月 2 日，Android 3.0 正式发布，2 月 3 日 Google 发布了专用于平板电脑的 Android 3.0 操作系统 Honeycomb(蜂巢)系统，它带来了很多激动人心的新特性。这是首个基于 Android 的平板电脑专用操作系统，对界面、桌面 widget 等细节均做了大量改进，在多任务处理、提醒等方面的使用体验更好，同时在界面上使用了 3D 效果。同年 5 月，在 Google I/O 大会上又发布了 Android 3.1 系统；7 月发布了 Android 3.2 系统。

2011 年 10 月，在中国香港发布 Android 4.0 系统 Ice Cream Sandwich(冰激凌三明治)，这款全新的 Android 系统结合了 Android 2.3 与 Android 3.0 的优点，支持手机设备与平板设备。Android 4.0 系统拥有全新的系统解锁界面，小插件也进行了重新设计，最特别的就是系统的任务管理器可以显示出程序的缩略图，便于用户准确快速地关闭无用的程序，增加了人脸识别功能。Android 4.0 的代表机型就是 NEXUS Prime，这款手机采用了 4.65 英寸 Super AMOLED 触摸屏，分辨率达到 1280×720，机身仅有 9mm。其还配置了来自德州仪器的双核 OMAP 4460 Cortex A9 处理器，主频为 1.2GHz，1GB RAM 和 32GB 内置存储。另有 130 万/500 万像素前后摄像头，可支持 1080p 高清视频的拍摄。2012 年 6 月，Google 发布了 Android 4.1 系统 Jelly Bean(果冻豆)，同时发布了 Nexus 7 平板电脑、Nexus Q 媒体串流设备、Google Glass 三款硬件产品，Android 4.1 系统使用了新的处理架构，双核、四核处理器能得到更好的优化，特效动画的帧速提高至 60fps，提供更流畅、直观的用户界面。

1.2　Android 平台架构与特性

1.2.1　Android 平台架构

Android 并不是传统的 Linux 风格的规范或分发版本，也不是一系列可重用的组件集成，而是基于 Linux 内核的软件平台和操作系统。它采用了软件堆层的架构，从高层到低层分别是应用层、应用框架层、系统运行库层和 Linux 内核层。具体架构如图 1.3 所示。

1. *应用层*

Google 发行的 Android SDK 包中就自带了一个核心应用程序集合，这些程序是用 Java 语言编写的运行在虚拟机上的，如 E-mail 客户端、SMS 短消息程序、浏览器、地图、联系人管理程序等。如图 1.3 中最上层部分所示。用户也可以用 Java 语言开发更加丰富的应用程序在该层上运行。

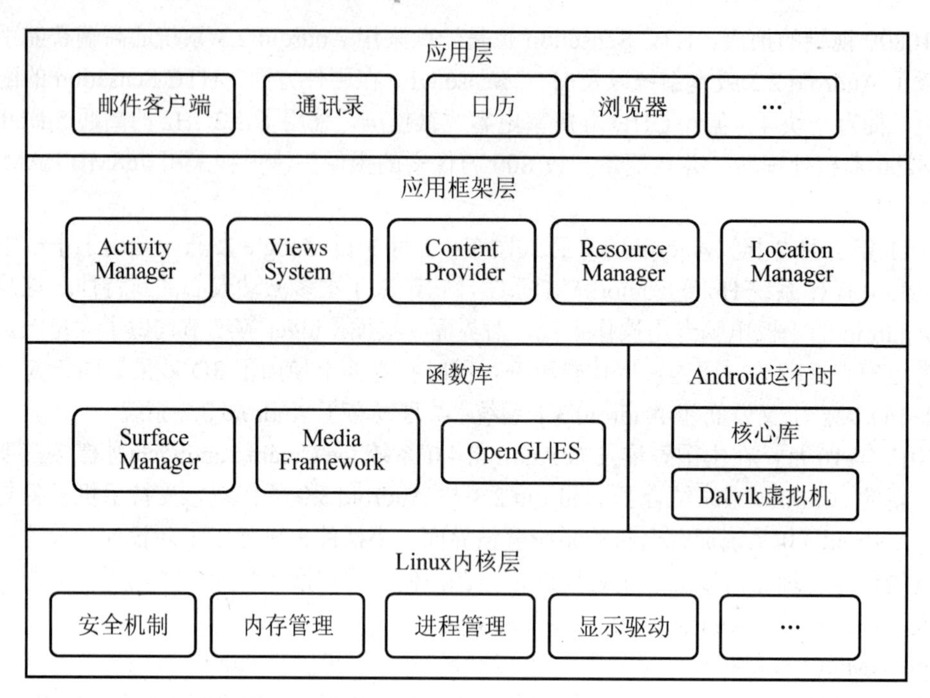

图 1.3　Android 系统架构

2. 应用框架层

这一层是 Android 平台为应用程序的开发而提供的 API 框架，它提供了 Android 平台基本的管理功能和组件重用机制，这一机制允许开发人员替换组件来开发自己的应用程序。API 框架中的所有组件和服务都可以被用户的应用重复利用。每个应用程序有可能会使用到的应用框架如下。

(1) 丰富的、可扩展的视图集合(Views)。该视图集合中包括列表框(ListView)、编辑框(EditText)、按钮(Button)、网格(GridView)甚至内嵌的网页浏览器等。可以用它们设计应用程序视图部分，也就是用户界面(UI)。

(2) 内容提供器(Content Providers)。提供了一种共享私有数据，实现跨进程的数据访问机制，使得应用程序能访问其他应用程序(如通讯录)的数据或共享自己的数据。

(3) 资源管理器(Resource Manager)。可以用它对本地化字符串、图片、涉及布局的 XML 文件等非代码资源进行访问。

(4) 活动管理器(Activity Manager)。它管理着应用程序的生命周期，并且提供了常用的导航回退机制。

(5) 位置管理器(Location Manager)。用来管理与地图相关的服务功能。它提供了一系列方法来解决地理位置相关的问题。

3. 系统运行库层

这一层已经涉及底层，和应用程序关系不是很密切。Android 包含一些 C/C++库，有 C

语言标准库(libc)、多媒体库(Media Framework)、3D 效果支持(OpenGL|ES)、关系数据库(SQLite)、Web 浏览器引擎(Webkit)等，这些库能被 Android 系统中的不同组件使用。该层的核心库与进程运行相关，它是应用框架的支撑，也是连接应用框架层与 Linux 内核层的重要纽带。

Android 系统包括一个核心库，该核心库提供了 Java 语言 API 中的大多数功能，同时也包含了 Android 的一些核心 API，如 android.os、android.net、android.media 等。每一个用 Android 系统开发的应用程序都有独立的 Dalvik 虚拟机为它提供运行环境，让它在自己的进程执行。Dalvik 虚拟机只执行.dex 的可执行文件，Java 源代码编译成 CLASS 后再由 SDK 中的 dx 工具转化成.dex 格式后才能在 Dalvik 虚拟机上执行。

4. Linux 内核层

Android 系统的底层基于 Linux 2.6 内核，其核心系统服务如安全性、内存管理、进程管理、网络协议及驱动模型都依赖于 Linux 内核。Linux 内核也作为硬件和软件之间的抽象层，它隐藏具体硬件细节而为上层提供统一的服务。

1.2.2　Android 的特性

随着 Android 系统的发展和用户体验的好评逐年上升，其市场占有率也已经取代 Symbian 成为全球第一大的智能系统，表现出了极大的市场潜力。Android 系统有以下几方面的优点。

(1) 开源特性，得到众多厂商的支持。

由于 Android 的开源特性，所以得到了众多的厂商的支持，除了诺基亚和苹果之外，其他的手机大牌厂商基本都支持 Android 系统，通过厂商的努力开发，Android 的界面非常丰富，可选择性很强。Android 的开源特性使各种基本 Android 系统的智能终端定制界面丰富。

(2) 软件发展速度快。

Android 虽然从发布第一个版本到现在只经过 6 年多的发展，但是也得到了开发者的青睐，目前 Android Market 的软件数量已经达到了几十万之多，对于一个新生的系统而言已经非常不错。伴随着 Android 系统的发展，Android Market 发展很快，还有很多免费软件。

(3) 界面 UI、系统优化令人满意。

Android 来源于 Google，目前来看，Android 的 UI 设计和系统优化还是非常不错的，是除了 iOS 之外最受好评的系统，而且 Android 对于系统的要求并不苛刻，所以很多机型可以流畅运行。

当然，除了上述的一些优点外，Android 发展过程中也面临一些问题。

(1) 版本过多，升级过快。

由于 Android 的开放式特点，所以很多厂商推出了定制的界面，如 HTC Sense、MOTO Blur、三星 Touchwiz 等，在提供给客户丰富选择的同时，也造成版本过多，升级较慢的缺点，因为 Google 的升级速度很快，而厂商要推出新固件需要经过深度的研发，这就造成升级滞后的问题。

(2) 用户体验不一致。

由于 Android 在不同的厂商、不同的配置下均有机型，所以造成有些机型运行 Android 系统流畅，有些则是缓慢、卡顿等问题，如《愤怒的小鸟》的开发商就表示，这款人气游戏在很多的 Android 机型上运行得不是很理想。

1.3 Android 开发环境搭建

由于 Android 系统版本发展较快，开发环境的配置也随着版本的更新不断变化，本书的所有案例项目都是在 Android 2.3 平台下进行开发的，读者在配置系统时可以根据自己的开发习惯搭建开发环境，下面以最新版本 Android 4.2 版本为例详细说明 Android 开发环境的搭建过程。

1.3.1 安装 JDK

1. 下载 JDK

登录“http://www.oracle.com/technetwork/java/javase/downloads/index.html”网站下载 Java SE 安装包，下载页面如图 1.4 所示。可以选择 Next Release 下载最新版本 JDK，也可以选择 Previous Releases 下载以往版本。本示例选择 Previous Releases，选择下载 JDK 6.0。根据不同的操作系统选择相应版本的 JDK，如图 1.5 所示。

图 1.4 Java SE 下载页面

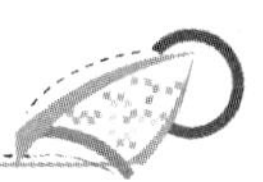

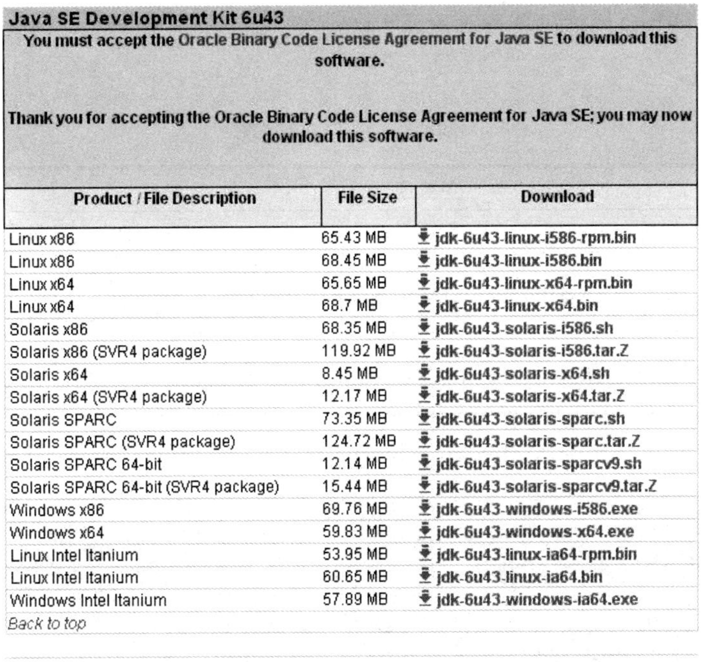

Java SE Development Kit 6u43

You must accept the Oracle Binary Code License Agreement for Java SE to download this software.

Thank you for accepting the Oracle Binary Code License Agreement for Java SE; you may now download this software.

Product / File Description	File Size	Download
Linux x86	65.43 MB	jdk-6u43-linux-i586-rpm.bin
Linux x86	68.45 MB	jdk-6u43-linux-i586.bin
Linux x64	65.65 MB	jdk-6u43-linux-x64-rpm.bin
Linux x64	68.7 MB	jdk-6u43-linux-x64.bin
Solaris x86	68.35 MB	jdk-6u43-solaris-i586.sh
Solaris x86 (SVR4 package)	119.92 MB	jdk-6u43-solaris-i586.tar.Z
Solaris x64	8.45 MB	jdk-6u43-solaris-x64.sh
Solaris x64 (SVR4 package)	12.17 MB	jdk-6u43-solaris-x64.tar.Z
Solaris SPARC	73.35 MB	jdk-6u43-solaris-sparc.sh
Solaris SPARC (SVR4 package)	124.72 MB	jdk-6u43-solaris-sparc.tar.Z
Solaris SPARC 64-bit	12.14 MB	jdk-6u43-solaris-sparcv9.sh
Solaris SPARC 64-bit (SVR4 package)	15.44 MB	jdk-6u43-solaris-sparcv9.tar.Z
Windows x86	69.76 MB	jdk-6u43-windows-i586.exe
Windows x64	59.83 MB	jdk-6u43-windows-x64.exe
Linux Intel Itanium	53.95 MB	jdk-6u43-linux-ia64-rpm.bin
Linux Intel Itanium	60.65 MB	jdk-6u43-linux-ia64.bin
Windows Intel Itanium	57.89 MB	jdk-6u43-windows-ia64.exe

Back to top

图 1.5　JDK 6.0 下载页面

2. 安装 JDK

一般情况下保持 JDK 的默认设置即可，此处默认安装在 C 盘，用户也可以根据自己的需要选择安装位置，如图 1.6 所示。

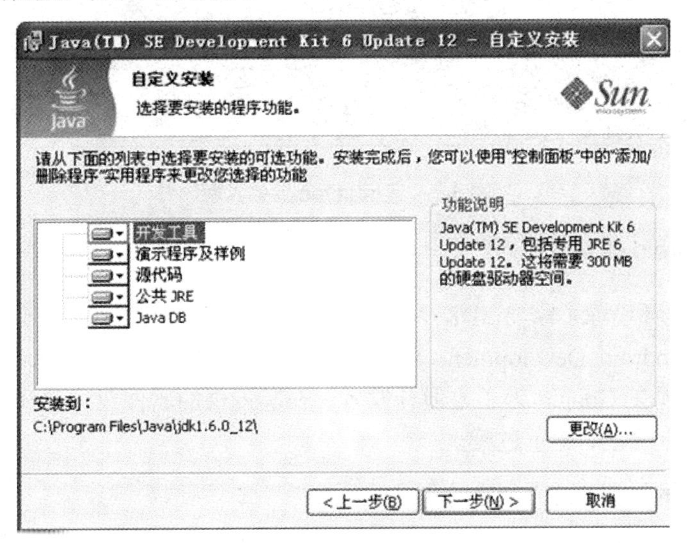

图 1.6　安装 JDK

3. 配置环境变量

安装完 JDK 后，右击桌面上“我的电脑”图标，在弹出的快捷菜单中选择“属性”选项，在“系统属性”对话框中选择“高级”选项卡，单击“环境变量”按钮，新建如表 1-1 所示的环境变量。

表 1-1　新建环境变量

变量名	变量值	说明
JAVA_HOME	C:\Program Files\Java\jdk1.6.0.43	JDK 安装目录
PATH	%JAVA_HOME%\bin;%JAVA_HOME%\jre\bin	若系统有，直接将变量值加到原有值前面，但用“;”连接
CLASSPATH	%JAVA_HOME%\lib;%JAVA_HOME%\lib\tools.jar	指明.class 文件的目录，可以省略

至此，在命令窗口中输入 javac，若显示如图 1.7 所示界面，则表示配置成功。

图 1.7　运行 javac 后的界面

1.3.2　安装 Android SDK

Android 开发环境除了需要 JDK 环境外(Java 开发包)，还需要 Android SDK 组件、Eclipse 和 ADT(Android Development Tools)等，所以搭建 Android 开发环境时，需要下载这 3 个软件包。现在 Google 为了方便开发者，在其提供的软件包中已经包含了这 3 个软件，下面将详细介绍它的配置过程。

1. 下载 Android SDK

登录“http://developer.android.com/sdk/index.html”网站下载 Android 开发包，下载页面如图 1.8 所示。单击“Download the SDK ADT Bundle for Windows”按钮后开始下载 android-application-function-list.zip 压缩文件，该压缩文件中包含了 Android 开发必要的 Android SDK 组件和一个内置 ADT(Android 开发者工具)的 Eclipse IDE 集成开发环境。

Get the Android SDK

The Android SDK provides you the API libraries and developer tools necessary to build, test, and debug apps for Android.

If you're a new Android developer, we recommend you download the ADT Bundle to quickly start developing apps. It includes the essential Android SDK components and a version of the Eclipse IDE with built-in **ADT (Android Developer Tools)** to streamline your Android app development.

With a single download, the ADT Bundle includes everything you need to begin developing apps:

- Eclipse + ADT plugin
- Android SDK Tools
- Android Platform-tools
- The latest Android platform
- The latest Android system image for the emulator

Download the SDK
ADT Bundle for Windows

图 1.8　Android SDK 下载页面

2. 解压 android-application-function-list.zip 文件

直接将该文件解压到目标位置，此时目标位置包含 eclipse 和 sdk 两个文件夹，分别对应内置 ADT 的 Eclipse 开发集成环境和 Android SDK(其中包含一个 Android 4.2.2 平台，如果想要其他平台，需要自己配置安装)，另外还有一个 SDK Manager.exe 文件，是 SDK 管理器，用于安装或更新 Android SDK 等。

3. Eclipse 中 ADT 插件的安装

Eclipse IDE 作为开源的开发环境，现在被广大开发者使用。为了使得 Android 应用开发、运行和调试更加方便快捷。Android 的开发团队专门针对 Eclipse IDE 定制了一个 ADT(Android Development Tools)插件。

安装 ADT 插件有以下两种方法。

(1) 手动下载 ADT 插件的压缩包，然后在 Eclipse 中进行安装。

(2) 在 Eclipse 中输入插件的下载地址，由 Eclipse 自动完成下载和安装。

这里推荐使用第一种方法，即先将 ADT 插件压缩包下载到本地磁盘。登录“http://developer.android.com/sdk/installing/installing-adt.html”，进入下载页面，如图 1.9 所示。

下载完 ADT 插件压缩包后，启动 Eclipse，选择 Help 菜单下的 Install New Software 命令，打开如图 1.10 所示的 Eclipse 的插件安装界面，单击 Add 按钮，出现如图 1.11 所示的对话框，然后单击 Archive 按钮，选择 ADT 插件压缩包在本地磁盘中的位置。

If you are still unable to use Eclipse to download the ADT plugin as a remote update site, you can do
the ADT zip file to your local machine and manually install it:

1. Download the ADT Plugin zip file (do not unpack it):

Package	Size	MD5 Checksum
ADT-22.0.1.zip	16815544 bytes	64473af058fa8f02e36241ee378b3ac0

2. Start Eclipse, then select **Help > Install New Software.**
3. Click **Add,** in the top-right corner.
4. In the Add Repository dialog, click **Archive.**
5. Select the downloaded ADT-22.0.1.zip file and click **OK.**
6. Enter "ADT Plugin" for the name and click **OK.**
7. In the Available Software dialog, select the checkbox next to Developer Tools and click **Next.**
8. In the next window, you'll see a list of the tools to be downloaded. Click **Next.**
9. Read and accept the license agreements, then click **Finish.**

图 1.9 下载 ADT

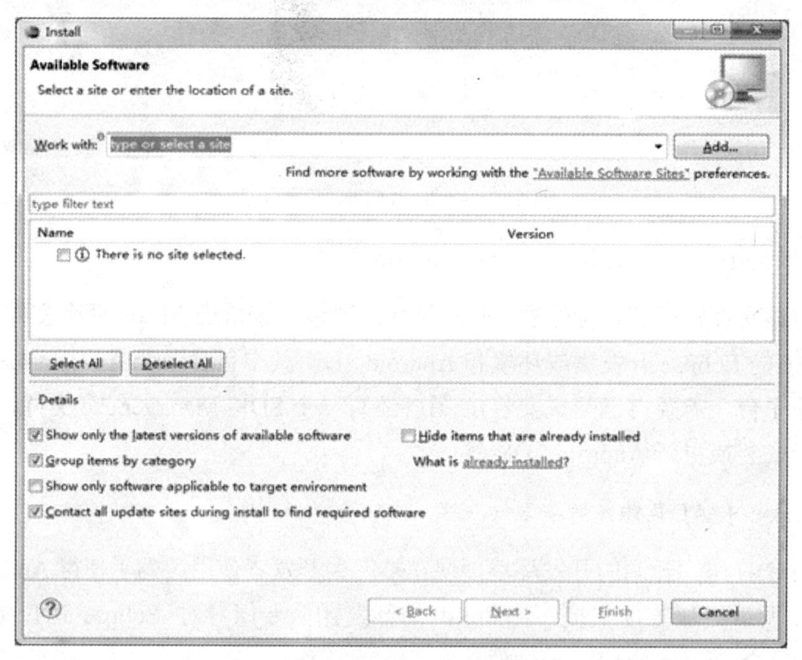

图 1.10 Eclipse 的插件安装界面

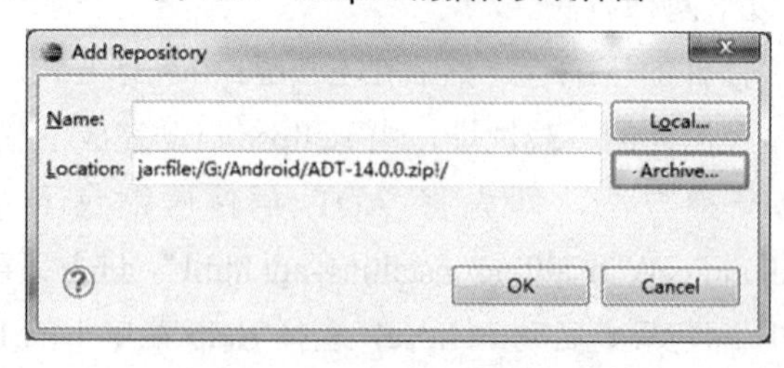

图 1.11 Add Repository 对话框

在 ADT 插件安装前，会提示用户对需要安装的插件进行选择和确认，按图 1.12 所示进行选择。同时需要认可开源软件的许可协议，如图 1.13 所示，然后单击 Next 按钮，按照提示安装即可。

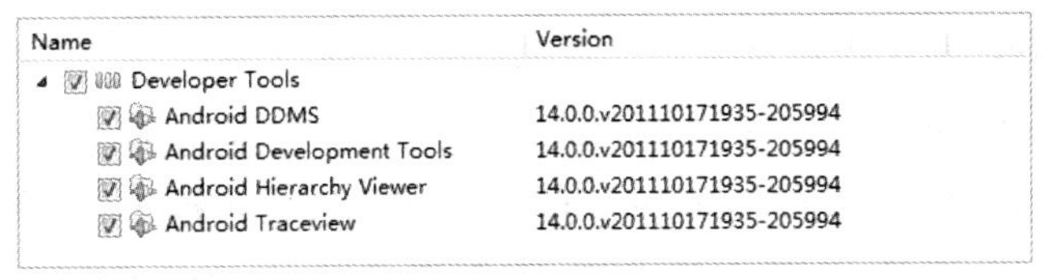

图 1.12　ADT 插件安装选择

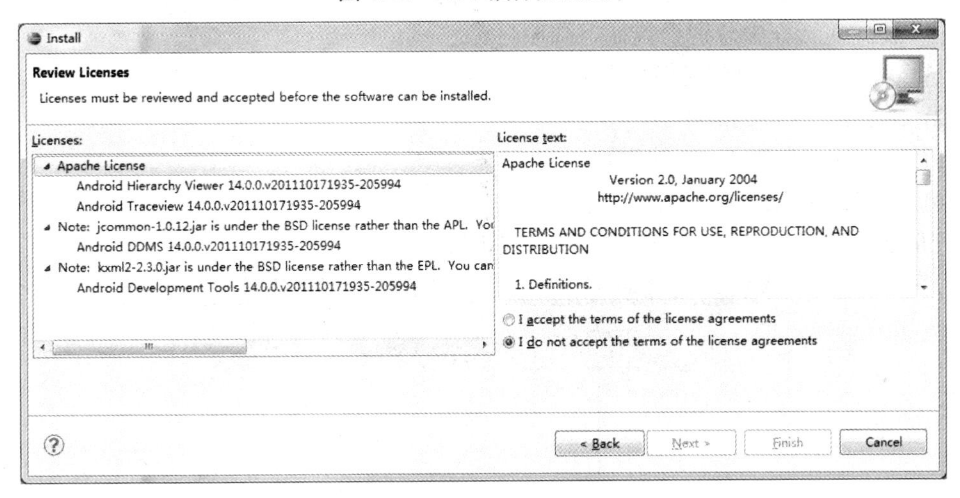

图 1.13　ADT 插件使用许可界面

4. Eclipse 中配置 Android SDK

选择 Eclipse 菜单中的 Windows 下的 Preferences 选项，出现如图 1.14 所示的 Preferences 对话框，在左边选择 Android 选项，通过单击 Browser 按钮，选择 Android SDK 的安装目录，此时 Eclipse 会自动扫描当前目录下的 SDK 版本，单击 OK 按钮即可。

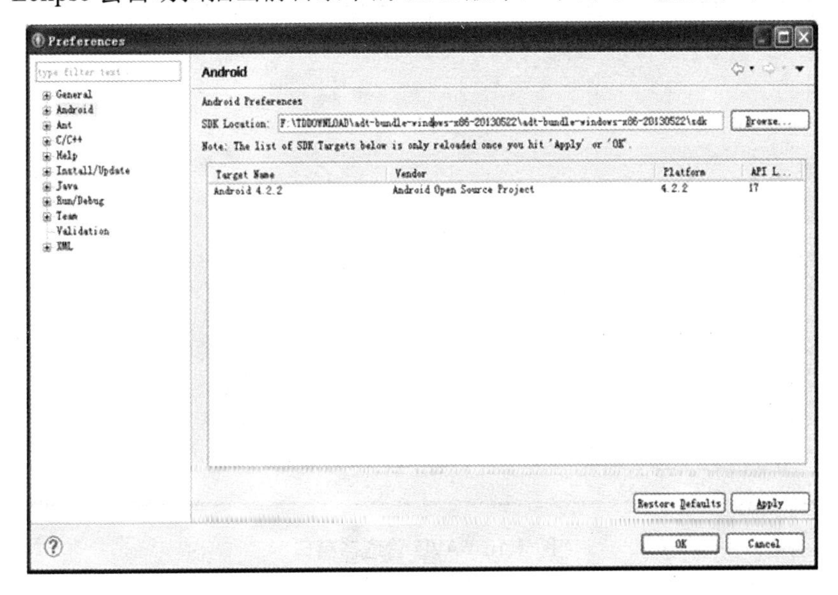

图 1.14　Preferences 对话框

5. 创建 Android SDK 模拟器

Android SDK 中最重要的工具就是 Android 模拟器，正是因为 Android 模拟器的存在，程序开发人员在没有实际设备的情况下，可以对 Android 应用程序进行开发、调试和仿真。

首先在如图 1.15 所示的集成开发环境工具栏中单击 Android Virtual Device Manager 工具按钮，出现如图 1.16 所示的窗口。在此对话框中单击 New 按钮，出现如图 1.17 所示的对话框。在此对话框中分别设置如下几项内容。

(1) AVD Name：自定义模拟器名。

(2) Target：SDK 的版本。

(3) Device：模拟器大小的设置。

(4) SD Card：SD 卡的设置。

完成设置后，单击 OK 按钮即可完成模拟器的创建。

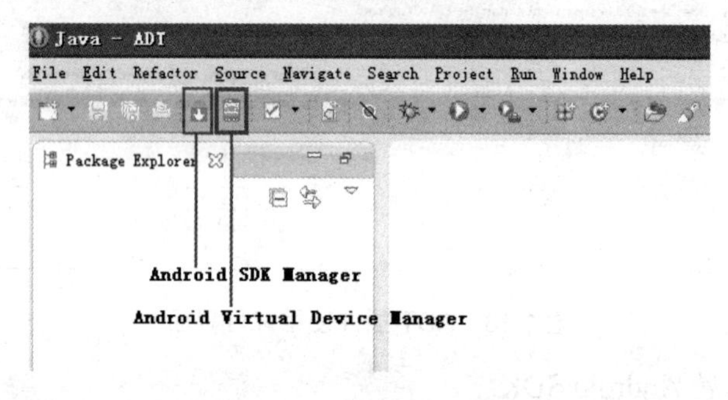

图 1.15　Eclipse 集成开发窗口

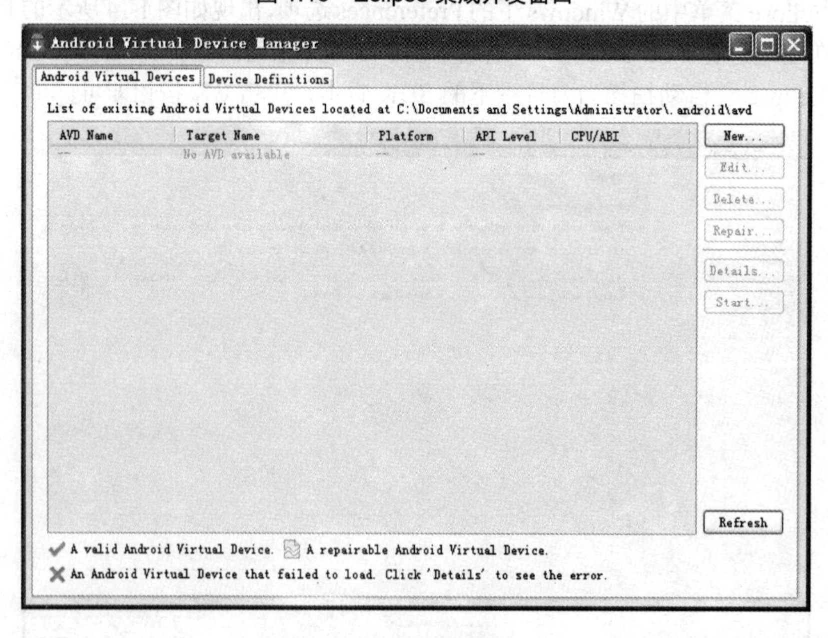

图 1.16　AVD 管理器窗口

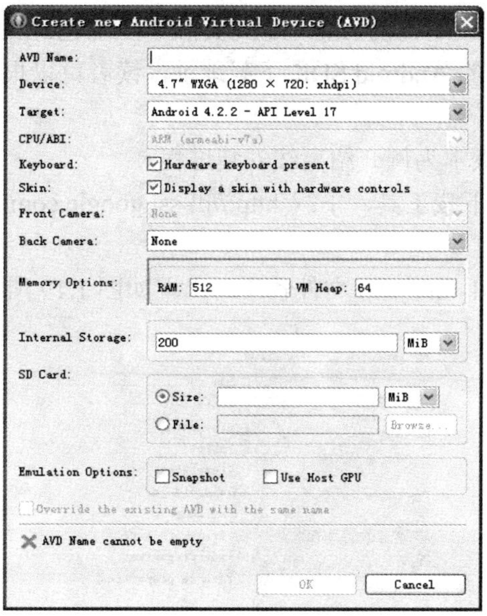

Create new Android Virtual Device (AVD)

AVD Name:
Device: 4.7" WXGA (1280 × 720: xhdpi)
Target: Android 4.2.2 - API Level 17
CPU/ABI: ARM (armeabi-v7a)
Keyboard: Hardware keyboard present
Skin: Display a skin with hardware controls
Front Camera: None
Back Camera: None
Memory Options: RAM: 512 VM Heap: 64
Internal Storage: 200 MiB
SD Card:
Size: MiB
File: Browse...
Emulation Options: Snapshot Use Host GPU
Override the existing AVD with the same name
AVD Name cannot be empty
OK Cancel

图 1.17　创建 AVD 对话框

6. 安装其他版本 Android SDK

如果在开发过程中，开发者需要 Android 4.2.2 平台以外的开发包，就需要开发者自行安装，它的安装有两种方法，一种是在线安装，一种是离线安装。

在线安装只需要单击图 1.15 所示窗口工具栏中的 Android SDK Manager 按钮，打开如图 1.18 所示的窗口。从 Packages 列表中选择所需要的 Android SDK 版本后，单击 Install 5 packages 按钮即可在线安装。

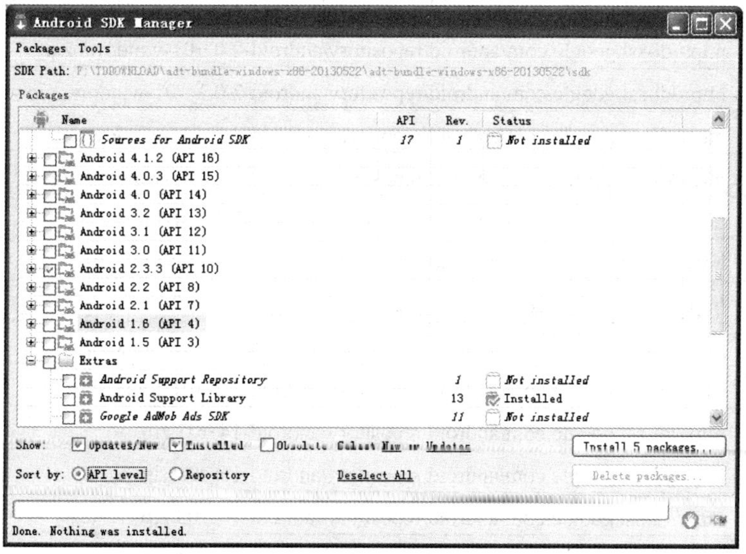

Android SDK Manager

Packages Tools
SDK Path: F:\TDDOWNLOAD\adt-bundle-windows-x86-20130522\adt-bundle-windows-x86-20130522\sdk
Packages

Name	API	Rev.	Status
Sources for Android SDK	17	1	Not installed
Android 4.1.2 (API 16)			
Android 4.0.3 (API 15)			
Android 4.0 (API 14)			
Android 3.2 (API 13)			
Android 3.1 (API 12)			
Android 3.0 (API 11)			
Android 2.3.3 (API 10)			
Android 2.2 (API 8)			
Android 2.1 (API 7)			
Android 1.6 (API 4)			
Android 1.5 (API 3)			
Extras			
Android Support Repository		1	Not installed
Android Support Library		13	Installed
Google AdMob Ads SDK		11	Not installed

Show: Updates/New Installed Obsolete Select New or Updates Install 5 packages...
Sort by: API level Repository Deselect All Delete packages...
Done. Nothing was installed.

图 1.18　Android SDK Manager 窗口

而离线安装需要先下载所需的 Android SDK 版本压缩包。由于 Android SDK 版本较多，表 1-2 中列出了一些常用的 Android SDK 下载地址，读者可以根据下面的步骤配置不同版本的 Android SDK。

此处以 Android 2.3 版本为例介绍离线安装过程。

(1) 使用迅雷或其他下载工具，下载 http://dl-ssl.google.com/android/repository/android-2.3_ r01-linux.zip 文件。

(2) 将 android-2.3_r01-linux.zip 文件解压，出现如图 1.19 所示的内容。

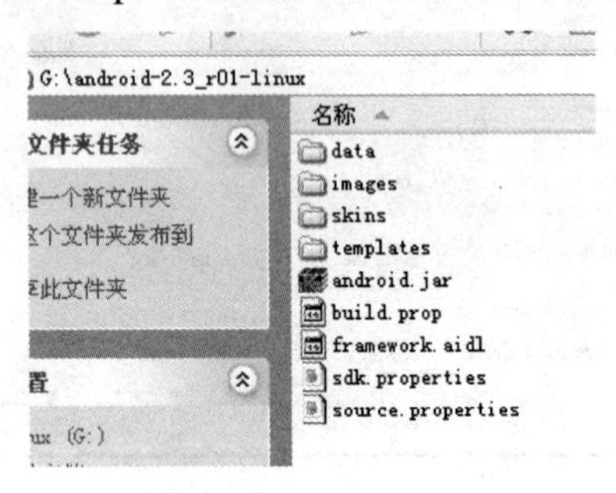

图 1.19　解压后文件夹中的内容

(3) 在“sdk\platforms”目录下创建“android-9”文件夹(不同的平台文件夹名见表 1-2)，然后将解压后文件夹中的全部内容复制到该文件夹下。

表 1-2　Android SDK 下载地址

SDK 版本	下载地址	文件夹名
Android 1.5	http://dl-ssl.google.com/android/repository/android-1.5_r04-windows.zip	android-3
Android 1.6	http://dl-ssl.google.com/android/repository/android-1.6_r03-windows.zip	android-4
Android 2.0	http://dl-ssl.google.com/android/repository/android-2.0_r01-windows.zip	android-5
Android 2.0.1	http://dl-ssl.google.com/android/repository/android-2.0.1_r01-windows.zip	android-6
Android 2.1	http://dl-ssl.google.com/android/repository/android-2.1_r02-windows.zip	android-7
Android 2.2	http://dl-ssl.google.com/android/repository/android-2.2_r01-windows.zip	android-8
Android 2.3	http://dl-ssl.google.com/android/repository/android-2.3_r01-linux.zip	android-9
Android 2.3.3	http://dl-ssl.google.com/android/repository/android-2.3_r02-linux.zip	android-10
Android 3.0	http://dl-ssl.google.com/android/repository/android-3.0_r02-linux.zip	android-11
Android 3.1	http://dl-ssl.google.com/android/repository/android-3.1_r03-linux.zip	android-12
Android 3.2	http://dl-ssl.google.com/android/repository/android-3.2_r01-linux.zip	android-13
Android 4.0	http://dl-ssl.google.com/android/repository/android-14_r03.zip	android-14
Android 4.0.3	http://dl-ssl.google.com/android/repository/android-15_r03.zip	android-15
Android 4.1.2	http://dl-ssl.google.com/android/repository/android-16_r03.zip	android-16
Android 4.2.2	http://dl-ssl.google.com/android/repository/android-17_r01.zip	android-17

(4) 重新启动 Eclipse，按照创建模拟器的方法，就可以创建 Android 2.3 的模拟器了。

本 章 小 结

本章简要介绍了 Android 系统的发展历程和 Android 平台的架构特性，详细列出了 Windows 系统下 Android 开发平台的环境搭建步骤，并指明了相关注意点，为读者后续的 Android 应用软件开发学习打下了基础。

项 目 实 训

根据 1.3 节的内容在 Windows 系统下搭建一个 Android 2.3 版本的开发环境。

第2章 Android应用程序结构

Android 应用程序是用 Java 编程语言编写的。编译后的 Java 代码(包括应用程序要求的任何数据和资源文件)，通过 AAPT(Android Asset Packaging Tool，该工具包位于 SDK 的 tools 目录下，用于查看、创建、更新与 zip 兼容的归档文件(zip、jar、apk)，也能将资源文件编译成二进制包)工具捆绑成一个 Android 包，归档文件以 apk 为后缀。apk 文件是分发应用程序和将应用程序安装到 Android 移动终端设备的中介或工具，用户下载这个文件到该设备上，就可以进行应用程序的安装，一个 apk 文件中的所有代码就是一个应用程序。

每个 Android 应用程序都具有如下特点。

(1) 默认情况下，每一个应用程序运行在它自己的 Linux 进程中。当应用程序中的任何代码需要执行时，Android 将启动进程；当它不再需要该应用程序代码的执行或系统资源被其他应用程序请求时，Android 将关闭该进程。

(2) 每个应用程序都有自己的 Java 虚拟机(VM)，因此应用程序代码独立于其他所有应用程序代码运行。

(3) 默认情况下，每个应用程序分配一个唯一的 Linux 用户 ID。一般情况下，每个应用程序的文件仅对该 ID 用户和应用程序本身可见。(在某种特定情况下，可能设置两个应用程序共享一个用户 ID，此时它们能够看到对方的文件。为了节省系统资源，具有相同 ID 的应用程序也可以安排在同一个 Linux 进程中，共享同一个 VM。)

掌握开发 Android 应用程序中的四大组件及各个组件的功能。

掌握 Android 应用程序的目录结构、资源的使用方法和应用程序配置文件的结构。

掌握 Android 应用程序开发中所有类型 XML 文件的定义和使用方法。

知识要点	能力要求	相关知识
Android 应用程序组件	掌握 Activity、Broadcast Receiver、Service、Content Provider 四大组件的功能和特点	
Android 应用程序结构	(1) 掌握 Android 应用程序的目录结构及各目录文件的功能 (2) 掌握 Android 应用程序开发过程中各类资源的使用方法 (3) 掌握 AndroidManifest.xml 配置文件的结构及修改方法	
Android 中 XML 文件的使用	掌握布局文件、图片文件、菜单文件、资源文件、动画文件及 raw 目录下文件的使用方法	XML 文件格式

2.1　应用程序组件

Android 系统没有使用常见的应用程序入口点的方法(如 Java 应用程序中的 main( )方法)，它的应用程序就是由组件组成的，组件包括活动(Activity)、广播接收器(Broadcast Receiver)、服务(Service)、内容提供者(Content Provider)。一个 Android 应用程序必定包含至少一个 Activity，其他的 3 个组件为可选部分。组件是可以通过 Intent 调用的相互独立的基本功能模块。

1．活动

活动(Activity)是 Android 应用程序的表现层，显示可视化的用户界面，并接收与用户交互所产生的界面事件。一个活动表示一个可视化的用户界面，关注一个用户从事的事件。例如，一个活动可能表示一个用户可选择的菜单项列表。一个文本短信应用程序可能有多个活动，一个活动用于显示联系人的名单；另一个活动用于写信息给选定的联系人。虽然应用程序工作时形成一个整体的用户界面，但是每个活动是独立于其他活动的。每一个活动都是作为 Activity 基类的一个子类的实现。以下两个方法是几乎在所有的 Activity 子类都需要实现。

(1) onCreate(Bundle)：初始化活动。在这个方法里通常使用 setContentView(int)方法将布局资源(layout resource)定义到 UI 上，然后使用 findViewById(int)在 UI 中检索需要编程交互的小部件(widgets)。即 setContentView( )方法用于指定由哪个文件指定布局(main.xml)，把界面显示出来，然后通过界面上的组件或触发事件进行相关操作。

(2) onPause( )：处理当离开活动时要做的事情。在使用组件构建 Android 应用程序时，只要用到组件就必须在 AndroidManifest.xml 文件中声明及指定它们的特性和要求。

2. 广播接收器

广播接收器(Broadcast Receiver)是用来接收并响应广播消息的组件，它不包含任何用户界面，可以通过启动 Activity 或者 Notification 通知用户接收到重要信息。即一个广播接收器它不做任何事情，仅是接收广播公告并作出相应的反应。许多广播源自于系统代码，如公告时区的改变、电池电量低、检测到无线信号等。应用程序也可以自己发起广播(即自定义广播事件)，例如，让其他程序知道某些数据已经下载到设备且可以使用这些数据。一个应用程序可以有任意数量的广播接收器去反应任何它认为重要的公告。所有的接收器继承自 BroadcastReceiver 基类。使用时可以用 Context.registerReceiver( )方法在程序代码中动态地注册这个类的实例，也可以通过 AndroidManifest.xml 中<receiver>标签静态声明。具体应用在后面章节中将有详细介绍。

3. 服务

服务(Service)用于没有用户界面，但需要长时间在后台运行的应用。一个服务没有一个可视化用户界面，而是在后台无期限地运行。例如，用户在浏览网页时可以听到音乐声，此时就是将播放音乐作为一个服务，即在后台播放音乐的同时，不影响用户浏览网页内容；或者也可能是边浏览网页，边从网络下载文件或进行软件升级。每个服务都继承自 Service 基类。使用时每个服务类在 AndroidManifest.xml 中有相应的<service>声明。服务可以通过 Context.startService( )和 Context.bindService( )启动。

4. 内容提供者

内容提供者(Content provider)是 Android 系统提供的一种标准的共享数据机制，应用程序可以通过它访问其他应用程序的私有数据。Android 系统内容提供了一些内置的 Content Provider，能够为应用程序提供重要的数据信息。内容提供者继承自 ContentProvider 基类并实现了一个标准的方法集，使得其他应用程序可以检索和存储数据。然而，应用程序并不直接调用这些方法，而是使用一个 ContentResolver 对象并调用它的方法。ContentResolver 能与任何内容提供者通信，它与提供者合作来管理参与进来的进程间的通信。

2.2 Android 应用程序结构分析

本节将通过 Chap02_02_01 项目来介绍 Android 项目的目录结构。Android 项目的目录结构如图 2.1 所示。

2.2.1 Android 应用目录剖析

1. src 目录

该目录存放 Android 应用程序所有源代码，即所有允许用户修改的 Java 文件和用户自己添加的 Java 文件都保存在这个目录中。HelloWorld.java 的源程序代码如下：

```
package cn.edu.nnutc;
import android.app.Activity;
```

```
import android.os.Bundle;
public class HelloWorld extends Activity {
    @Override
    public void onCreate(Bundle savedInstanceState){
        super.onCreate(savedInstanceState);
        setContentView(R.layout.main);
    }
}
```

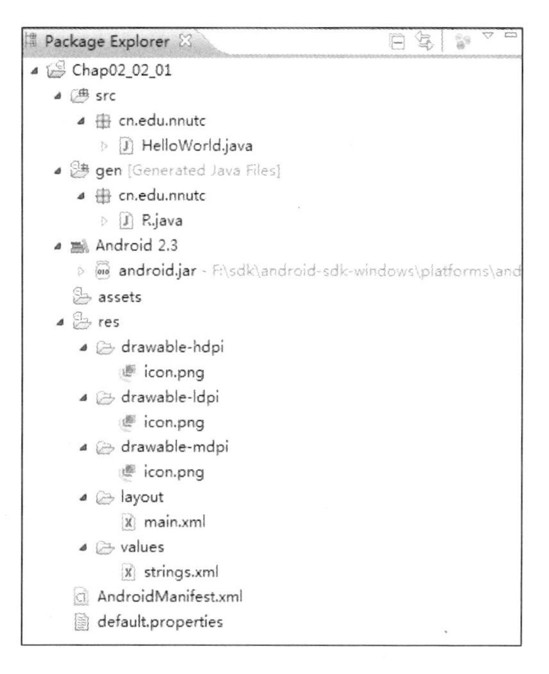

图 2.1　Android 项目目录结构

在 HelloWorld.java 文件中导入了两个类 android.app.Activity 和 android.os.Bundle，该类继承自 Activity 且重写了 onCreate 方法。在重写父类的 onCreate( )时，在方法前面加上@Override，使系统可以帮助检查方法的正确性。

例如，public void onCreate(Bundle savedInstanceState){….}这种写法是正确的，如果写成 public void oncreate(Bundle savedInstanceState){….}编译器会报错误：The method oncreate(Bundle)of type HelloWorld must override or implement a supertype method。而如果不加@Override，则编译器将不会检测出错误，而是会认为新定义了一个方法 oncreate( )。

2. gen 目录

该目录存放了 Eclipse 的 ADT 插件自动生成的 R.java 文件。其中包含了应用中用户界面、图像、字符串等各种资源与之相对应的资源编号(id)。这个文件是只读模式的，不能更改。R.java 文件中定义了一个 R 类，该类中包含很多静态类，且静态类的名字都与 res 中的一个名字对应，即 R 类定义该项目所有资源的索引。R.java 文件的内容结构如图 2.2 所示。

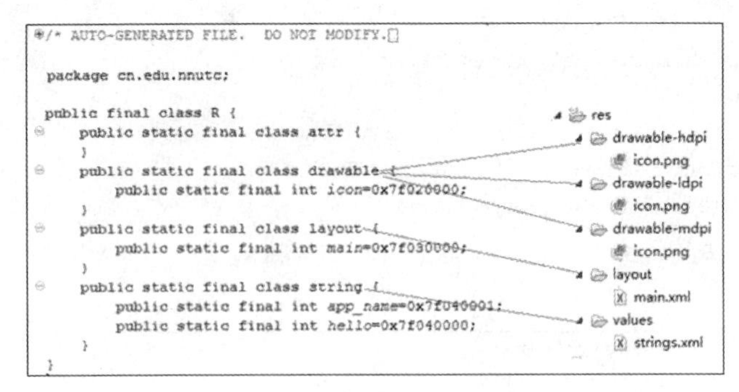

图 2.2　R.java 对应 res

3. assets 目录

该目录下可以存放应用程序用到的所有资源，功能与 res 目录类似，但却有很大的区别，assets 目录存放不进行加工的原生文件，即该文件不会像 XML、Java 文件等被编译，可以存放一些图片、HTML、JS、CSS 文件，一般很少用。

4. res 目录

该目录包含项目中的资源文件并将被编译进应用程序。向此目录添加资源时，会被 R.java 自动记录。新建一个项目，res 目录下会有 3 个子目录：drawabel、layout、values。

(1) drawable 目录：该目录下有 drawable_hdpi、drawable_mdpi、drawable_ldpi 等 3 个文件夹，分别用来存放高分辨率(如 WVGA——480×800、FWVGA——480×854)、中分辨率(HVGA——320×480)和低分辨率(QVGA——240×320)的图片资源(*.png 或*.jpg 等图片文件)，用于在不同分辨率的手机中进行应用程序开发。默认状态下，都存放在由系统提供的 icon.png 图片资源文件夹下。系统会根据机器的分辨率分别到这几个文件夹里面去找对应的图片。在开发程序时为了兼容不同平台不同屏幕，建议各自文件夹根据需求均存放不同版本的图片。

(2) layout 目录：该目录是用来保存布局文件的，默认状态下系统自动生成一个 main.xml 布局文件存放在该目录中。

(3) values 目录：该目录中默认存放了一个 strings.xml 文件，该文件内容是基于 XML 格式的 key-value 键值对，所以 strings.xml 是用于保存系统开发中用到的所有字符串资源的。当然，开发者也可以在这个目录中添加一些额外的资源，如颜色(color.xml)、样式(style.xml)等。

(4) Android 系统支持字符串、位图和许多其他类型的资源。每一种资源定义文件的语法和格式及保存的位置取决于其依赖的对象。通常，开发者可以通过 3 种文件创建资源，即 XML 文件(除位图和原生文件外)、位图文件(作为图片)和原生文件(所有其他的类型，如声音文件)。而 XML 文件有两种不同类型，一种是作为资源被编译进应用程序，另一种是资源的描述，被 AAPT 使用。表 2-1 中详细说明了这些 XML 文件的类型和结构。

表 2-1　XML 文件的类型和结构

目录	资源类型	资源说明
res/anim	XML	用于存放帧动画(frame)或补间动画(tweened)文件
res/drawable	图像	用于存放多种格式的图像文件(如.png、9.png、jpg)，被编译为 Drawable 资源子类型，可以使用 Resources.getDrawable(id)以获得资源类型
res/layout	XML	用于存放 XML 布局文件，即被编译为屏幕布局
res/values	XML	此目录中的 XML 文件与其他目录的 XML 文件不同，系统使用该目录中 XML 文件的内容作为资源，而不是 XML 文件本身。在这些 XML 文件中定义了各种类型的 key-value 对。这个目录可以包含多个资源描述文件，这些文件可以自定义名称，通常使用一些约定俗成的文件名，如 (1) arrays.xml，通过<array>标签定义数组的 key-value 对 (2) colors.xml，通过<color>标签定义可绘制对象的颜色和字符串的颜色值的 key-value 对 (3) dimens.xml，通过<dimen>标签定义距离、位置大小等数值的 key-value 对 (4) strings.xml，通过<string>标签定义的字符串 key-value 对 (5) styles.xml，通过<style>标签定义的样式 key-value 对
res/xml	XML	自定义的 XML 文件。这些文件将在运行时编译进应用程序，并且使用 Resources. getXML( )方法可以在运行时获取
res/raw	任意类型	该目录下的文件虽然也会被封装在 APK 文件中，但不会被编译。在安装时被直接复制入设备指定位置。可以使用带有 ID 参数的 Resources.getRaw Resource( )方法获得这些资源，如 R.raw.somefilename

在表中所示的目录中放入资源文件后，ADT 会在 gen 目录中建立一个 R.java 文件，该文件中有一个 R 类，该类为每一个资源定义了唯一的 ID，通过这个 ID 可以引用这些资源。

2.2.2　资源的使用

Android 会为每一种资源在 R 类中生成一个唯一的 ID，这个 ID 是 int 类型的值。在一般情况下，开发人员并不需要管理这个类，更不需要修改这个类，只需要直接使用 R 类中的 ID 即可。为了更好地理解使用资源的过程，请仔细阅读如图 2.3 所示的 R.java 文件的源代码。

```
10 public final class R {
11     public static final class attr {
12     }
13     public static final class drawable {
14         public static final int icon=0x7f020000;
15     }
16     public static final class id {
17         public static final int btnShowDate=0x7f050000;
18         public static final int btnShowTime=0x7f050001;
19     }
20     public static final class layout {
21         public static final int main=0x7f030000;
22     }
23     public static final class string {
24         public static final int app_name=0x7f040001;
25         public static final int hello=0x7f040000;
26     }
27 }
```

图 2.3　R.java 文件源代码

从 R 类中很容易看出，ADT 为 res 目录中的每一个子目录或标签(例如，<string>标签)都生成了一个静态的子类，不仅如此，还为 XML 布局文件中的每一个指定 id 属性的组件生成了唯一的 ID，并封装在 id 子类中。这就意味着在 Android 应用程序中可以通过 ID 使用这些组件。

R 类虽然也属于 cn.edu.nnutc 包，但在 Eclipse 工程中为了将 R 类与其他的 Java 类区分开，将 R 类放在 gen 目录中。既可以在程序中引用资源，也可以在 XML 文件中引用资源。例如，在应用程序中获得 btnShowDate 按钮对象的代码如下：

```
Button btnShowDate = (Button)findViewById(R.id.btnShowDate);
```

可以看到，在使用资源时直接引用了 R.id.btnShowDate 这个 ID 值，当然，直接使用 0x7f050000 也可以，不过为了使程序更容易维护，一般会直接使用在 R 的内嵌类中定义的变量名。

Android SDK 中的很多方法都支持直接使用 ID 值来引用资源。例如，android.app.Activity 类的 setTitle 方法除了支持以字符串方式设置 Activity 的标题外，还支持以字符串资源 ID 的方式设置 Activity 的标签。例如，下面的代码使用字符串资源重新设置了 Activity 的标题。

```
setTitle(R.string.hello);
```

除了可以使用 Java 代码来访问资源外，在 XML 文件中也可以使用这些资源。例如，引用图像资源可以使用格式："@drawable/icon"，其中 icon 就是 res\drawable 目录中的一个图像文件的文件名。这个图像文件可以是任何 Android 支持的图像类型，例如，png、jpg 等。因此，在 drawable 目录中不能存在同名的图像文件，例如，icon.gif 和 icon.jpg 不能同时放在 drawable 目录中，这是因为在生成资源 ID 时并没有考虑文件的扩展名，所以会在同一个类中生成两个同名的变量，从而造成 Java 编译器无法成功编译 R.java 文件。

2.2.3 AndroidManifest.xml 文件的结构

每一个 Android 应用程序必须有一个 AndroidManifest.xml 文件(不能改成其他的文件名)，而且该文件必须在应用程序的根目录中。在这个文件中定义了应用程序的基本信息，在运行 Android 应用程序之前必须设置这些信息。AndroidManifest.xml 是 Android 应用项目的总配置文件，记录应用程序中所使用的各种组件。这个文件开发者既可以指定应用程序使用到的服务(如电话服务、互联网服务、短信服务、GPS 服务等)，也可以在新添加一个 Activity 的时候进行相应配置，只有配置好后，才能调用此 Activity。AndroidManifest.xml 包含 application permissions、activities、intent filters 等设置。AndroidManifest.xml 文件在 Android 应用程序中所起的作用如下。

(1) 说明 Android 应用程序所属的 Java 包，Java 包是 Android 应用程序的唯一标识，同一台设备上不能有两个或两个以上的应用程序属于同一个 Java 包。

(2) 声明 Android 应用程序所必备的权限，用以访问受保护部分 API 以及与其他 Android 应用程序的交互。

(3) 声明 Android 应用程序其他的必备权限，用以该应用程序中组成部件之间的交互。

(4) 声明 Android 应用程序所需要的 Android API 的最低版本级别。

AndroidManifest.xml 文件源代码如下：

```
<?xml version="1.0" encoding="utf-8"?>
<manifest xmlns:android="http://schemas.android.com/apk/res/android"
      package="cn.edu.nnutc"
      android:versionCode="1"
      android:versionName="1.0">
    <uses-sdk android:minSdkVersion="9" />
    <application android:icon="@drawable/icon" android:label="@string/app_name">
        <activity android:name=".HelloWorld"
                  android:label="@string/app_name">
            <intent-filter>
                <action android:name="android.intent.action.MAIN" />
                <category android:name="android.intent.category.LAUNCHER" />
            </intent-filter>
        </activity>
    </application>
</manifest>
```

从以上 AndroidManifest.xml 文件中可以看到如下几个主要标签。

(1) application 标签：一个清单文件只能包含一个 application 节点。其还可作为一个包含了活动、服务、内容提供器和广播接收器标签的容器，用来指定应用程序组件。

(2) activity 标签：应用程序显示的每一个 Activity 都要求有一个 activity 标签，并使用 android:name 属性来指定类的名称；在该标签下有一个子标签 intent-filter，用于显式地指定目标组件，如果进行了这种指定，Android 会找到这个组件(依据清单文件中的声明)并激活它。一般在该子标签下有如下组合：

```
action android:name="android.intent.action.MAIN"
category android:name="android.intent.category.LAUNCHER"
```

该组合标记这个活动显示在应用程序启动器中、用户在设备上看到的可启动的应用程序列表。换句话说，这个活动是应用程序的入口，是用户选择运行这个应用程序后所见到的第一个活动。

(3) service 标签：与 activity 标签一样，应用程序中使用的每一个 service 类都要创建一个新的 service 标签。

(4) provider 标签：provider 标签用来说明应用程序中每一个内容提供器，而来管理数据访问以及程序类和程序间共享的。

(5) receiver 标签：通过添加 receiver 标签，可以注册广播接收器(Broadcast Receiver)，而不用事先启动应用程序。

(6) user-permission 标签：user-permission 标签中声明了应用程序的权限，这些权限是应用程序正常执行所必需的。常用权限见表 2-2。

表 2-2　Android 常用的权限

权　限	功　能
android.permission.INTERNET	允许程序打开网络套接字
android.permission.ACCESS_FINE_LOCATION	允许一个应用程序访问精确位置(如 GPS)
android.permission.CALL_PRIVILEGED	允许一个应用程序拨打任何号码
android.permission.CAMERA	允许使用照相设备
android.permission.READ_CONTACTS	允许程序读取用户联系人数据
android.permission.RECORD_AUDIO	允许程序录制音频
android.permission.SEND_SMS	允许程序发送 SMS 信息

2.3　Android 中 XML 文件的使用

2.3.1　布局文件

布局文件在 layout 目录下，使用比较广泛，一般开发应用程序时，可以为应用定义两套或多套布局，例如，可以新建目录 layout_land(代表手机横屏布局)，layout_port(代表手机竖屏布局)，系统会根据不同情况自动找到最合适的布局文件，但是在同一界面的两套不同布局文件的文件名应该是相同的，只是放在了两个不同的目录下。

2.3.2　图片文件

图片文件在 drawable 目录下，从 2.1 版本以后分为 3 个目录，前面已经介绍过，开发时可以将已经做好的图片放到该目录下，或者通过自定义 XML 文件来实现想要的图片，例如，可以定义 shapge_1.xml 放到 drawable 目录下，代码如下：

```
<shape xmlns:android="http://schemas.android.com/apk/res/android" android:shape="oval">
<!--android:shape="oval"表示所要绘制的图形是一个椭圆,默认是 rectangle,长方形-->
<gradient
    android:startColor="#0055ff88"
    android:centerColor="#0055ff00"
    android:centerY="0.75"
    android:endColor="#00320077"
    android:angle="270" />
```

如果开发应用程序时想让一个控件根据不同状态显示不同图片，可以直接在程序中控制，也可以在 drawable 目录建立 XML 文件达到相同的效果，例如，在 drawable 目录下新建文件 button_back.xml，代码如下：

```
<?xml version="1.0" encoding="UTF-8"?>
<selector xmlns:android="http://schemas.android.com/apk/res/android">
    <item android:state_pressed="false" android:drawable="@drawable/xxx1" />
    <item android:state_pressed="true" android:drawable="@drawable/xxx2" />
```

```
    <item android:state_focused="true" android:drawable="@drawable/xxx3" />
    <-- 这里还可以加很多效果和动作-->
    <item android:drawable="@drawable/xxx4" />
</selector>
```

以上 XML 文件可以实现一个控件(假设为 button)，获取焦点，单击按钮，正常状态下显示不同图片的效果，此时只需要在定义控件时引用该文件名即可，代码如下：

```
<Button android:id="@+id/Button"
    android:layout_width="wrap_content" android:layout_height="wrap_content"
    android:background="@drawable/button_back">
</Button>
```

2.3.3　菜单文件

菜单文件在 menu 目录下，编写代码时只需在 onCreateOptionsMenu( )方法中用 MenuInflater 装载进去即可。代码如下：

```
<menu xmlns:android="http://schemas.android.com/apk/res/android">
    <item android:id="@+id/enabled_item" android:title="Enabled" android:
icon="@drawable/stat_happy" />
    <item android:id="@+id/disabled_item" android:title="Disabled" android:
enabled="false"
        android:icon="@drawable/stat_sad" />
    <item android:id="@+id/enabled_item_2" android:title="Enabled"
        android:icon="@drawable/stat_happy" />
    <item android:id="@+id/disabled_item_2" android:title="Disabled"
        android:enabled="false" android:icon="@drawable/stat_sad" />
</menu>
```

2.3.4　资源文件

资源文件在 values 目录下，即 resource 文件，它们都是在 values 目录下的 XML 文件，且都是以 resource 作为根节点。

1. strings.xml(定义字符串)

代码格式如下：

```
<resources>
    <string name="hello">Hello World!</string>
    <string name="app_name">我的应用程序</string>
</resources>
```

2. colors.xml(定义颜色)

代码格式如下：

```
<resources>
    <!--定义图片颜色-->
```

```
    <drawable name="screen_background_black">#ff000000</drawable>
    <drawable name="translucent_background">#e0000000</drawable>
    <drawable name="transparent_background">#00000000</drawable>
    <!--定义文字颜色-->
    <color name="solid_red">#f00</color>
    <color name="solid_blue">#0000ff</color>
    <color name="solid_green">#f0f0</color>
    <color name="solid_yellow">#ffffff00</color>
</resources>
```

3. arrays.xml(定义数组)

代码格式如下：

```
<resources>
    <string-array name="planets">
        <item>Mercury</item>
        <item>Venus</item>
        <item>Earth</item>
        <item>Mars</item>
        <item>Jupiter</item>
        <item>Saturn</item>
        <item>Uranus</item>
        <item>Neptune</item>
        <item>Pluto</item>
    </string-array>
    <integer-array name="numbers">
        <item>100</item>
        <item>500</item>
        <item>800</item>
    </integer-array>
</resources>
```

4. styles.xml(定义样式)

样式文件有两种用途：①Style，以一个单位的方式用在布局 XML 单个元素(控件)当中，例如，可以为 TextView 定义一种样式风格，包含文本的字号大小和颜色，然后将其用在 TextView 特定的实例中；②Theme，以一个单位的方式用在应用中所有的 Activity 当中或者应用中的某个 Activity 当中，例如，可以定义一个 Theme，它为 window frame 和 panel 的前景和背景定义了一组颜色，并为菜单定义了文字的大小和颜色属性，可以将这个 Theme 应用在开发项目中所有的 Activity 里。代码格式如下：

```
<resources>
    <!--Theme，可以用来定义 Activity 的主题-->
    <style name="Theme.Transparent">
        <item name="android:windowIsTranslucent">true</item>
        <item  name="android:windowAnimationStyle">@android:style/Animation.
Translucent</item>
        <item name="android:windowBackground">@drawable/transparent_background
</item>
```

```
        <item name="android:windowNoTitle">true</item>
        <item name="android:colorForeground">#fff</item>
    </style>
    <!--Style，可以用来定义某个 View 元素，这里是 ImageView 的样式-->
    <style name="ImageView120dpi">
        <item name="android:src">@drawable/stylogo120dpi</item>
        <item name="android:layout_width">wrap_content</item>
        <item name="android:layout_height">wrap_content</item>
    </style>
</resources>
```

5. dimen.xml(定义单位)

Android 的度量单位见表 2-3。其代码格式如下：

```
<resources>
    <dimen name="one_pixel">1px</dimen>
    <dimen name="double_density">2dp</dimen>
    <dimen name="sixteen_sp">16sp</dimen>
</resources>
```

表 2-3　Android 的度量单位

单位	说明
px(像素)	屏幕实际的像素，常用的分辨率 1024×768px，就是横向 1024px，纵向 768px，不同设备显示效果相同
in(英寸)	屏幕的物理尺寸，每英寸等于 2.54cm
mm(毫米)	屏幕的物理尺寸
pt(点)	屏幕的物理尺寸，每点等于 1/72 英寸
dp/dip	与密度无关的像素，一种基于屏幕密度的抽象单位。在每英寸 160 点的显示器上，1dp = 1px。但 dp 和 px 的比例会随着屏幕密度的变化而改变，不同设备有不同的显示效果
sp	与刻度无关的像素，主要用于字体显示，作为和文字相关的大小单位

6. attrs.xml(定义属性)

该文件主要用在自定义的组件中，具体使用方法会在后面的章节中详细介绍，其代码格式如下：

```
<resources>
    <declare-styleable name="MyView">
    <attr name="textColor" format="color" />
    <attr name="textSize" format="dimension" />
    </declare-styleable>
</resources>
```

2.3.5 动画文件

动画文件存放在 anim 目录下，动画资源分为两种。

(1) 实现图片的 translate、scale、rotate、alpha 4 种变化，还可以设置动画的播放特性，称为 Tween 动画。其代码格式如下：

```
<set xmlns:android="http://schemas.android.com/apk/res/android">
    <translate  android:interpolator="@android:anim/accelerate_interpolator"
        android:fromXDelta="0"
        android:toXDelta="200"
        android:fromYDelta="0"
        android:toYDelta="180"
        android:duration="2000" />
    <scale   android:interpolator="@android:anim/accelerate_interpolator"
        android:fromXScale="1.0"
        android:toXScale="2.0"
        android:fromYScale="1.0"
        android:toYScale="2.0"
        android:pivotX="150%"
        android:pivotY="150%"
        android:duration="2000" />
    <alpha   android:fromAlpha="1.0"
        android:toAlpha="1.0"  android:duration="@android:integer/config_
mediumAnimTime" />
    <rotate …各个属性></rotate>
    <Interpolator>可以使用其子类和属性定义动画的运行方式，先快后慢，先慢后快等</Interpolator>
</set>
```

(2) 帧动画，逐帧播放设置的资源，称为 Frame 动画。其代码格式如下：

```
<animation-list  xmlns:android="http://schemas.android.com/apk/res/android"
android:oneshot="true">
    <item android:drawable="@drawable/rocket_thrust1" android:duration="200" />
    <item android:drawable="@drawable/rocket_thrust2" android:duration="200" />
    <item android:drawable="@drawable/rocket_thrust3" android:duration="200" />
</animation-list>
```

2.3.6 raw 目录下的文件

该目录下的文件在项目编译时直接打包到 APK 中，它本身不会被编译，在 Android 平台设备中进行 APK 安装时会直接复制到设备中指定位置。一般为应用要用到的音频或视频文件等。要使用这些资源，可以调用 Resources.openRawResource( )，参数是资源的 ID，即 R.raw.somefilename。

上述 6 类 Android 应用程序开发中用到的 XML 文件的使用方法将会在本书的随后章节详细介绍。

本 章 小 结

本章介绍了 Android 应用程序使用的四大组件，读者可以了解四大组件在 Android 应用程序中的作用及使用方法；详细列出了应用程序的目录结构并介绍了每个目录的功能；初步讲解了 AndroidManifest.xml 的配置方法和各类 XML 文件的创建方法；通过本章的学习，读者也可以创建出第一个 Android 项目。

项 目 实 训

创建一个简单的 Android 项目，并查看各个组成部分的源代码。

Android 开发基础篇

第 3 章 用户界面基本组件

Android 中的 UI 开发非常重要，因为用户界面决定了应用程序是否美观、易用。Android SDK 包含许多组件：文本、按钮、列表、网格等，可以使用它们为应用程序构建用户界面。常见组件在 android.view.View 和 android.view.ViewGroup 两个类中。View 类标识一个通用的 View 对象；ViewGroup 也是一个视图，但它还包含其他视图，ViewGroup 是一些布局类的基类，Android 使用布局的概念来管理组件在容器视图中的摆放方式，关于如何使用布局来控制组件的位置，将在第 4 章中进行详细的讲述。本章将结合具体的案例，介绍一些基本组件的使用方法。

教学目标

理解 Android 系统中图形界面的 MVC 设计模式。

掌握 TextView、EditText、Button、ImageButton、RadioButton、CheckBox、DatePicker、TimePicker、ImageView、ListView、TabHost 等基本组件的使用方法。

掌握基本组件的事件处理。

教学要求

知识要点	能力要求	相关知识
友好登录界面的实现	掌握 TextView、EditText、Button 组件的用法和常用属性	水平线性布局、按钮单击事件监听
图片浏览器的实现	(1) 掌握 ImageView、ImageButton 组件的方法和常用属性 (2) 掌握 ImageButton 的单击事件处理	

续表

知识要点	能力要求	相关知识
注册界面的实现	(1) 掌握 RadioButton、CheckBox 组件的用法和常用属性 (2) 理解 RadioButton 和 RadioGroup 的关系 (3) 掌握 RadioButton、CheckBox 的事件处理	Toast 组件的用法
日期和时间的设置	(1) 掌握 DatePicker 和 TimePicker 组件的方法和常用属性 (2) 掌握 DatePicker 和 TimePicker 事件的处理	
导航条的实现	(1) 掌握 ListView 组件的使用方法 (2) 掌握 ListView 选项事件处理 (3) 掌握 ArrayAdapter 和 SimpleAdapter 两种适配器的用法 (4) 了解 SimpleCursorAdapter	ListView 中 Item 选项的布局、Intent 的用法
模拟文件下载进度条的实现	(1) 掌握 Progressbar 的种类和设置进度条风格的属性 (2) 掌握 Progressbar 的用途 (3) 理解使用 Handler 更新应用程序的界面	Handler 类的用法、线程的使用
考试系统界面的实现	(1) 理解 TabHost 组件的用途 (2) 掌握 TabHost 组件使用的两种方式	
模拟 PPS 消息提醒的实现	(1) 掌握 Notification 组件的用途以及常用属性的设置 (2) 了解通过 PendingIntent 实现发送、取消通知等	PendingIntent

3.1　用户界面基础

要在 Android 中构建用户界面，有多种方法可供选择：可以完全用代码来构造用户界面；可以在 XML 中定义用户界面；可以结合使用两种方法，在 XML 中定义用户界面，然后在代码中引用和修改。

对于开发者来说，必须对应用程序的用户界面有充分的了解，否则编写出来的程序不但容易崩溃，而且可能会在不同的设备上表现差异很大，甚至可能会影响到系统的性能。

Android 图形用户界面框架基于 MVC(Model-View-Controller，模型—视图—控制器)设计模式，如图 3.1 所示。Android SDK 为开发者提供了必要的工具和基础类用于创建控制器(Controller)和视图(View)。控制器主要用于接收用户的各种输入(如按钮操作和触摸屏操作等)，而视图则用于将图形信息显示到手机屏幕上。

模型(Model)是应用程序的核心，用于完成实际的工作。模型有可能是保存在本地数据库中的歌曲以及播放这些歌曲的代码，也有可能是程序中用于保存联系人信息的列表以及给联系人拨打电话或者发送短信的代码。

视图(View)是应用程序给手机用户的各种信息反馈的组成。视图负责手机屏幕的渲染、声音的播放以及触觉反馈(通过振动)等。Android 用户界面的图形部分是由一组树状的图形元素构成的，它们都是 View 类的子类。每一个图形元素都代表了手机屏幕上位于它的父元素内部的一个矩形区域，而该图形元素树的根就是应用程序的窗口对象。

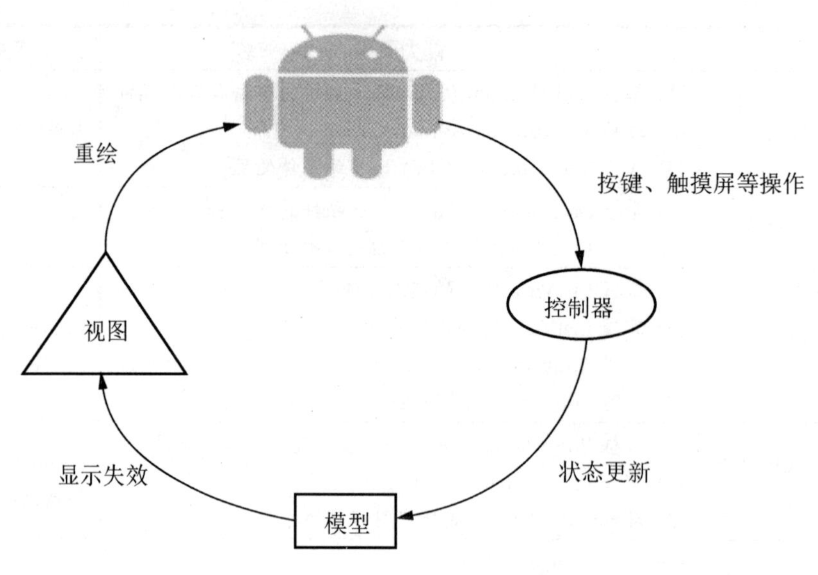

图 3.1　MVC 设计模式

控制器(Controller)是一个应用程序中用于处理外部输入的部分，如用户的按键操作、屏幕单击和一个来电等。对于外部的输入，Android 平台是通过事件队列来实现的，每一个外部的输入动作都用队列中唯一的一个事件来表示，系统会按照顺序从队列中取出每一个事件并将它们分发给特定的应用程序进行处理。

Android 系统的界面组件分为自定义组件和系统组件。自定义组件是用户独立开发的组件，或通过继承并修改系统组件后所产生的新组件，能够为用户提供特殊的功能或与众不同的显示需求方式，自定义组件的内容本书第 10 章将详细介绍。系统组件是 Android 系统提供给用户的已经封装的界面组件，提供在应用程序开发过程中常见功能的组件。系统组件更有利于帮助用户进行快速开发，同时能够使 Android 系统中应用程序的界面保持一致性。

常见的系统组件包括 TextView、EditText、Button、ImageButton、RadioButton、CheckBox、ToggleButton、DigitalClock、DatePicker、TimePicker、ImageView、ListView、ProgressBar、TabHost、Toast、Notification。

3.2　友好登录界面的设计与实现

在手机应用程序中，像 QQ、飞信、Gmail 邮箱等应用，在使用之前都需要先登录，然后通过验证后才可以使用其相关功能。一个良好的登录界面在接受用户输入时，相应的文本框应该会提示用户输入相关的信息。例如，当用户输入学号、电话号码等数字相关内容时，输入法则自动切换到数字软键盘；当用户输入密码时，则以点来显示，从而保证信息的安全。本节将使用 EditText(编辑文本框)、TextView(文本框)，以及 Button(命令按钮)组件来模仿设计一个友好的登录界面，当“学号”、“姓名”、“密码”文本框中都输入“001”

时，在界面上显示欢迎“001 同学您已经登录成绩查询系统!”，否则在界面上显示“您的输入有误，请重新输入!!!”。

3.2.1　预备知识

TextView 类似于一般图形界面中的标签、文本区域等组件，只是为了单纯地显示一行或多行文本。EditText 是用来接受用户输入信息的最重要的组件。Button 在界面上是生成一个按钮，按钮可以供用户进行单击操作。Button 按钮上通常显示文字，但可以通过 android:background 属性为 Button 增加背景色或背景图片，读者可自行尝试，此案例仅仅是显示文字。EditText 和 Button 组件都继承于 TextView，可以说 EditText 是一个具有编辑功能的 TextView。TextView 提供了大量的 XML 属性，这些属性大部分既可以用于 TextView，又可适用于 EditText 和 Button，仅有少部分属性只适用于其中之一。TextView 的常用属性见表 3-1。在本案例中，每一行组件的显示都用到了水平方向的 LinearLayout 布局，代码如下所示：

```
<LinearLayout
    android:id="@+id/linear1"
    android:layout_width="fill_parent"
    android:layout_height="wrap_content"
    android:orientation="horizontal">//控制布局方向为水平方向
    …//此处添加需要显示的组件
</LinearLayout>
```

关于 LinearLayout 线性布局在第 4 章中将进行详细介绍，此处只需要对 LinearLayout 布局有初步认识即可。

表 3-1　TextView 的常用属性和方法

属性名	对应方法	说明
android:autoLink	setAutoLinkMask(int)	设置是否当文本为:URL 链接、E-mail、电话号码、Map 时，文本显示为可单击的链接
android:cursorVisible	setCursorVisible(boolean)	设置文本框光标为显示/隐藏，默认为显示
android:editable		设置该文本是否允许编辑
android:ellipsize	setEllipsize(TextUtils.TruncateAt)	设置当需要显示的文本超过 TextView 组件的长度时，该组件该如何显示 start：省略号显示在开头 end：省略号显示在结尾 middle：省略号显示在中间 marquee：以跑马灯的方式显示(动画横向移动)

续表

属性名	对应方法	说明
android:gravity	setGravity(int)	设置文本框内文本的显示位置 center：文本居中 right：文本靠右 left：文本靠左
android:height	setHeight(int)	设置文本区域的高度，支持度量单位：px(像素)/dp/sp /in /mm(毫米)
android:hint	setHint(int)	设置当文本框内容为空时，文本框默认的文字提示信息
android:inputType	setRawInputType(int)	设置文本的类型，用于帮助输入法显示合适的键盘类型，对 EditText 组件有效
android:lines	setLines(int)	设置文本的行数，设置两行就显示两行，即使第二行没有数据
android:marqueeRepeatLimit	setMarqueeRepeatLimit(int)	在 ellipsize 指定 marquee 的情况下，设置重复滚动的次数，当设置为 marquee_forever 时表示无限次
android:maxLines	setMaxLines(int)	设置文本的最大显示行数
android:minLines	setMinLines(int)	设置文本的最小显示行数
android:password	setTransformationMethod (TransformationMethod)	设置文本框是密码框，以小点“.”显示文本
android:phoneNumber	setKeyListener(KeyListener)	设置文本框为电话号码的输入方式
android:scrollHorizontally	setHorizontallyScrolling(boolean)	设置文本超过文本框的宽度的情况下，是否出现横拉条
android:selectAllOnFocus	setSelectAllOnFocus(boolean)	如果文本是可选择的，设置当它获取焦点时，是否自动选中所有文本
android:singleLine	setTransformationMethod (TransformationMethod)	设置文本是否为当行模式
android:text	setText(CharSequence)	设置文本框显示的文本
android:textColor	setTextColor(int)	设置文本显示的颜色
android:textSize	setTextSize(float)	设置文字大小，推荐度量单位“sp”
android:textStyle	setTypeface(Typeface)	设置字形：粗体、斜体等
android:width	setWidth(int)	设置文本区域的宽度

3.2.2 登录界面的实现

1. 登录界面的设计

登录界面效果如图 3.2 所示，布局文件 main.xml 的详细代码如下：

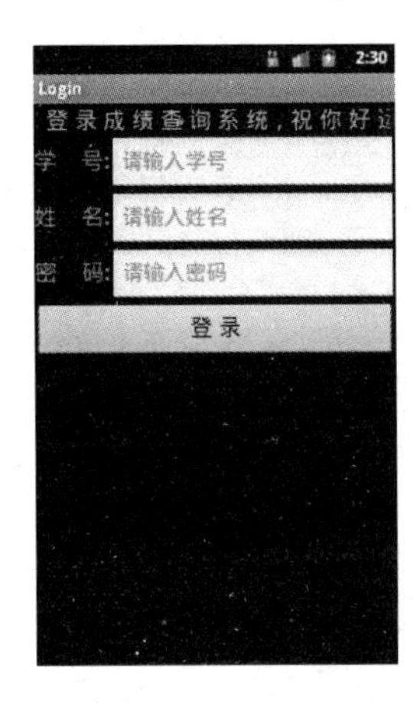

图 3.2　友好登录界面

```
<LinearLayout xmlns:android="http://schemas.android.com/apk/res/android"
    xmlns:tools="http://schemas.android.com/tools"
    android:layout_width="match_parent"
    android:layout_height="match_parent"
    android:orientation="vertical" >
    <!-- 通过 android:text 实现 TextView 显示的文本-->
    <!-- 通过 android:ellipsize 实现跑马灯效果 -->
    <!-- 通过 android:textSize 实现控制字体大小-->
    <!-- 通过 android:marqueeRepeatLimit 设置跑马灯效果循环无限次-->
      <TextView
        android:id="@+id/firstView"
        android:layout_width="fill_parent"
        android:layout_height="wrap_content"
        android:text="欢 迎 您 登 录 成 绩 查 询 系 统， 祝 你 好 运 哦 !!!!! "
        android:textSize="20sp"
        android:singleLine="true"
        android:ellipsize="marquee"
        android:marqueeRepeatLimit="marquee_forever"
        android:focusable="true"
        android:focusableInTouchMode="true"
        android:scrollHorizontally="true" />
      <LinearLayout
        android:id="@+id/linear1"
        android:layout_width="fill_parent"
        android:layout_height="wrap_content"
        android:orientation="horizontal">
        <!-- 通过 android:textColor 设置字体颜色 -->
        <!-- 通过 android:textStyle 设置字形 -->
        <TextView
            android:layout_width="wrap_content"
            android:layout_height="wrap_content"
            android:text="学    号:"
            android:textSize="20sp"
```

```
            android:textColor="#00ff00"
            android:textStyle="bold"/>
          <!-- 通过 android:hint 设置输入提示信息-->
          <!-- 通过 android:inputType 设置数字输入格式-->
        <EditText
            android:layout_width="fill_parent"
            android:layout_height="wrap_content"
            android:hint="请输入学号"
            android:inputType="number"/>
    </LinearLayout>
    <LinearLayout
        android:id="@+id/linear2"
        android:layout_width="fill_parent"
        android:layout_height="wrap_content"
        android:orientation="horizontal">
        <TextView
            android:layout_width="wrap_content"
            android:layout_height="wrap_content"
            android:text="姓    名:"
            android:textSize="20sp"
            android:textColor="#00ff00"
            android:textStyle="bold"/>
        <EditText
            android:layout_width="fill_parent"
            android:layout_height="wrap_content"
            android:hint="请输入姓名"/>
    </LinearLayout>
    <LinearLayout
        android:id="@+id/linear3"
        android:layout_width="fill_parent"
        android:layout_height="wrap_content"
        android:orientation="horizontal">
        <TextView
            android:layout_width="wrap_content"
            android:layout_height="wrap_content"
            android:text="密    码:"
            android:textSize="20sp"
            android:textColor="#00ff00"
            android:textStyle="bold"/>
        <!-- 通过 password 属性设置输入文本以点显示 -->
        <EditText
            android:layout_width="fill_parent"
            android:layout_height="wrap_content"
            android:hint="请输入密码"
            android:password="true"/>
    </LinearLayout>
    <Button
        android:id="@+id/loginBtn"
        android:layout_width="fill_parent"
```

```
        android:layout_height="wrap_content"
        android:text="登 录"
        android:textSize="20sp"/>
</LinearLayout>
```

在如图 3.2 所示的界面设计中，组件的宽度和高度分别用 android:layout_width 和 android:layout_height 属性进行设置。界面中第一个 TextView 运用了 android:ellipsize="marquee"属性实现了文本的跑马灯效果的显示。第二、三、四行的 TextView 和 EditText 两个组件，都采用了水平方向的 LinearLayout 布局，使得两个组件呈水平方向显示。通过 android:inputType=number 设置第一个文本框的输入格式为数字，当输入学号时，键盘会直接切换到数字键盘。第三个 EditText 则通过 android:password="true"设置用户在该文本框输入信息的时候，以点代替显示。另外，在定义 Button、TextView 和 EditText 组件时，都使用 android:id="@+id/组件名"的语句标识了它们的 ID，该 ID 在功能实现时非常重要，因为只有通过该 ID，才可以在功能代码中应用这些组件，具体使用方法见下文。

2. 登录界面的功能实现

本例中使用下面的语句定义了布局文件中的组件：

```
private TextView firstView;
private EditText numberET,nameET,passwordET;
private Button loginBtn;
private String number,name,password;
```

为了在代码中使用布局文件定义的组件，必须使用 findViewById( )方法，例如，要引用第一个 TextView，需要使用 firstView=(TextView)findViewById(R.id.firstView)语句来获取到 TextView 对象。详细功能代码实现如下：

```
    public void onCreate(Bundle savedInstanceState){
        super.onCreate(savedInstanceState);
        setContentView(R.layout.main);
        firstView = (TextView)findViewById(R.id.firstView);
                                            // 根据 ID 获取到 TextView 对象
        numberET = (EditText)findViewById(R.id.numberET);
                                            // 根据 ID 获取到 EditText 对象
        nameET = (EditText)findViewById(R.id.nameET);
        passwordET = (EditText)findViewById(R.id.passwordET);
        loginBtn = (Button)findViewById(R.id.loginBtn);
                                            // 根据 ID 获取到 Button 对象
        loginBtn.setOnClickListener(new OnClickListener(){
                                            // 对 Button 实现单击事件监听
            @Override
            public void onClick(View v){ // 设置单击 Button 后要执行的操作
                number = numberET.getText().toString();// 获取文本框输入的内容
                name = nameET.getText().toString();
                password = passwordET.getText().toString();
                if (number.equals("001")&& name.equals("001")
                        && password.equals("001")){
```

```
                firstView.setText(name + "同学您已经登录成绩查询系统！");
            } else {
                firstView.setText("您的输入有误，请重新输入!!! ");
            }
        }
    });
}
```

输入正确的学号、姓名和密码后，出现如图 3.3 所示登录成功界面。代码中 Button 对象通过调用 setOnClickListener( )方法，注册一个单击事件的监听器 View.OnClickListener( )。View.OnClickListener( )是 View 定义的单击事件的监听器接口，该接口中需要实现的抽象方法为 public abstract void onClick(View v)，参数为 View 类型，即当前单击的窗体组件。当 Button 从 Android 界面框架中接收到事件后，首先检查这个事件是否为单击事件，如果是单击事件，同时 Button 又注册了监听器，就会调用该监听器中的 onClick( )方法，当输入的学号、姓名和密码不正确时，显示效果如图 3.4 所示。

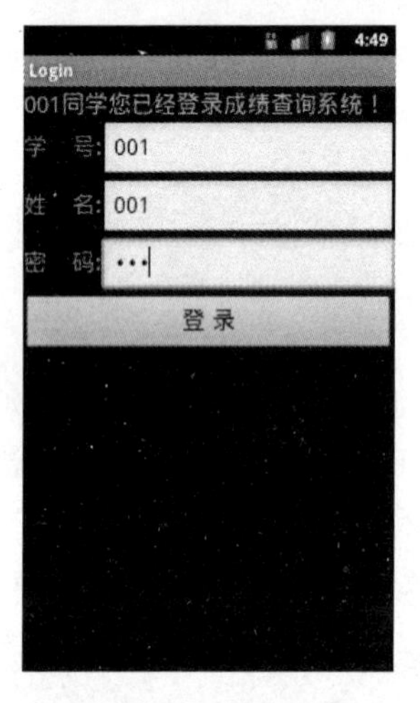

图 3.3 登录成功界面

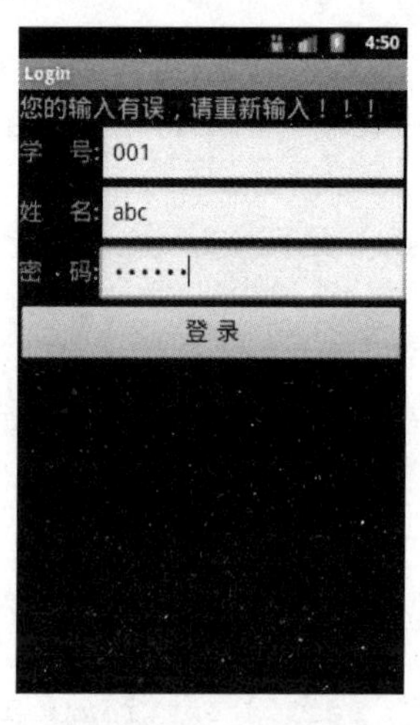

图 3.4 登录失败界面

3.3 图片浏览器的设计与实现

随着手机等智能终端的发展，现在手机的像素越来越高，人们也越来越多地使用手机拍摄照片。在手机中浏览存储的照片，一般情况是调用 Android 系统的浏览图片功能。本节将通过 ImageView(图片视图)组件和 ImageButton(图片按钮)组件来设计一个图片浏览器，掌握如何在 Android 系统应用程序中存储图片以及翻页显示图片的方法。为了增加 UI 的动态效果，本案例使用了动态效果的 ImageButton。当然图片浏览器也可以用 Gallery 组件来实现，Galery 组件的使用在本书第 10 章中介绍。

3.3.1 预备知识

Android 系统为了满足用户显示图像按钮的需要，提供了 ImageButton 组件。

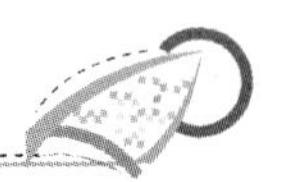

ImageButton 直接继承于 ImageView。ImageView 组件继承自 View 组件，它主要用于显示图像，图像可能来自一个文件、ContentProvider 或图形对象等资源。对于一些与 3.2 节详述的组件相同的属性本节不再介绍，ImageView 常用属性见表 3-2。

表 3-2　ImageView 常用属性和功能

属性名	对应方法	说明
android:adjustViewBounds	setAdjustViewBounds(boolean)	是否保持宽高比。需要与 maxWidth、MaxHeight 一起使用，单独使用没有效果
android:cropToPadding	setCropToPadding(boolean)	是否截取指定区域用空白代替。需要和 android:scrollY 或者 android:scrollX 属性一起使用，单独设置没有效果
android:maxHeight	setMaxHeight(int)	设置 ImageView 的最大高度，单独使用无效，需要与 setAdjustViewBounds (true)方法一起使用
android:maxWidth	setMaxWidth(int)	设置 ImageView 的最大宽度，使用方法同 android:maxHeight 属性
android:scaleType	setScaleType(ImageViwe.ScaleType)	设置 ImageView 所显示的图片如何缩放或移动以适应 ImageView 的大小
android:src	setImageResource(int)	设置 ImageView 所显示的 Drawable 对象的 ID

scaleType 的属性值及说明见表 3-3。

表 3-3　scaleType 的属性值及说明

属性值	说明
matrix	使用 matrix 矩阵对图片进行缩放
fitXY	对图片横向、纵向独立缩放，使得图片完全适应于该 ImageView，图片的纵横比可能会改变
fitStart	保持纵横比缩放图片，直到该图片能完全显示在 ImageView 中
fitCenter	保持纵横比缩放图片，直到该图片能完全显示在 ImageView 中，图片显示在 ImageView 的中间
fitEnd	保持纵横比缩放图片，直到该图片能完全显示在 ImageView 中，图片显示在 ImageView 的右边
center	把图片放在 ImageView 的中间，但不进行任何缩放，当图片长/宽超过 ImageView 的长/宽时，则截取图片的中间部分显示
centerCrop	保持纵横比缩放图片，以使得图片能完全覆盖 ImageView
centerInside	将图片的内容完整居中显示，通过按比例缩小或放大原来的 size 使得图片长/宽等于或小于 View 的长/宽

ImageButton 直接继承于 ImageView，同样具有如表 3-2 所示的属性。ImageButton 与 Button 的区别在于：Button 按钮上显示文字，ImageButton 上则显示图片，所以对于 ImageButton 设置 android:text 属性不起作用，但是可以借助其他方法来实现带文字显示 ImageButton，这里不展开介绍。ImageButton 可以通过 android:src 属性设置按钮图片，图片放到 res/drawable 目录下，也可以在代码中通过 ImageButton.setImageSource( )实现，参数是 res/drawable 目录下的 Resource ID。还可以通过 selector 来设置不同状态下按钮的背景图片，这种方式需要在 res/drawable 目录下新增一个 XML 文件，在 XML 文件中设置 state_pressed、state_selected、state_focused 等几种状态。这个 XML 标签由<selector>标签组成，<selector>标签中可以有多个<item>标签，在<item>标签中可以定义不同状态下显示的不同图片，然后通过 ImageButton 属性 android:src="@drawable/ResourceID"引入该<selector>标签。selector.xml 中的代码如下所示：

```
<?xml version="1.0" encoding="UTF-8"?>
<selector xmlns:android="http://schemas.android.com/apk/res/android">
   <!–单击按钮时，ImageButton 上显示的图片 -->
    <item android:state_pressed="true" android:drawable="@drawable/preb"/>
   <!-- 正常情况下，ImageButton 上显示的图片 -->
    <item android:state_pressed="false" android:drawable="@drawable/preg"/>
</selector>
```

该案例中需要预先把需要用 ImageView 展示的图片，以及单击按钮时需要的图片复制到 res/drawable 目录下，效果如图 3.5 所示。

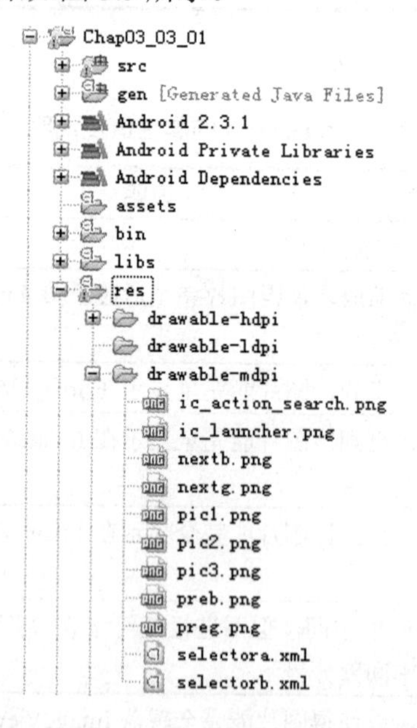

图 3.5　导入图片到 res/drawable 目录下

3.3.2　图片浏览器的实现

1．图片浏览器布局文件设计

布局文件 main.xml 文件中，主要用到了一个 ImageView、两个 ImageButton 组件。两个 ImageButton 同 3.2 节一样用到了水平方向的 LinearLayout。代码如下所示：

```
<LinearLayout xmlns:android="http://schemas.android.com/apk/res/android"
    xmlns:tools="http://schemas.android.com/tools"
    android:layout_width="match_parent"
    android:layout_height="match_parent"
    android:orientation="vertical" >
    <TextView
        android:id="@+id/showView"
        android:layout_width="fill_parent"
        android:layout_height="wrap_content"
        android:text="@string/hello_world"/>
    <ImageView
        android:id="@+id/imageView"
        android:layout_width="wrap_content"
        android:layout_height="wrap_content"
        android:layout_gravity="center_horizontal"
        android:scaleType="centerCrop"
        android:src="@drawable/pic1"/>
    <LinearLayout
           android:id="@+id/linear1"
            android:layout_width="fill_parent"
            android:layout_height="wrap_content"
            android:layout_marginTop="25dip"
            android:orientation="horizontal">
        <ImageButton
              android:id="@+id/preBut"
               android:layout_width="wrap_content"
               android:layout_height="wrap_content"
              android:layout_marginLeft="30dip"
              android:src="@drawable/selectora"/>
        <ImageButton
               android:id="@+id/nextBut"
               android:layout_width="wrap_content"
               android:layout_height="wrap_content"
               android:layout_marginLeft="100dip"
               android:src="@drawable/selectorb"/>
    </LinearLayout>
</LinearLayout>
```

2. 图片浏览器的功能实现

在实现上翻、下翻图片的监听事件时，可以直接使用匿名内部类，也可以定义单独的实现 OnClickListener( )接口的类，本案例定义了一个单独的类 ButtonListener，用于实现图片的浏览功能，详细代码如下所示：

```
public class MainActivity extends Activity {
    private ImageButton preBtn,nextBtn;
    private ImageView imageView;
    private int currentImgId=0;           //记录当前 ImageView 中显示图片的 ID
    int imgID[]={R.drawable.pic1,R.drawable.pic2,R.drawable.pic3};
                                          //存储 ImageView 显示的图片的 ID
    @Override
    public void onCreate(Bundle savedInstanceState){
        super.onCreate(savedInstanceState);
        setContentView(R.layout.main);
        imageView=(ImageView)findViewById(R.id.imageView);
        preBtn=(ImageButton)findViewById(R.id.preBut);
        nextBtn=(ImageButton)findViewById(R.id.nextBut);
        preBtn.setOnClickListener(new ButtonListener());
        nextBtn.setOnClickListener(new ButtonListener());
    }
    class ButtonListener implements OnClickListener{
        @Override
        public void onClick(View v){
            // TODO Auto-generated method stub
            if(v==preBtn){//如果单击的是“上一张”按钮
                currentImgId=(currentImgId-1+imgID.length)%imgID.length;
                                          //计算图片在数组中的下标
                imageView.setImageResource(imgID[currentImgId]);
                                          //设置 ImageView 显示的图片
            }
            if(v==nextBtn){               //如果单击的是“下一张”按钮
                currentImgId=(currentImgId+1)%imgID.length;//计算图片在数组中的下标
                imageView.setImageResource(imgID[currentImgId]);
                                          //设置 ImageView 显示的图片
            }
        }
    }
}
```

程序运行效果如图 3.6 所示。在程序中定义一个 imgID[ ]数组用来存放需要显示图片的 ID。接下来对 preBtn 和 nextBtn 实现了单击事件的监听，并且调用了 setImageResource( )方法来修改 ImageView 上所显示的图片。

图 3.6 图片浏览器

3.4 注册界面的设计与实现

在计算机上访问网站时，一般情况下需要进行用户注册，注册的时候需要输入用户名、性别、兴趣爱好、邮箱等。通过注册，可以方便用户二次登录，也方便网站管理员管理用户，以及及时获得网站的人气，从而产生一定的广告效益。同理，对于手机等智能终端的应用程序也不例外，往往很多程序也需要注册。在注册页面中通常要求选择性别，性别具有唯一性，在 Android 系统中提供了 RadioButton(单选按钮)组件来实现唯一的功能。对于“你喜欢吃什么”“你的兴趣爱好有哪些”等问题，Android 系统中提供了 CheckBox(复选框)组件来实现选择。本节将使用 RadioButton、CheckBox 组件以及前面介绍过的 TextView、EditText 和 Button 组件来设计一个注册界面。

3.4.1 预备知识

在 Android 系统中，RadioButton 与 CheckBox 都是 Button 的子类，所以继承了 Button 的各种属性，而且还多了一个可选中的功能。RadioButton 单选按钮是一种双状态的按钮，有 checked 和 unchecked 两种状态。当 RadioButton 的状态是 unchecked 时，用户可以通过 press 或 click 使其 checked，但是不能通过再次 press 或 click 让 RadioButton 变为 unchecked。RadioButton 通常都是和 RadioGroup 结合使用，RadioGroup 是用于创建一组选中状态相互排斥的单选按钮组，是可以容纳多个 RadioButton 的容器。在一个 RadioGroup 中最多只有一个 RadioButton 被选中，如果一个组中选中了一个 RadioButton，会自动取消其他按钮的选中状态。不同的 RadioGroup 中的 RadioButton 互不相干，即如果组 A 中有一个 RadioButton 被选中了，组 B 中依然可以有一个 RadioButton 被选中。一般情况下，一个 RadioGroup 中至少有两个 RadioButton。

在程序设计过程中，需要确定用户的选择是否正确，或者需要知道用户选择的是哪一个选项，这时可以通过对 RadioGroup 注册事件监听器，实现 android.widget.RadioGroup.

OnCheckedChangeListener( )接口，就可以根据用户的选项，控制程序执行相应的操作。

CheckBox 可以让用户选择一个以上的选项，为了确定用户是否选择了某一项，就需要对每一个 CheckBox 设置事件监听器，CheckBox 需要实现的是 android.widget.CompoundButton. OnCheckedChangeListener( )接口，通过其中的 ChekBox.isChecked( )方法判断该选项是否被选中，true 表示选中，false 表示未选中。

在本案例中，测试对 RadioButton 和 CheckBox 事件监听是否产生相应的效果，运用 Toast 组件来显示结果，当然也可以将用户的注册信息写入文件中，关于注册信息写入文件的相关知识将在第 6 章介绍。Toast 组件是一种给用户提示信息的视图，该视图以浮于应用程序之上的形式呈现给用户，而且显示的时间有限，过一段时间后自动消失。因为它并不获得焦点，所以即使用户正在输入信息也不会受到影响。Toast 可以自定义提示框的位置、显示的文字内容、显示的图标等信息。

创建一个 Toast 涉及的常量有以下两种。

(1) LENGTH_LONG：表示持续显示视图或文本较长时间。

(2) LENGTH_SHORT：表示持续显示视图或文本较短时间。

Toast 常用的方法见表 3-4。gravity 的值及说明见表 3-5。

表 3-4　Toast 常用方法

方　法	说　明
static ToastMakeText (Context context, CharSequence text ,int duration)	生成一个从资源中取得的包含文本视图的标准 Toast 对象，参数 context 表示使用的上下文，通常是 Application 或者 Activity 对象；text 表示要显示的字符串；duration 表示该信息的存续时间，值为 LENGTH_SHORT 或者 LENGTH_SHORT
void setDuration(int duration)	duration 的实际可用最大值为 3500，即最多只能显示 3.5s
void setGravity(int gravity, int xOffset, int yOffset)	设置提示信息在屏幕上显示的位置，参数 gravity 可以设置的值见表 3-5；xOffset 和 yOffset 分别表示水平和垂直方向的偏移量
void setView(View view)	设置要显示的 View，这个方法可以显示自定义的 Toast 视图，可以包含图像、文字等
void show( )	根据指定的 duration 显示提示信息

表 3-5　gravity 的值及说明

属性值	说　明
top	对齐到容器顶部(组件大小不变)
bottom	对齐到容器底部(组件大小不变)
left	对齐到容器左边(组件大小不变)
right	对齐到容器右边(组件大小不变)

续表

属性值	说　明
center_vertical	对齐到容器纵向中央位置(组件大小不变)
fill_vertical	纵向拉伸填满容器
center_horizontal	对齐到容器横向中央位置(组件大小不变)
fill_ horizontal	横向拉伸填满容器
center	对齐到容器中央位置
fill	横向、纵向拉伸填满容器

下面通过案例分别介绍默认 Toast、自定义 Toast 显示位置，以及带图标的 Toast 的使用。布局文件中使用了 3 个 Button 组件，代码比较简单，不再详述。程序实现代码如下所示：

```
public class MainActivity extends Activity {
    private Button firstBtn, secondBtn, thirdBtn;
    private Toast toast;
    @Override
    protected void onCreate(Bundle savedInstanceState){
        super.onCreate(savedInstanceState);
        setContentView(R.layout.main);
        firstBtn = (Button)findViewById(R.id.firstBtn);
        secondBtn = (Button)findViewById(R.id.secondBtn);
        thirdBtn = (Button)findViewById(R.id.thirdBtn);
        // 下面是多个按钮注册到同一个事件监听器上
        firstBtn.setOnClickListener(new BtnListener());
        secondBtn.setOnClickListener(new BtnListener());
        thirdBtn.setOnClickListener(new BtnListener());
    }
    class BtnListener implements OnClickListener {
        @Override
        public void onClick(View v){
            switch (v.getId()){
            case R.id.firstBtn:
                Toast.makeText(MainActivity.this,"这是默认样式的toast",Toast.
LENGTH_LONG).show();
                return;
            case R.id.secondBtn:
                toast = Toast.makeText(MainActivity.this, "这是自定义位置的
toast",Toast.LENGTH_LONG);
                // 调用 setGravtity()方法，设置 toast 的显示位置
                toast.setGravity(Gravity.CENTER, 0, 0);
                //显示 toast
                toast.show();
                return;
            case R.id.thirdBtn:
                toast = Toast.makeText(MainActivity.this, "这是带图标的 toast",
Toast.LENGTH_LONG);
                toast.setGravity(Gravity.CENTER, 0, 0);
```

```
                // 获取 Toast 的 View 对象
                LinearLayout toastView = (LinearLayout)toast.getView();
                // 创建 ImageView 对象
                ImageView image = new ImageView(MainActivity.this);
                // 设置 ImageView 的背景图片
                image.setImageResource(R.drawable.icon);
                // 将 ImageView 添加到 View 上
                toastView.addView(image);
                // 将 View 显示在 Toast 上
                toast.setView(toastView);
                toast.show();
                return;
            }
        }
    }
}
```

自定义 Toast 显示位置的运行效果如图 3.7 所示，带图标的 Toast 运行效果如图 3.8 所示。

图 3.7　自定义位置 Toast

图 3.8　带图标的 Toast

3.4.2　注册界面的实现

1．注册界面的布局设计

为了在表示性别的 RadioButton 组件和表示爱好的 CheckBox 组件后显示文字内容，只要修改它们的 android:text 属性即可。本注册界面设计案例中，采用的是系统提供的默认样式 Toast 组件。详细代码如下：

```
<LinearLayout xmlns:android="http://schemas.android.com/apk/res/android"
    xmlns:tools="http://schemas.android.com/tools"
    android:orientation="vertical"
    android:layout_width="match_parent"
```

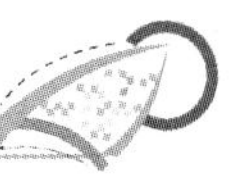

```
    android:layout_height="match_parent">
    <TextView
        android:id="@+id/textView1"
        android:layout_width="wrap_content"
        android:layout_height="wrap_content"
        android:text="请输入您的用户名:"/>
    <EditText
        android:id="@+id/editText1"
        android:layout_width="fill_parent"
        android:layout_height="wrap_content"
        android:hint=" "/>
    <TextView
        android:id="@+id/textView2"
        android:layout_width="wrap_content"
        android:layout_height="wrap_content"
        android:text="请选择您的性别:"/>
    <RadioGroup
        android:id="@+id/radioGroup1"
        android:orientation="horizontal"
        android:layout_width="wrap_content"
        android:layout_height="wrap_content">
         <RadioButton
                    android:id="@+id/maleButton"
                    android:text="男"
                    android:layout_width="wrap_content"
                    android:layout_height="wrap_content"/>
            <RadioButton
                    android:id="@+id/femaleButton"
                    android:text="女"
                    android:layout_width="wrap_content"
                    android:layout_height="wrap_content"/>
    </RadioGroup>
    <TextView
        android:id="@+id/textView3"
        android:layout_width="wrap_content"
        android:layout_height="wrap_content"
        android:text="请选择您的爱好:"/>
    <CheckBox
         android:id="@+id/singBox"
         android:layout_width="wrap_content"
             android:layout_height="wrap_content"
             android:text="唱歌"/>
    <CheckBox
         android:id="@+id/danceBox"
         android:layout_width="wrap_content"
         android:layout_height="wrap_content"
         android:text="跳舞"/>
    <CheckBox
           android:id="@+id/drawBox"
```

```
            android:layout_width="wrap_content"
            android:layout_height="wrap_content"
            android:text="画画"/>
    <Button
        android:id="@+id/button1"
        android:layout_width="wrap_content"
        android:layout_height="wrap_content"
        android:text="注  册"/>
</LinearLayout>
```

2. 注册功能的实现

本案例中，对于性别的选中监听事件使用 android.widget.RadioGroup.OnCheckedChangeListener( )的匿名内部类实现，对于复选按钮事件监听使用 android.widget.CompoundButton.OnCheckedChangeListener( )接口的单独类实现，具体代码如下所示。运行效果如图 3.9 所示。

```
public class MainActivity extends Activity {
    private RadioGroup genderGroup;// 定义单选按钮组
    private RadioButton maleBtn, femaleBtn;
    private CheckBox singCheckBox, danceCheckBox, drawCheckBox;
    public void onCreate(Bundle savedInstanceState){
        super.onCreate(savedInstanceState);
        setContentView(R.layout.main);
        genderGroup = (RadioGroup)findViewById(R.id.radioGroup1);
        maleBtn = (RadioButton)findViewById(R.id.maleButton);
        femaleBtn = (RadioButton)findViewById(R.id.femaleButton);
        singCheckBox = (CheckBox)findViewById(R.id.singBox);
        danceCheckBox = (CheckBox)findViewById(R.id.danceBox);
        drawCheckBox = (CheckBox)findViewById(R.id.drawBox);
        // 对 RadioGroup 注册事件监听器
        genderGroup.setOnCheckedChangeListener(new OnCheckedChangeListener(){
            @Override
            public void onCheckedChanged(RadioGroup group, int checkedId){
                String sexString = "";      // 定义显示性别的字符串变量
                if (maleBtn.getId()== checkedId){// 根据 checkedId 判断用户的选项
                    sexString = sexString + maleBtn.getText();
                                            // 调用 getText()方法获得按钮文本
                } else if (femaleBtn.getId()== checkedId){
                    sexString = sexString + femaleBtn.getText();
                }
                Toast.makeText(MainActivity.this,"您选择的性别是: " + sexString,
                      Toast.LENGTH_LONG).show();
            }
        });
        // 下面分别对每个 CheckBox 实现事件监听
        singCheckBox.setOnCheckedChangeListener(new Listener());
        danceCheckBox.setOnCheckedChangeListener(new Listener());
        drawCheckBox.setOnCheckedChangeListener(new Listener());
```

```
    }
    class Listener implements android.widget.CompoundButton.OnCheckedChangeListener {
        @Override
        public void onCheckedChanged(CompoundButton buttonView,boolean isChecked){
            String str = "";// 定义显示爱好的字符串变量
             //调用 isChecked()方法，判断哪个选项被选中
            if (singCheckBox.isChecked()){
                str = str + singCheckBox.getText();
            }
            if (danceCheckBox.isChecked()){
                str = str + danceCheckBox.getText();
            }
            if (drawCheckBox.isChecked()){
                str = str + drawCheckBox.getText();
            }
            Toast.makeText(MainActivity.this, "您选择的爱好是：" + str,
                    Toast.LENGTH_LONG).show();
        }
    }
}
```

图 3.9　注册界面

3.5　设置日期和时间的设计与实现

随着电子商务的发展，越来越多的人热衷于在网站上订票、注册会员，这些应用往往需要用户输入日期和时间格式的数据。很多网站都会提供日期和时间的选择功能，当选择完毕，就会自动将日期和时间填入需要填写的位置。Android 系统也提供了类似的日期和时间选择的组件：DatePicker(日期)和 TimePicker(时间)。本节将通过案例来学习如何设置日期和时间。

3.5.1 预备知识

DatePicker 继承自 FrameLayout 类。DatePicker 组件的主要功能是向用户提供包含年、月、日的日期数据并允许用户对其修改。如果需要捕获用户修改日期选择组件中的数据事件，需要为 DatePicker 添加 OnDateChangedListener 监听器。

TimePicker 也继承自 FrameLayout 类。TimePicker 组件向用户显示一天中的时间(可以为 24 小时制，也可以为 AM/PM 制)，并允许用户进行选择。如果要捕获用户修改时间数据的事件，需要为 TimePicker 添加 OnTimeChangedListener 监听器。

3.5.2 DatePicker 和 TimePicker 的实现

1. 设置日期和时间的布局设计

这里运用了 DatePicker 和 TimePicker，以及两个 TextView 组件，两个 TextView 组件分别用来显示 DatePicker 和 TimePicker 上设置的日期和时间。界面设计 main.xml 代码如下所示：

```
<LinearLayout xmlns:android="http://schemas.android.com/apk/res/android"
    xmlns:tools="http://schemas.android.com/tools"
    android:layout_width="match_parent"
    android:layout_height="match_parent"
    android:orientation="vertical">
    <!-- DatePicker 组件 -->
    <DatePicker
        android:id="@+id/datePicker"
        android:layout_width="wrap_content"
        android:layout_height="wrap_content"/>
    <TextView
        android:id="@+id/dateShow"
        android:layout_width="wrap_content"
        android:layout_height="wrap_content"
        android:text="显示设置的日期"/>
     <!-- TimePicker 组件 -->
    <TimePicker
         android:id="@+id/timePicker"
         android:layout_width="wrap_content"
         android:layout_height="wrap_content"/>
    <TextView
         android:id="@+id/timeShow"
         android:layout_width="wrap_content"
         android:layout_height="wrap_content"
         android:text="显示设置的时间"/>
</LinearLayout>
```

2. 设置日期和时间的功能实现

程序运行效果如图 3.10 所示。功能实现的代码如下所示：

```
public class MainActivity extends Activity {
    private DatePicker my_datePicker;
    private TimePicker my_timePicker;
    private TextView dateView, timeView;
    private Calendar my_Calendar;
    private int my_Year, my_Month, my_Day, my_Hour, my_Minute;
    @Override
    public void onCreate(Bundle savedInstanceState){
        super.onCreate(savedInstanceState);
        setContentView(R.layout.main);
        my_datePicker = (DatePicker)findViewById(R.id.datePicker);
        my_timePicker = (TimePicker)findViewById(R.id.timePicker);
        dateView = (TextView)findViewById(R.id.dateShow);
        timeView = (TextView)findViewById(R.id.timeShow);
        // 获取当前的年、月、日、小时、分钟
        my_Calendar = Calendar.getInstance(Locale.CHINA);
        my_Year = my_Calendar.get(Calendar.YEAR);
        my_Month = my_Calendar.get(Calendar.MONTH);
        my_Day = my_Calendar.get(Calendar.DAY_OF_MONTH);
        my_Hour = my_Calendar.get(Calendar.HOUR_OF_DAY);
        my_Minute = my_Calendar.get(Calendar.MINUTE);
        // TimePicker 支持 24 小时制
        my_timePicker.setIs24HourView(true);
        // 初始化 DatePicker 组件，同时指定监听器
        my_datePicker.init(my_Year, my_Month, my_Day,new OnDateChangedListener(){
            @Override
            public void onDateChanged(DatePicker view, int year,int monthOfYear,
int dayOfMonth){
                my_Year = year;
                my_Month = monthOfYear + 1;// 因为1月在系统中的初始值为0，所以需要加1
                my_Day = dayOfMonth;
                // 用 TextView 来显示设置好的日期
                dateView.setText("您设置的日期是:" + my_Year + "年" + my_Month+
"月" + my_Day + "日");
            }
        });
        // 为 TimePicker 指定监听器
        my_timePicker.setOnTimeChangedListener(new OnTimeChangedListener(){
            @Override
            public void onTimeChanged(TimePicker view, int hourOfDay, int minute){
                my_Hour = hourOfDay;
                my_Minute = minute;
                // 用 TextView 来显示设置好的时间
                timeView.setText("您设置的时间是:" + my_Hour + "时" + my_Minute + "分");
            }
        });
    }
}
```

程序中通过调用 init( )方法，将组件显示的日期设置为当前日期，通过为 DatePicker 添加 OnDateChangedListener( )监听日期的改变，对 TimePicker 添加 OnTimeChangedListener( )监听时间的改变。在程序中，还用到了 Calendar 类的 get( )方法，用来获取当前的日期和时间。

图 3.10　设置日期和时间

3.6　导航条的设计与实现

ListView 是 Android 开发中比较常用的一种组件，它以列表的形式展示具体内容，并且能够根据数据的长度自适应显示。在手机等智能终端应用程序中，经常使用列表形式显示内容。例如，Android 系统自带的联系人应用中，用来显示联系人列表；在新闻浏览软件中，用来显示一条条的新闻信息；在微博客户端软件中用于显示微博信息；在淘宝客户端显示商品信息等。由此可见，ListView 的应用非常广泛，本节将通过案例来学习 ListView 的用法。

3.6.1　预备知识

ListView 组件在稍微复杂点的布局中都会用到，利用它可以让用户界面美观、有层次，该组件是 android.widget.AbsListView 的子类，既可以用来作为数据显示的容器，也可以作为界面的布局。在使用 ListView 显示内容时，包含 3 个关键元素。

(1) 用来显示数据的 ListView 组件。ListView 组件可以直接在布局文件中定义，也可以通过继承 ListActivity 类获得。

(2) 用来显示的数据 data。data 是被映射的字符串、图片或基本组件。

(3) 用来把数据映射到 ListView 上的适配器 ListAdapter。根据列表的适配器类型，列表分为 3 种，ArrayAdapter、SimpleAdapter 和 SimpleCursorAdapter。

3 个关键元素的关系如图 3.11 所示。ListView 组件的常用属性见表 3-6。

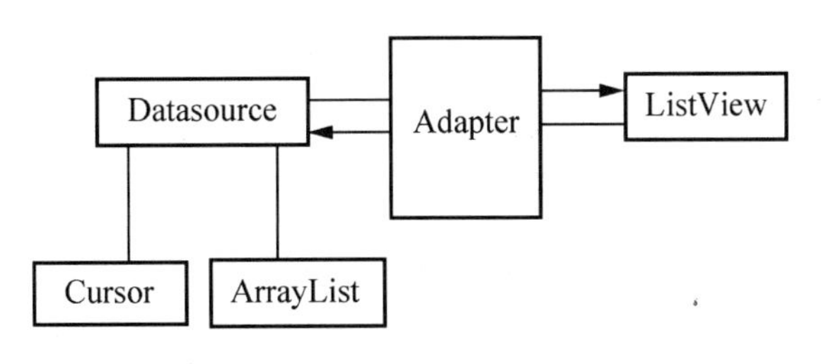

图 3.11　数据、适配器、视图三者的关系

表 3-6　ListView 的常用属性和功能

属性名	功　　能
android:divider	设置列表项之间用某个图形或某种颜色来分隔。可以用“@[+][package:]type:name”或者“?[package:][type:]name”(主题属性)的形式来指向某个已有资源；也可以用“#rgb”“#argb”“#rrggbb”或者“#aarrggbb”的格式来表示某种颜色
android:dividerHeight	设置列表项之间分隔符的高度。若没有指明高度，则用分隔符固有的高度。属性值必须为带单位的浮点数，如“14.5sp”。单位可以是 px、dp、sp、in 和 mm。也可以用“@[package:]type:name”或者“?[package:][type:]name”(主题属性)的格式来指向某个包含此类型值的资源
android:scrollbars	隐藏或显示 ListView 的滚动条
android:choiceMode	规定此 ListView 所使用的选择模式。默认状态下，它没有选择模式。该属性值只能取 0(表示无选择模式)、1(表示最多可以有一项被选中)或 2(表示可以多项被选中)中之一

1. 普通 ListView 组件

普通 ListView 组件的使用步骤如下。

(1) 在要显示列表的界面布局文件中添加 ListView 组件，代码如下：

```
<ListView
    android:layout_width="fill_parent"
    android:layout_height="fill_parent"
    android:id="@+id/listview" />
```

(2) 定义数据适配器，前面已经介绍过，数据适配器有 ArrayAdapter、SimpleAdapter 和 SimpleCursorAdapter 3 种类型。其中 ArrayAdapter 最简单，它只能展示一行文本信息；SimpleAdapter 有最好的扩充性，可以自定义各种效果，在下面的自定义 ListView 组件中会详细介绍；SimpleCursorAdapter 可以认为是 SimpleAdapter 对数据库的简单结合，可以方便地将数据库的内容以列表的形式展示出来，它的用法将在第 7 章中介绍，本节不再详述。实现代码如下：

```
    ArrayAdapter adapter = new ArrayAdapter(this, android.R.layout.simple_
list_item_1, items);
```

ArrayAdapter 有 3 个参数，第一个参数为 Context，第二个参数为 Android 系统提供的常用布局风格(表 3-7)或自定义的布局文件(将在“自定义 ListView 组件”中详细介绍)，第

三个参数为数组(即 ListView 列表中的内容，不能用 int 型数组)。

表 3-7　ListView 的常用布局风格及功能

布局风格	功　能
android.R.layout.simple_list_item_1	每一项只有一个 TextView
android.R.layout.simple_list_item_2	每一项有两个 TextView，分两行显示
android.R.layout.simple_list_item_multiple_choice	每一项有一个多选按钮
android.R.layout.simple_list_item_checked	每一项有一个复选框
android.R.layout.simpte.list_item_single_choice	每一项有一个 TextView，但是这一项可以被选中

(3) 将适配器与 ListView 相关联，代码如下：

```
lvwSimple .setAdapter(adapter );
```

2. 自定义 ListView 组件

自定义 ListView 组件的使用步骤如下。

(1) 在要显示列表的界面布局文件中添加 ListView 组件，代码与普通 ListView 组件一样。

(2) 自定义显示列表项的布局文件。在有些应用程序中，列表行不只是显示一个文本信息，有的会在一行上显示姓名和电话号码，也有的会在一行上显示头像和姓名等，这些需求用普通 ListView 组件的使用方法就不能实现，对于这类需求，需要在项目文件夹的 res/layout 文件夹下新建一个布局文件 person.xml，与普通布局文件的创建方法相同，代码如下：

```
<?xml version="1.0" encoding="utf-8"?>
<LinearLayout xmlns:android=http://schemas.android.com/apk/res/android
         android:orientation="horizontal"
         android:layout_width="fill_parent"
         android:layout_height="fill_parent">
        <ImageView android:id="@+id/icon"
                android:layout_width="48dip"
                android:layout_height="48dip" />
        <TextView android:id="@+id/text"
               android:layout_gravity="center_vertical"
               android:layout_width="0dip"
               android:layout_weight="1"
               android:layout_height="wrap_content" />
</LinearLayout>
```

上述代码表示在 ListView 组件的一行上，分别用一个 ImageView 组件和一个 TextView 组件显示头像和姓名。

(3) 定义数据适配器。为了灵活使用自定义 ListView 组件，需要使用 SimpleAdapter 适配器。使用 SimpleAdapter 适配器需要分两步完成。

第一步：定义数据结构，添加数据。从 ListView 组件显示信息的本身来分析，纵向看，ListView 就是一个 List，横向看，ListView 是一个包含键值对的 Map，所以数据结构就是

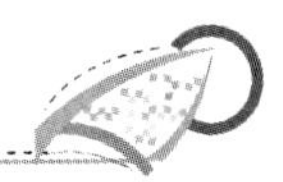

List<Map<String,Object>>，添加数据的关键代码如下：

```
List<HashMap<String,Object>> data =  new ArrayList<HashMap<String,Object>>();
HashMap<String,Object> info = new HashMap<String,Object>();
//将头像和姓名分别放入 Map 键值对中
info.put("img", R.drawale.icon1);
info.put("name", "王庆林");
data.add(info);
```

第二步：使用 SimpleAdapter 向 ListView 中填入数据。SimpleAdapter 将一个 List 作为数据源，可以让 ListView 进行更加个性化的显示。它的构造方法格式如下：

```
SimpleAdapter(Context context,List<? Extends Map<String,?>> data,int re
source,String [] from, int [ ] to);
```

参数说明：Context 表示当前上下文；Data 表示数据源；Resource 表示自定义的布局文件资源；From 表示定义 ListView 中的每一项数据索引，也就是 Map 中的键集合；To 表示自定义布局文件中的资源 ID 集合，与 From 的参数要一一对应。代码如下：

```
SimpleAdapter adapter =  new SimpleAdapter(ListViewActivity.this,data,
R.layout.person, new String[]{"img","name"}, new int[]{R.id.icon,R.id.text});
```

(4) 将适配器与 ListView 相关联，代码如下：

```
lvwSimple .setAdapter(adapter );
```

3. 给 ListView 设置单击列表项监听事件

```
lvwSimple .setOnItemClickListener(new OnItemClickListener(){
      @Override
      public void onItemClick(AdapterView<?> parent, View view, int position, long id){
            HashMap<String, String> info = data.get(position);
             String name = info.get(name);
      }
});
```

onItemClick( )方法中有 4 个参数，第一个参数 parent 相当于 ListView 组件适配器的一个指针，可以通过它来获得适配器里的所有内容；第二个参数 view 是单击的列表项中的对象的句柄，也就是开发者可以用这个 view 来获得 ListView 组件中列表项对应组件的 id，并根据该组件的 id 操作组件；第三个参数 position 是列表项在适配器里的位置(生成 ListView 组件时，适配器一个一个地实现列表项，然后把它们按顺序排好队，再放到 ListView 里，即单击的列表项是第 position 号实现的)；第四个参数 id 是列表项在 ListView 组件里的第几行的位置，大部分时候 position 和 id 的值是一样的。上述单击事件代码中使用 data.get(position)方法，获得用户单击的列表项所在位置处的 HashMap 键值对，然后根据 name 键获得该列表项中的姓名信息。

上面介绍的普通 ListView 组件和自定义 ListView 组件的使用步骤中，都是先在布局文件中创建一个 ListView 组件对象，然后再给 ListView 组件设置适配器。其实还可以直接继承ListActivity类创建一个Activity，ListActivity类继承Activity类，默认绑定了一个ListView组件，并提供一些与列表视图、处理相关的操作，操作方法与上述的类似，限于篇幅不再详述。

3.6.2 导航条的实现

1. 导航条界面设计

本案例是使用 SimpleAdapter 适配器和 ListView 实现的导航条，其中每一个选项既有图片又有文字。预先将需要的图片复制到 res/drawable 目录中。主界面布局文件 main.xml 代码如下所示：

```
<LinearLayout xmlns:android="http://schemas.android.com/apk/res/android"
    xmlns:tools="http://schemas.android.com/tools"
    android:layout_width="fill_parent"
    android:layout_height="fill_parent"
    android:orientation="vertical" >
       <ListView
          android:id="@+id/myList"
          android:layout_width="fill_parent"
          android:layout_height="wrap_content"
          android:dividerHeight="2px"
          android:layout_marginLeft="4px"/>
          <!-- 距离左边 4 像素，android:dividerHeight="2px"表示选项间隔 2 像素 -->
</LinearLayout>
```

因为每个 Item 选项中有图片和文字，系统提供的布局不能满足使用需要，所以要自定义每个 Item 的布局，布局文件 guidelist.xml 与主界面布局文件保存在同一位置，代码如下：

```
<?xml version="1.0" encoding="utf-8"?>
<LinearLayout xmlns:android="http://schemas.android.com/apk/res/android"
    android:layout_width="fill_parent"
    android:layout_height="fill_parent"
    android:orientation="horizontal" >
    <ImageView
        android:id="@+id/myImageView"
        android:layout_width="wrap_content"
        android:layout_height="wrap_content"
        android:layout_marginBottom="3px"
        android:layout_marginTop="3px" />
    <TextView
        android:id="@+id/nameTextView"
        android:layout_width="wrap_content"
        android:layout_height="wrap_content"
        android:layout_gravity="center_vertical"
        android:layout_marginLeft="50px"
        android:textSize="24sp" />
</LinearLayout>
```

上述代码中定义了水平方向的 LinearLayout，其中包含一个 ImageView 和一个 TextView。ImageView 用于显示图片，TextView 用于显示文本信息。

2. 导航条的功能实现

为了在导航条的某一行单击后，能够直接链接到相应的网站，本案例用到了 Intent，该内容将在第 6 章介绍，这里读者对该内容只要有所了解即可。实现代码如下所示：

```
public class MainActivity extends Activity {
    private ListView listView;
    @Override
    public void onCreate(Bundle savedInstanceState){
        super.onCreate(savedInstanceState);
        setContentView(R.layout.main);
        listView = (ListView)findViewById(R.id.myList);
        List<HashMap<String, Object>> list = new ArrayList<HashMap<String,
Object>>();
        // 定义 List，list 中存储的是 HashMap 类型的元素
        HashMap<String, Object> map1 = new HashMap<String, Object>();
        HashMap<String, Object> map2 = new HashMap<String, Object>();
        HashMap<String, Object> map3 = new HashMap<String, Object>();
        HashMap<String, Object> map4 = new HashMap<String, Object>();
        HashMap<String, Object> map5 = new HashMap<String, Object>();
        // 为每个 HashMap 添加具体的内容
        map1.put("picture", R.drawable.baidu);
        map1.put("name", "百    度");
        map2.put("picture", R.drawable.sina);
        map2.put("name", "新    浪");
        map3.put("picture", R.drawable.sohu);
        map3.put("name", "搜    狐");
        map4.put("picture", R.drawable.tencent);
        map4.put("name", "腾    讯");
        map5.put("picture", R.drawable.google);
        map5.put("name", "谷    歌");
        // 把每个 map 添加到 list 列表中
        list.add(map1);
        list.add(map2);
        list.add(map3);
        list.add(map4);
        list.add(map5);
         /*声明 SimpleAdapter
         * 第一个参数是 Activity 上下文
         * 第二个参数是数据源
         * 第三个参数是每一行的布局资源文件
         * 第四个参数是 HashMap 中的 key
         * 第五个参数是 guidelist.xml 文件中组件的 id*/
        SimpleAdapter adapter = new SimpleAdapter(this, list,R.layout.guidelist,
```

```
                new String[] { "picture", "name" },new int[] { R.id.
myImageView, R.id.nameTextView });
        listView.setAdapter(adapter);// 将 SimpleAdapter 绑定到 ListView 上
        listView.setOnItemClickListener(new myListener());// 对 ListView 的
item 实现单击事件的监听
    }
    class myListener implements OnItemClickListener {
        private Intent intent;
        @Override
        public void onItemClick(AdapterView<?> arg0, View arg1, int arg2,long arg3){
            switch (arg2){
            case 0:
                intent = new Intent(Intent.ACTION_VIEW,Uri.parse("http://
www.baidu.com"));
                startActivity(intent);
                break;
            case 1:
                intent = new Intent(Intent.ACTION_VIEW,Uri.parse("http://
www.sina.com"));
                startActivity(intent);
                break;
            case 2:
                intent = new Intent(Intent.ACTION_VIEW,Uri.parse("http://
www.sohu.com"));
                startActivity(intent);
                break;
            case 3:
                intent = new Intent(Intent.ACTION_VIEW,Uri.parse("http://
www.qq.com"));
                startActivity(intent);
                break;
            case 4:
                intent = new Intent(Intent.ACTION_VIEW,Uri.parse("http://
www.google.com.hk"));
                startActivity(intent);
                break;
            }
        }
    }
}
```

程序运行效果如图 3.12 和图 3.13 所示。由于本案例代码中实现了 Internet 连接，在单击了如图 3.12 所示的“百度”导航条后，会出现如图 3.13 所示的效果，所以需要在配置文件 AndroidManifest.xml 中添加 Internet 访问权限，代码如下所示：

```
<uses-permission android:name="android.permission.INTERNET" ></uses-permission>
```

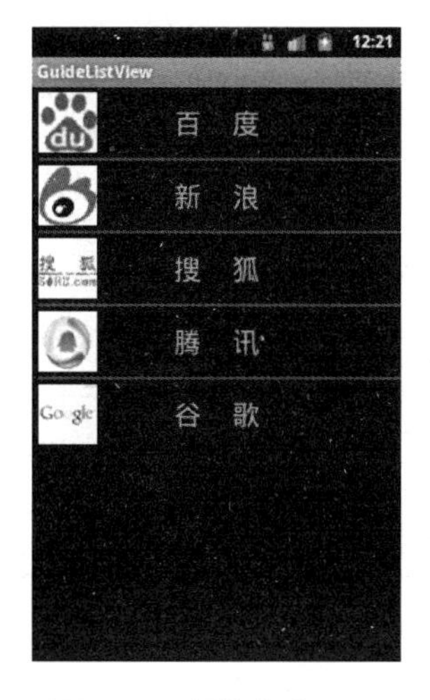

图 3.12 导航条主页面

图 3.13 页面跳转

3.7 模拟文件下载进度条的设计与实现

当一个手机等智能终端应用程序在后台执行时，前台界面就不会有什么信息，这时用户根本不知道程序是否在执行、执行进度如何、应用程序是否因遇到错误而终止运行等，这时需要使用进度条来提示用户后台应用程序执行的进度。在 Android 系统中，ProgressBar(进度条)组件，可以向用户显示某个应用程序耗时操作完成的百分比，因此它需要动态地显示进度，从而避免因长时间执行某个耗时的操作，而让用户感觉程序失去了响应，从而提高用户界面的友好性。本节设计一个模拟文件下载的进度条来讲述 ProgressBar 组件的用法。

3.7.1 预备知识

为了适应不同的应用环境，Android 系统内置了多种不同风格的进度条，开发者可以在 XML 布局文件中通过 Style 属性来设置 ProgressBar 的风格，Style 常用属性值及说明见表 3-8。

表 3-8 ProgressBar 的 Style 属性值及说明

属性值	说 明
@android:style/Widget.ProgressBar.Horizontal	水平进度条
@android:style/Widget.ProgressBar.Small	小进度条
@android:style/Widget.ProgressBar.Large	大进度条
@android:style/Widget.ProgressBar.Inverse	不断跳跃、旋转动画的进度条
@android:style/Widget.ProgressBar.Large.Inverse	不断跳跃、旋转动画的大进度条
@android:style/Widget.ProgressBar.Small.Inverse	不断跳跃、旋转动画的小进度条

在上面的多种风格进度条中只有 Widget.ProgressBar.Horizontal 风格的进度条才可以设置进度的递增，其他的风格展示为一个循环的动画，而设置 Widget.ProgressBar.Horizontal 风格的进度条，需要用到一些属性设置递增的进度，ProgressBar 的常用属性及说明见表 3-9。

表 3-9　ProgressBar 的常用属性及说明

属　性	说　明
android:max	设置进度条的最大值
android:progress	设置当前第一进度值
android:secondaryProgress	设置当前第二进度值
android:visibilty	设置是否显示，默认为显示

这些属性可以通过对应的方法进行设置和获得，见表 3-10。

表 3-10　ProgressBar 常用属性的方法及说明

方　法	说　明
synchronized int getMax( )	获取进度条的最大值
synchronized int getProgress( )	获取当前第一进度值
synchronized int getSecondaryProgress( )	获取当前第二进度值
synchronized void setMax(int max)	设置进度的最大值
synchronized void setProgress(int progress)	设置第一进度值
synchronized void setSecondaryProgress(int secondaryProgress)	设置第二进度值
void setVisibility(int v)	设置是否显示，默认为显示

3.7.2　文件下载进度条的实现

1. 文件下载进度条界面设计

文件下载进度条界面设计程序代码如下：

```
<LinearLayout xmlns:android="http://schemas.android.com/apk/res/android"
    xmlns:tools="http://schemas.android.com/tools"
    android:layout_width="match_parent"
    android:layout_height="match_parent"
    android:orientation="vertical" >
    <LinearLayout
        android:id="@+id/linear1"
        android:layout_width="match_parent"
        android:layout_height="wrap_content"
        android:orientation="horizontal" >
        <TextView
            android:id="@+id/sizeView"
            android:layout_width="wrap_content"
            android:layout_height="wrap_content"
            android:text="文件大小："
```

```
            android:textSize="20sp" />
        <EditText
            android:id="@+id/inputEdit"
            android:layout_width="150dp"
            android:layout_height="wrap_content"
            android:layout_marginLeft="3dp"
            android:inputType="numberDecimal"
            android:textSize="20sp" />
        <TextView
            android:layout_width="wrap_content"
            android:layout_height="wrap_content"
            android:paddingLeft="10dp"
            android:text="MB"
            android:textSize="20sp" />
    </LinearLayout>
    <LinearLayout
        android:id="@+id/linear2"
        android:layout_width="fill_parent"
        android:layout_height="wrap_content"
        android:layout_marginTop="10dp"
        android:orientation="horizontal" >
        <ProgressBar
            android:id="@+id/progressBar1"
            style="?android:attr/progressBarStyleHorizontal"
            android:layout_width="255dp"
            android:layout_height="wrap_content"
            android:visibility="visible" />
        <TextView
            android:id="@+id/persentView"
            android:layout_width="wrap_content"
            android:layout_height="wrap_content"
            android:paddingLeft="5dp"
            android:text="进度"
            android:textSize="20sp" />
    </LinearLayout>
    <Button
        android:id="@+id/downBtn"
        android:layout_width="wrap_content"
        android:layout_height="wrap_content"
        android:text="下    载"
        android:textSize="20sp" />
</LinearLayout>
```

界面布局中分别用到了 TextView、EditText、ProgressBar、Button 组件，并同时设置了相关属性。

2. 文件下载进度条功能实现

本案例中运用的是水平进度条，可以用来显示刻度。EditText 输入的数据表示要下载文件的大小，单击“下载”按钮后，每隔 0.1 秒水平进度条加 1。运行效果如图 3.14 所示。

```
public class MainActivity extends Activity {
    private ProgressBar pb;
    private EditText inputET;
    private Button downBtn;
    private TextView showView;
    private int progressValue = 0;
    private String s;
    private int size;
    @Override
    public void onCreate(Bundle savedInstanceState){
        super.onCreate(savedInstanceState);
        setContentView(R.layout.main);
        pb = (ProgressBar)findViewById(R.id.progressBar1);
        inputET = (EditText)findViewById(R.id.inputEdit);
        downBtn = (Button)findViewById(R.id.downBtn);
        showView = (TextView)findViewById(R.id.persentView);
        downBtn.setOnClickListener(new Listener());
    }
    class Listener implements OnClickListener {
        @Override
        public void onClick(View v){
            s = inputET.getText().toString();    // 获取文本框输入的字符串
            size = Integer.parseInt(s);          // 将字符串转换成整数
            pb.setMax(size);                     // 设置进度条的最大值
            Thread thread = new Thread(myRun);
                                                 // 开始异步执行
            thread.start();
        }
    }
    Runnable myRun = new Runnable(){
        @Override
        public void run(){
            while (true){
                // 获取主线程 Handler 的 Message
                Message msg = handler.obtainMessage();
                // 将进度值作为消息的参数进行封装，进度自加 1
                msg.arg1 = progressValue++;
                // 将消息发送给主线程的 Handler
                handler.sendMessage(msg);
                if (progressValue > size)// 当 Value 的值大于 size 时退出循环
                    break;
                try {
                    Thread.sleep(100);// 为了看到进度滚动效果，可以设置较长的线程休眠时间
                } catch (InterruptedException e){
                                        // 线程休眠方法会出现异常，所以需要捕获异常
                    e.printStackTrace();
                }
            }
        }
```

```
        };
        Handler handler = new Handler(new Callback(){
            // public boolean handleMessage(Message arg0)是Callback的方法，
            // Callback是Handler这个类的一个内部接口，
            // 而boolean handleMessage()是这个接口的函数
            @Override
            public boolean handleMessage(Message msg){
                pb.setProgress(msg.arg1);// 接收另一线程的Message，参数arg1代表了进度
                showView.setText((int)(msg.arg1 * 1.0 / size * 100)+ "%");
                                                    // 设置显示的进度，只显示整数
                pb.setSecondaryProgress(msg.arg1 + 10);// 设置第二进度值
                return false;
            }
        });
    }
```

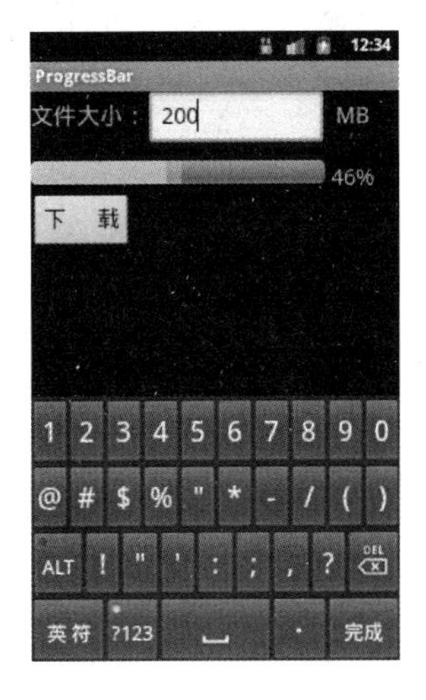

图 3.14　文件下载进度显示

当单击“下载”按钮时，开始下载。代码中运用了线程来控制 UI 中的组件，通过 Handler 对象来传递信息。Handler 主要接收子线程发送的数据，并用此数据配合主线程更新 UI。如果此时需要一个耗时的操作，例如，联网下载数据，或者读取大文件，不能将这些操作放在主线程上。因为放在主线程中，界面会出现假死现象，如果 5 秒钟还没完成进程，Android 系统会产生一个错误提示并强制关闭线程。针对上述情况，就需要把耗时的操作放在一个子线程中。关于 Message 与 Handler 的内容不是本章的知识点，后面章节会有详细介绍。

3.8　考试系统界面的设计与实现

一个应用程序可能有多个页面，例如，许多手机系统都会在同一个窗口定义多个标签页来显示通话记录，包括“未接电话”、“已接电话”、“呼出电话”，如图 3.15 所示。类似于此类应用可以通过切换页面满足一个屏幕显示更多内容的要求，Android 系统中提供了

TabHost 组件来实现一个屏幕上多个页面间的方便、快速的切换。本节将使用 TabHost 组件模拟设计一个考试系统界面，可以实现在单选题、多选题、填空题、判断题等不同的题型页面之间切换。

图 3.15　系统内置 TabHost

3.8.1　预备知识

TabHost 是整个 Tab 的容器，包括两部分：TabWidget 和 FrameLayout。TabWidget 就是每个 Tab 的标签，是可供用户选择的标签集合；FrameLayout 是显示内容的帧布局，FrameLayout 的内容将在第 4 章详细介绍，每个 Tab 都对应自己的布局。TabHost 提供了如下两个方法来创建选项卡、添加选项卡。

(1) newTabSpec(String tag)：创建一个以 tag 为标识的选项卡。

(2) addTab(TabHost.TabSpec tabSpec)：向 TabHost 中添加一个 tabSpec 选项卡。

TabHost 的实现有两种方式。

1. Activity 继承 TabActivity

实现步骤如下。

(1) 因为 TabActivity 类默认包含了一个 TabHost 组件，所以直接调用 getTabHost( )方法获取 TabHost 对象。

(2) 调用 LayoutInflater.from(this).inflate(R.layout.tabhost_layout, tabhost.getTabContentView( ), true)方法，将 Tab 页的布局转换为 Tab 标签页可以使用的 View 对象。inflate( )方法的第一个参数表示要使用的布局文件资源 ID；第二个参数表示持有选项卡的内容，获取 FrameLayout；第三个参数表示解析的 XML 文件为根视图 View。

(3) 调用 addTab(tabHost.newTabSpec(String tag).setIndicator(CharSequence label, Drawable icon). setContent(int viewId))方法，添加 Tab 页。setIndicator( )方法的第一个参数表示 Tab 的标题；第二个参数表示 Tab 的图标；setContent( )方法用于设定 Tab 页所关联的布局文件资源 ID。

2. Activity 不继承 TabActivity

实现步骤如下。

(1) 在布局文件中定义 TabHost 组件，TabWidget 的 id 必须是@android:id/tabs，FrameLayout 的 id 必须是@android:id/tabcontent。

(2) 使用 TabHost tabHost=(TabHost)findViewById(R.id.tabhost)语句获得 TabHost 对象，并通过 tabHost.setup( )方法加载启动 tabHost。

(3) 与继承 TabActivity 的步骤一样。

3.8.2　考试系统界面的实现

1. 考试系统界面设计

本案例中采用第二种方法实现 TabHost，在布局的文件中定义了 TabHost、TabWidget、FrameLayout，并把需要显示的单选题、多选题、判断题和填空题的 4 个标签页放在了布局文件中，详细代码如下：

```
<LinearLayout xmlns:android="http://schemas.android.com/apk/res/android"
    xmlns:tools="http://schemas.android.com/tools"
    android:layout_width="match_parent"
    android:layout_height="match_parent"
    android:orientation="vertical" >
    <TabHost
        android:id="@+id/tabhost"
        android:layout_width="fill_parent"
        android:layout_height="wrap_content" >
        <LinearLayout
            android:layout_width="fill_parent"
            android:layout_height="wrap_content"
            android:orientation="vertical" >
            <TabWidget
                android:id="@android:id/tabs"
                android:layout_width="fill_parent"
                android:layout_height="wrap_content"
                android:orientation="horizontal" />
            <FrameLayout
                android:id="@android:id/tabcontent"
                android:layout_width="fill_parent"
                android:layout_height="fill_parent" >
                <!-- 单选题布局-->
                <LinearLayout
                    android:id="@+id/singleChoice"
                    android:layout_width="fill_parent"
                    android:layout_height="fill_parent"
                    android:orientation="vertical" >
                    <TextView
                        android:layout_width="fill_parent"
                        android:layout_height="wrap_content"
```

```
                android:text="1.负责管理计算机的硬件和软件资源，为应用程序
开发和运行提供高效平台的软件是？"
                android:textSize="18sp" />
            <RadioGroup
                android:id="@+id/singleRG"
                android:layout_width="wrap_content"
                android:layout_height="wrap_content" >
                <RadioButton
                    android:id="@+id/optionA"
                    android:layout_width="wrap_content"
                    android:layout_height="wrap_content"
                    android:text="A.操作系统"
                    android:textSize="18sp" />
                <RadioButton
                    android:id="@+id/optionB"
                    android:layout_width="wrap_content"
                    android:layout_height="wrap_content"
                    android:text="B.数据库管理系统"
                    android:textSize="18sp" />
                <RadioButton
                    android:id="@+id/optionC"
                    android:layout_width="wrap_content"
                    android:layout_height="wrap_content"
                    android:text="C.编译系统"
                    android:textSize="18sp" />
                <RadioButton
                    android:id="@+id/optionD"
                    android:layout_width="wrap_content"
                    android:layout_height="wrap_content"
                    android:text="D.专用软件"
                    android:textSize="20sp" />
            </RadioGroup>
        </LinearLayout>
        <!-- 多选题布局 -->
        <LinearLayout
            android:id="@+id/multiChoice"
            android:layout_width="fill_parent"
            android:layout_height="wrap_content"
            android:orientation="vertical" >
            <TextView
                android:layout_width="fill_parent"
                android:layout_height="wrap_content"
                android:text="1.激光打印机通常可以采用下面哪些端口？"
                android:textSize="18sp" />
            <CheckBox
                android:id="@+id/checkBoxA"
                android:layout_width="wrap_content"
                android:layout_height="wrap_content"
                android:text="A.并行接口"
```

```
            android:textSize="18sp" />
        <CheckBox
            android:id="@+id/checkBoxB"
            android:layout_width="wrap_content"
            android:layout_height="wrap_content"
            android:text="B.USB 接口"
            android:textSize="18sp" />
        <CheckBox
            android:id="@+id/checkBoxC"
            android:layout_width="wrap_content"
            android:layout_height="wrap_content"
            android:text="C.PS/2 接口"
            android:textSize="18sp" />
        <CheckBox
            android:id="@+id/checkBoxD"
            android:layout_width="wrap_content"
            android:layout_height="wrap_content"
            android:text="D.SCSI 接口"
            android:textSize="20sp" />
    </LinearLayout>
    <!-- 填空题布局 -->
    <LinearLayout
        android:id="@+id/fill"
        android:layout_width="fill_parent"
        android:layout_height="wrap_content"
        android:orientation="vertical" >
        <TextView
            android:id="@+id/fanswerValue"
            android:layout_width="fill_parent"
            android:layout_height="wrap_content"
            android:text="1.一幅分辨率为 512×512 的彩色图像，其 R、G、
B 三个分量分别用 8 个二进位表示，则未进行压缩时该图像的数据量是多少 kB？"
            android:textSize="18sp" />
        <EditText
            android:id="@+id/fillValue"
            android:layout_width="fill_parent"
            android:layout_height="wrap_content"
            android:hint="请输入答案"
            android:textSize="18sp" />
    </LinearLayout>
    <!-- 判断题布局 -->
    <LinearLayout
        android:id="@+id/judge"
        android:layout_width="fill_parent"
        android:layout_height="wrap_content"
        android:orientation="vertical" >
        <TextView
            android:layout_width="fill_parent"
            android:layout_height="wrap_content"
```

```
                    android:text="1.程序就是算法，算法就是程序。"
                    android:textSize="18sp" />
                <RadioGroup
                    android:id="@+id/judgeRG"
                    android:layout_width="wrap_content"
                    android:layout_height="wrap_content" >
                    <RadioButton
                        android:id="@+id/judgeoptionA"
                        android:layout_width="wrap_content"
                        android:layout_height="wrap_content"
                        android:text="对"
                        android:textSize="18sp" />
                    <RadioButton
                        android:id="@+id/judgeoptionB"
                        android:layout_width="wrap_content"
                        android:layout_height="wrap_content"
                        android:text="错"
                        android:textSize="18sp" />
                </RadioGroup>
            </LinearLayout>
        </FrameLayout>
    </LinearLayout>
  </TabHost>
</LinearLayout>
```

2. 考试系统功能实现

程序运行后，可以方便地在单选题、多选题、填空题和判断题之间切换，如图 3.16 所示，详细代码如下：

```
public class MainActivity extends Activity {
    public void onCreate(Bundle savedInstanceState){
        super.onCreate(savedInstanceState);
        setContentView(R.layout.main);
        TabHost tabHost = (TabHost)findViewById(R.id.tabhost);// 获得 TabHost 对象
        tabHost.setup();// 通过 setup()方法加载启动 TabHost
        tabHost.addTab(tabHost
                .newTabSpec("tab01")
                .setIndicator(("单选题"),getResources().getDrawable(R.drawable.
single))
                .setContent(R.id.singleChoice));
        tabHost.addTab(tabHost
                .newTabSpec("tab02")
                .setIndicator(("多选题"),getResources().getDrawable(R.drawable.
multi))
                .setContent(R.id.multiChoice));
        tabHost.addTab(tabHost
                .newTabSpec("tab03")
                .setIndicator(("填空题"),getResources().getDrawable(R.drawable.
```

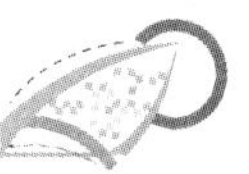

```
fillbank))
                .setContent(R.id.fill));
        tabHost.addTab(tabHost
                .newTabSpec("tab04")
                .setIndicator(("判断题"),getResources().getDrawable(R.drawable.
judge))
                .setContent(R.id.judge));
    }
}
```

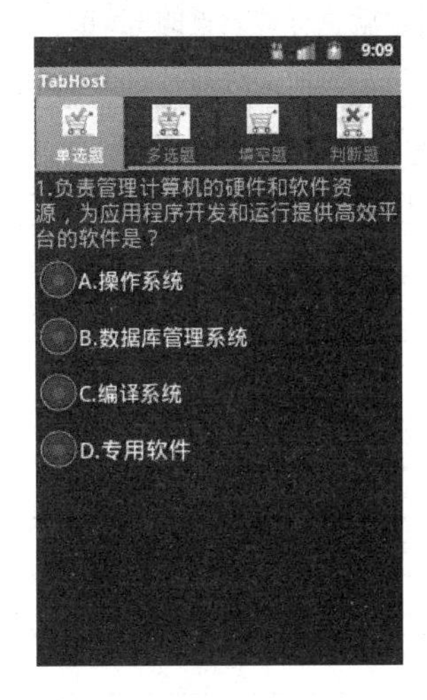

图 3.16　考试系统界面

读者可以自行尝试用第一种方式来实现考试系统的程序设计，在界面布局文件中只需要定义 4 个 Tab 页的布局，不需要添加 TabHost、TabWidget 和 FrameLayout，可以参考上述界面设计代码，功能实现模块可以参考前面描述的实现步骤。

3.9　模拟 PPS(网络电视)消息提醒的设计与实现

Notification 组件一般用在电话、短信、闹铃铃声中。例如，手机网易新闻客户端、QQ 空间客户端，以及短信、未接电话提示等应用有消息需要提示用户时，在手机的状态栏上就会出现一个小图标，提示用户处理这个信息，此时从上方滑动状态栏就可以展开并处理这类信息。Android 系统提供了 NotificationManager 来管理这个状态栏，NotificationManager 是一个重要的系统服务，它的 API 位于应用程序框架层，应用程序可通过 NotificationManager 向系统发送全局通知。本节使用 Notification 组件模拟设计一个 PPS(网络电视)消息提醒。

3.9.1　预备知识

使用 Notification 一般有 3 个步骤。

(1) 获得系统级的服务 NotificationManage，调用 Context.getSystemService(NOTIFICATION_SERVICE)方法即可返回 NotificationManager 实例。

(2) 实例化 Notification，并设置其属性。

实例化 Notification 可用它的构造方法，格式如下：public Notification(int icon, CharSequence tickerText, long when)，第一个参数是通知的图标；第二个参数是标题信息；第三个参数是系统时间。Notification 常用属性及说明见表 3-11。

表 3-11 Notification 常用属性及说明

属　性	说　明
contentIntent	当通知条目被单击时，就执行被设置的 Intent
contentView	当通知被显示在状态条上时，同时显示这个被设置的视图
defaults	指定哪些值要被设置为默认的效果
deleteIntent	当用户单击 clear all notification 按钮区域删除所有通知时，设置的 deleteIntent 被执行
flags	通知的响应效果
icon	状态条所用的图片
ledARGB	闪光灯的颜色
ledOffMS	闪光灯多少毫秒后熄灭
ledOnMS	闪光灯多少毫秒后开启
sound	通知的声音
tickerText	当通知显示在状态栏时，所显示的信息
vibrate	振动模式
when	通知的时间戳

如果需要向通知添加声音、闪灯和振动效果，可以使用 Notification 的 defaults 属性，defaults 属性的常用属性值见表 3-12。

表 3-12 defaults 的常用属性值及说明

属性值	说　明
Notification.DEFAULT_ALL	使用全部默认值：默认声音、振动、闪光灯
Notification.DEFAULT_LIGHTS	使用默认闪光提示
Notification.DEFAULT_SOUND	使用默认声音提示
Notification.DEFAULT_VIBRATE	使用默认手机振动

defaults 效果常量可以叠加，即通过属性值之间进行“或”运算，例如：

```
notification.defaults = Notification.DEFAULT_SOUND | Notification.DEFAULT_VIBRATE
notification.defaults |= Notification.DEFAULT_SOUND
```

如果程序中需要手机振动效果和系统闪光灯，需要在 AndroidManifest.xml 中分别加入以下权限：

```
<uses-permission android:name="android.permission.VIBRATE" />
<uses-permission android:name="android.permission.FLASHLIGHT " />
```

如果不想使用默认设置，也可以使用如下代码自定义 Notification 的相关属性值：

```
//设置自定义声音
notify.sound=Uri.parse("file:///sdcard/music.mp3");
//设置闪光灯多少毫秒后熄灭
notify.ledOffMs=1000;
//设置闪光灯多少毫秒后开启
notify.ledOnMs=1000;
```

如果需要设置通知的响应效果属性，可以使用 Notification 的 flags 属性，flags 属性的常用属性值及说明见表 3-13。

表 3-13　flags 的常用属性值及说明

属性值	说　明
FLAG_AUTO_CANCEL	在通知栏上单击此通知后自动清除此通知
FLAG_INSISTENT	重复发出声音，直到用户响应此通知
FLAG_ONGOING_EVENT	将此通知放到通知栏的“正在运行”组中
FLAG_NO_CLEAR	表明在单击了通知栏中的“清除通知”按钮后，此通知不清除

(3) 通过 NotificationManager 发送通知。

使用 NotificationManager 的 notify( )发送通知，notify( )的格式如下：notify(int id, Notification notification)。

第一个参数表示通知唯一的标识；第二个参数是 Notification 对象。当然也可以使用 NotificationManager 的 cancel(int id)方法取消通知，参数同 notify( )方法。

3.9.2　PPS 消息提醒的设计与实现

1. PPS 消息提醒的界面设计

程序中界面设计比较简单，运用了两个 Button 组件，一个用于发送通知，一个用于取消通知。

2. PPS 消息提醒功能实现

程序中分别对两个按钮用匿名的内部类实现了单击事件的监听。当下拉并单击提示的通知时，就可以链接到对应的 PPS(网络电视)的网站，本案例链接网站使用了 PendingIntent。PendingIntent 是 Intent 的封装类，Intent 是立即意图，而 PendingIntent 不是立即意图。关于 Intent 的详细内容，读者可以参照第 6 章。由于程序要访问网站，所以需要在 AndroidManifest.xml 文件中加上网络访问的权限，具体可以参照本章 3.6 节。程序运行效果如图 3.17 和图 3.18 所示。详细实现代码如下：

```
public class MainActivity extends Activity {
    private Button sendBtn,cancleBtn;
    private NotificationManager mNotificationManager; //声明通知(消息)管理器
    private Notification notification; //声明 Notification 对象
```

```
    @Override
    public void onCreate(Bundle savedInstanceState){
        super.onCreate(savedInstanceState);
        setContentView(R.layout.main);
        sendBtn=(Button)findViewById(R.id.sendBtn);
        cancleBtn=(Button)findViewById(R.id.cancelBtn);
        //getSystemService()方法获取系统的 notificationManager 服务
        mNotificationManager=(NotificationManager)getSystemService
(NOTIFICATION_SERVICE);
        //通过构造器创建一个 Notification 对象，并设置图标
        notification=new Notification(R.drawable.pps,"最新提醒",System.
currentTimeMillis());
        //下面的代码是为 Notification 设置属性
        notification.defaults=Notification.DEFAULT_SOUND;//使用默认的提示声音
        notification.flags=Notification.FLAG_AUTO_CANCEL;//该通知能被状态栏
的清除按钮清除
        Intent openIntent=new Intent(Intent.ACTION_VIEW,Uri.parse("http://so.
iqiyi.com/pps/?q=不二神探"));
        /*创建 Intent，实现页面的跳转，使用 PendingIntent，PendingIntent 中封装了
一个 Intent，表示当用户单击消息时，会启动该 Intent 对应的程序*/
        PendingIntent contentIntent=PendingIntent.getActivity(this, 0, openIntent,0);
        /*通过 setLatestEventInfo()设置 Notification 的详细信息，“不二神探”为信
息标题，“该影片……”表示信息*/
        notification.setLatestEventInfo(this, "不二神探", "该影片主要讲述了王
不二与搭档黄非红调查连环谋杀案的故事，主演有李连杰、文章", contentIntent);
        sendBtn.setOnClickListener(new OnClickListener(){//发送通知按钮单击
                                                          //事件监听
            @Override
            public void onClick(View v){
                mNotificationManager.notify(0,notification);//通过NotificationManager
                                                            //发送 Notification
            }
        });
       cancleBtn.setOnClickListener(new OnClickListener(){//取消通知按钮单击
                                                          //事件监听
        @Override
        public void onClick(View v){
            mNotificationManager.cancel(0);//通过NotificationManager取消Notification
        }
    });
    }
}
```

图 3.17　PPS 消息提醒界面

图 3.18　下拉消息界面

本 章 小 结

本章结合案例介绍了 Android 中常用的基本组件：TextView、EditText、Button、ImageButton、RadioButton、CheckBox、DatePicker、TimePicker、ImageView、ListView、TabHost 等的使用方法。读者通过对基本组件的常用属性、常用方法的学习，可以开发出简单的 Android 项目，同时也为后续的 Android 应用开发打下良好的基础。

项 目 实 训

项目一

项目名：简单 ListView。

功能描述：用 ListView 组件和 ArrayAdapterr 适配器完成如图 3.19 所示的星期列表

项目二

项目名：通讯录。

功能描述：用 ListView 组件、ImageView 组件、TextView 组件、Button 组件和 SimpleAdapter 适配器完成如图 3.20 所示的通讯录。

项目三

项目名：考试系统。

功能描述：用 Activity 继承 TabActivity 实现 3.8 节的考试系统。

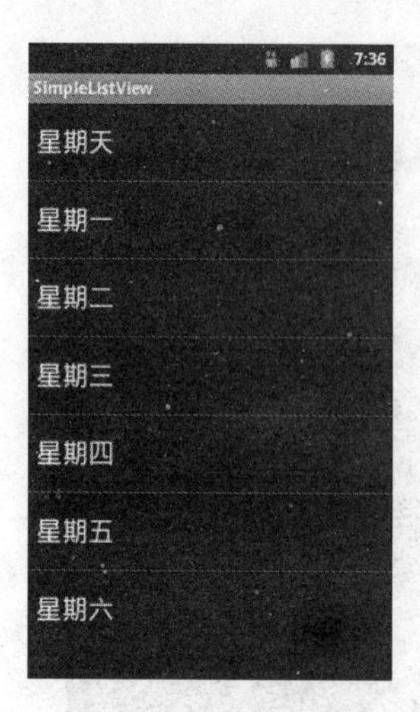

图 3.19　星期列表界面

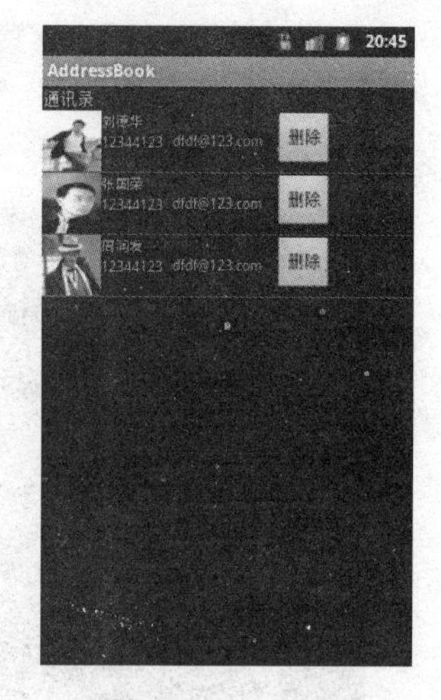

图 3.20　通讯录界面

第 4 章 用户界面布局

用户界面作为用户和系统交互的基础，是人(用户)机(Android 系统终端)交互的核心。在现在的软件开发过程中，用户界面开发的效率和质量已经成为影响整个软件产品质量的一个重要因素，而 Android 系统移动终端的应用软件也不例外。通过前面章节的学习，读者应该已经掌握了 Android 项目开发中涉及的基本组件使用方法，但是这些组件如何布置在用户界面上，让用户操作时觉得美观、方便成为 Android 项目开发中进行用户界面设计需要考虑的另一个重要问题。一个完整的用户界面需要按照一定的样式进行布局，在 Android 项目开发时，可以使用 XML 布局文件来实现，本章将结合项目案例介绍 Android 项目开发中几个常用的布局框架。

教学目标

掌握 Android 系统中 LinearLayout(线性布局)、RelativeLayout(相对布局)、TableLayout(表格布局)、FrameLayout(帧布局)等 4 种布局的特点和使用方法。

教学要求

知识要点	能力要求	相关知识
布局管理器	理解什么是布局管理器和进行 Android 系统开发时常用的布局管理器有哪些	
简易计算器的实现	(1) 掌握 LinearLayout 类的常用属性和方法 (2) 掌握使用线性布局中的嵌套布局实现复杂的 UI 设计	常用组件
找不同游戏的实现	(1) 掌握 RelativeLayout 类的常用属性和方法 (2) 掌握使用相对布局中的各类属性实现复杂的 UI 设计	CountDownTimer 类实现倒计时功能
打老鼠游戏的实现	(1) 掌握 TableLayout 类的常用属性和方法 (2) 掌握使用表格布局中的各类属性实现复杂的 UI 设计 (3) Android 系统中动态改变 UI 中组件内容的方法	Handler 的消息处理机制
霓虹灯效果的实现	(1) 掌握 FrameLayout 类的常用属性和方法 (2) 掌握使用帧布局实现复杂的 UI 设计和动态效果	资源文件中的颜色配置文件

4.1 概　　述

4.1.1 布局管理器

开发一个好的用户界面，一定要首先选择一个适当的布局容器。为了更好地管理 Android 应用程序的用户界面中的各种组件，Android 系统提供了布局管理器，通过使用布局管理器，Android 应用程序的图形界面(GUI)具有了良好的平台无关性。

由于不同的 Android 系统终端，它们的屏幕分辨率、尺寸并不完全相同，如果让应用程序手动控制每个组件的大小、位置等会给程序开发带来很大的困难。为了让各种组件在不同的终端屏幕上都能良好运行，开发者进行开发时，只要选择了合适的布局管理器，就可以由 Android 系统终端的运行平台使用布局管理器来调整组件的大小、位置等。

Android 系统提供的布局管理器主要分为 5 种。

(1) LinearLayout(线性布局)：它是一种最常用的布局方式，可以使用垂直和水平两种方式放置组件，假如组件的宽度和高度超过了屏幕的宽度和高度，那么超出的组件不会显示在屏幕上。

(2) RelativeLayout(相对布局)：它是可以让应用程序在不同屏幕大小、不同分辨率的 Android 终端屏幕上友好显示的一种布局方式，放置在该布局管理器中的组件的位置都是相对位置。

(3) TableLayout(表格布局)：它是和 TableRow 配合使用的一种常用布局管理方式，类似于 HTML 里面的 Table。

(4) AbsoluteLayout(绝对布局)：它是一种需要开发者通过设定组件坐标决定组件摆放位置的布局方式，由于布局内所有元素位置都是固定的，所以不能保证所有 Android 系统终端上显示同样的效果。

(5) FrameLayout(帧布局)：它是一种在 Android 终端屏幕上开辟一块空白区域的布局方式，放置在空白区域的组件必须对齐到屏幕的左上角。

需要注意的是，因为 Android 设备多样，分辨率不统一，用绝对布局往往在某些机型上会有很差的效果，所以在 Android 2.3 之后的 SDK 中已经不使用绝对布局，所以本书不再对 AbsoluteLayout(绝对布局)进行介绍。

4.1.2 View 和 ViewGroup 类

Android 应用程序的用户界面都是通过 View 和 ViewGroup 及其派生子类对象构建的，View 类是所有可视化组件的基类。如第 3 章介绍的 TextView、ImageView、ProgressBar 等组件是它的直接子类，Button、EditText、CheckBox 是它的间接子类。

ViewGroup 类也是 View 类的直接子类，但它可以作为其他组件的容器。Android 系统中 5 种布局管理器和一些高级组件，如将要在第 10 章介绍的 GridView、Spinner、Gallery、ImageSwitcher 等都是它的直接或间接子类。

一般来说，开发 Android 应用程序的用户界面都不会直接使用 View 和 ViewGroup，而是使用它们的派生类。View 的派生子类见表 4-1，ViewGroup 的派生子类见表 4-2。

表 4-1　View 的派生子类

子类类型	类　名
直接子类	AnalogClock，ImageView，KeyboardView，ProgressBar，SurfaceView，TextView，ViewGroup，ViewStub
间接子类	AbsListView，AbsSeekBar，AbsSpinner，AbsoluteLayout，AdapterView<T extends Adapter>，AdapterViewAnimator，AdapterViewFlipper，AppWidgetHostView，AutoCompleteTextView，Button，CalendarView，CheckBox，CheckedTextView，Chronometer，CompoundButton

表 4-2　ViewGroup 的派生子类

子类类型	类　名
直接子类	AbsoluteLayout，AdapterView<T extends Adapter>，FrameLayout，LinearLayout，RelativeLayout，SlidingDrawer
间接子类	AbsListView，AbsSpinner，AppWidgetHostView，DatePicker，DialerFilter，ExpandableListView，Gallery，GridView，HorizontalScrollView，ImageSwitcher，ListView，MediaController，RadioGroup，ScrollView，Spinner，TabHost，TabWidget，TableLayout，TableRow，TextSwitcher，TimePicker，TwoLineListItem，ViewAnimator，ViewFlipper，ViewSwitcher，WebView，ZoomControls

表 4-1 和表 4-2 中的大部分子类是应用开发过程中用得比较多的类，有些使用方法已经在第 3 章中进行了详细的介绍，有些将在后面章节中详细介绍，而本章将详细介绍关于布局管理器的类。

4.2　简易计算器的设计与实现

本节将使用 LinearLayout 布局管理器设计一个简易计算器界面，并能实现加、减、乘、除数学运算。

4.2.1　预备知识

线性布局是 Android 应用程序开发时使用最多的布局类型，它可以将用户界面上的组件组织成垂直或水平的形式。在线性布局中，当布局方向设置为垂直时，它里面的所有子组件被组织在同一列中；当布局方向设置为水平时，所有子组件被组织在同一行中。Android 系统中提供了 android.widget.LinearLayout 类实现线性布局，该类的常用属性与对应方法见表 4-3。

表 4-3　LinearLayout 类的常用属性和对应方法

属性名	对应方法	说　明
android:orientation	setOrientation(int)	设置线性布局的方向，有 horizontal(水平)和 vertical(垂直)两个值，必须设置
android:gravity	setGravity(int)	设置父容器内部的组件在父容器中所处的位置
android:layout_ gravity		设置组件在父容器中所处的位置
android:layout_width	setWidth(int)	设置线性布局的宽度，可以设置为：①fill_parent(填充剩下的所有可用空间)；②wrap_content(按组件文本实际长度显示)；③具体像素值(如 20px)，必须设置
android:layout_height	setHeight(int)	设置线性布局的高度，可以设置为：①fill_parent(填充剩下的所有可用空间)；②wrap_content(按组件文本实际长度显示)；③具体像素值(如 20px)，必须设置
android: layout_weight		设置权重，即让一行或一列的组件按比例显示

gravity 的属性值及说明见表 4-4。

表 4-4　gravity 的属性值及说明

属性值	说　明
top	对齐到容器顶部(控件大小不变)
bottom	对齐到容器底部(控件大小不变)
left	对齐到容器左边(控件大小不变)
right	对齐到容器右边(控件大小不变)
center_vertical	对齐到容器纵向中央位置(控件大小不变)
fill_vertical	纵向拉伸填满容器
center_horizontal	对齐到容器横向中央位置(控件大小不变)
fill_ horizontal	横向拉伸填满容器
center	对齐到容器中央位置
fill	横向、纵向拉伸填满容器

1. 垂直布局方式

在新建 Android 项目时，开发环境在项目文件夹中自动生成 res/layout/main.xml 文件，文件代码修改和说明如下：

```
1    <?xml version="1.0" encoding="utf-8"?>
2    <!-- LinearLayout 布局方式为垂直布局，宽度和高度填满父容器 -->
3    <LinearLayout xmlns:android="http://schemas.android.com/apk/res/android"
4        android:id="@+id/linerlay01"
5        android:orientation="vertical"
6        android:layout_width="fill_parent"
```

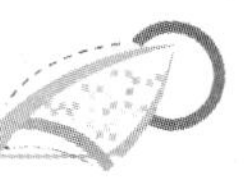

```
7        android:layout_height="fill_parent">
8        <!--在该布局容器中增加 Button 组件，该组件的宽度为按组件实际内容显示 -->
9        <Button
10           android:id="@+id/mybtn"
11           android:layout_width="wrap_content"
12           android:layout_height="wrap_content"
13           android:text="Button"/>
14        <!--在该布局容器中增加两个 TextView 组件，该组件的宽度为填满父容器—linerlay01 -->
15        <TextView
16           android:id="@+id/myTxt01"
17           android:layout_width="fill_parent"
18           android:layout_height="wrap_content"
19           android:text="我是第一个文本框" />
20        <TextView
21           android:id="@+id/myTxt02"
22           android:layout_width="fill_parent"
23           android:layout_height="wrap_content"
24           android:text="我是第二个文本框" />
25        </LinearLayout>
```

该代码的运行效果如图 4.1 所示。

2. 水平布局方式

如果要设计如图 4.2 所示的用户界面，将 mybtn、myTxt01、myTxt02 这 3 个组件水平布局在一行上，那么就必须分别将垂直布局代码文件中的第 5 行代码和第 17 行代码修改为如下代码：

```
android:orientation=" horizontal"
android:layout_width="wrap_content"
```

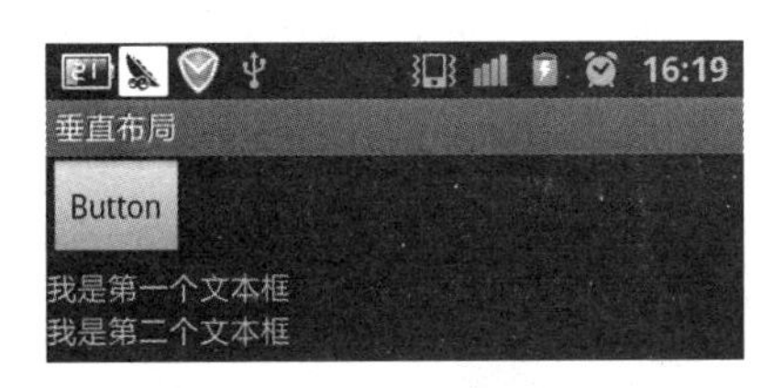

图 4.1　垂直布局

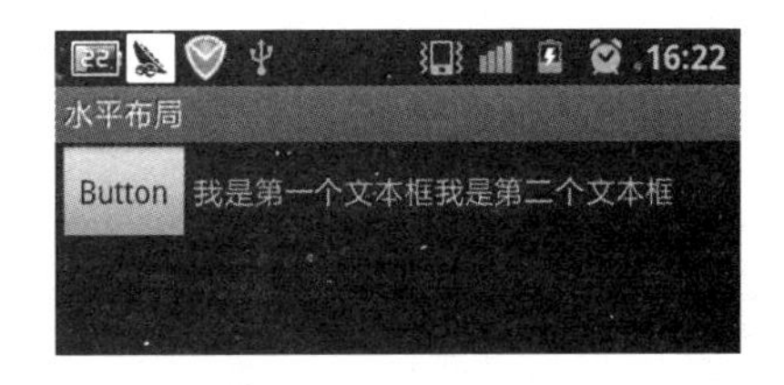

图 4.2　水平布局

关于第 5 行代码的修改，就是直接将线性布局管理器的布局方式设置为水平布局方式；而原来第 17 行中的 android:layout_width 属性值是 fill_parent，该属性值表示填充界面上该行的剩余空间，如果不修改其属性值，那么运行的效果图中就不会出现 myTxt02 组件，读者可以自行编写代码测试。

3. 混合(嵌套)布局方式

在 Android 系统中的线性布局管理器中只提供了垂直布局和水平布局两种方式，而在实际开发中，单独使用这两种方式可能不能满足用户界面布局设计的需要，这样就需要在一个布局文件中既使用垂直布局又使用水平布局，这种方式称为混合布局方式。如图 4.3

所示的用户界面，布局文件直接使用一个垂直布局管理器就可以实现，但如果要设计如图 4.4 所示的用户界面，就必须使用混合布局方式才可以实现。

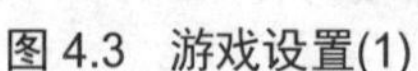
图 4.3　游戏设置(1)

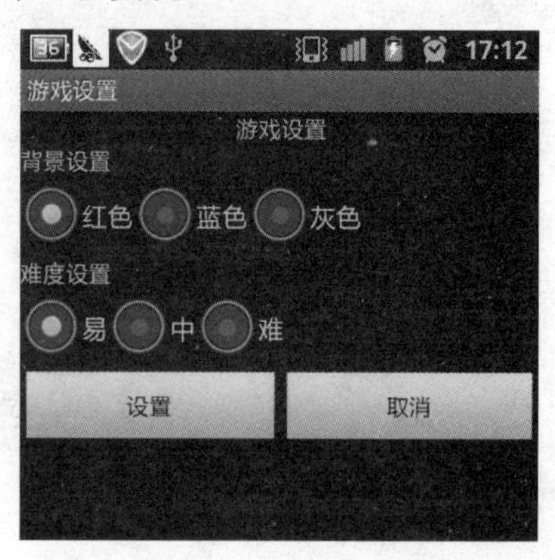

图 4.4　游戏设置(2)

图 4.4 所示用户界面布局文件的部分源代码如下所示：

```
1    <?xml version="1.0" encoding="utf-8"?>
2    <LinearLayout xmlns:android="http://schemas.android.com/apk/res/android"
3        android:id="@+id/linerlay01"
4        android:orientation="vertical"
5        android:layout_width="fill_parent"
6        android:layout_height="fill_parent">
7        <TextView
8            android:id="@+id/textView1"
9            android:layout_gravity="center_horizontal"
10           android:layout_width="wrap_content"
11           android:layout_height="wrap_content"
12           android:text="游戏设置" ></TextView>
13       <TextView
14           android:id="@+id/textView2"
15           android:layout_width="wrap_content"
16           android:layout_height="wrap_content"
17           android:text="背景设置" ></TextView>
18       <RadioGroup
19           android:id="@+id/radioGroup1"
20           android:orientation="horizontal"
21           android:layout_width="wrap_content"
22           android:layout_height="wrap_content">
23           <RadioButton
24               android:id="@+id/radio0"
25               android:layout_height="wrap_content"
26               android:layout_width="wrap_content"
27               android:text="红色"
28               android:checked="true"></RadioButton>
29           <RadioButton
30               android:id="@+id/radio1"
```

```
31              android:layout_height="wrap_content"
32              android:layout_width="wrap_content"
33              android:text="蓝色" ></RadioButton>
34          <RadioButton
35              android:id="@+id/radio2"
36              android:layout_height="wrap_content"
37              android:layout_width="wrap_content"
38              android:text="灰色"></RadioButton>
39      </RadioGroup>
40      <!--难度设置与背景设置代码类似，限于篇幅不再列出-->
41      <LinearLayout
42          android:id="@+id/linerlay01"
43          android:orientation="horizontal"
44          android:layout_width="wrap_content"
45          android:layout_height="wrap_content"
46          android:layout_gravity="center_horizontal">
47          <Button
48              android:id="@+id/button1"
49              android:layout_width="160sp"
50              android:layout_height="wrap_content"
51              android:text="设置" ></Button>
52          <Button
53              android:id="@+id/button2"
54              android:layout_width="160sp"
55              android:layout_height="wrap_content"
56              android:text="取消" ></Button>
57      </LinearLayout>
58  </LinearLayout>
```

图 4.4 所示的布局文件中，第 4 行代码设置了整个界面布局方式为“vertical”，该行代码让整体布局的组件垂直布置在用户界面上；而第 43 行内嵌的布局方式为“horizontal”，该内嵌布局里面包含 button1 和 button2 两个按钮组件，由于它的布局方式为水平布局，所以“设置”按钮、“取消”按钮水平放置在用户界面上。混合布局就是将水平布局和垂直方式作为一个用户界面，从代码中可以看出，它们的整体结构是一个嵌套结构，所以混合布局也称为嵌套布局。开发者在进行用户界面设计时，既可以在水平布局方式嵌套垂直布局，也可以在垂直布局方式嵌套水平布局，但是，一定要注意嵌套结构的层次性，这样才能设计出让用户满意的用户界面。

4.2.2　简易计算器的实现

1. 主界面的设计

根据简易计算器实现加、减、乘、除的计算功能，设计如图 4.5 所示的用户界面。从用户界面的布局结构分析，主界面上用 10 个 Button 组件用于显示数字 0～9，用 4 个 Button 组件用于显示加、减、乘、除运算符，用 3 个 Button 组件用于显示小数点、等于号和“清除”。布局文件的关键代码如下：

```
1    <?xml version="1.0" encoding="utf-8"?>
2    <LinearLayout xmlns:android="http://schemas.android.com/apk/res/android"
3        android:orientation="vertical"
4        android:layout_width="fill_parent"
5        android:layout_height="fill_parent">
6        <EditText
7            android:id="@+id/result"
8            android:layout_width="fill_parent"
9            android:layout_height="wrap_content"
10           android:text=""
11           android:singleLine="true"
12           android:numeric="decimal"
13           android:focusable="false"
14           android:digits="1234567890."
15           android:cursorVisible="false" />
16       <LinearLayout
17           android:orientation="horizontal"
18           android:layout_width="fill_parent"
19           android:layout_height="wrap_content">
20           <Button
21               android:id="@+id/btn_1"
22               android:layout_width="wrap_content"
23               android:layout_weight="1"
24               android:layout_height="wrap_content"
25               android:text="1" />
26           <Button
27               android:id="@+id/btn_2"
28               android:layout_width="wrap_content"
29               android:layout_weight="1"
30               android:layout_height="wrap_content"
31               android:text="2" />
32           <Button
33               android:id="@+id/btn_3"
34               android:layout_width="wrap_content"
35               android:layout_weight="1"
36               android:layout_height="wrap_content"
37               android:text="3" />
38           <Button
39               android:id="@+id/btn_add"
40               android:layout_width="wrap_content"
41               android:layout_weight="1"
42               android:layout_height="wrap_content"
43               android:text="+" />
44       </LinearLayout>
45       <!--其他 3 行的按钮布局方式与 16～44 行代码类似，读者可以参见代码包中
Chap04_02_01 文件夹里的内容 -->
46       <Button
47           android:id="@+id/btn_clear"
48           android:layout_height="wrap_content"
```

```
49            android:layout_width="fill_parent"
50            android:text="清除" />
51    </LinearLayout>
```

从图 4.5 所示的简易计算器的运行效果图可以看出，在设计布局文件框架时，必须使用嵌套布局结构才能实现效果图中的 2～4 行的按钮显示形式。在布局文件代码中的第 23、29、35、41 行表示在该水平线性布局中，4 个 Button 组件在水平方向占用的宽度相等，保证了对于不同尺寸的 Android 系统终端，都能显示如图 4.5 所示的效果。

图 4.5　简易计算器界面

2. 功能实现

(1) 定义变量。代码如下：

```
EditText editText;
StringBuffer text;
String number_1 = "", number_2 = "";
boolean clicked = false;
byte style = 0;
Button btn_1, btn_2, btn_3, btn_4, btn_5, btn_6, btn_7, btn_8, btn_9,btn_0;
Button btn_add, btn_sub, btn_mul, btn_div, btn_eq, btn_dot, btn_clear;
```

(2) 数字“1”的监听事件。代码如下：

```
btn_1.setOnClickListener(new Button.OnClickListener(){
        public void onClick(View v){
            if (clicked){
                editText.setText("");//单击运算符键后，把 editText 中的内容清空
                clicked = false;
                text.setLength(0);
            }
            text.append("1");//单击数字键后，把数字追加到 StringBuffer 中
            //将 StringBuffer 中的内容显示在 editText 中
            editText.setText(text.toString());
        }
});
```

(3) 运算符“+”的监听事件。代码如下：

```
btn_add.setOnClickListener(new Button.OnClickListener(){
          public void onClick(View v){
             number_1 = editText.getText().toString();
             style = 1;
             clicked = true;
          }
});
```

(4) 小数点“.”的监听事件。代码如下：

```
btn_dot.setOnClickListener(new Button.OnClickListener(){
          public void onClick(View v){
             if (clicked){
                editText.setText("");
                clicked = false;
                text.setLength(0);
             }
             if (editText.getText().toString().indexOf(".")== -1){
                if (text.length()== 0){
                   text.append("0.");
                } else {
                   text.append(".");
                }
                editText.setText(text.toString());
             }
          }
});
```

(5) 等于号“=”的监听事件。代码如下：

```
btn_eq.setOnClickListener(new Button.OnClickListener(){
          public void onClick(View v){
             number_2 = editText.getText().toString();
             if (number_1.equals("")&& number_2.equals("")){
                return;
             }
             Double d1 = Double.valueOf(number_1);
             Double d2 = Double.valueOf(number_2);
             Double r = 0.0;
             switch (style){
             case 1:
                r = d1 + d2;
                break;
             case 2:
                r = d1 - d2;
                break;
             case 3:
                r = d1 * d2;
                break;
             case 4:
                r = d1 / d2;
```

```
                    break;
                }
                editText.setText(r.toString());
            }
    });
```

数字 0 及 2～9 的监听事件代码与数字 1 类似，运算符减、乘、除和运算符加类似，限于篇幅不再详述。全部功能实现代码请读者参见代码包中 Chap04_02_01 文件夹里的内容。

4.3　找不同游戏的设计与实现

“大家来找茬”游戏很多读者都玩过，就是在限定的时间里找出两张图片中不同的地方。本节将介绍“找不同”游戏的设计与实现，本游戏会随机在用户界面上显示 5 张相似的图片，要求玩家在限定的时间里找出一张与众不同的图片，找出时间越短，积分越高。为了增加用户界面的美观性，“找不同”游戏用相对布局方式进行界面设计。

4.3.1　预备知识

通过上节线性布局方式的使用方法介绍，读者可以设计出一些布局结构规范的用户界面，但是实际开发中，经常会出现如图 4.6 和图 4.7 所示的用户界面，这类用户界面如果用线性布局方式进行设计，实现代码要么复杂、冗长，要么就实现不了。这时，可以通过 Android 系统中提供的相对布局(RelativeLayout)方式实现。

相对布局就是相对其他组件或父组件本身来组织组件在用户界面上的位置，它可以更细致地布局用户界面。例如，有 ImageView、TextView 和 Button 这 3 个组件，可以分别将 ImageView、Button 放在 TextView 的左下角、右下角；也可以将 ImageView、Button 放在 TextView 的右下角、左下角。即通过这种布局方式，可以将一个组件放在另外一个组件的上面、下面、左边或右边；也可以相对于父组件(相对布局容器)放置，包括放置在布局的顶部、底部、左侧或右侧。Android 系统中提供了 android.widget. RelativeLayout 类实现相对布局，该类的常用属性见表 4-5 至表 4-8。可以通过组合这些属性来实现各种各样的布局。

表 4-5　设置组件与组件之间的关系和位置的相关属性

属性名	说　明	备　注
android:layout_above	将该组件的底部置于给定 ID 组件的上面	属性值为某个组件的 ID，如 android: layout_above="@id/inputname"，其中 inputname 为 EditText 组件的 ID
android: layout_below	将该组件的底部置于给定 ID 组件的下面	
android:layout_toLeftOf	将该组件的右边缘与给定 ID 组件的左边缘对齐	
android:layout_toRightOf	将该组件的左边缘与给定 ID 组件的右边缘对齐	

表 4-6　设置组件与组件之间对齐方式的相关属性

属性名	说明	备注
android:layout_alignBaselineabove	将该组件的 baseline 与给定 ID 组件的 baseline 对齐	属性值为某个组件的 ID，如：android: layout_alignTop="@id/inputname"，其中 inputname 为 EditText 组件的 ID
android: layout_alignTop	将该组件的顶部与给定 ID 组件的顶部对齐	
android:layout_alignBottom	将该组件的底部与给定 ID 组件的底部对齐	
android:layout_alignLeft	将该组件的左边边缘与给定 ID 组件的左边边缘对齐	
android:layout_alignRight	将该组件的右边边缘与给定 ID 组件的右边边缘对齐	

表 4-7　设置组件与父组件之间对齐方式的相关属性

属性名	说　明	备　注
android: layout_alignParentTop	将该组件的顶部与父组件的顶部对齐	属性值可选为“true”或“false”
android: layout_alignParentBottom	将该组件的底部与父组件的底部对齐	
android:layout_alignParentLeft	将该组件的左边缘与父组件的左边缘对齐	
android:layout_alignParentRight	将该组件的右边缘与父组件的右边缘对齐	

表 4-8　设置组件方向的相关属性

属性名	说　明	备　注
android:layout_centerHoriaontal	将该组件置于水平方向的中央	属性值可选为“true”或“false”
android: layout_centerVertical	将该组件置于垂直方向的中央	
android:layout_centerInParent	将该组件置于父组件水平方向和垂直方向的中央	

4.3.2　找不同游戏的实现

1. 主界面的设计

找不同游戏实现的功能是运行游戏程序后，倒计时开始，同时自动加载 5 幅图片，其

中有一幅图片与其他图片不同，玩家只有一次机会单击不同的图片，需要在 10 秒内找出该图片，否则游戏失败，游戏成功后，可以进入下一组图片。根据游戏功能的分析，在用户界面上需要一个用于倒计时的 TextView 组件、一个重玩按钮 Button 组件和用于显示图片的 5 个 ImageButton 组件，设计出的用户界面如图 4.6 所示。游戏运行效果如图 4.7 所示。

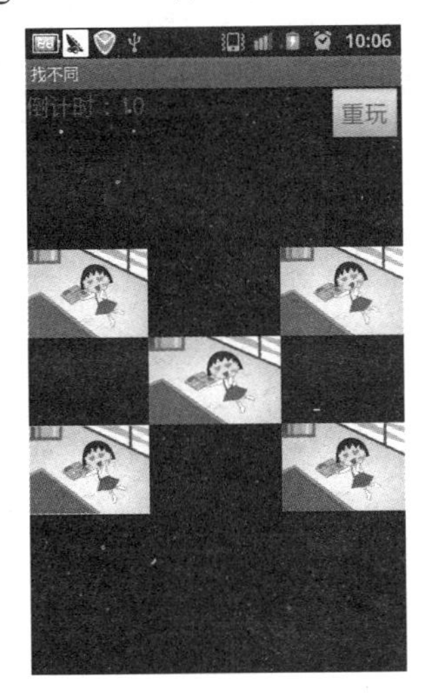

图 4.6　找不同游戏界面

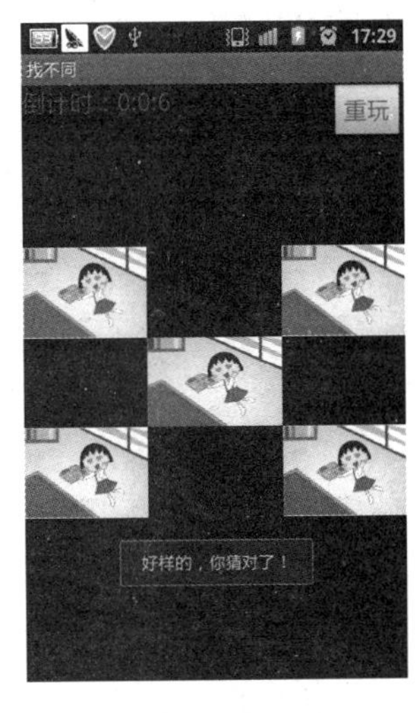

图 4.7　找不同游戏运行效果

从图 4.6 所示的界面可以看出，整个布局使用相对布局管理器实现比较方便。倒计时(TextView)与重玩(Button)组件分别放置在整个布局的左上角和右上角，可用如下代码实现：

```
1       <TextView
2           android:id="@+id/time"
3           android:layout_width="wrap_content"
4           android:layout_height="wrap_content"
5           android:textSize="20sp"
6           android:textColor="#f00002"
7           android:text="倒计时：10"
8           android:layout_alignParentLeft="true"/>
9       <Button
10           android:id="@+id/next"
11           android:layout_width="wrap_content"
12           android:layout_height="wrap_content"
13           android:textColor="#f00002"
14           android:textSize="20sp"
15           android:layout_alignParentRight="true"
16           android:text="重玩"/>
```

代码的第 8 行表示 TextView 组件的左边缘与父组件(整个相对布局界面)左边缘对齐，第 15 行表示 Button 组件的右边缘与父组件(整个相对布局界面)右边缘对齐。

为了达到图 4.6 所示界面的五个 ImageButton 组件显示效果，就需要使用相对布局中多个属性设置组合实现。详细代码如下：

```
1       <ImageButton
```

```
2           android:layout_width="wrap_content"
3           android:layout_height="wrap_content"
4           android:background="@drawable/girl01"
5           android:layout_centerInParent="true"
6           android:id="@+id/image0" />
7       <ImageButton
8           android:layout_width="wrap_content"
9           android:layout_height="wrap_content"
10          android:background="@drawable/girl01"
11          android:layout_above="@id/image0"
12          android:layout_toLeftOf="@id/image0"
13          android:id="@+id/image1" />
14      <ImageButton
15          android:layout_width="wrap_content"
16          android:layout_height="wrap_content"
17          android:background="@drawable/girl01"
18          android:layout_above="@id/image0"
19          android:layout_toRightOf="@id/image0"
20          android:id="@+id/image2" />
21      <ImageButton
22          android:layout_width="wrap_content"
23          android:layout_height="wrap_content"
24          android:background="@drawable/girl02"
25          android:layout_below="@id/image0"
26          android:layout_toLeftOf="@id/image0"
27          android:id="@+id/image3" />
28      <ImageButton
29          android:layout_width="wrap_content"
30          android:layout_height="wrap_content"
31          android:background="@drawable/girl01"
32          android:layout_below="@id/image0"
33          android:layout_toRightOf="@id/image0"
34          android:id="@+id/image4" />
```

在实现布局代码时，首先用第 5 行代码把 image0 组件放置在整个相对布局管理器的中央，然后以这个组件为参照物，再分别布局 image1、image2、image3、image4 组件。读者可以对照表 4-5 至表 4-8 中的属性介绍分析布局代码，限于篇幅，这里不再详述。完整布局代码可以参见代码包中 Chap04_03_01 文件夹里的内容。

2. 功能实现

(1) 定义变量。代码如下：

```
private ImageButton img0, img1, img2, img3, img4;
    private TextView countTime;
    private Button againBtn;
    // 标记玩家有没有单击过一幅图片，只要单击了错误的图片，游戏就失败
    private boolean flag = true;
    //要找的图片所在 ImageButton 的 Id
    private int index = 0;
```

```
//ImageButton 对应的图片数组
private int icon[]= new int[]{
            R.drawable.girl01,R.drawable.girl02,
            R.drawable.girl02,R.drawable.girl02,R.drawable.girl02};
    //倒计时
private MyCount myTime;
private ImageButton img0, img1, img2, img3, img4;//5 个图片按钮
private TextView countTime;        //显示倒计时信息
```

(2) 倒计时功能。Android 系统提供了一个抽象类——android.os.CountDownTimer，该类包含的方法和功能说明见表 4-9。

表 4-9　CountDownTimer 的常用方法

方法名	功　能	返回值
CountDownTimer(long millisInFuture, long countDownInterval)	构造函数，millisInFuture 参数从开始调用 start( )到倒计时完成并调用 onFinish( )方法的时间间隔。countDownInterval 参数表示调用 onTick( )方法的间隔时间。单位为 ms	
cancel( )	取消倒计时功能	无
onFinsih( )	倒计时完成被调用	无
start( )	倒计时开始	无
onTick(long millisUntilFinished)	在剩余时间内间隔被调用，millisUntilFinished 参数表示剩余时间	无

本案例项目实现时，创建了一个继承 CountDownTimer 的内部类 MyCount，具体代码如下：

```
//倒计时功能
private class MyCount extends CountDownTimer {
        public MyCount(long millisInFuture, long countDownInterval){
            super(millisInFuture, countDownInterval);
        }
        @Override
        public void onFinish(){
            countTime.setText("Game Over! ");
            flag = true;
            againBtn.setEnabled(true);
            Toast.makeText(MainActivity.this, "游戏结束，单击重玩可以再来一次! ", 1).show();
        }
        @Override
        public void onTick(long millisUntilFinished){
            int hour = (int)millisUntilFinished / 1000 / 3600;
            int minute = (int)millisUntilFinished / 1000 % 3600 / 60;
```

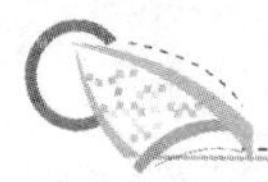


```
            int second = (int)millisUntilFinished / 1000 % 3600 % 60;
            if (flag){
                countTime.setText("倒计时: " + hour + ":" + minute + ":" + second);
            } else {
                countTime.setText("游戏失败！");
                Toast.makeText(MainActivity.this, "游戏结束，单击重玩可以再来一次！", 1).show();
                img0.setVisibility(View.INVISIBLE);
                img1.setVisibility(View.INVISIBLE);
                img2.setVisibility(View.INVISIBLE);
                img3.setVisibility(View.INVISIBLE);
                img4.setVisibility(View.INVISIBLE);
                againBtn.setEnabled(true);
            }
        }
    }
```

(3) 找不同图片的实现。为了在 5 幅图片中找出与众不同的图片，本案例项目给 5 个 ImageButton 组件添加监听事件，实现代码如下：

```
img0.setOnClickListener(new OnClickListener(){
            @Override
            public void onClick(View v){
                myTime.cancel();
                if (index ==img0.getId()){
                    Toast.makeText(MainActivity.this, "好样的，你猜对了！", 1).show();
                }else{
                    flag = false;
                    Toast.makeText(MainActivity.this, "对不起，你猜错了", 1).show();
                    img0.setVisibility(View.INVISIBLE);
                    img1.setVisibility(View.INVISIBLE);
                    img2.setVisibility(View.INVISIBLE);
                    img3.setVisibility(View.INVISIBLE);
                    img4.setVisibility(View.INVISIBLE);
                }
                againBtn.setEnabled(true);
            }
});
```

由于 5 个 ImageButton 组件的实现代码功能相似，此处仅列出一个 ImageButton 的详细代码，其他部分请读者参见代码包中 Chap04_03_01 文件夹里的内容。

(4) 重玩功能的实现。重玩游戏表示在游戏界面上重新倒计时和重新加载图片到 ImageButton，实现代码如下：

```
// 单击“重玩”按钮，重新倒计时
againBtn.setOnClickListener(new OnClickListener(){
            @Override
            public void onClick(View v){
                img0.setVisibility(View.VISIBLE);
                img1.setVisibility(View.VISIBLE);
```

```
                img2.setVisibility(View.VISIBLE);
                img3.setVisibility(View.VISIBLE);
                img4.setVisibility(View.VISIBLE);
                myTime = new MyCount(10000, 1000);
                myTime.start();
                flag = true;
                againBtn.setEnabled(false);
            }
        });
```

至此，找不同游戏的用户界面布局和功能实现的关键代码已经列出，其他内容请读者参见代码包中 Chap04_03_01 文件夹里的内容。

4.4　打老鼠游戏的设计与实现

“打老鼠”游戏就是在游戏机上投入一元硬币后，游戏柜上面有多个洞口，随时会有“老鼠”从洞口探出头来，这时，玩家只需要抡起锤子击打“老鼠”，击中了就会加分，在规定时间内，如果分值达到预期目标，那么游戏继续，否则游戏结束。本节将模拟“打老鼠”游戏，设计一款在 Android 平台终端上运行的打老鼠游戏。本游戏会在 5×5 方格中随时出现“老鼠”头像，要求玩家立即触摸，触摸到表示击中，如果玩家在限定的时间里击中 5 只“老鼠”，那么游戏继续，否则游戏结束。本游戏界面的设计采用表格布局方式实现。

4.4.1　预备知识

在实际应用开发中，经常会出现数据的显示以表格方式展现的情况，如图 4.8 所示，要达到类似的界面显示效果，在 Android 系统中可以使用表格布局(TableLayout)方式。

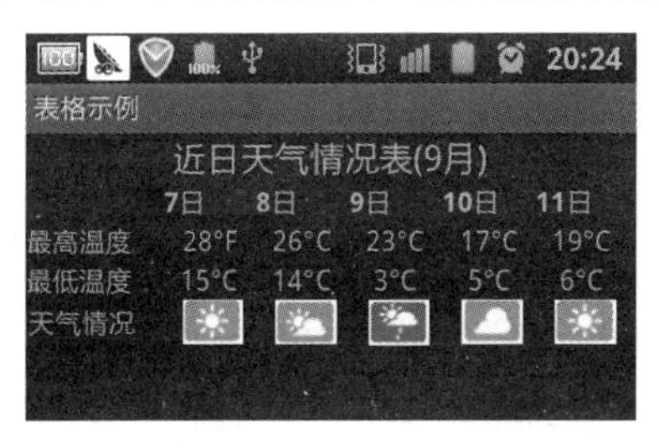

图 4.8　表格布局

表格布局就是一系列行和列组成的网格，并可以在这些网格的单元格中显示 View 组件。从用户界面设计的角度看，一个 TableLayout 由一系列 TableRow 控件组成，每个 TableRow 控件对应表格里的一行。TableRow 的内容由单元格中的 View 组件组成。Android 系统中使用 android.widget.TableLayout 类实现表格布局。

TableLayout 类以行和列的形式对组件进行管理，每一行可以是一个 TableRow 对象，也可以是一个 View 组件。每一行为 TableRow 对象时，可以在 TableRow 下添加子组件，默认情况下，每个子组件占据一列；每一行为 View 组件时，该 View 组件独占一行。在应用开发时，TableLayout 的行数由开发者直接指定，即有多少个 TableRow(或 View 组件)就有多少行。TableLayout 的列数由包含最多子组件的 TableRow 的列数决定。例如，有一个 TableLayout 布局管理器，它的第一个 TableRow 包含 2 个子组件，第二个 TableRow 包含 3 个子组件，第三个 TableRow 包含 4 个子组件，那么该 TableLayout 的列数就是 4。

android.widget.TableLayout 类可设置的属性包括全局属性(即列属性)和单元格属性，详细说明见表 4-10 和表 4-11。

表 4-10　全局属性(列属性)

属性名	说　明	备　注
android: stretchColumns	设置可伸展的列，该列可以向行方向伸展，最多可占据一整行	android:stretchColumns="0" 第 0 列可伸展
android:shrinkColumns	设置可收缩的列，当该列子组件的内容太多，已经挤满所在行，那么该子组件的内容将往列方向显示	android:shrinkColumns="1,2" 第 1、2 列皆可收缩
android:collapseColumns	设置要隐藏的列	android:collapseColumns="*" 隐藏所有列

表 4-11　单元格属性

属性名	说　明	备　注
android:layout_column	指定该单元格在第几列显示	android:layout_column="1" 该组件显示在第 1 列
android:layout_span	指定该单元格占据的列数，默认为 1	android:layout_span="2" 该组件占据 2 列

表格的某列可以同时具有 stretchColumns 和 shrinkColumns 属性，在这种情况下，当该列的内容很多，导致不能用一行全部显示时，它们将“多行”显示。但是这种多行，只是表示在该单元格列的多行，整个表格的 TableRow 还是原来的值，只是此时系统会根据需要自动调节该行的 layout_height 的值。

对于图 4.8 所示的用户界面布局文件代码组成，下面分 3 个部分介绍。

(1) TableLayout 的定义。代码如下：

```
1    <TableLayout
2       xmlns:android="http://schemas.android.com/apk/res/android"
3       android:id="@+id/tableLayout1"
4       android:layout_width="match_parent"
5       android:layout_height="match_parent"
6       android:shrinkColumns="*"
7       android:stretchColumns="*">
8    </TableLayout>
```

第 6 行和第 7 行的代码表示该表格的任意行可以伸展，任意列可以收缩，也就是当列

内容不能在一行中全部显示时，可以在该列对应的单元格中分行显示，同时整个表格会自动调整该单元格所在行的 layout_height 值。

(2) 表格第一行 TableRow 的定义。代码如下：

```
1    <TableRow
2            android:id="@+id/tableRow1"
3            android:layout_height="wrap_content"
4            android:layout_width="match_parent"
5            android:gravity="center_horizontal">
6            <TextView
7                android:id="@+id/textView9"
8                android:layout_width="match_parent"
9                android:layout_height="wrap_content"
10               android:textSize="18dp"
11               android:text="近日天气情况表(9月)"
12               android:gravity="center"
13               android:layout_span="6"/>
14     </TableRow>
```

表格的第一行只包含一个 TextView 组件，也就是第一行只有一个单元格，而要显示如图 4.8 所示的效果，必须使用 layout_span 属性进行设置，第 13 行代码表示该单元格占据 6 列。

(3) 表格第二行 TableRow 的定义。代码如下：

```
1    <TableRow
2            android:id="@+id/tableRow2"
3            android:layout_height="wrap_content"
4            android:layout_width="match_parent">
5            <TextView
6               android:id="@+id/TextView05"
7               android:text=""/>
8            <TextView
9               android:id="@+id/TextView04"
10               android:text="7日"
11               android:textStyle="bold" />
12            <TextView
13               android:id="@+id/TextView03"
14               android:text="8日"
15               android:textStyle="bold" />
16            <TextView
17               android:id="@+id/TextView02"
18               android:text="9日"
19               android:textStyle="bold" />
20            <TextView
21               android:id="@+id/TextView01"
22               android:text="10日"
23               android:textStyle="bold"/>
24            <TextView
25               android:text="11日"
```

```
26              android:id="@+id/textView00"
27              android:textStyle="bold" />
28      </TableRow>
```

该行包含 6 列，每一列包含一个 TextView 组件，每个 TextView 组件正好对应该行上的每一个单元格。表格的第三、四行 TableRow 的定义中只需要将 TextView 组件的 text 属性值作相应修改，其他代码与第二行类似，不再详述。

(4) 表格第五行 TableRow 的定义。代码如下：

```
1     <TableRow
2            android:id="@+id/tableRow5"
3            android:layout_height="wrap_content"
4            android:layout_width="match_parent"
5            android:gravity="center">
6            <TextView
7               android:id="@+id/textView8"
8               android:text="天气情况"
9               android:textStyle="bold"></TextView>
10           <ImageView
11               android:id="@+id/imageView1"
12               android:src="@drawable/sun"/>
13           <ImageView
14               android:id="@+id/imageView2"
15               android:src="@drawable/cloud"/>
16           <ImageView
17               android:id="@+id/imageView3"
18               android:src="@drawable/rain"/>
19           <ImageView
20               android:id="@+id/imageView4"
21               android:src="@drawable/shade"/>
22           <ImageView
23               android:id="@+id/imageView5"
24               android:src="@drawable/sun"/>
25    </TableRow>
```

该行中显示的内容，除了第一列使用 TextView 组件显示“天气情况”文本信息外，其余都是用天气状况图来表示，为了显示图片，本案例中使用了 ImageView 组件，所以需要将天气状况图保存在 res/drawable 文件夹下，然后修改 ImageView 组件的 src 属性值，如代码中的第 12、15、18、21、24 行所示。详细布局代码读者可以参见代码包中 Chap04_04_01 文件夹里的内容。

如果要在 TableRow 之间增加间隔线，可以在两个 TableRow 之间添加 View，并设置该 View 的 layout_height 和 background 属性。实现如图 4.9 所示效果，只需要在第一行 TableRow 和第二行的 TableRow 之间加入如下代码：

```
<View
      android:layout_height="2sp"
      android:background="#f00f00"/>
```

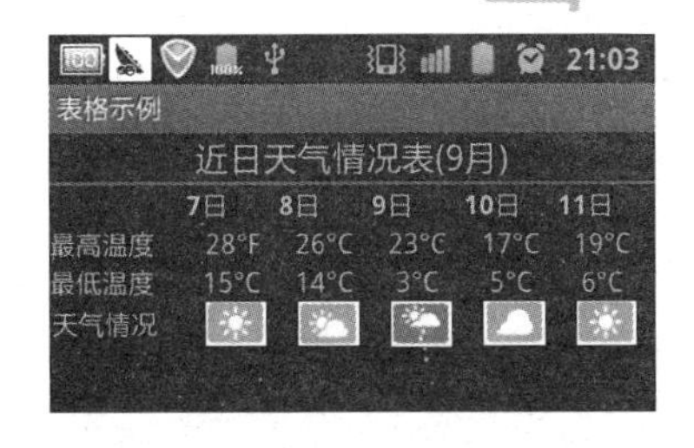

图 4.9　表格布局(线)

在实际应用开发时，读者只需要对本案例布局代码进行部分修改，一般都可以设计出布局合理的用户界面。

4.4.2　打老鼠游戏的实现

1. 主界面的设计

在开发游戏的时候，有些游戏只能横屏玩，或者横屏玩时让玩家有更好的界面体验，所以当 Android 终端竖立放置的时候，要保持游戏画面依然横屏。开发者在游戏开发之初最好就确定是用横屏还是竖屏，如果横屏或竖屏的状态都可以玩，那么就需要开发者设计两种界面布局，但是在横、竖屏切换时很可能会发生内存溢出，导致程序崩溃。为了强制游戏画面不进行横、竖屏切换，即游戏运行后，终端不管在什么状态下，游戏界面一定保持横屏显示，那么在 Android 应用开发中，可以使用以下两种方案。

(1) 修改 AndroidManifest.xml 配置文件。经过前面章节对 AndroidManifest.xml 配置文件的组成部分功能介绍，已经知道，任何用户界面的 Activity 都需要在配置文件中注册，注册时，需要配置一些必要的属性。在默认设置下，Activity 用户界面是竖屏显示的，如果要强制横屏显示，就必须为 Activity 界面配置该属性，具体配置代码如下述第 6 行所示。

```
1       <application
2          android:icon="@drawable/icon"
3          android:label="@string/app_name">
4          <activity
5             android:name=".MainActivity"
6             android:screenOrientation="landscape"
7             android:label="@string/app_name">
8             <intent-filter>
9                <action android:name="android.intent.action.MAIN" />
10               <category android:name="android.intent.category.LAUNCHER" />
11            </intent-filter>
12         </activity>
13      </application>
```

(2) 功能代码实现。在用功能代码实现时，需要在 Activity 类中的 OnCreate( )方法中增加如下代码：

```
setRequestedOrientation(ActivityInfo.SCREEN_ORIENTATION_LANDSCAPE);
```

界面效果如图 4.10 所示，“击中数”和“倒计时”可以使用 TextView 组件，“重玩”和“开始”可以使用 Button 组件，而其他表示鼠洞的部分可以使用多个 ImageButton 组件实现，关键代码如下：

```
<?xml version="1.0" encoding="utf-8"?>
<TableLayout
   xmlns:android="http://schemas.android.com/apk/res/android"
   android:id="@+id/tableLayout1"
   android:layout_width="match_parent"
   android:layout_height="match_parent"
   android:background="@drawable/background"
   android:shrinkColumns="*"
   android:stretchColumns="*">
      <TableRow
         android:id="@+id/tableRow1"
         android:layout_height="wrap_content"
         android:layout_width="match_parent"
         android:gravity="center">
         <TextView
            android:id="@+id/mcount"
            android:text="击中数：0"
            android:textColor="#ff0000"
            android:textStyle="bold"/>
         <ImageView
            android:id="@+id/im12"
            android:background="@drawable/dong"/>
      <!---其他 ImageView 组件的设置与此处代码类似->
            …
            <TextView
            android:id="@+id/mcount"
            android:text="倒计时：60"
            android:textColor="#ff0000"
            android:textStyle="bold"/>
      </TableRow>
      <TableRow
         android:id="@+id/tableRow2"
         android:layout_height="wrap_content"
         android:layout_width="match_parent"
         android:gravity="center">
         <ImageView
            android:id="@+id/im21"
            android:background="@drawable/dong"/>
         <!--其他 ImageView 组件的设置与此处代码类似-->
            …
      </TableRow>
           <!--表格布局中此行显示效果代码与上行类似-->
            …
      <TableRow
         android:id="@+id/tableRow4"
```

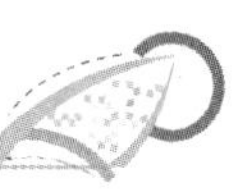

```
            android:layout_height="wrap_content"
            android:layout_width="match_parent"
            android:gravity="center">
            <Button
                android:id="@+id/replay"
                android:text="重玩"
                android:layout_width="108px"
                android:layout_height="wrap_content"/>
            <ImageView
                android:id="@+id/im42"
                android:background="@drawable/dong"/>
                <!--其他 ImageView 组件的设置与此处代码类似-->
                ...
            <Button
                android:id="@+id/play"
                android:text="开始"
                android:layout_width="108px"
                android:layout_height="wrap_content"/>
        </TableRow>
    </TableLayout>
```

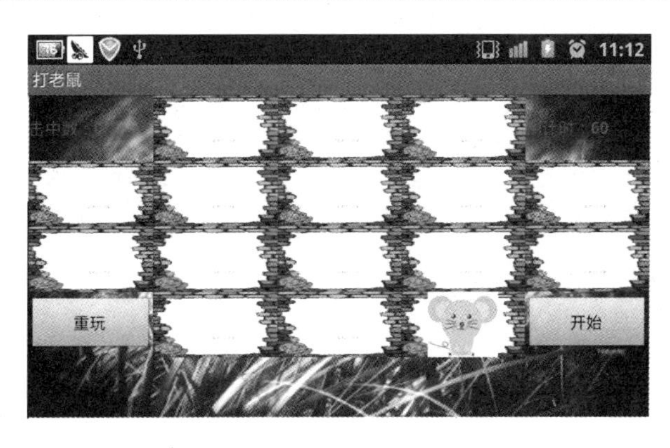

图 4.10　打老鼠游戏界面

2. 功能实现

(1) 定义变量。由于本案例项目涉及变量较多，限于篇幅，这里仅列出部分关键变量定义的代码和说明，其他部分请读者参阅 Chap04_04_02 文件夹中的内容。

```
// 将所有的 ImageView 组件的 id 保存在数组中，便于让“老鼠”随机出现在其中
private int imgID[] = { R.id.im1, R.id.im2, R.id.im3, R.id.im4, R.id.im5,
            R.id.im6, R.id.im7, R.id.im8, R.id.im9, R.id.im10, R.id.im11,
            R.id.im12, R.id.im13, R.id.im14, R.id.im15, R.id.im16 };
// 用于保存 ImageView 组件
private ImageView imgView[] = new ImageView[16];
```

(2) 随机在洞中出现“老鼠”。在 Android 系统中，对 UI 的修改必须由 UI 的线程完成，否则会出现异常错误，这种处理方法与 J2SE 稍有区别，读者处理这类问题时，要多加注意。Android 系统中动态改变 UI 中组件内容的方法有以下 3 种。

方法一：使用组件的 post( )方法，使用格式如下：

```
public boolean post(Runnable action),
```

参数 action 里的 run 方法会在主线程中运行。

例如，要动态改变 TextView 组件的 text 属性值，代码如下：

```
myTextView.post(new Runnable(){
    @Override
    public void run(){
            i++;
        myTextView.setText("计数: "+i);
    }
});
```

方法二：使用 Handler 的消息机制，使用格式如下：

```
public final boolean sendMessage (Message msg)
```

线程内调用 sendMessage 方法。

```
public void handleMessage (Message msg)
```

主线程里的 Handler 对象重写 handleMessage 方法。

例如，动态改变 TextView 组件的 text 属性值，代码如下：

```
//线程内
Message message = new Message();
message.what =0;
mHandler.sendMessage(message);
//主线程
mHandler = new Handler(){
    @Override
    public void handleMessage(Message msg){
        if(msg.what==0){
            i++;
            myTextView.setText("计数: "+i);
        }
    }
};
```

方法三：使用 AsyncTask，AsyncTask 就是一个封装过的后台任务类，它直接继承于 Object 类，位于 android.os.AsyncTask 包中。AsyncTask 的特点是任务在主线程之外运行，而回调方法是在主线程内执行。

AsyncTask 类包含 3 个泛型参数和多个重载方法，见表 4-12 和表 4-13。

表 4-12　AsyncTask 类的泛型参数

参数名	说　明	备　注
Params	启动任务执行的输入参数	如 HTTP 请求的 URL
Progress	后台任务执行的百分比	
Result	后台执行任务最终返回的结果	String

表 4-13　AsyncTask 类参数和重载方法

属性名	说　　明	备　　注
doInBackground(Params…)	后台执行，比较耗时的操作都可以放在这里，此方法在后台线程执行，完成任务的主要工作，通常需要较长的时间。在执行过程中可以调用 publicProgress(Progress…)来更新任务的进度	注意，这里不能直接操作 UI
onPostExecute(Result)	相当于 Handler 处理 UI 的方式，在这里面可以使用在 doInBackground 得到的结果操作 UI	此方法在主线程中执行，任务执行的结果作为此方法的参数返回
onProgressUpdate (Progress…)	可以使用进度条优化用户体验	此方法在主线程中执行，用于显示任务执行的进度
onPreExecute( )	是最终用户调用 Excute 时的接口，在任务执行之前开始调用此方法，可以在这里显示进度对话框	
onCancelled( )	取消用户调用时要执行的操作	

一个异步加载数据操作至少要重写表 4-13 中的前两种方法，在必要情况下需要重写后 3 种方法。

另外，使用 AsyncTask 类，必须遵守以下几条准则。

① Task 的实例必须在 UI Thread 中创建。

② execute 方法必须在 UI Thread 中调用。

③ 不要手动调用 onPreExecute( )、onPostExecute(Result)、doInBackground(Params…)、onProgressUpdat(Progress…)这几个方法。

④ 该 task 只能被执行一次，否则多次调用时将会出现异常。

例如，动态改变 TextView 组件的 text 属性值，代码如下：

```
class MyTask extends AsyncTask<Object, Object, Object> {
    @Override
    //这个方法可以理解为线程的 run 方法
    protected Object doInBackground(Object… params){
        this.publishProgress(null, null, null);
    }
    @Override
    //在 doInBackground 方法里如果调用了 publishProgress 方法就会运行这个方法
    //这个方法就是在线程运行时改变控件属性的方法
    protected void onProgressUpdate(Object… values){
        myTextView.setText("线程运行时修改的新文本");
    }
    @Override
    //这个方法在 doInBackground 方法运行结束后执行
```

```
    protected void onPostExecute(Object result){
        myTextView.setText("doInBackground 方法运行后修改的新文本");
    }
}
//主线程内的调用
new MyTask().execute(null, null, null);
```

本案例项目中采用的是第二种方法，部分详细代码如下：

```
    // 接收消息并处理消息，此 Handler 会与当前主线程一起运行
    class MyHandler extends Handler {
        @Override
        public void handleMessage(Message msg){
            super.handleMessage(msg);
            switch (msg.what){
            case 1:
                // 更新 UI，使“老鼠”动态出现在不同的洞中
                imgView[oldID].setBackgroundDrawable(dong);
                newID = (int)(0 + Math.random()* 15);
                imgView[newID].setBackgroundDrawable(mouse);
                oldID = newID;
                break;
            default:
                break;
            }
        }
    }

    // 每隔 2 秒发送一次消息 code 给 Handler，更新 UI
    class MyThread implements Runnable {
        @Override
        public void run(){
            while (flag){
                try {
                    Thread.sleep(2000);
                } catch (InterruptedException e){
                    e.printStackTrace();
                }
                Message msg = new Message();
                msg.what = 1;           // 消息 code
                msg.obj = null;         // 消息内容
                MainActivity.this.handler.sendMessage(msg);
            }
        }
    }
```

(3) 开始游戏、重玩游戏、打“老鼠”功能代码的实现。由于本案例项目中的“老鼠”洞是由多个 ImageView 组件组成的，如果为每个 ImageView 组件单独编写监听事件，重复代码较多，为了避免这类问题，在创建主用户界面 MainActivity 时实现了 OnClickListener 接口，这样就需要重写 onClick( )方法，代码如下：

```
@Override
    public void onClick(View v){
        switch (v.getId()){
        case R.id.play:
            count = 0;
            flag = true;
            myCount.start();//开始倒计时
            thread.start();//线程开启，“老鼠”出洞
            Toast.makeText(MainActivity.this, "游戏开始！", 1).show();
            break;
        case R.id.replay:
            myCount.cancel();
            myCount.start();
            //…
            break;
        default:
            if (imgView[oldID].getId()== v.getId()){
                count ++ ;
                txtCount.setText("击中数："+count);
                if(count == 20){
                    Toast.makeText(MainActivity.this, "祝贺你顺利过关！", 1).show();
                    flag = false;
                }
            } else {
                Toast.makeText(MainActivity.this,"对不起，你没击中！", 1).show();
            }
            break;
        }
    }
```

代码中的 case R.id.play 分支表示单击“开始”按钮执行的功能代码；case R.id.replay 分支表示单击“重玩”按钮执行的代码，这里没有给出相应的代码，读者可以结合 J2SE 中线程的相关内容将代码补充完整；default 分支表示在“老鼠”出洞后，玩家执行的操作，当玩家单击的 ImagView 组件(即当前“老鼠”所在的洞)与随机数中出现的“老鼠”相同，就说明玩家打中了“老鼠”，为玩家计数。

计时功能实现代码与本书 4.3 节类似，限于篇幅，这里不再详述，完整功能的代码读者可以参阅 Chap04_04_02 文件夹中的内容。游戏完成后的效果如图 4.11 所示。

图 4.11　游戏成功界面

4.5　霓虹灯效果的设计与实现

本节介绍的霓虹灯效果案例项目只是为了说明帧布局的使用方法，读者在实际开发中遇到类似的布局效果可以应用帧布局(FrameLayout)。

4.5.1　预备知识

在 FrameLayout 布局中，整个界面被当成一块空白备用区域，所有的子元素都不能被指定放置的位置，它们全部放在这块区域的左上角，并且后面的子元素直接覆盖在前面的子元素之上，将前面的子元素部分或全部遮挡，即帧布局的大小由子元素中尺寸最大的那个子元素来决定。如果子元素一样大，同一时刻只能看到最上面的子元素。下面的代码产生的效果如图 4.12 和图 4.13 所示。

```
1    <?xml version="1.0" encoding="utf-8"?>
2    <FrameLayout xmlns:android="http://schemas.android.com/apk/res/android"
3       android:orientation="vertical"
4       android:layout_width="fill_parent"
5       android:layout_height="fill_parent">
6       <TextView
7           android:layout_width="fill_parent"
8           android:layout_height="fill_parent"
9           android:background="#ff000000"
10          android:gravity="center"
11          android:text="1" />
12       <TextView
13          android:layout_width="fill_parent"
14          android:layout_height="fill_parent"
15          android:background="#ff654321"
16          android:gravity="center"
17          android:text="2" />
```

```
18        <TextView
19            android:layout_width=" fill_parent "
20            android:layout_height=" fill_parent "
21            android:background="#fffedcba"
22            android:gravity="center"
23            android:text="3" />
24    </FrameLayout>
```

图 4.12　帧布局显示效果(1)

图 4.13　帧布局显示效果(2)

代码的 6～11 行、12～17 行、18～23 行分别定义了 TextView 组件，3 个 TextView 组件的背景色设置为不同的颜色，组件的 text 属性值分别为 1、2、3，其他属性值相同，观察图 4.12，可能认为只有 18~23 行设置的代码显示在效果图上。其实，前两个 TextView 也显示在了效果图上，只是设置 TextView 的先后顺序造成 6～11 行设置的 TextView 组件被 12～17 行设置的 TextView 组件遮挡住，12～17 行设置的 TextView 组件被 18～23 行设置的 TextView 组件遮挡住。如果此时将 19～20 行的代码改为如下代码：

```
android:layout_width="50dp"
android:layout_height="50dp"
```

修改后的代码产生的效果如图 4.13 所示。因为此时第三个 TextView 组件的宽度和高度分别设置为 50dp，它的宽度和高度明显比第二个 TextView 组件的小，而且组件在帧布局显示时，一定从左上角开始，所以即使第三个 TextView 对第二个 TextView 有遮挡，但由于宽度和高度较小，也不能全部遮挡，最终出现了图 4.13 所示的效果。

FrameLayout 继承自 ViewGroup，除了继承父类的属性和方法，FrameLayout 类中包含了自己特有的属性和对应方法，见表 4-14。

表 4-14　FrameLayout 的属性和对应方法

属性名	对应方法	说　明
android:foreground	setForeground(Drawable)	设置绘制在所有子组件上的内容
android:foregroundGravity	setForegroundGravity(int)	设置绘制在所有子组件上内容的 gravity 属性

4.5.2　霓虹灯效果的实现

1. 颜色配置文件 colors.xml

霓虹灯需要有 7 种颜色的配置文件，其代码如下：

```
<?xml version="1.0" encoding="utf-8"?>
<resources>
    <color name="color1">#ffff00</color>
    <color name="color2">#ff00ff</color>
    <color name="color3">#00ffff</color>
    <color name="color4">#0ffff0</color>
    <color name="color5">#0000ff</color>
    <color name="color6">#00ff00</color>
    <color name="color7">#ff0000</color>
</resources>
```

2. 主界面的设计

为了达到霓虹灯的效果，本案例项目中用 7 个 TextView 分别表示 7 个不同的霓虹灯管，7 个 TextView 的宽度和高度依次递减 20dp 并设置为不同的背景色。关键代码如下：

```
<?xml version="1.0" encoding="utf-8"?>
<FrameLayout xmlns:android="http://schemas.android.com/apk/res/android"
    android:layout_width="match_parent"
    android:layout_height="match_parent" >
    <TextView
        android:id="@+id/view0"
        android:layout_width="200dp"
        android:layout_height="200dp"
        android:layout_gravity="center"
        android:background="#ffff00" />
    <TextView
        android:id="@+id/view1"
        android:layout_width="180dp"
        android:layout_height="180dp"
        android:layout_gravity="center"
        android:background="#ff00ff"/>
        <!--其他 TextView 组件的设置与此处代码类似-->
        …
```

```
    <TextView
        android:id="@+id/view6"
        android:layout_width="80dp"
        android:layout_height="80dp"
        android:layout_gravity="center"
        android:background="#ff0000"/>
</FrameLayout>
```

3. 功能实现

(1) 变量定义。代码如下：

```
//将 7 种不同颜色存入 colors 数组
final int[] colors = new int[] { R.color.color7, R.color.color6,
            R.color.color5, R.color.color4, R.color.color3, R.color.color2,
            R.color.color1, };
//将 7 个 TextView 的 id 存入 names 数组中
final int[] names = new int[] { R.id.view0, R.id.view1, R.id.view2,
            R.id.view3, R.id.view4, R.id.view5, R.id.view6, };
//定义 7 个 TextView 数组，用于存放 TextView 组件
TextView view[] = new TextView[7];
```

(2) 使用 Handler 实现霓虹灯效果。实现 7 色霓虹灯的动态显示采用了 Handler 类，每隔 0.1 秒改变一种颜色，详细实现代码如下：

```
class MyHandler extends Handler {
        int i = 0;
        public void handleMessage(Message msg){
            i++;
            if (i >= 6){
                i = 1;
            }
            for (int m = 7 - i, n = 0; m < 7; m++, n++){
                //依次改变 7 个 TextView 组件的背景色
                view[m].setBackgroundResource(colors[n]);
            }
            for (int m = 0; m < 7 - i; m++){
                view[m].setBackgroundResource(colors[m + i]);
            }
            sleep(100);
        }
        public void sleep(int j){
            sendMessageDelayed(obtainMessage(0), j);
        }
    }
```

运行效果如图 4.14 所示。

图 4.14　霓虹灯效果图

本章小结

本章结合案例项目的开发过程介绍了 Android 系统中 LinearLayout(线性布局)、TableLayout(表格布局)、RelativeLayout (相对布局)和 FrameLayout(帧布局)的常用属性和使用方法，通过对本章常用布局管理器的理解和掌握，读者在将来的项目开发中可以设计出令用户满意的 UI。

项目实训

项目一

项目名：高级计算器(运行效果如图 4.15 所示)。

功能描述：在 4.2 节简易计算器的基础上完善其他功能。

项目二

项目名：奔跑的野马。

功能描述：利用 FrameLayout 布局实现，当项目运行时，界面的野马开始奔跑，运行效果如图 4.16 所示。图中标示的(1)、(2)、(3)表示奔跑时的 3 个状态图片。

图 4.15　高级计算器

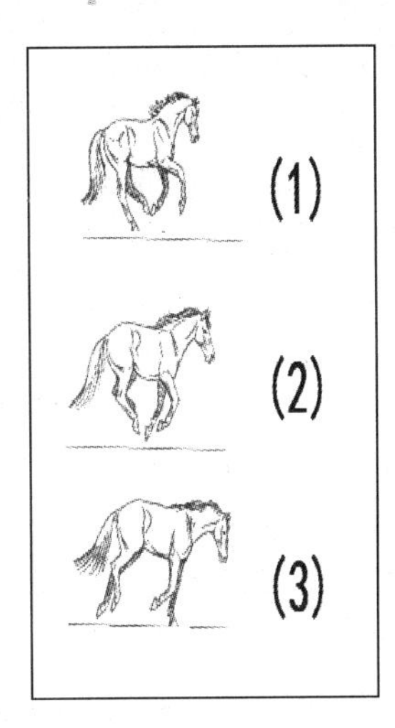

图 4.16　奔跑的野马

第 5 章 菜单和对话框

Android 系统平台正在变得越来越完善，尤其是用户体验方面显著提升。前面章节已经介绍了用户界面组件和界面布局，本章将详细介绍常用的菜单和对话框的使用。菜单和对话框是各类应用程序中非常重要的组成部分，能够在不占用界面空间的前提下，为应用程序提供统一的功能和交互界面。Android 系统提供了 3 种类型的菜单：选项菜单(Options Menu)、子菜单(SubMenu)和快捷菜单(ContextMenu)，同时用户还可以通过 XML 文件自定义个性化的菜单。Android 系统也提供了丰富的对话框(Dialog)：AlertDialog(提示对话框)、DatePickerDialog(日期选择对话框)、TimePickerDialog(时间选择对话框)、ProgressDialog(进度对话框)等。

教学目标

掌握 Android 系统中选项菜单(Options Menu)、子菜单(SubMenu)、快捷菜单(ContextMenu)的常用属性和方法以及它们的应用。

掌握如何用 XML 文件自定义菜单。

掌握 AlertDialog(提示对话框)的常用属性和方法，以及几种不同风格对话框的实现。

掌握 DatePickerDialog(日期选择对话框)、TimePickerDialog(时间选择对话框)的使用。

掌握 ProgressDialog(进度对话框)的两种风格的实现，理解通过进程更新进度条进度。

教学要求

知识要点	能力要求	相关知识
选项菜单	(1) 掌握如何创建选项菜单 (2) 掌握选项菜单常用的方法、属性	菜单选项选中事件监听
子菜单	(1) 掌握如何创建子菜单 (2) 掌握子菜单常用的方法、属性	菜单选项选中事件监听

续表

知识要点	能力要求	相关知识
快捷菜单	(1) 掌握如何创建快捷菜单 (2) 掌握快捷菜单常用的方法、属性	菜单选项选中事件监听
使用 XML 生成菜单	(1) 掌握使用 XML 文件创建菜单的步骤 (2) 理解 menu、group、item 标签间的层级关系	
提示对话框	(1) 熟悉提示对话框的种类 (2) 掌握系统的 4 种不同风格的对话框 (3) 掌握自定义界面对话框	自定义对话框的界面布局
日期/时间选择对话框	掌握如何创建日期和时间选择对话框	Calendar 类
进度条对话框	(1) 掌握圆形进度条和长形进度条对话框的创建 (2) 掌握进度条对话框的常用方法 (3) 理解线程更新进度条进度	线程更新进度条进度

5.1　选 项 菜 单

当手机应用程序在前台运行时，如果用户按手机上的 MENU 键，此时就会在屏幕底端弹出相应的选项菜单，如图 5.1 所示。选项菜单分为两种：图标菜单和扩展菜单。图标菜单可以同时显示图标和文字，但每次最多显示 6 个，当菜单项多于 6 个时，将前 5 个显示为图标菜单，后面的菜单在单击“更多”图标后，以扩展菜单的形式出现，如图 5.2 所示，与图标菜单不同的是，扩展菜单不能显示图标，但是可以显示单选按钮和复选框。

图 5.1　选项菜单

图 5.2　扩展菜单

Android 系统的菜单支持主要通过 android.view.Menu 接口来体现的，Android 系统用它来管理各种菜单项。Menu 接口中常用的方法见表 5-1。

表 5-1　Menu 常用方法

方法名	功　能
MenuItem add(CharSequence title)	添加一个新的菜单项
MenuItem add(int groupId,int itemId,int order,int titleRes)	添加一个新的菜单项
MenuItem add(int titleRes)	添加一个新的菜单项
MenuItem add(int groupId,int itemId,int order,CharSequence title)	添加一个新的菜单项
SubMenu addSubMenu (int groupId,int itemId,int order,CharSequence title)	添加一个新的子菜单
SubMenu addSubMenu (int groupId,int itemId,int order,int titleRes)	添加一个新的子菜单

续表

方法名	功　能
SubMenu addSubMenu(CharSequence title)	添加一个新的子菜单
SubMenu addSubMenu(int titleRes)	添加一个新的子菜单
void clear( )	清除所有菜单子项
void close( )	关闭打开的菜单
MenuItem findItem(int id)	找到相应 id 的菜单项
int size( )	获取菜单子项的个数

为了能够在 Android 应用程序中使用选项菜单，必须覆写 Activity 中的 onCreateOption Menu( )方法。该方法在用户第一次使用选项菜单时被调用，一般用来初始化菜单项，代码如下：

```
final static int M1=Menu.FIRST;
    final static int M2=Menu.FIRST+1;
    public boolean onCreateOptionsMenu(Menu menu){
        menu.add(0, M1, 0, "向左");
        menu.add(0, M2, 0, "向右");
         return true;
}
```

onCreateOptionsMenu(Menu menu)方法中的参数 menu 是 Activity 默认的菜单对象，只要调用 add(int groupId,int itemId,int order,CharSequence title)方法就可以向菜单中添加一个菜单项，方法的返回值为 true 表示显示菜单，否则不显示菜单。add( )方法的第一个参数 groupId 表示菜单项所属组的 ID，第二个参数 itemId 表示菜单项的 ID，一般将其定义为静态常量，可以使用 Menu.FIRST(整数，值为 1)定义第一个菜单项的 ID，以后的菜单子项在 Menu.FIRST 增加相应的数值。add( )方法的返回值为一个 MenuItem 对象，可以用一个 MenuItem 引用变量来接收它，代码如下：

```
MenuItem item1=menu.add(0, M1, 0, "向左");
item1.setIcon(R.drawable.left);
item1.setShortcut('1', 'f');
```

获得 MenuItem 对象后，就可以调用 setIcon( )方法设置选项菜单的图标，图标要预先保存在 res/drawable 目录中。也可以调用 setShortcut( )方法为菜单项设置快捷键，该方法的第一个参数是数字快捷键，第二个参数是全键盘快捷键。如果是扩展菜单可以使用 setCheckable( )方法设置扩展菜单带复选框。

onCreateOptionsMenu( )方法仅在第一次使用菜单时调用，如果想每次使用菜单时都能动态地改变菜单项的某些属性，就需要覆写 Activity 的 onPrepareOptionsMenu( )方法，每次用户使用选项菜单时都会调用该方法，代码如下：

```
public boolean onPrepareOptionsMenu(Menu menu){
       MenuItem item=menu.findItem(M1);
       item.setTitle("重新设置标题");
       return true;
}
```

该方法的参数和 onCreateOptionsMenu( )方法一样，都表示 Activity 默认的菜单。如果需要重新设置每个菜单项的属性，首先需要调用 menu.findItem(int id)方法找到相应的菜单项，参数就是菜单项的 ID，方法的返回值是一个 MenuItem 对象，然后可以通过相应方法设置菜单项的属性。

如果希望选择菜单某个选项时，执行相应动作，需要覆写 onOptionsItemSelected (MenuItem item)方法，方法的参数为用户所选择的那个菜单项，代码如下：

```
public boolean onOptionsItemSelected(MenuItem item){
        switch(item.getItemId()){
        case M1:
           tvmsg.setText("向左");
           return true;
        case M2:
           tvmsg.setText("向右");
           return true;
        }
        return false;
    }
```

可以通过 onOptionsItemSelected( )方法的参数，获取被选择的菜单项，再调用 getItemId( )方法获取菜单项的 ID，最后通过 switch 语句判断所选择的是哪个菜单项，进而执行相应的操作。onOptionsItemSelected( )返回值为布尔型，值为 true 表示该事件已经得到处理，值为 false 表示该事件未处理。

完整的代码请读者参见代码包中 Chap05_01_01 文件夹，程序运行后的效果如图 5.3 所示，用户按 MENU 键，会显示多个选项菜单，每个菜单项都有图标和标题，选择其中一个，会在界面的顶部显示所选择菜单项的标题。

图 5.3　完整程序运行结果

5.2 子 菜 单

Android 系统提供的子菜单(SubMenu)用于更加详细地显示信息，选择子菜单将弹出悬浮窗口显示子菜单项。但是 Android 系统中的子菜单不支持嵌套，即子菜单中不能再包括其他子菜单。子菜单(SubMenu)继承于 Menu，常用的方法见表 5-2。

表 5-2 SubMenu 常用方法

方法名	功 能
SubMenu setHeaderIcon(Drawable icon)	设置菜单头的图标
SubMenu setHeaderIcon(int iconRes)	设置菜单头的图标
SubMenu setHeaderTitle(CharSequence title)	设置菜单头的标题
SubMenu setHeaderTitle(int titleRes)	设置菜单头的标题
SubMenu.setIcon(Drawable icon)	设置子菜单图标
SubMenu setIcon(int iconRes)	设置子菜单图标

和选项菜单一样，子菜单也是通过重载 onCreateOptionsMenu( )方法创建，不同的是子菜单需要调用 menu.addSubMenu( )方法，而不是 menu.add( )方法，具体代码如下：

```
SubMenu sbmenu=menu.addSubMenu(0, MENU_area, 1, "选择地区");
sbmenu.setIcon(R.drawable.area);
sbmenu.setHeaderTitle("选择居住的城市");
sbmenu.setHeaderIcon(R.drawable.area);
sbmenu.add(0,MENU_area +1,0,"北京");
sbmenu.add(0,MENU_area +2,1,"上海");
```

menu.addSubMenu( )方法的参数和 menu.add( )参数一样，这里就不复述了。该方法返回一个 SubMenu 对象，使用该对象的 setHeaderTitle( )方法可以设置子菜单的头标题，使用 setHeaderIcon( )方法可以设置头图标，add( )方法设置子菜单的菜单项。如果需要动态改变子菜单项的属性，仍然使用覆写 onPrepareOptionsMenu( )方法。子菜单的单击事件也是使用 onOptionsItemSelected( )方法，以上代码的运行效果如图 5.4 所示。详细代码请读者参见代码包中 Chap05_02_01 文件夹中的内容。

图 5.4 子菜单

5.3 快 捷 菜 单

快捷菜单又称为上下文菜单，与 Windows 操作系统中的快捷菜单一样都是与某个组件相关的菜单，只是弹出的方式不一样，Windows 操作系统中的快捷菜单是右击弹出，而 Android 系统中的快捷菜单是在某个组件(视图)上长按(超过 2 秒)后弹出。快捷菜单(ContextMenu)继承于 Menu，常用的方法见表 5-3。

表 5-3 ContextMenu 的常用方法

方法名	功　能
ContextMenu setHeaderIcon(Drawable icon)	设置快捷菜单图标
ContextMenu setHeaderIcon(int iconRes)	设置快捷菜单图标
ContextMenu setHeaderTitle(CharSequence title)	设置快捷菜单标题
ContextMenu setHeaderTitle(int titleRes)	设置快捷菜单标题

创建快捷菜单，需要覆写 onCreateContextMenu( )方法，在该方法中创建菜单项，以及设置菜单项的相关属性。当需要处理菜单项的单击事件时，需要覆写 onContextItemSelected( )方法，每次使用快捷菜单都会调用 onCreateContextMenu( )方法，创建快捷菜单的关键代码如下：

```
    final static int M1=Menu.FIRST;
    final static int M2=Menu.FIRST+1;
    final static int M3=Menu.FIRST+2;
    @Override
    public void onCreateContextMenu(ContextMenu menu, View v,ContextMenuInfo
menuInfo){
           super.onCreateContextMenu(menu, v, menuInfo);
           menu.setHeaderTitle("请选择某门课程");
           menu.add(0, M1, 0, "软件工程");
           menu.add(0, M2, 1, "android软件开发");
           menu.add(0, M3, 1, "C#程序设计");
       }
```

onCreateContextMenu( )方法的第一个参数 menu 为创建的快捷菜单，第二个参数 v 为与菜单相关的组件，第三个参数 menuInfo 是菜单项的附加信息。通过第一个参数的 menu.add( )方法就可以向快捷菜单中添加菜单项，或者调用 menu.addSubMenu( )方法添加子菜单。

处理菜单的单击事件需要覆写 onContextItemSelected(MenuItem item)方法，当菜单项被选中时，自动调用该方法，方法中的参数就是被选中的菜单项。实现代码如下：

```
       public boolean onContextItemSelected(MenuItem item){
           switch(item.getItemId()){
           case M1:
               tvmsg.setText("软件工程");
```

```
            return true;
        case M2:
            tvmsg.setText("android 软件开发");
            return true;
        case M3:
            tvmsg.setText("C#程序设计");
            return true;
        }
        return false;
    }
```

快捷菜单是与某个组件相关的菜单，所以创建好快捷菜单后还需要将其和某个组件关联起来，也就是需要调用 registerForContextMenu(View view)方法，将快捷菜单注册到 View 上，实现 View 组件与快捷菜单的关联。实例代码如下：

```
public void onCreate(Bundle savedInstanceState){
    super.onCreate(savedInstanceState);
    setContentView(R.layout.main);
    tvmsg=(TextView)findViewById(R.id.tvmsg);
    this.registerForContextMenu(tvmsg);
}
```

在 onCreate( )方法中调用 registerForContextMenu(View view)方法将组件 tvmsg(一个 TextView 组件)和快捷菜单关联起来，长时间按住 tvmsg 文本框时，就会弹出快捷菜单。程序运行效果如图 5.5 所示。

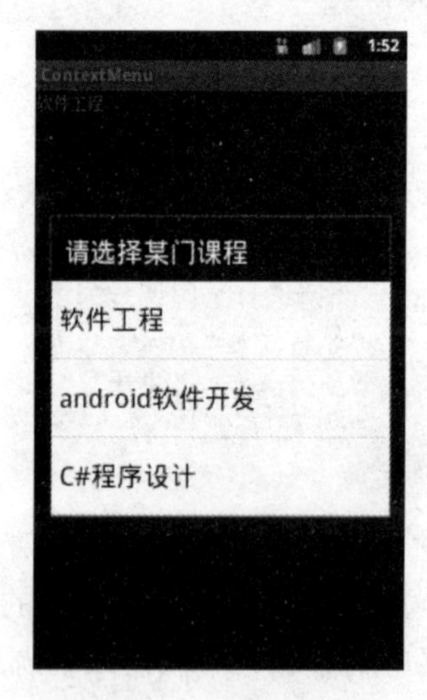

图 5.5　快捷菜单

5.4　使用 XML 生成菜单

前面都是直接在代码中创建菜单，添加菜单项，这是比较常规的做法，简单但同时也存在着不足。例如，需要使用常量来保存每个菜单项的 ID。Android 中提供了另一种创建

菜单的方法，就是把菜单也定义为应用程序的资源，通过 Android 对资源的本地支持，方便地实现菜单的创建和响应。

1. 使用 XML 文件创建菜单

使用 XML 文件创建菜单的步骤如下。

(1) 在项目的 res 目录下创建 menu 文件夹，并在 menu 目录下使用与 menu 相关的元素定义 XML 文件。在 XML 文件中，有 3 个有效的元素：menu、group 和 item。item 和 group 必须是 menu 的子节点元素，且 item 必须是 group 的子节点元素。但是在创建子菜单时，menu 可作为 item 的子节点元素。group 常用属性见表 5-4，item 常用属性见表 5-5。

表 5-4　group 常用属性及说明

属性名	说　明
android:id	设置 group id(组 id)
android:orderInCategory	定义这组菜单在菜单中的默认次序，为整数值
android:checkableBehavior	定义这组菜单是否 checkable，有效值：none、all(单选按钮)、single(复选框)
android:visible	设置菜单是否可见，值为 true 或 false
android:enabled	设置菜单是否可用，值为 true 或 false

表 5-5　item 常用属性值及说明

属性名	说　明
android:id	设置菜单项(item)的 id
android:title	设置标题
android:icon	设置图标
android:alphabeticShortcut	设置字母快捷键
android:numericShortcut	设置数字快捷键
android:checkable	是否为 checkable，值为 true 或 false
android:checked	是否设置为 checked 状态，值为 true 或 false
android:visible	设置是否可见，值为 true 或 false

(2) 使用 XML 文件的资源 ID，将 XML 文件中定义的菜单项添加到 menu 对象中。

(3) 响应菜单项时，使用每个菜单项对应的资源 ID。

2. 具体实现

(1) 定义菜单资源文件。在 res 目录中创建 menu 文件夹，并在 menu 中创建一个 XML 资源文件，本案例 XML 资源文件的文件名为 menu.xml，详细代码如下：

```
<menu xmlns:android="http://schemas.android.com/apk/res/android" >
    <group android:id="@+id/group1">
        <item android:id="@+id/m1"
            android:title="选项 1"/>
```

```
        <item android:id="@+id/m2"
           android:title="选项 2"/>"
    </group>
    <group android:id="@+id/group2">
        <item android:id="@+id/m3"
           android:title="选项 3"/>
        <item android:id="@+id/m4"
           android:title="选项 4"/>
    </group>
</menu>
```

以上代码使用<item>节点定义了 4 个菜单项，并且使用<group>节点将 4 个菜单项分为两组。

(2) 使用 MenuInflater 添加菜单项。MenuInflater 在 Android 中建立了从资源文件到对象的桥梁，MenuInflater 对象通过 Activity 的 getMenuInflater( )方法得到，通过调用 inflate(int menuRes, Menu menu)方法把菜单资源文件转换为对象并添加到 menu 对象中。代码如下：

```
public boolean onCreateOptionsMenu(Menu menu){
       MenuInflater inflater=getMenuInflater();
       inflater.inflate(R.menu.menu, menu);
       return true;
}
```

inflate(int menuRes, Menu menu)方法的第一个参数表示待转换的菜单资源文件，第二个参数表示菜单对象。

(3) 响应菜单项。如果希望选择菜单某个选项时，执行相应动作，同样需要覆写 onOptionsItemSelected(MenuItem item)方法，具体实现可以参考 5.1 节选项菜单的操作。

本案例中只用了较少的属性，读者可自行尝试使用其他属性来创建菜单。

5.5 提示对话框

在 Android 开发中，经常需要在 Android 应用程序界面上弹出对话框，以节省界面空间。Dialog 的直接子类有 AlertDialog(提示对话框)、CharacterPickerDialog(字符选择对话框)；间接子类有 DatePickerDialog(日期选择对话框)、ProgressDialog(进度对话框)、TimePickerDialog(时间选择对话框)。下面首先介绍 AlterDialog。

AlertDialog 的功能比较强大，可以生成 4 种预定义对话框：

(1) 带消息和多个按钮的提示对话框。

(2) 带列表和多个按钮的列表对话框。

(3) 带多个单选列表项和多个按钮的对话框。

(4) 带多个复选列表项和多个按钮的对话框。

AlertDialog 类的构造方法全部都是 protected 的，所以不能直接通过 AlertDialog 类创建一个 AlertDialog 对象，但是可以通过其内部类 AlterDialog.Builder 来创建，AlertDialog.Builder 的常用方法见表 5-6。

另外，AlertDialog 也可以创建自定义界面的对话框。本节将详细介绍 AlertDialog 的用法。

表 5-6　AlertDialog.Builder 的常用方法及功能

方法名	功　能
creat( )	创建对话框
setIcon(Drawable icon)	为对话框设置图标
setItems(CharSequence[ ] items, DialogInterface.OnClickListener listener)	设置对话框显示一系列的列表项
setMessage(CharSequence message)	为对话框设置内容
setMultiChoiceItems(CharSequence[] items, boolean[] checkedItems, DialogInterface.OnMultiChoiceClickListener listener)	设置对话框显示一系列的复选框
setNegativeButton(CharSequence text, DialogInterface.OnClickListener listener)	给对话框添加“取消”按钮
setNeutralButton(CharSequence text, DialogInterface.OnClickListener listener)	给对话框添加普通按钮
setPositiveButton(CharSequence text, DialogInterface.OnClickListener listener)	给对话框添加“确定”按钮
setSingleChoiceItems(CharSequence[] items, int checkedItem, DialogInterface.OnClickListener listener)	设置对话框显示一系列的单选按钮
setTitle(CharSequence title)	为对话框设置标题
setView(View view)	为对话框设置自定义样式
show( )	显示对话框

1. 带消息和按钮的提示对话框

此类对话框不需要界面布局，实现比较简单，具体实现代码如下：

```
protected void onCreate(Bundle savedInstanceState){
    super.onCreate(savedInstanceState);
    setContentView(R.layout.main);
    AlertDialog.Builder alertDialog = new AlertDialog.Builder(this);
    // 设置标题
    alertDialog.setTitle("请认真选择");
    // 设置提示信息
    alertDialog.setMessage("你喜欢智能手机开发这门课吗？");
    // 设置图标
    alertDialog.setIcon(R.drawable.ic_launcher);
```

```
        // 添加 PositiveButton
        alertDialog.setPositiveButton("非常喜欢",new DialogInterface.OnClickListener(){
                @Override
                public void onClick(DialogInterface dialog, int which){
                    // 设置选择 PositivieButton 时所执行的操作
                }
            });
        // 添加 NegativeButton
        alertDialog.setNegativeButton("不喜欢",new DialogInterface.OnClickListener(){
                @Override
                public void onClick(DialogInterface dialog, int which){
                    // 设置选择 NegativeButton 时所执行的操作
                }
            });
        // 添加 NeutralButton
        alertDialog.setNeutralButton("一般般",new DialogInterface.OnClickListener(){
                @Override
                public void onClick(DialogInterface dialog, int which){
                    // 设置选择 NeutralButton 时所执行的操作
                }
            });
        // 创建对话框
        Dialog dialog = alertDialog.create();
        // 显示对话框
        dialog.show();
    }
```

程序中使用了 setPositiveButton(CharSequence text, DialogInterface. OnClickListener listener)等几个添加按钮的方法，其中第一个参数表示按钮上显示的文本，第二个参数是对按钮的事件监听。运行效果如图 5.6 所示。

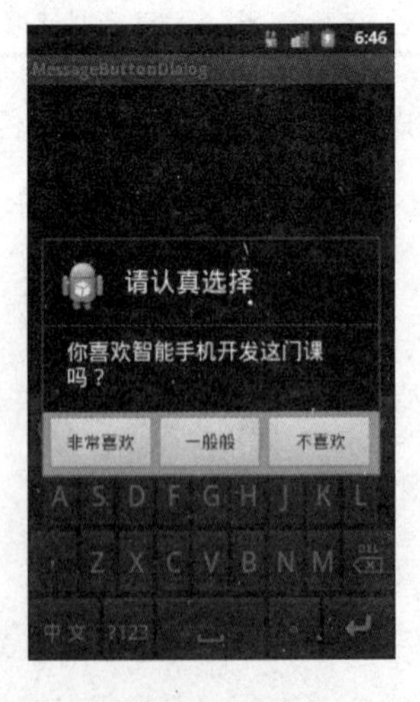

图 5.6　带按钮和消息的对话框

2. 带列表和按钮的列表对话框

此类列表对话框也不需要界面布局，但与带消息和按钮的提示对话框不同的是，实现时需要先定义在列表对话框中显示的内容，下述代码中定义了一个字符串数组 course[ ]，用于存放一组课程名；然后调用 setItems(CharSequence[ ] items, DialogInterface.OnClickListener listener)方法，实现显示列表项，该方法的第一个参数就是对应的列表项字符串数组；第二个参数是对选项的监听事件。运行效果如图 5.7 所示，详细代码如下：

```
public class MainActivity extends Activity {
    private String course[]=new String[]{"语文","数学","英语","化学","物理"};
//定义需要显示的列表内容
    @Override
    protected void onCreate(Bundle savedInstanceState){
        super.onCreate(savedInstanceState);
        setContentView(R.layout.main);
        AlertDialog.Builder alertDialog=new AlertDialog.Builder(this);
        alertDialog.setTitle("你喜欢哪门功课？");//设置标题
        alertDialog.setIcon(R.drawable.ic_launcher);//设置图标
        //设置列表项对话框
        alertDialog. setItems(course,new DialogInterface.OnClickListener(){
            @Override
            public void onClick(DialogInterface dialog, int which){
                Toast.makeText(MainActivity.this,course[which],Toast.
LENGTH_SHORT).show();
            }
        });
        //设置 PositivieButton
        alertDialog.setPositiveButton("确定",new DialogInterface.OnClickListener(){
            @Override
            public void onClick(DialogInterface dialog, int which){
                //设置选择 PositivieButton 时所执行的操作
            }
        });
        //设置 NegativeButton
        alertDialog.setNegativeButton("取消", new DialogInterface.OnClickListener(){
            @Override
            public void onClick(DialogInterface dialog,
                    int which){
                //设置选择 NegativeButton 时所执行的操作
            }
        });
       Dialog dialog= alertDialog.create();//创建对话框
       dialog.show(); //显示对话框
    }
}
```

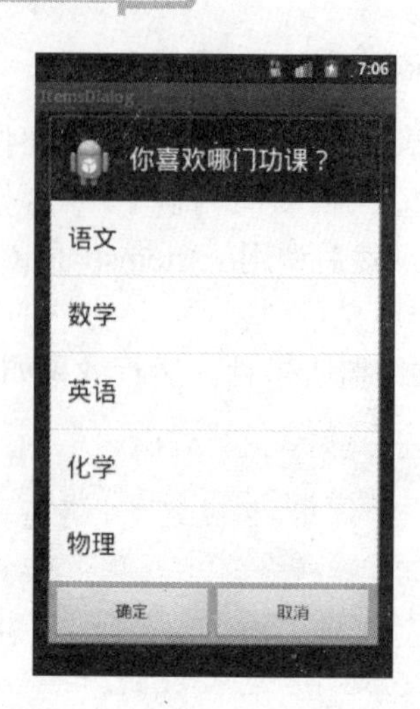

图 5.7　带列表项和按钮的对话框

3. 带单选列表项和按钮的单选列表对话框

此类对话框的实现只需要将列表对话框中的 setItems(CharSequence[ ] items, DialogInterface.OnClickListener listener)方法修改为 setSingleChoiceItems(CharSequence[ ] items, int checkedItem, DialogInterface.OnClickListener listener)方法，该方法中的第一个参数表示对应列表项字符串数组；第二个参数表示默认选中的 item 项的 ID；第三个参数表示选中选项的监听事件。详细代码请读者参见代码包中 Chap05_05_03 文件夹中的内容。程序运行效果如图 5.8 所示。

4. 带复选列表项和按钮的复选列表对话框

此类对话框的实现，只需要将单选列表对话框中的 setSingleChoiceItems (CharSequence[ ] items, int checkedItem, DialogInterface.OnClickListener listener)方法修改为 setMultiChoiceItems (CharSequence[ ] items, boolean[ ] checkedItems, DialogInterface.OnMultiChoice ClickListener listener)方法，setMultiChoiceItems( )方法中第一个参数是对应列表项的字符串数组；第二个参数是一个布尔型的数组，用于表示复选框是否选中；图 5.9 所示效果中默认的是选中“语文”和“物理”复选框，所以定义的布尔型数组为：

图 5.8　单选列表对话框

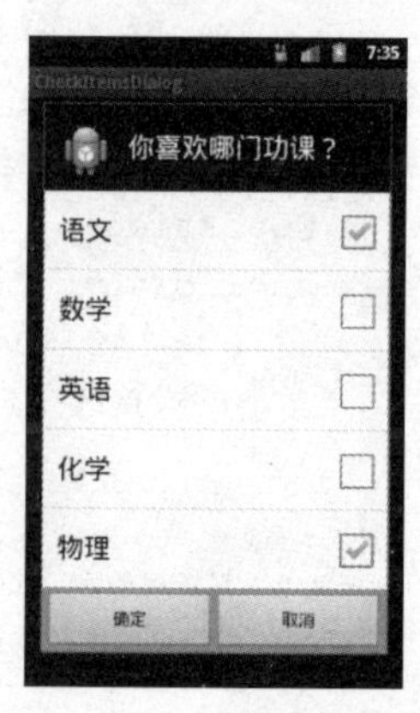

图 5.9　复选列表对话框

```
private boolean[] courseSelected=new boolean[]{true,false,false,false, true};
```

第三个参数表示选中选项的监听事件。详细代码请读者参见代码包中 Chap05_05_04 文件夹中的内容。

5. 自定义对话框

有时候系统提供的预定义 AlertDialog 不能够满足实际应用的需要，例如，要实现一个登录对话框，需要在对话框中输入用户名和密码，如图 5.10 所示。这时就需要用到自定义 View 的 AlertDialog。实现一个自定义对话框的步骤如下。

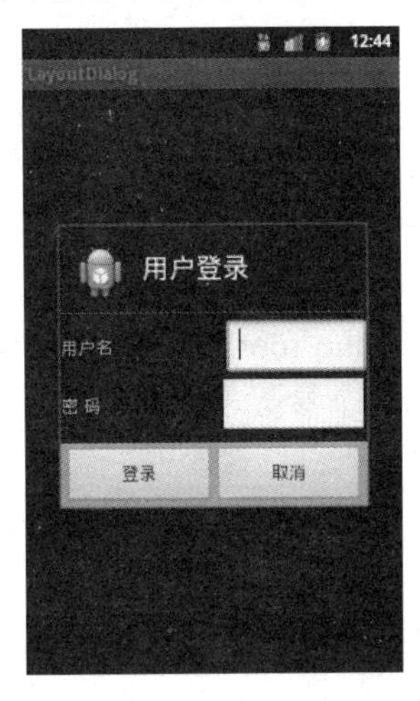

图 5.10　自定义对话框

(1) 自定义对话框的界面布局，本案例中用到了 TextView 组件和 EditText 组件。布局文件 login.xml 代码如下：

```
<LinearLayout xmlns:android="http://schemas.android.com/apk/res/android"
    xmlns:tools="http://schemas.android.com/tools"
    android:layout_width="match_parent"
    android:layout_height="match_parent"
    android:orientation="vertical" >
    <LinearLayout
        android:layout_width="fill_parent"
        android:layout_height="wrap_content"
        android:orientation="horizontal" >
        <TextView
            android:layout_width="wrap_content"
            android:layout_height="wrap_content"
            android:layout_weight="1"
            android:text="@string/user" />
        <EditText
            android:layout_width="wrap_content"
            android:layout_height="wrap_content"
            android:layout_weight="1" />
```

```
    </LinearLayout>
    <LinearLayout
        android:layout_width="fill_parent"
        android:layout_height="wrap_content"
        android:orientation="horizontal" >
        <TextView
            android:layout_width="wrap_content"
            android:layout_height="wrap_content"
            android:layout_weight="1"
            android:text="@string/password" />
        <EditText
            android:layout_width="wrap_content"
            android:layout_height="wrap_content"
            android:layout_weight="1" />
    </LinearLayout>
</LinearLayout>
```

(2) 在 Activity 代码中把 login.xml 布局文件添加到 AlertDialog 上。即使用 LayoutInflater 类中的 inflate (int resource, ViewGroup root)方法取得自定义的界面布局，第一个参数表示自定义的界面布局文件的 ID，第二个参数表示提供的父类视图(若没有则为 null)。详细代码如下：

```
public class MainActivity extends Activity {
    @Override
    protected void onCreate(Bundle savedInstanceState){
        super.onCreate(savedInstanceState);
        setContentView(R.layout.main);
        // 取得自定义 view
        LayoutInflater layoutInflater = LayoutInflater.from(this);
        View loginView = layoutInflater.inflate(R.layout.login, null);
        AlertDialog.Builder alertDialog = new AlertDialog.Builder(this);
        alertDialog.setTitle("用户登录");
        alertDialog.setIcon(R.drawable.ic_launcher);
        // 为对话框设置视图
        alertDialog.setView(loginView);
        alertDialog.setPositiveButton("登录",
                new DialogInterface.OnClickListener(){
                    @Override
                    public void onClick(DialogInterface dialog, int which){
                    }
                });
        alertDialog.setNegativeButton("取消",
                new DialogInterface.OnClickListener(){
                    @Override
                    public void onClick(DialogInterface dialog, int which){
                    }
                });
        alertDialog.create();
        alertDialog.show();
    }
}
```

5.6 日期/时间选择对话框

Android 系统开发中提供了 DatePickerDialog 组件和 TimePickerDialog 组件，分别用于选择日期和时间。它们与 DatePicker 和 TimePicker 不同的是以弹出式对话框形式显示在界面上。DatePickerDialog 由 OnDateSetListener 监听设置日期事件，设置日期后会调用 OnDateSetListene 接口中的 OnDateSet( )方法。TimePickerDialog 由 OnTimeSetListener 监听设置时间事件，设置时间后会调用 OnTimeSetListener 接口中的 onTimeSet( )方法。下面用一个简单示例来介绍这两个组件的使用方法。

1．界面设计

界面中用两个 TextView 组件分别显示日期和时间，用两个 Button 组件分别用于单击后弹出日期对话框和时间对话框，用户在日期和时间对话框中修改日期和时间后，将新的日期和时间信息显示在 TextView 组件上。界面效果如图 5.11 和图 5.12 所示。界面设计代码比较简单，这里不再详述，读者可以参见代码包 Chap05_06_01 文件夹中的内容。

图 5.11 日期选择对话框

图 5.12 时间选择对话框

2．创建对话框

创建对话框部分，对两个按钮实现单击事件监听，分别调用 showDateDialog( )方法和 showTimeDialog( )方法来创建日期对话框和时间对话框。在 showDateDialog( )方法中调用了 DatePickerDialog 类的构造方法 DatePickerDialog(Context context, DatePickerDialog.OnDateSetListener callBack, int year, int monthOfYear, int dayOfMonth)来创建对话框，方法中第一个参数表示创建 DatePickerDialog 的 Activity；第二个参数表示监听日期发生改变的监听器；第三个参数表示年份；第四个参数表示月份；最后一个参数表示月份中哪一天。在 showTimeDialog( )方法中调用了 TimePickerDialog 类的构造方法 TimePickerDialog (Context context, TimePickerDialog.OnTimeSetListener callBack, int hourOfDay, int minute, boolean is24HourView)，方法中第一个参数表示创建 TimePickerDialog 的 Activity；第二个参数表示监听时间发生改变的监听器；第三个参数表示小时；第四个参数表示分钟；最后一个参数表示是否是 24 小时制。需要注意的是，在创建日期对话框和时间对话框时分别需要实现 OnDateSetListener 和 OnTimeSetListener 接口。实现代码如下：

```
public class MainActivity extends Activity {
    private TextView tvDate, tvTime;
    private Button btnDatePicker, btnTimePicker;
    private Calendar cal = Calendar.getInstance(Locale.CHINA);// 获取日历对象
    @Override
    protected void onCreate(Bundle savedInstanceState){
        super.onCreate(savedInstanceState);
        setContentView(R.layout.main);
        tvDate = (TextView)findViewById(R.id.tvDate);
        tvTime = (TextView)findViewById(R.id.tvTime);
        btnDatePicker = (Button)findViewById(R.id.btnDatePicker);
        btnTimePicker = (Button)findViewById(R.id.btnTimePicker);
        btnDatePicker.setOnClickListener(new OnClickListener(){
            @Override
            public void onClick(View v){
                // 调用显示日期对话框方法
                showDateDialog();
            }
        });
        btnTimePicker.setOnClickListener(new OnClickListener(){
            @Override
            public void onClick(View v){
                // 调用显示时间对话框方法
                showTimeDialog();
            }
        });
    }
    // 显示日期对话框
    protected void showDateDialog(){
        OnDateSetListener Datelistener = new OnDateSetListener(){
            @Override
            public void onDateSet(DatePicker view, int year, int monthOfYear,
int dayOfMonth){
                // 根据对话框上年、月、日的调整，设置日历的年、月、日
                cal.set(year, monthOfYear, dayOfMonth);
                // 创建日期格式器对象
                SimpleDateFormat SDformat = new SimpleDateFormat("yyyy-MM-dd");
                // 将当前日期按照格式显示在 TextView 上
                tvDate.setText(SDformat.format(cal.getTime()));
            }
        };
        // 根据 Calendar 对象获取到的当前年、月、日创建对话框
        DatePickerDialog Datedialog = new DatePickerDialog(MainActivity.this,
```

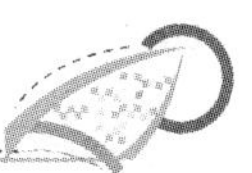

```
                Datelistener, cal.get(Calendar.YEAR), cal.get(Calendar.MONTH),
                cal.get(Calendar.DAY_OF_MONTH));
        // 调用 show()方法显示对话框
        Datedialog.show();
    }
    // 显示时间对话框
    protected void showTimeDialog(){
        OnTimeSetListener TimeListener = new OnTimeSetListener(){
            @Override
            public void onTimeSet(TimePicker view, int hourOfDay, int minute){
                // 根据时间对话框的调整，设置日历对象的时、分
                cal.set(Calendar.HOUR, hourOfDay);
                cal.set(Calendar.MINUTE, minute);
                tvTime.setText(hourOfDay + ":" + minute);
            }
        };
        // 根据Calendar对象获取到的当前时、分创建对话框，true表示按照24小时制来显示时间
        TimePickerDialog TimeDialog = new TimePickerDialog(MainActivity.this,
                TimeListener, cal.get(Calendar.HOUR), cal.get(Calendar.MINUTE),
                true);
        // 调用 show()方法显示对话框
        TimeDialog.show();
    }
}
```

5.7　进度条对话框

ProgressDialog(进度条对话框)和 ProgressBar(进度条)有着异曲同工之处，都是用于显示程序的执行进度，不同的是 ProgressDialog 以对话框的形式展示出来。ProgressDialog 对话框也可以通过相应方法设置对话框上显示的文字、图标、进度条的样式，当然也需要使用线程来控制进度条的显示。ProgressDialog 常用方法见表 5-7。下面用一个案例来介绍进度条对话框的使用。

表 5-7　ProgressDialog 常用方法及功能

方法名	功　能
getMax( )	获取进度条最大值
getProgress( )	获取当前进度值
getSecondaryProgress( )	获取第二进度条的值
setMax(int max)	设置进度条的最大值
setMessage(CharSequence message)	设置提示信息文字
setIcon(Drawable Icon)	设置进度条图标
setIndeterminate (boolean indeterminate)	设置进度条是否明确

续表

方法名	功　　能
setProgress(int value)	设置进度条当前进度值
setProgressStyle(int style)	设置进图条的样式
setSecondaryProgress(int secondaryProgress)	设置第二进度条的值
setTitle(CharSequence message)	设置进度条对话框标题
setCancelable(Boolean flag)	设置是否可以按 Backspace 键取消进度条
setButton(CharSequence text,DialogInterface,OnClickListener listener)	设置进度条上的按钮及提示信息和事件
show( )	显示进度条对话框
cancle( )	取消进度条对话框
dismiss( )	释放对话框，从当前窗体移除

1. 界面设计

本案例界面上包含两个按钮，单击之后会弹出不同风格的进度条对话框，一个按钮弹出圆形的进度条，而另一个按钮弹出长形的进度条，界面效果如图 5.13 和 5.14 所示。界面代码比较简单，这里不再详述。

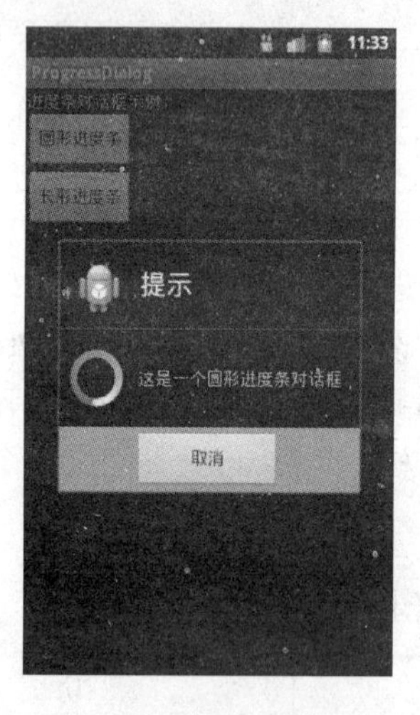

图 5.13　圆形进度条

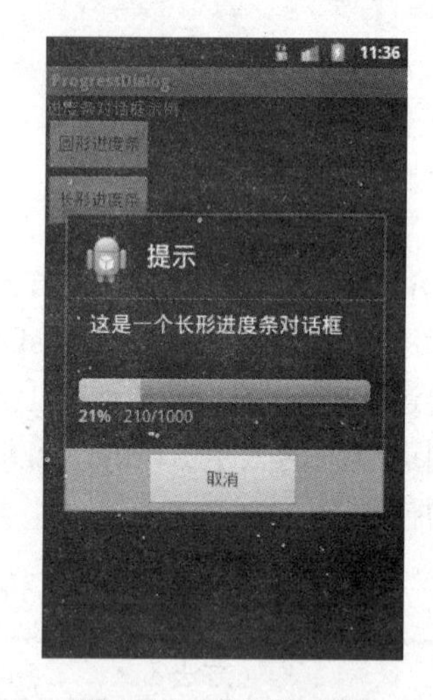

图 5.14　长形进度条

2. 创建进度条对话框

在单击按钮后创建一个 ProgressDialog，通过调用 setProgressStyle(ProgressDialog.STYLE_SPINNER)方法设置为圆形进度条，调用 setProgressStyle (ProgressDialog.STYLE_HORIZONTAL)方法设置为长形的进度条。然后使用表 5-7 中提供的方法设置进度条的相关属性。在使用 setButton( )方法为对话框设置按钮时，必须设置按钮的文本和按钮单击的监听事件，最后使用线程更新进度；另外 setIndeterminate(boolean indeterminate)方法的参

数要为 false，否则不可以显示进度条的进度，而是循环在进度条最小值和最大值之间移动，默认的值为 true。由于创建圆形进度条和长形进度条很相似，所以下面给出创建长形进度条对话框的代码，读者可以自行尝试创建圆形进度条，或者参见代码包中 Chap05_07_01 文件夹中的内容。

长形进度条创建的代码如下：

```
public class MainActivity extends Activity {
    private Button btnRectangle;
    // 设置进度初始为 0
    private int count = 0;
    private ProgressDialog pgDialog;
    @Override
    protected void onCreate(Bundle savedInstanceState){
        super.onCreate(savedInstanceState);
        setContentView(R.layout.main);
        // 获取按钮对象
        btnRectangle = (Button)findViewById(R.id.btnRectangle);
        // 创建长形进度条对话框
        btnRectangle.setOnClickListener(new OnClickListener(){
            @Override
            public void onClick(View arg0){
                count = 0;
                pgDialog = new ProgressDialog(MainActivity.this);
                // 设置长形风格的进度条
                pgDialog.setProgressStyle(ProgressDialog.STYLE_HORIZONTAL);
                // 设置进度条标题
                pgDialog.setTitle("提示");
                // 设置进度条图标
                pgDialog.setIcon(R.drawable.ic_launcher);
                // 设置进度条提示信息
                pgDialog.setMessage("这是一个长形进度条对话框");
                // 设置进度条为不明确才可以在进度条上显示具体进度
                pgDialog.setIndeterminate(false);
                // 设置当前进度值
                pgDialog.setProgress(0);
                // 设置第二进度条的值
                pgDialog.setSecondaryProgress(0);
                // 设置进度条最大值
                pgDialog.setMax(1000);
                // 设置按 Backspace 键取消进度条
                pgDialog.setCancelable(true);
                // 添加 Button
                pgDialog.setButton("取消", new CancelBtnListener());
                // 显示对话框
                pgDialog.show();
                // 创建线程更新进度
                new Thread(){
                    public void run(){
```

```
                try {
                    while (count <= pgDialog.getMax()){
                        pgDialog.setProgress(count++);
                        // 暂停 0.2 秒
                        Thread.sleep(200);
                    }
                    // 取消对话框
                    pgDialog.cancel();
                } catch (Exception e){
                    // 取消对话框
                    pgDialog.cancel();
                }
            }
        }.start();
    }
  });
 }
 // “取消”按钮的监听器
 class CancelBtnListener implements DialogInterface.OnClickListener {
    public void onClick(DialogInterface dialog, int which){
        dialog.cancel();
    }
 }
}
```

本 章 小 结

本章主要介绍了选项菜单(Options Menu)、子菜单(SubMenu)和快捷菜单(ContextMenu)的常用属性和使用方法，以及如何通过 XML 文件创建菜单。同时介绍了功能强大的AlertDialog(提示对话框)、DatePickerDialog(日期选择对话框)、TimePickerDialog(时间选择对话框)以及不同风格的 ProgressDialog 的使用。读者通过本章的学习，可以设计出更好的用户界面，为 Android 应用程序提供更完备的功能。

项 目 实 训

项目一

项目名：用 XML 文件自定义菜单。

功能描述：实现的菜单效果如图 5.15 所示。

项目二

项目名：自定义“退出”对话框。

功能描述：实现的效果图如图 5.16 所示。

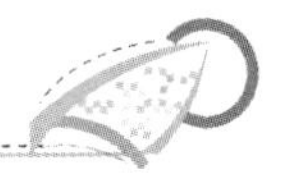

图 5.15　自定义菜单

图 5.16　自定义对话框

Android 开发提高篇

第 6 章 组件通信与服务

Intent 是轻量级的进程间的通信机制，用于在不同组件之间传递信息和发送系统广播，例如，启动一个 Activity 或启动一个 Service 或者发送一个广播都需要使用 Intent。其中 Service 是 Android 系统的后台服务组件，适用于开发无界面，且长期在后台运行的程序，如下载程序或播放背景音乐等。Intent 的另一个应用就是发送广播消息，广播消息可以是用户定义的，也可以是系统中的一些状态信息，接收广播消息需要使用 BroadcastReceiver 组件。本章将详细介绍 Android 组件间的通信机制、如何使用 Intent 启动 Service 以及通过 Intent 发送广播消息。

教学目标

理解 Intent 进行组件通信的原理。
掌握使用 Intent 显式启动 Activity 和隐式启动 Activity 的方法。
掌握如何启动子 Activity 并获取子 Activity 的返回值。
理解 Service 的原理和应用。
掌握 Service 的两种使用方法。
掌握广播的发送和接收机制。

教学要求

知识要点	能力要求	相关知识
Intent 通信原理	(1) 了解 Intent 通信的机制 (2) 理解 Intent 过滤器的原理和匹配机制	intent-filter

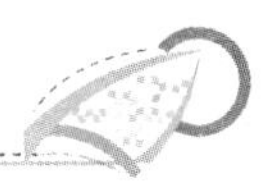

续表

知识要点	能力要求	相关知识
私密联系簿的实现	(1) 掌握读 XML 文件的方法 (2) 掌握显式启动 Activity 和隐式启动 Activity 的方法 (3) 掌握如何在两个 Activity 之间传递值以及获取子 Activity 的值	读 XML 文件
Service 原理与应用方法	(1) 理解 Service 应用原理 (2) 理解两种 Service 使用方法的区别	
启动式使用 Service 播放 mp3	(1) 掌握启动式 Service 的生命周期 (2) 了解 MediaPlayer 类的使用 (3) 掌握启动式 Service 生命周期中的回调方法	MediaPlayer 类的使用
绑定式使用 Service 播放 mp3	(1) 掌握绑定式 Service 的生命周期 (2) 掌握使用绑定式 Service 的方法	
广播发送和接收的实现	(1) 了解广播的原理和应用场合 (2) 掌握使用 Intent 发送广播和接收广播的方法	

6.1　概　　述

1. Intent

Intent 用于组件间的通信，通常包含信息的发出者和信息的接收者，以及要传递的信息。也可以在发出信息的时候不指定信息的接收者而是使用 Intent 过滤器来匹配接收信息的组件，收到信息后的组件可以从 Intent 中获取相应的数据，Intent 为 Activity、Service 和 BroadcastReceiver 等组件提供相互通信的能力，最为常见的用法是使用一个 Intent 启动一个 Activity，或启动一个 Service，另外一个应用就是在 Android 系统上发布一个广播消息。

2. Service

Service 是 Android 系统提供的后台服务组件，用于运行那些需要长时间运行且不需要界面的程序，如手机中的下载程序，当下载某个软件时，即使退出下载界面，也不会中断程序的下载，而是转到后台继续下载。此外，Service 比 Activity 具有更高的优先级，在系统资源紧张的时候，系统也不会轻易地终止 Service，即使 Service 被终止，当系统资源恢复时，系统也将自动恢复 Service 的运行。

3. 广播消息

Android 系统提供了一种称为广播的机制，应用程序和 Android 系统可以使用 Intent 发送广播消息，应用程序可以注册接收某种广播消息，广播消息的内容可以是系统的一些状态，如电量过低、收到短息，或者系统设置的变化，也可以是应用程序自定义的一些消息。接收广播消息需要使用 BroadcastReceiver 组件，且注册 BroadcastReceiver 组件时需要说明该 BroadcastReceiver 组件能接收哪种类型的广播消息。

6.2 私密联系簿的设计与实现

本节将设计一个简单的联系簿，该联系簿具有用户身份识别、读取联系人，以及向联系人拨电话的功能，包含登录界面、查看联系人的界面，以及添加联系人的界面等，通过该示例，读者可以掌握 Intent 启动 Activity 的方法。

6.2.1 预备知识

在 Android 系统中，应用程序一般都有多个 Activity，Intent 可以实现不同 Activity 之间的切换和数据传递，通常启动 Activity 的方式有 3 种，即显式启动、隐式启动以及启动子 Activity 获取返回值。

1. 显式启动

显式启动 Activity，必须在 Intent 中指明要启动的 Activity，代码如下所示：

```
Intent intent = new Intent(MainActivity.this, OtherActivity.class);
startActivity(intent);
```

在创建 Intent 类的对象时，其构造方法的第一个参数是当前 Activity，第二个 Activity 就是目标 Activity，即被启动者，最后调用 startActivity( )方法启动相应的 Activity。

2. 隐式启动

隐式启动 Activity，不需要指明被启动者，只需要在 Intent 中包含需要执行的动作和所包含的数据，由 Android 系统根据 Intent 的动作和数据来决定启动哪一个 Activity。代码如下所示：

```
Intent intent = new Intent(Intent.ACTION_VIEW, Uri.parse("http://www.baidu.com"));
startActivity(intent);
```

Intent 的构造方法中，第一个参数是指定 Intent 的动作，第二个参数是 Intent 中包含的数据，当 Android 系统收到这个 Intent 后根据指定的动作以及包含的数据，启动浏览器打开百度网页(需要在配置文件 AndroidManifest.xml 中添加相应的许可权限)。除了 ACTION_VIEW 之外，Android 系统还支持一些常见动作字符串，其表达的意义见表 6-1。

表 6-1 常用 Action 字符串

常量名	类　型	描　述
ACTION_CALL	Activity	打电话
ACTION_EDIT	Activity	数据编辑
ACTION_VIEW	Activity	数据查看
ACTION_MAIN	Activity	Task 中的第 1 个 Activity
ACTION_SYNC	Activity	在 Android 设备和计算机间进行数据同步

续表

常量名	类　型	描　述
ACTION_BATTERY_LOW	Receiver	电池电量太低
ACTION_HEADSET_PLUG	Receiver	耳机插入
ACTION_SCREEN_ON	Receiver	屏幕亮
ACTION_TIMEZONE_CHANGED	Receiver	时区更改
ACTION_BOOT_COMPLETED	Receiver	系统引导完成，可以响应消息

表 6-1 列举的是系统自定义的动作，用户也可以自己定义动作字符串，通常将项目的包名作为动作的字符串。当采用隐式方式启动一个自定义的 Activity 时，需要给被启动的 Activity 设置 Intent 过滤器。

Intent 过滤器是一种根据 Intent 中的 action(动作)、category(类别)和 data (数据)等内容，对接收组件进行匹配和筛选的机制。也就说，每个组件可以在 AndroidManifest.xml 文件中注册时制定<intent-filter>节点，该节点中可以包含<action>、<category>以及<data>等标签来匹配相应的 Intent，相关标签的说明见表 6-2。

表 6-2　Intent 过滤器标签

标　签	属　性	说　明
<action>	android:name	指定组件所能响应的动作，用字符串表示，通常使用 Java 类名和包的完全限定名构成
<category>	android:category	指定以何种方式服务 Intent 请求的动作
<data>	Android:host	指定一个有效的主机名
	android:mimetype	指定组件能处理的数据类型
	android:path	有效的 URI 路径名
	android:port	主机的有效端口号
	android:scheme	所需要的特定的协议

例如，下面是某个 Acitvity 在 AndroidManifest.xml 文件中注册的代码，其中增加了一个 Intent 过滤器，说明该 Acitvity 只接收动作为 VIEW、类别为 DEFAULT，并且数据中的协议是 schemodemo，主机号是 cn.edu.nnutc 的 Intent。

```
<activity android:name=".ActivityToStart"
   android:label="@string/app_name">
      <intent-filter>
          <action android:name="android.intent.action.VIEW" />
          <category android:name="android.intent.category.DEFAULT" />
          <data android:scheme="schemodemo" android:host="cn.edu.nnutc" />
      </intent-filter>
</activity>
```

那么在启动该 Activity 时需要在 Intent 构造方法中指定相关要求，代码如下所示：

```
Intent intent = new Intent(Intent.ACTION_VIEW, Uri.parse("schemodemo://
```

```
cn.edu.nnutc "));
    startActivity(intent);
```

3. 启动子 Activity 获取返回值

有时启动 Activity 后，需要从该 Activity 中获取返回值，如让用户选择所在省份或城市等，这些数据需要返回到原先的 Activity 中，此时就可以使用启动子 Activity 的模式，代码如下所示：

```
    int SUBACTIVITY1 = 1;
    Intent intent = new Intent(this, SubActivity1.class);
    startActivityForResult(intent, SUBACTIVITY1);
```

以上代码采用 startActivityForResult( )方法启动子 Activity，在该方法中，第一个参数是 Intent 对象，第二个参数是给子 Activity 定义的标记，当收到子 Activity 的返回值时，用此标记判断是哪个子 Activity 的返回值。

在子 Activity 中可以设置返回值，并通过 setResult( )方法返回值，代码如下所示：

```
    Uri data = Uri.parse("tel:" + tel_number);
    Intent result = new Intent(null, data);
    setResult(RESULT_OK, result);
    finish();
```

setResult( )方法的第一个参数是 Activity 的结果码，可以为 Activity.RESULT_OK 或者 Activity.RESULT_CANCELED，或自定义的结果码，结果码均为整数类型，用于标记子 Activity 结果状态。

当主 Activity 收到子 Activity 的返回值时，会自动调用 onActivityResult( )方法，可以在 Activity 中重载该方法。该方法的定义如下：

```
    public void onActivityResult(int requestCode, int resultCode, Intent data);
```

方法中的第一个参数是子 Activity 的请求码，用于判断收到的是哪个子 Activity 的值，该值是在启动子 Activity 时设置的，第二个参数是子 Activity 的结果码，该结果码在子 Activity 返回时设置的，最后一个就是子 Activity 的返回值。

6.2.2 私密联系簿的实现

1. 读 XML 文件的辅助类

项目中的联系人以及电话号码，都是存储在 XML 文件中的，存储的位置为 res/xml/people.xml。people.xml 文件中的代码如下所示：

```
    <?xml version="1.0" encoding="utf-8"?>
    <people>
        <person name="刘德华" phone="1396101××××"/>
        <person name="李宇春" phone="1326101××××"/>
        <person name="张学友" phone="1586101××××"/>
    </people>
```

进入到联系人界面时，需要从 XML 文件中将相关数据读出，为此，项目中定义了一个 XMLHelper 辅助类，用于读 XML 文件，该类中的代码如下所示：

```
public class XMLHelper {
    public ArrayList<Map<String,Object>> ReadXML(Context context,int resid){
        ArrayList<Map<String,Object>> array=new ArrayList<Map<String,Object>>();
        Resources resource=context.getResources();
        XmlPullParser parser=resource.getXml(resid);
        try {
            while(parser.next()!=XmlPullParser.END_DOCUMENT){
                String people=parser.getName();
                String name=null;
                String phone=null;
                if(people!=null&&people.equals("person")){
                    int count=parser.getAttributeCount();
                    for(int i=0;i<count;i++){
                        String attrName=parser.getAttributeName(i);
                        String attrValue=parser.getAttributeValue(i);
                        if(attrName!=null&&attrName.equals("name")){
                            name=attrValue;
                        }
                        else if(attrName!=null&&attrName.equals("phone")){
                            phone=attrValue;
                        }
                    }
                    if(name!=null&&phone!=null){
                        Map<String,Object>map=new HashMap<String,Object>();
                        map.put("name", name);
                        map.put("phone", phone);
                        array.add(map);
                    }
                }
            }
        } catch (XmlPullParserException e){
            e.printStackTrace();
        } catch (IOException e){
            e.printStackTrace();
        }
        return array;
    }
}
```

ReadXML( )方法接收两个参数：上下文环境和 XML 文件所在的资源 id，然后根据资源的 id 创建一个 XmlPullParser 对象，通过 XmlPullParser 对象对 XML 文件进行解析，读出 XML 文件中所有节点为<person>的节点，并将<person>节点中的 name 属性和 phone 属性的值读出，写入一个集合 ArrayList 中，最后将 ArrayList 集合返回。

2. 登录界面的实现

登录界面的功能是验证用户输入的用户名和密码，如果用户名和密码正确则转到查看联系人的界面，并将用户名传给查看联系人的界面。登录界面如图 6.1 所示。

图 6.1　登录界面

“确定”按钮的功能是比较输入的用户名和密码是否是 admin，如果是 admin 那么就创建 Intent 对象，转到 ContactActivity，这里采用的是显式启动 Activity 的方式，在创建 Intent 对象时，同时指定启动 Activity 和目标 Activity，并通过 Intent 类中的 putExtra( )方法将数据添加到 Intent 中，在调用 startActivity( )方法时通过 Intent 传给接收组件，Click 事件监听器代码如下：

```
class OKListener implements OnClickListener{
   @Override
   public void onClick(View arg0){
          String name=etName.getText().toString().trim();
          String password=etPassword.getText().toString().trim();
          if(name.equals("admin")&&password.equals("admin")){
             Intent intent=new Intent(MainActivity.this,ContactActivity.class);
             intent.putExtra("name", name);
             startActivity(intent);
             MainActivity.this.finish();
          }
          else
            Toast.makeText(MainActivity.this, "姓名或密码错误！", 2).show();
   }
}
```

3. 查看联系人界面

查看联系人界面主要包含 4 个功能：①接收登录界面传递的数据，在 TextView 中显示；

②读取 XML 文件显示联系人及电话，在 ListView 组件中显示；③单击联系人后自动拨号；④单击“添加”按钮转到添加联系人的界面，查看联系人界面如图 6.2 所示。

图 6.2　查看联系人界面

(1) 接收登录界面传递的数据。运行此界面时会在 TextView 组件上显示用户的姓名，这就需要在该 Activity 的 OnCreate( )方法中获取从登录界面中传来的信息，部分代码如下，其中 this 代表该 Activity：

```
Intent intent=this.getIntent();
String name=intent.getStringExtra("name");
tvUser.setText("欢迎您，"+name);
```

(2) 读取 XML 文件显示联系人及电话。运行时除了显示用户姓名外，还要显示所有用户私密联系人的姓名和电话，为此，编写了一个自定义的方法 loadData( )读取信息并显示到 ListView 组件上，loadData( )方法的代码如下：

```
private void loadData(){
        XMLHelper helper=new XMLHelper();
        array=helper.ReadXML(ContactActivity.this, R.xml.people);
        SimpleAdapter adapter=new SimpleAdapter(ContactActivity.this, array,
R.layout.list, new String[]{"name","phone"}, new int[]{R.id.tvName,R.id.tvPhone});
        lvContact.setAdapter(adapter);
}
```

(3) 单击联系人后自动拨号。当单击 ListView 中的姓名时可以实现自动拨号，则就需要给 ListView 组件编写 OnItemClickListener 监听器代码，代码如下：

```
class ItemListener implements OnItemClickListener{
        @Override
        public void onItemClick(AdapterView<?> arg0, View arg1, int arg2,
                long arg3){
```

```
            Map<String,Object>map=array.get(arg2);
            String phone=(String)map.get("phone");
            Intent intent=new Intent(Intent.ACTION_CALL,Uri.parse("tel:"+phone));
            startActivity(intent);
        }
    }
```

这里 Intent 启动 Activity 时采用的是隐式启动方法，在创建 Intent 对象时没有指定目标 Activity，而是给 Intent 指定了 action 类型为 ACTION_CALL，并且指定的数据为"tel:"+phone，这样 Android 系统接收到 Intent 时会自动调用拨号的 Activity。但是，因为调用了系统中的拨号 Activity，需要在 AndroidManifest.xml 文件中添加相应的用户许可权限，代码如下：

```
<uses-permission android:name="android.permission.CALL_PHONE"/>
```

(4) 转到添加联系人的界面。当用户单击“添加”按钮时，会转到 EditActivity 界面，在 EditActivity 界面中输入联系人的姓名和电话，添加完毕后，将添加的信息传回给 ContactActivity，为此，在启动 EditActivity 界面时，需要以子 Activity 的形式启动，“添加”按钮的监听器代码如下：

```
class newListener implements OnClickListener{
    @Override
    public void onClick(View v){
        Intent intent=new Intent(ContactActivity.this,EditActivity.class);
        startActivityForResult(intent,SUBACT);
    }
}
```

其中 startActivityForResult(intent,SUBACT)方法用于启动子 Activity 并获取子 Activity 的返回值，其中第二个参数为子 Activity 标志，是一个整型的变量，当接收到子 Activity 的返回值时，用于标记是哪个子 Activity 的返回值。当 ContactActivity 接收到子 Activity 的返回值时，会自动调用 onActivityResult( )，为此，需要在 ContactActivity 中重载该方法，onActivityResult( )的代码如下：

```
@Override
    protected void onActivityResult(int requestCode, int resultCode, Intent data){
        super.onActivityResult(requestCode, resultCode, data);
        if(requestCode==SUBACT){
            if(resultCode==RESULT_OK){
                Uri uridata=data.getData();
                String msg=uridata.toString();
                String name=msg.substring(0,msg.indexOf('|'));
                String phone=msg.substring(msg.indexOf('|')+1);
                Toast.makeText(ContactActivity.this, "姓名: "+name+"电话"+phone,
Toast. LENGTH_SHORT).show();
            }
        }
    }
```

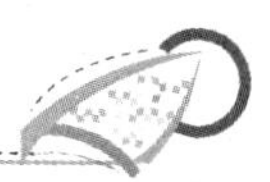

onActivityResult(int requestCode, int resultCode, Intent data)方法中包含 3 个参数，第一个参数 requestCode 是子 Activity 的标志，第二个参数 resultCode 是返回值标志，用于标记返回 RESULT_OK 或者 RESULT_CANCELED，第三个参数是子 Activity 的返回值。收到返回值后，从中解析出联系人姓名和电话，然后用一个 Toast 显示出来。

4. 添加联系人界面

添加联系人界面用于添加联系人的姓名和电话，并将数据返回给 ContactActivity，添加联系人界面如图 6.3 所示。

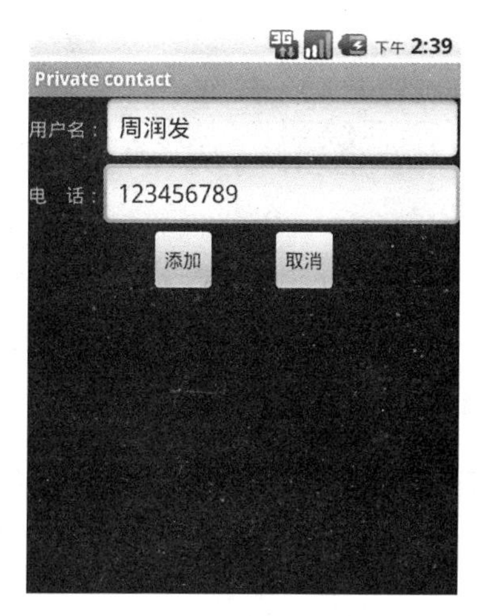

图 6.3　添加联系人界面

“添加”按钮的功能是获取用户输入的用户名和电话，然后将数据封装在 Uri 对象中，通过 Intent 对象传递，通过 setResult( )方法设置返回值，该方法有两个参数，第一个参数是返回值标志，第二个参数是传递的 Intent。最后调用 finish( )结束 EditActivity，Click 事件的监听器代码如下：

```
class AddListener implements OnClickListener{
      @Override
      public void onClick(View v){
          String name=etName.getText().toString();
          String phone=etPhone.getText().toString();
          Uri data=Uri.parse(name+"|"+phone);
          Intent intent=new Intent(null,data);
          setResult(RESULT_OK,intent);
          finish();

      }
   }
```

本案例项目中的所有用户界面的布局文件和其他功能代码请读者参阅代码包中的 Chap06_02_01 文件夹中的内容。

6.3 启动式音乐服务的设计与实现

Service 一般用于开发长时间在后台运行且没有界面的应用程序，下面用两个音乐播放器的示例，来介绍 Service 的原理以及使用方法，这里只是简单地介绍媒体播放组件，媒体播放组件详细的知识请参见本书第 8 章。

6.3.1 预备知识

1. Service 简介

Service 是 Android 系统的后台服务组件，适用于开发无界面、长时间运行的应用程序，其具有如下特点。

(1) 没有用户界面。

(2) 比 Activity 的优先级高，不会轻易被 Android 系统终止。

(3) 即使 Service 被系统终止，在系统资源恢复后 Service 也将自动恢复运行状态。

2. 启动式 Service 的生命周期

Service 的使用方法分为两种：启动式和绑定式。启动式 Service 的生命周期如图 6.4 所示。其中 onCreate( )事件回调方法为：Service 的生命周期开始，完成 Service 的初始化工作。onStart( )事件回调方法为：活动生命周期开始，但没有与之对应的“停止”方法，因此可以近似认为活动生命周期也是以 onDestroy( )标志结束。onDestroy( )事件回调方法为：Service 的生命周期结束，释放 Service 所有占用的资源。

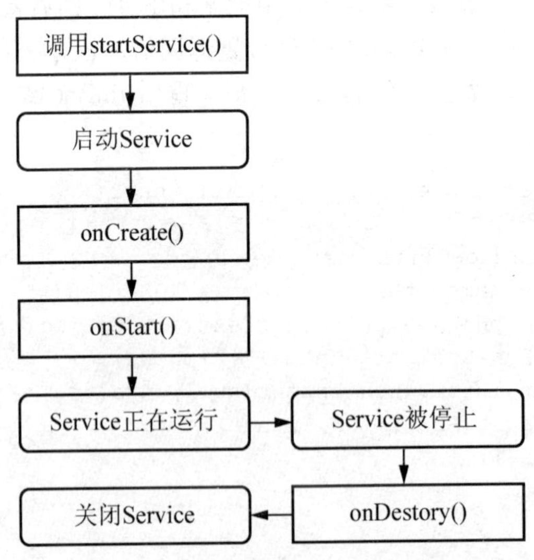

图 6.4 启动式 Service 的生命周期

需要注意的是，如果 Service 还没有运行，则 Android 系统先调用 onCreate( )方法，然后调用 onStart( )方法；如果 Service 已经运行，则只调用 onStart( )方法，所以一个 Service

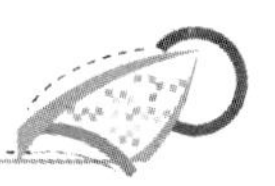

的 onStart( )方法可能会重复调用多次。另一方面，采用启动式启动 Service 后，调用者不能访问 Service 中的方法，这时需要 Service 自己管理自身。

在调用 stopService( )方法停止 Service 的时候直接调用 onDestroy( )方法，如果是调用者自己直接退出而没有调用 stopService( )方法，Service 会一直在后台运行。该 Service 的调用者再启动起来后可以通过 stopService( )方法关闭 Service。

3. *启动 Service 和关闭 Service 的方法*

采用启动式启动 Service 时需要调用 startService (Intent service)，该方法中只包含一个 Intent 参数，在 Intent 中可以显式指定被启动的 Service，也可以隐式指定被启动的 Service，即通过 Intent 过滤器指定。关闭 Service 时需要调用 stopService (Intent name)方法，参数与 startService( )中的参数相同。

4. *Service 中的代码*

在使用 Service 时，需要创建一个子类继承 Service 类，并且重载 Service 类中的一些方法，当创建一个子类继承 Service 类时会自动产生如下代码：

```
public class SimpleService extends Service {
    @Override
    public IBinder onBind(Intent arg0){
        return null;
    }
}
```

onBind( )方法是在 Service 被绑定后调用的方法，能够返回 Service 的对象，然后通过 Service 的对象可以调用 Service 中的方法。然而默认的代码集并不能完成任何实际的功能，需要重载 onCreate( )、onStart( )和 onDestroy( )等方法，才使 Service 具有实际意义。

因为 Service 也是 Android 系统的四大组件之一，所以创建完 Service 对象后需要在 AndroidManifest.xml 文件中注册，注册代码如下：

```
<service android:name=". SimpleService "/>
```

其中，<service>标签声明服务，android:name 表示服务的名称，一定要和所建立的 Service 名称相同。

6.3.2　启动式音乐服务的实现

下面用一个播放音乐的示例项目 StartServiceTest，来介绍如何使用启动式启动 Service，项目中的文件结构如图 6.5 所示，其中 MusicService.java 是一个 Service 类，用来提供音乐的播放、暂停，以及退出服务。MainActivity.java 是一个 Activity 类，用于调用 Service 中提供的服务。因为涉及播放的音乐文件，所以在 res 文件夹中新建文件夹 raw，里面存放一个音乐文件 ss.mp3。

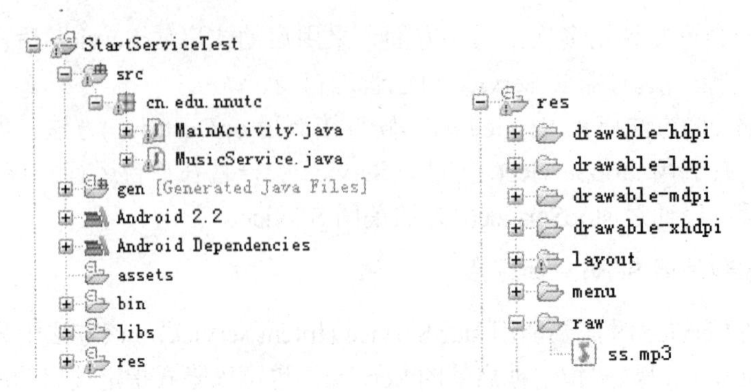

图 6.5　StartServiceTest 文件结构

1. MusicService 服务类的实现

MusicService 类中除了要重载 Service 中的 onBind( )、onCreate( )、onDestroy( )和 onStart( )方法外，还自定义了 pause( )和 play( )方法，分别用于暂停音乐和播放音乐。因为采用的是启动式启动服务，所以 onBind( )方法中没有添加任何代码，在 onCreate( )方法中使用 raw 文件夹中的 ss.mp3 文件初始化 MediaPlayer 类的对象 mp。而 onStart( )方法在开始服务时执行，并且启动服务后不能调用服务中的方法，所以在 onStart( )方法中加入 switch 语句判断输入的参数类型，进而调用不同的方法。停止服务时系统自动调用 onDestroy( )方法，在 onDestroy( )中停止音乐，并且释放 mp 对象，功能代码如下所示：

```
public class MusicService extends Service {
    MediaPlayer mp;
    @Override
    public IBinder onBind(Intent arg0){
        return null;
    }
    @Override
    public void onCreate(){
        super.onCreate();
        mp=MediaPlayer.create(MusicService.this,R.raw.ss);
    }
    @Override
    public void onDestroy(){
        super.onDestroy();
        if(mp!=null){
            mp.stop();
            mp.release();
        }
    }
    public void pause(){
        if(mp!=null&&mp.isPlaying()){
            mp.pause();
        }
    }
    public void play(){
```

```
        if(mp!=null&&!mp.isPlaying()){
            mp.start();
        }
    }
    @Override
    public void onStart(Intent intent, int startId){
        super.onStart(intent, startId);
        int op=intent.getIntExtra("op", 1);
        switch(op){
        case 1:
            play();
            break;
        case 2:
            pause();
            break;
        }
    }
}
```

创建完 MusicService 服务后需要在 AndroidManifest.xml 文件中注册，注册代码如下：

```
<service  android:name=".MusicService"></service>
```

2. 服务主界面的实现

MainActivity 是应用程序的主界面，如图 6.6 所示，通过 4 个 Button 组件实现开始服务、暂停音乐、关闭程序和退出服务功能。

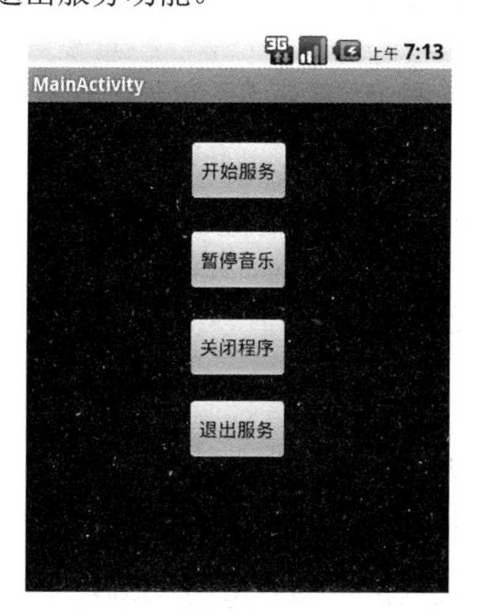

图 6.6　启动式 Service 示例

当单击“开始服务”按钮或其他按钮时，会执行相应的功能，按钮单击事件的监听器代码如下所示：

```
class actionListener implements OnClickListener{
    @Override
    public void onClick(View arg0){
```

```
        Intent intent=new Intent(MainActivity.this,MusicService.class);
        if(arg0.getId()==R.id.btnStart){          //开启服务
            intent.putExtra("op", 1);
            startService(intent);
        }
        else if(arg0.getId()==R.id.btnPause){     //暂停音乐
            intent.putExtra("op", 2);
            startService(intent);
        }
        else if(arg0.getId()==R.id.btnClose){     //关闭程序
            MainActivity.this.finish();
        }
        else if(arg0.getId()==R.id.btnExit){      //退出服务
            stopService(intent);
        }
    }
}
```

首先创建 Intent 对象用于启动 Service 并且可以传递参数，然后使用参数 arg0 的 Id 判断单击的是哪个按钮，根据不同的按钮执行不同的方法。如果单击的是 btnStart，则给 Intent 对象的 op 参数传递值 1，并调用 startService(intent)启动服务；如果单击的是 btnPause，则给 Intent 对象的 op 参数传递值 2，注意一个 Service 可以多次启动，每次都会执行 onStart( )方法，而 onCreate( )只执行一次；如果单击的是 btnClose，则 MainActivity 关闭，此时可以发现即使 MainActivity 关闭，Service 也不会停止，仍然在播放音乐；如果单击的是 btnExit，则调用 stopService(intent)停止服务。

6.4 绑定式音乐服务的设计与实现

Service 的使用方式有启动式和绑定式两种，它们启动的 Service 有着不一样的生命周期和不一样的特性。下面首先介绍绑定式 Service 的生命周期以及与启动式的区别，然后用一个案例项目介绍具体的使用方法。

6.4.1 预备知识

1. 绑定式 Service 的生命周期

绑定式 Service 的生命周期如图 6.7 所示，调用 bindService( )方法绑定服务，如果绑定成功则执行 onCreate( )方法，之后执行 onBind( )方法(只绑定一次，不可多次绑定)，之后服务开始运行，调用 unbindService( )方法取消绑定，之后会执行 onDestroy( )以及 onUnbind( )方法。

绑定成功后，onBind( )方法将返回给客户端一个 IBind 接口实例，IBind 允许客户端回调服务的方法，如得到 Service 运行的状态或其他操作。这时会把调用者(Context，如 Activity)和 Service 绑定在一起，退出 Context，Service 就会相继调用 onUnbind( )方法和 onDestroy( )方法退出。

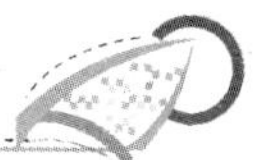

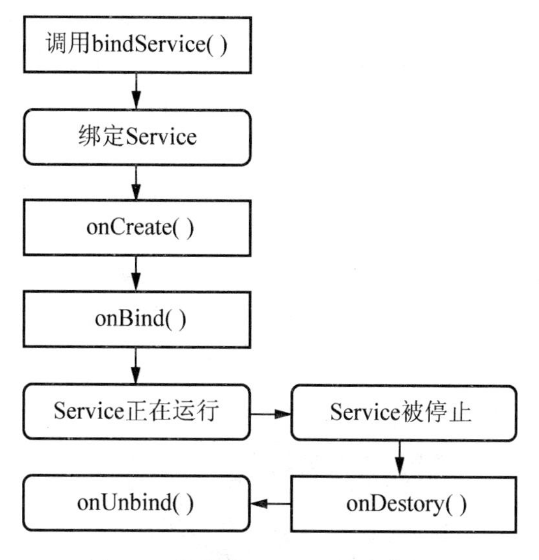

图 6.7 绑定式 Service 的生命周期

2. 绑定和取消绑定 Service

采用 bindService( )方法绑定服务，其语法结构如下所示：

```
bindService (Intent service, ServiceConnection conn, int flags);
```

其中第一个参数是 Intent 对象指定要绑定的服务，第二个参数是服务连接对象，如果连接成功则绑定用于返回的 IBind 接口实例，第三个参数是一个标识，用于说明只要绑定存在就会自动创建。ServiceConnection 是个抽象类，其中包含了两个抽象的方法：①连接成功后执行的方法 onServiceConntected( )；②连接中断时执行的方法 onServiceDisconntected( )。为了调用 bindService( )方法，需要在程序中创建 ServiceConnection 的子类，并实现其中的抽象方法，代码如下所示：

```
private class Connection implements ServiceConnection{
        @Override
        public void onServiceConnected(ComponentName name, IBinder service){
            Toast.makeText(MainActivity.this, "连接成功", Toast.LENGTH_SHORT).show();
            SimpleServer m=((SimpleServer.localIband)service).getService();
        }
        @Override
        public void onServiceDisconnected(ComponentName name){
            Toast.makeText(MainActivity.this, "断开连接", Toast.LENGTH_SHORT).show();
        }
}
```

取消绑定需要调用 unbindService(ServiceConnection conn)方法，该方法中的 ServiceConnection 对象要和 bindService( )方法中设置的参数相同。

3. 启动式和绑定式的区别

启动式和绑定式的区别主要表现在两方面：①启动式启动 Service 后，Service 和调用者之间没有必然的联系，即使调用者关闭 Serice 仍然继续运行，而绑定式启动 Service 后，如果调用者关闭，Service 也随之关闭；②启动式启动 Service 后不能调用 Service 中的方法，而绑定式可以通过返回的 Service 对象调用 Service 中的方法。

6.4.2 绑定式音乐服务的实现

下面在 StartServiceTest 基础上进行修改，使用一个绑定式启动 Service 案例项目 BinderServiceTest，来介绍如何创建绑定式 Service，以及如何使用 Service 提供的服务。程序运行界面如图 6.8 所示，用户界面与 6.3 节案例类似，项目的文件结构也一样，这里就不再详述了。

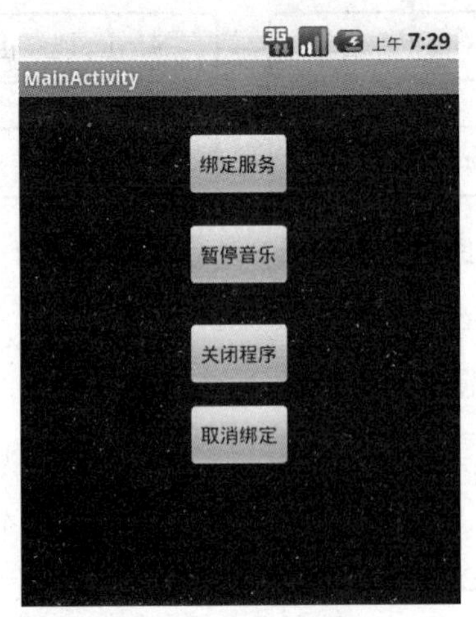

图 6.8 绑定式启动

因为采用绑定式，所以重载了 Service 类中的 onBind( )、onCreate( )、onDestroy( )和 onUnbind( )方法，功能与 6.3 节案例相似。代码如下所示：

```
public class MusicService extends Service {
    MediaPlayer mp;
    myBinder mb=new myBinder();
    @Override
    public IBinder onBind(Intent intent){
        return mb;
    }
    class myBinder extends Binder{
        MusicService getService(){
            return MusicService.this;
        }
    }
    @Override
    public void onCreate(){
        super.onCreate();
        mp=MediaPlayer.create(MusicService.this, R.raw.aa);
    }
```

```
        @Override
        public void onDestroy(){
            super.onDestroy();
            if(mp!=null){
                mp.stop();
                mp.release();
            }
        }
        @Override
        public boolean onUnbind(Intent intent){
            return super.onUnbind(intent);
        }
        public void play(){
            if(mp!=null&&!mp.isPlaying()){
                mp.start();
            }
        }
        public void pause(){
            if(mp!=null&&mp.isPlaying()){
                mp.pause();
            }
        }
    }
```

需要注意的是，这里定义了一个 myBinder 类继承 Binder 类，并在其中定义了一个 getService( )方法用于获取 Service 对象。在 onBind( )方法中返回 myBinder 类的对象。

界面组件的初始化代码如下：

```
    Button btnBind;
    Button btnPause;
    Button btnClose;
    Button btnUnbind;
    MusicService ms;
    myServiceConnection mconnection=new myServiceConnection();
    @Override
    protected void onCreate(Bundle savedInstanceState){
        super.onCreate(savedInstanceState);
        setContentView(R.layout.activity_main);
        btnBind=(Button)findViewById(R.id.btnBind);
        btnPause=(Button)findViewById(R.id.btnPause);
        btnClose=(Button)findViewById(R.id.btnClose);
        btnUnbind=(Button)findViewById(R.id.btnUnbind);
        btnBind.setOnClickListener(new actionListener());
        btnUnbind.setOnClickListener(new actionListener());
        btnClose.setOnClickListener(new actionListener());
        btnPause.setOnClickListener(new actionListener());
    }
```

其中 myServiceConnection 类是自定义的一个 ServiceConnection 的子类，在绑定式启

动 Service 时，必须创建 ServiceConnection 类的对象，才能进行绑定。myServiceConnection 类的代码如下：

```
class myServiceConnection implements ServiceConnection{
    @Override
    public void onServiceConnected(ComponentName name, IBinder service){
        ms=((MusicService.myBinder)service).getService();
        if(ms!=null){
            ms.play();
        }
    }
    @Override
    public void onServiceDisconnected(ComponentName name){
        ms=null;
    }
}
```

要继承 ServiceConnection 类必须重载该类中的两个方法：onServiceConnected( )和 onServiceDisconnected( )，在 onServiceConnected( )方法中，返回一个 IBinder 接口的对象，该对象就是 Service 中 onBind( )方法返回的对象，通过该对象可以获取 Service 对象，进而调用 Service 对象中的其他方法。

当单击“绑定服务”按钮或其他按钮时，会执行相应的功能，按钮单击事件的监听器代码如下所示：

```
class actionListener implements OnClickListener{
    @Override
    public void onClick(View arg0){
        Intent intent=new Intent(MainActivity.this,MusicService.class);
        if(arg0.getId()==R.id.btnBind){                //绑定服务
            bindService(intent,mconnection,Context.BIND_AUTO_CREATE);
        }
        else if(arg0.getId()==R.id.btnPause){          //暂停音乐
            if(ms!=null){
                ms.pause();
            }
        }
        else if(arg0.getId()==R.id.btnClose){          //关闭程序
            MainActivity.this.finish();
        }
        else if(arg0.getId()==R.id.btnUnbind){         //取消绑定
            unbindService(mconnection);
        }
    }
}
```

其中 bindService( )方法中的第一个参数将 Intent 传递给 bindService( )方法，声明需要启动的 Service，第二个参数是 ServiceConnection 类的对象，第三个参数 Context.BIND_AUTO_CREATE 表明只要绑定存在，就自动建立 Service，同时也通知 Android 系统，这个

Service 的重要程度与调用者相同，除非考虑终止调用者，否则不要关闭这个 Service。

从 6.3 节和 6.4 节的案例项目中，可以了解到，启动式只能开始服务或停止服务，使用服务的程序不能调用 Service 中的方法，关闭使用服务的程序对 Service 没有影响。绑定式可以获取 Service 对象进而调用 Service 中的方法，但 Service 与使用服务的程序相关，一旦关闭使用服务的程序 Service 也将关闭。

6.5　跨进程计算器的设计与实现

在许多应用开发中，服务的提供者和服务的使用者往往都不在同一个项目中，这时就需要实现一个应用程序的进程去访问另一个应用进程的服务，这种方式称为跨进程服务，下面通过一个求阶乘的案例项目，来介绍如何进行跨进程服务。

6.5.1　预备知识

1. 进程通信机制

在 Android 系统中，每个应用程序在各自的进程中运行，而且出于安全原因的考虑，这些进程之间彼此是隔离的，如果需要在进程之间传递数据和对象，那么就要使用 Android 支持的进程通信(Inter-Process Communication，IPC)机制。

进程通信机制有以下两种。

(1) Intent，是一种简单、高效且易于使用的 IPC 机制。

(2) 远程服务，服务和调用者在两个不同的进程中，调用过程需要跨进程才能实现。

2. 服务创建和调用

实现远程服务的步骤如下。

(1) 使用 AIDL 语言定义跨进程服务的接口。

(2) 根据 AIDL 语言定义的接口，在具体的 Service 类中实现接口中定义的方法和属性。

(3) 在需要调用跨进程服务的组件中，通过相同的 AIDL 接口文件，调用跨进程服务。

AIDL(Android Interface Definition Language)是 Android 系统自定义的接口描述语言，可以简化进程间数据格式转换和数据交换的代码，通过定义 Service 内部的公共方法，允许调用者和 Service 在不同进程间相互传递数据。

AIDL 语言的语法与 Java 语言的接口定义非常相似，唯一不同之处是：AIDL 允许定义方法参数的传递方向。AIDL 支持以下 4 种方向。

(1) 标识为 in 的参数将从调用者传递到跨进程服务中。

(2) 标识为 out 的参数将从跨进程服务传递到调用者中。

(3) 标识为 inout 的参数将先从调用者传递到跨进程服务中，再从跨进程服务返回给调用者。

(4) 在不标识参数的传递方向时，默认所有方法的传递方向为 in。

6.5.2 跨进程计算器的实现

下面通过一个跨进程服务示例，来介绍如何创建远程服务，以及应用程序如何调用远程服务。示例分为两个项目：RemoteServiceTest 和 RemoteServiceCall。RemoteServiceTest 中创建远程 Service 提供求阶乘的服务，RemoteServiceCall 调用 Service 中的服务，计算数据的阶乘。

1. RemoteServiceTest

要创建一个远程服务，首先需要使用 AIDL 语言定义跨进程服务的接口，新建一个 RemoteServiceTest 项目，然后在 src 文件夹下新建一个名为 IJiechengService.aidl 的文件，文件中的代码如下：

```
package cn.edu.nnutc.Service;
interface IJiechengService{
   long JC(int a);
}
```

代码中定义了一个接口 IJiechengService，里面包含一个 JC( )抽象方法。如果创建成功，会在项目的 gen 文件下自动产生一个名为 IJiechengService.java 的文件，项目文件的结构如图 6.9 所示。

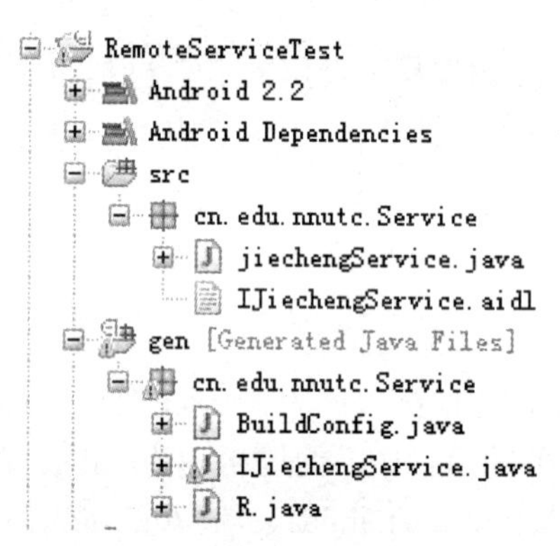

图 6.9 RemoteServiceTest 文件结构

然后编写一个 jiechengService 类继承 Service 类，在该类中实现 IJiechengService 接口中定义的抽象方法 JC( )。这里需要注意的是 onBind( )方法返回的不再是自定义的 Binder 类的对象，而是 IJiechengService.Stub 类的对象，代码如下：

```
public class jiechengService extends Service {
   private final IJiechengService.Stub mBinder=new IJiechengService.Stub(){
      @Override
      public long JC(int a)throws RemoteException {
         long p=1;
         for(int i=1;i<=a;i++){
            p=p*i;
```

```
            }
            return p;
        }
    };
    @Override
    public IBinder onBind(Intent arg0){
        return mBinder;
    }
    @Override
    public boolean onUnbind(Intent intent){
        return super.onUnbind(intent);
    }
}
```

定义完 jiechengService 后，需要在 AndroidManifest.xml 文件中注册，这里不再详述，读者可参见前面章节的内容在配置文件中注册。

2. RemoteServiceCall

因为在 RemoteServiceCall 项目中使用了远程服务，所以在该项目中同样需要定义 IJiechengService.aidl 文件，该文件与 RemoteServiceTest 项目中的 IJiechengService.aidl 文件要完全一致，RemoteServiceCall 项目的文件结构如图 6.10 所示。

RemoteServiceCall 包含一个项目主界面文件 MainActivity.java。程序运行界面如图 6.11 所示，单击“绑定远程服务”按钮绑定服务，然后在文本框中输入某一数字，单击“计算阶乘”按钮，会在界面下方的 TextView 组件上显示调用服务的结果，单击“取消绑定服务”按钮则取消绑定服务。

图 6.10　RemoteServiceCall 文件结构　　　　图 6.11　远程服务

MainActivity.java 界面组件初始化以及创建连接服务的功能代码如下：

```
TextView tvMsg;
Button btnBind;
Button btnUnbind;
```

```
    Button btnJs;
    EditText etNum;
    boolean isbind=false;
    private IJiechengService jiechengService;
    private ServiceConnection connection=new ServiceConnection(){
        @Override
        public void onServiceConnected(ComponentName arg0, IBinder arg1){
            jiechengService=IJiechengService.Stub.asInterface(arg1);
        }
        @Override
        public void onServiceDisconnected(ComponentName name){
            jiechengService=null;
        }
    };
    @Override
    protected void onCreate(Bundle savedInstanceState){
        super.onCreate(savedInstanceState);
        setContentView(R.layout.activity_main);
        tvMsg=(TextView)findViewById(R.id.tvMsg);
        btnBind=(Button)findViewById(R.id.btnBind);
        btnUnbind=(Button)findViewById(R.id.btnUnbind);
        btnJs=(Button)findViewById(R.id.btnJs);
        etNum=(EditText)findViewById(R.id.etNum);
        btnBind.setOnClickListener(new bindListener());
        btnUnbind.setOnClickListener(new unbindListener());
        btnJs.setOnClickListener(new jsListener());
    }
```

在 onServiceConnected( )方法中，首先将 Service 中 onBind( )方法传来的参数 IBinder 接口对象 arg1，传给 IJiechengService.Stub.asInterface(arg1)方法，然后获取 IJiechengService.Stub.asInterface(arg1)返回的 IJiechengService 接口的对象。

“绑定远程服务”按钮的单击事件的监听器代码如下：

```
    class bindListener implements OnClickListener{
          @Override
          public void onClick(View v){
             if(!isbind){
                 Intent intent=new Intent();
                 intent.setAction("cn.edu.nnutc.Service");
                 bindService(intent,connection,Context.BIND_AUTO_CREATE);
                 isbind=true;
             }
          }
    }
```

由于远程调用服务时，可能不知道服务的类名，此时采用隐式调用 Service，即不指定 Service 类的名称，而是根据 Service 指定的 action 来调用相应的 Service，如 intent.setAction("cn.edu.nnutc.Service")代码指定动作为 cn.edu.nnutc.Service。

“取消绑定服务”按钮的单击事件的监听器代码如下：

```
class unbindListener implements OnClickListener{
    @Override
    public void onClick(View v){
        if(isbind){
            isbind=false;
            unbindService(connection);   //取消绑定服务
            jiechengService=null;
        }
    }
}
```

“计算阶乘”按钮的单击事件监听器代码如下：

```
class jsListener implements OnClickListener{
    @Override
    public void onClick(View v){
        if(jiechengService!=null){
            int num=Integer.parseInt(etNum.getText().toString());
            long result=0;
            try{
                result=jiechengService.JC(num);
            }catch(RemoteException e){
                e.printStackTrace();
            }
            tvMsg.setText(result+"");
        }
    }
}
```

上述代码通过返回的 IJiechengService 接口的对象调用 JC( )方法计算阶乘，显示到 tvMsg 组件中。

6.6　广播接收器的设计与实现

BroadcastReceiver 作为 Android 四大组件之一，不像 Activity，它没有可显示的界面。BroadcastReceiver 包括两个概念：广播发送者和广播接收者(Receiver)，这里的广播实际就是指 Intent，程序可以自己发送广播自己接收，也可以接收系统或其他应用的广播或是发送广播给其他应用程序。

6.6.1 预备知识

1. 广播信息的使用方法

要创建广播信息，需要执行两个步骤。

(1) 创建一个 Intent，需要注意的是在构造 Intent 时必须用一个全局唯一的字符串标记其要执行的动作，通常使用应用程序包的名称，如果要在 Intent 传递额外数据，可以用 Intent 的 putExtra( )方法。

(2) 调用 sendBroadcast( )方法，就可以将 Intent 携带的消息广播出去，代码如下所示：

```
String UNIQUE_STRING = "cn.edu.nnutc";
Intent intent = new Intent(UNIQUE_STRING);
intent.putExtra("key1", "value1");
intent.putExtra("key2", "value2");
sendBroadcast(intent);
```

2. 接收广播信息的方法

接收广播消息，需要使用 BroadcastReceiver，创建 BroadcastReceiver 需继承 Broadcast Receiver 类，并重载 onReceive( )方法。代码如下：

```
public class MyBroadcastReceiver extends BroadcastReceiver {
    @Override
    public void onReceive(Context context, Intent intent){
    }
}
```

定义完 BroadcastReceiver 类后需要在 AndroidManifest.xml 文件中注册，注册代码如下：

```
<receiver
    android:name=".myBroadcast">
    <intent-filter>
        <action android:name="cn.edu.nnutc"/>
    </intent-filter>
</receiver>
```

其中<intent-filter>标签定义过滤器，里面的<action>标签说明接收广播的类型，以上代码只接收 action 为“cn.edu.nnutc”的广播。

BroadcastReceiver 的应用程序不需要一直运行，当 Android 系统接收到与之匹配的广播消息时，会自动启动此 BroadcastReceiver，在 BroadcastReceiver 接收到与之匹配的广播消息后，onReceive( )方法会被调用。所以 BroadcastReceiver 适合做一些资源管理的工作，如手机电量低或收到短信等消息弹出一些提示信息等，但是 onReceive( )方法必须要在 5s 内执行完毕，否则 Android 系统会认为该组件失去响应，并提示用户强行关闭该组件。

6.6.2 广播接收器的实现

下面用一个简单的例子，介绍如何使用广播消息。程序运行的界面如图 6.12 所示，界面中包含一个 EditText 组件用于编辑要发送的消息，一个 Button 组件用于执行发送命令。

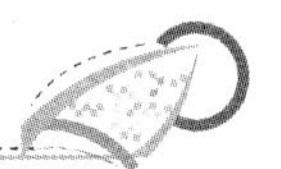

图 6.12　广播消息

BroadcastReceiverTest 示例的界面组件初始化代码如下所示，在程序中定义了一个静态的字符串变量 actionString，用于指定发送消息的 action 类型。

```
Button btnSend;
EditText etMessage;
final String actionString="cn.edu.nnutc";
@Override
protected void onCreate(Bundle savedInstanceState){
    super.onCreate(savedInstanceState);
    setContentView(R.layout.activity_main);
    btnSend=(Button)findViewById(R.id.btnSend);
    etMessage=(EditText)findViewById(R.id.etMessage);
    btnSend.setOnClickListener(new sendListener());
}
```

“发送消息”按钮的单击事件的监听器代码如下：

```
class sendListener implements OnClickListener{
    @Override
    public void onClick(View arg0){
        Intent intent=new Intent();
        String msg=etMessage.getText().toString();
        intent.setAction(actionString);
        intent.putExtra("msg", msg);
        sendBroadcast(intent);
    }
}
```

上面代码中首先获取 etMessage 组件中的内容，然后通过 intent.putExtra( )方法将信息添加到 Intent 中，最后通过 sendBroadcast(intent)发送消息。

MessageReceive 类的代码如下所示，其中仅仅从传来的 Intent 中把消息取出，然后通过 Toast 显示出来。

```
public class MessageReceive extends BroadcastReceiver {
    @Override
    public void onReceive(Context context, Intent intent){
        String msg=intent.getStringExtra("msg");
        Toast.makeText(context, msg, Toast.LENGTH_SHORT).show();
    }
}
```

MessageReceive 类编写完成后，也需要在 AndroidManifest.xml 文件中注册，注册代码如下：

```
<receiver android:name=".MessageReceive">
    <intent-filter >
        <action android:name="cn.edu.nnutc"/>
    </intent-filter>
</receiver>
```

本 章 小 结

本章结合实际案例项目的开发过程介绍了 Android 系统中 Intent、Service 以及 BroadcastReceiver 等组件的运行原理，以及常用属性和方法。通过对本章的学习，读者可以了解 Android 中多个 Activity 之间的切换方法，了解编写如 mp3 音乐等无界面但需要长期在后台运行的程序的方法，以及掌握如何编程实现接收广播和发送广播。

项 目 实 训

项目一

项目名：模拟登录界面(运行效果如图 6.13 和图 6.14 所示)。

功能描述：在登录界面上输入用户名和密码，单击“登录”按钮转到图 6.14 所示界面，并显示在登录界面中输入的用户名和密码；单击“取消”按钮将用户名和密码清空。

项目二

项目名：随机数服务(图 6.15)。

功能描述：单击“启动服务”按钮，开始一个 Service，让 Service 每隔 1s 产生一个 0～1 之间的随机数，显示到界面上，单击“停止服务”按钮，停止 Service。

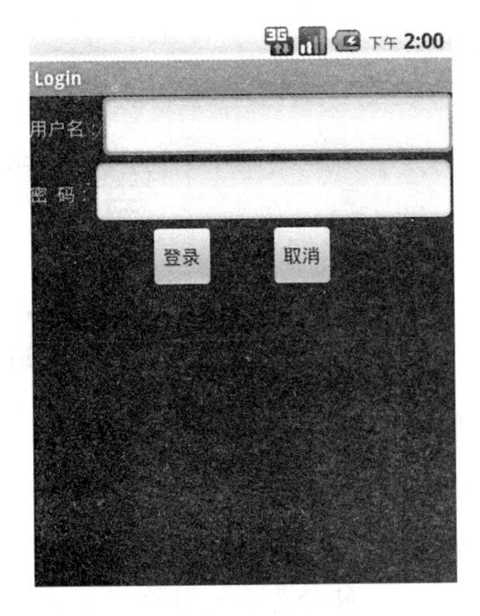

图 6.13　登录界面

图 6.14　显示用户信息的界面

图 6.15　随机数服务

第 7 章 数据存储与访问

数据存储与访问是许多应用程序必备的功能，手机应用程序也不例外。在开发 Android 应用程序时，经常需要进行数据的存储和访问，例如，存储好友的姓名和电话，读取 SD 卡中的 mp3 音乐等。为此，Android 提供了多种数据存储方法，包含易于使用的 SharedPreferences、常用的内部文件存储、SD 卡文件读写操作以及访问轻量级的 SQLite 数据库。本章将详细介绍 Android 中数据存储与访问的技术。

教学目标

掌握 SharedPreferences 的原理与使用方法。
掌握访问 Android 内部文件的方法。
掌握手机 SD 卡的访问方法。
了解手动创建 SQLite 数据库的方法以及对 SQLite 数据库的访问方法。
掌握使用代码创建以及访问 SQLite 数据库的方法。
理解 ContentProvider 的原理和用途。
掌握 ContentProvider 的创建与使用方法。

教学要求

知识要点	能力要求	相关知识
个人信息注册的实现	(1) 了解 SharedPreferences 存储的原理 (2) 掌握 SharedPreferences 文件的几种访问模式以及读写方法 (3) 掌握如何访问其他应用程序创建的 SharedPreferences 文件	
电话号码文件存储的实现	(1) 掌握读写文件的两个方法：OpenFileInput( )和 OpenFileOutput( ) (2) 掌握文件的 4 种操作模式 (3) 了解 Android 内部文件存放的位置	输入流和输出流

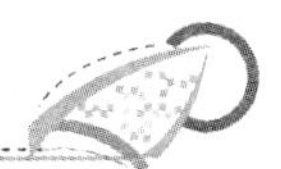

续表

知识要点	能力要求	相关知识
SD 卡文件访问的实现	(1) 了解在模拟器中设置 SD 卡的方法 (2) 掌握读取 SD 卡文件的方法 (3) 了解读写 SD 卡相关权限的设置方法	Environment 类
简单记事本的实现	(1) 了解 SQLite 数据库的结构与原理 (2) 掌握手动创建以及访问 SQLite 数据库的方法 (3) 掌握使用代码创建以及访问 SQLite 数据库的方法	Intent
成绩共享示例的实现	(1) 了解 ContentProvider 的原理与机制 (2) 掌握使用 ContentProvider 的 3 个步骤	
访问通讯录的实现	(1) 了解 Android 系统通讯录的存储结构 (2) 掌握访问系统提供的 ContentProvider 的方法	自定义 ListView 布局

7.1　概　　述

Android 系统提供了多种数据存储的方法，其中包含 SharedPreferences、文件存储、访问外部存储器 SD 卡，以及 SQLite 数据库。其中 SharedPreferences 只能存储简单的键值对，文件存储可以存储各种类型的文件，SQLite 数据库为应用程序提供数据库的支持。此外，Android 还提供了 ContentProvider 组件，可以使应用程序共享底层的数据，如使用 ContentProvider 访问 Android 系统中的通讯录等。

7.2　个人信息注册的设计与实现

SharedPreferences 是 Android 为开发人员提供的一种简单的数据存储方式，是一种轻量级的数据保存方法，通过 SharedPreferences 开发人员可以将数据以 NVP(Name/Value Pair，名称/值对)的形式保存在 Android 的文件系统中，下面通过一个个人信息注册的示例，来介绍 SharedPreferences 的原理和使用方法。

7.2.1　预备知识

1. 通过 SharedPreferences 写数据

在使用 SharedPreferences 时，需要使用 getSharedPreferences( )方法获取一个 SharedPreferences 对象，代码如下所示：

```
SharedPreferences preference=getSharedPreferences(fileName,MODE);
```

getSharedPreferences( )方法有两个参数，第一个参数为在文件系统中创建的文件名，第二个参数是文件的访问模式，SharedPreferences 支持以下 3 种访问模式。

(1) 私有(MODE_PRIVATE)：只有创建文件的程序可以读和写。

(2) 全局读(MODE_WORLD_READABLE)：创建文件的程序可读可写，其他程序只能读。

(3) 全局写(MODE_WORLD_WRITEABLE)：创建文件的程序可读可写，其他程序只能写。

有时需要将 SharedPreferences 的访问模式定义为既可全局读也可以全局写，那么可以将两种模式相加，代码如下：

```
public static int MODE =Context.MODE_WORLD_READABLE + Context.MODE_ WORLD
_WRITEABLE;
```

获得 SharedPreferences 对象后，需要通过 SharedPreferences.Editor 类对文件内容进行编辑，最后调用 commit( )方法提交修改的内容，代码如下所示：

```
SharedPreferences.Editor editor=preference.edit();
editor.putString("name", name);
editor.putInt("age", age);
editor.putBoolean("isBoy", isBoy);
editor.putFloat("weight", weight);
editor.commit();
```

2. 通过 SharedPreferences 读数据

当需要从已经存在的 SharedPreferences 文件中读取数据时，仍然先通过 getSharedPreferences( )获取 SharedPreference 对象，然后通过 SharedPreference 对象的 get<Type>( )方法，从文件中取出相应数据，get<Type>( )方法的第一个参数是变量名称，第二个参数是默认值，即如果没有成功取出第一个参数指定的变量的值，那么该变量使用默认值。代码如下所示：

```
SharedPreferences preference=getSharedPreferences(fileName,MODE);
msg+="姓名："+preference.getString("name", "张三")+",";
msg+="年龄"+preference.getInt("age", 22)+",";
```

SharedPreferences 创建的文件不仅创建程序本身可以访问，其他程序同样可以访问，前提是文件的访问模式必须设有相应的权限。此外，还要知道文件创建程序所在的包和文件的名称，以及文件中保存的变量的名称和类型，下面用一个示例说明，代码如下：

```
public class OtherSharedPreferencesDemo extends Activity {
    TextView tvMessage;
    public static final String fileName="SimpleFile";
    public static int MODE=Context.MODE_WORLD_READABLE
                           +Context.MODE_WORLD_WRITEABLE;
    public static final String PACK="cn.edu.nnutc";
    @Override
    public void onCreate(Bundle savedInstanceState){
        super.onCreate(savedInstanceState);
        setContentView(R.layout.main);
        tvMessage=(TextView)findViewById(R.id.tvMessage);
        Context context=null;
        try{
```

```
            context=this.createPackageContext(PACK,
                    Context.CONTEXT_IGNORE_SECURITY);
        }catch(NameNotFoundException e){
            e.printStackTrace();
        }
        String msg="";
        SharedPreferences preference=context.getSharedPreferences(fileName,MODE);
        msg+="姓名: "+preference.getString("name", "张三")+",";
        msg+="年龄"+preference.getInt("age", 22)+",";
        if(preference.getBoolean("isBoy", true))
            msg+="性别: 男";
        else
            msg+="性别: 女";
        msg+=","+"体重: "+preference.getFloat("weight", 42);
        tvMessage.setText(msg);
    }
}
```

上述代码中首先通过 createPackageContext( )方法获取创建文件的程序所在的 Context，该方法第一个参数是包的名称，第二个参数 Context.CONTEXT_IGNORE_SECURITY 是忽略可能产生的安全问题。然后通过调用 context 的 getSharedPreferences( )方法获得 SharedPreferences 对象，最后通过 SharedPreferences 对象获取保存的数据。

7.2.2　个人信息注册的实现

下面用一个示例演示如何使用 SharedPreferences 进行简单的数据库存储。首先建立如图 7.1 所示界面，用户在编辑框中输入相应的信息后，单击“写入信息”按钮，可以将用户信息写入到 SharedPreferences 中，当单击“读取信息”按钮时，即可将保存的用户信息读取出来显示到界面的最下方。

图 7.1　示例运行界面

SharedPreferences 建立的文件保存在/data/data/<package name>/shared_prefs 目录下。可以通过 FileExplorer 查看，如图 7.2 所示。在 shared_prefs 目录下就是程序创建的文件

SimpleFile.xml，-rw-rw-rw-是 Linux 内核中文件的权限，文件的权限分别为创建者、同组用户以及其他用户对文件的权限，d 表示目录，x 表示可执行，r 表示可读，w 表示可写，-表示没有此权限。-rw-rw-rw-表示文件创建者和同组用户，以及其他人对文件具有可读和可写权限。

名称	大小	日期	时间	权限
data		2013-12-26	12:45	drwxrwx--x
android.tts		2012-06-09	05:32	drwxr-x--x
cn.edu.nnutc		2014-01-08	13:17	drwxr-x--x
databases		2014-01-09	12:07	drwxrwx--x
files		2013-11-07	13:46	drwxrwx--x
lib		2013-02-22	08:42	drwxr-xr-x
shared_prefs		2014-01-08	13:17	drwxrwx--x
SimpleFile.xml	214	2014-01-08	13:17	-rw-rw-rw-

图 7.2　SharedPreferences 所在目录

SimpleFile.xml 文件是以 XML 格式保存的，内容如下：

```
<?xml version='1.0' encoding='utf-8' standalone='yes' ?>
<map>
    <boolean name="isBoy" value="true" />
    <float name="weight" value="42.5" />
    <int name="age" value="22" />
    <string name="name">张三</string>
</map>
```

示例完整代码如下所示：

```
public class Chap07_01_01Activity extends Activity {
    private EditText editName;
    private EditText editAge;
    private EditText editWeight;
    private RadioButton radioBoy;
    private Button btnWrite;
    private Button btnRead;
    private TextView tvMessage;
    public static final String fileName="SimpleFile";
    public static int MODE=Context.MODE_WORLD_READABLE
                        +Context.MODE_WORLD_WRITEABLE;
    @Override
    public void onCreate(Bundle savedInstanceState){
        super.onCreate(savedInstanceState);
        setContentView(R.layout.main);
        editName=(EditText)findViewById(R.id.editName);
        editAge=(EditText)findViewById(R.id.editAge);
        editWeight=(EditText)findViewById(R.id.editWeight);
        radioBoy=(RadioButton)findViewById(R.id.radioButton1);
        tvMessage=(TextView)findViewById(R.id.tvMessage);
        btnWrite=(Button)findViewById(R.id.btnWrite);
        btnRead=(Button)findViewById(R.id.btnRead);
        btnWrite.setOnClickListener(new btnWriteListener());
        btnRead.setOnClickListener(new btnReadListener());
    }
```

```
    // "写入信息"按钮功能实现代码
    class btnWriteListener implements OnClickListener{
        @Override
        public void onClick(View arg0){
            String name=editName.getText().toString();
            int age=Integer.parseInt(editAge.getText().toString());
            float weight=Float.parseFloat(editWeight.getText().toString());
            boolean isBoy=true;
            if(!radioBoy.isChecked()) isBoy=false;
            SharedPreferences preference=getSharedPreferences(fileName,MODE);
            SharedPreferences.Editor editor=preference.edit();
            editor.putString("name", name);
            editor.putInt("age", age);
            editor.putBoolean("isBoy", isBoy);
            editor.putFloat("weight", weight);
            editor.commit();
        }
    }
    // "读取信息"按钮功能实现代码
    class btnReadListener implements OnClickListener{
        @Override
        public void onClick(View v){
            String msg="";
            SharedPreferences preference=getSharedPreferences(fileName,MODE);
            msg+="姓名: "+preference.getString("name", "张三")+",";
            msg+="年龄"+preference.getInt("age", 22)+",";
            if(preference.getBoolean("isBoy", true))
                msg+="性别: 男";
            else
                msg+="性别: 女";
            msg+=","+"体重: "+preference.getFloat("weight", 42);
            tvMessage.setText(msg);
        }
    }
}
```

7.3　电话号码文件存储的设计与实现

SharedPreferences 只能向系统文件中写入 NVP 这样的键值对，如果要写入更多信息可以使用文件存储，Android 系统为开发者提供了内部文件的存储机制以及对外部存储器的访问机制，开发者可以在程序中实现对内部文件和外部文件的访问。

7.3.1　预备知识

Android 中不仅支持 Java 中的 IO 类和方法，还提供了两个方法：openFileOutput( )和openFileInput( )，用于简化文件的读写操作。

openFileOutput( )方法用于打开文件，为写入数据而作准备。如果文件不存在则会自动创建一个新文件，其格式如下：

```
public FileOutputStream openFileOutput(String fileName,int mode)
```

该方法返回一个 FileOutputStream 对象，使用 FileOutputStream 对象就可以向文件中写入二进制数据。它的第一个参数 filenName，指的是文件的名称，注意，这里文件的名称不能带有路径，只能包含文件名和扩展名，如“SimpleFile.txt”，如果文件创建成功，系统会将其保存在/data/data/<package name>/files 目录中，因此不需要指定文件的路径。方法的第二个参数 mode，是文件的访问模式，Android 支持 4 种访问模式，见表 7-1。

openFileInput( )方法用于打开文件，读取文件的内容。如果文件不存在会抛出一个 FileNotFoundException 异常。其格式如下：

```
public FileInputStream openFileInput(String fileName)
```

该方法返回一个 FileInputStream 对象，使用 FileInputStream 对象就可以从文件中读取二进制数据。它的参数是文件名称，同样不需要包含文件的路径。

表 7-1　4 种文件访问模式

模式名	说　明
MODE_PRIVATE	私有模式，只有文件的创建程序能访问文件
MODE_APPEND	追加模式，将内容追加到文件的末尾
MODE_WORLD_READABLE	全局读，允许其他程序读文件
MODE_WORLD_WRITEABLE	全局写，允许其他程序写文件

7.3.2 电话号码文件存储的实现

下面用一个示例演示文件的读写操作。首先建立如图 7.3 所示的界面，界面中包含两个 EditText 组件分别用于输入姓名和电话；两个 Button 组件：“写数据”按钮用于保存姓名和电话到“SimpleFile.txt”文件中，“读数据”按钮用于从“SimpleFile.txt”文件中读出数据并显示在 TextView 组件上。

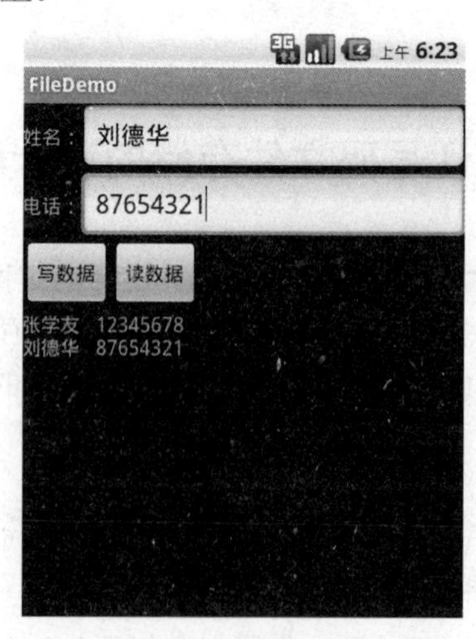

图 7.3　文件访问示例

在该案例中，由于要向文件中写入不同的姓名和电话，因此文件的访问模式设置为MODE_APPEND，示例的代码如下所示：

```
public class FileDemo extends Activity {
    private Button btnWrite;
    private Button btnRead;
    private EditText editName;
    private EditText editPhone;
    private TextView tvShow;
    private static final String fileName="SimpleFile.txt";
    @Override
    public void onCreate(Bundle savedInstanceState){
        super.onCreate(savedInstanceState);
        setContentView(R.layout.main);
        editName=(EditText)findViewById(R.id.editName);
        editPhone=(EditText)findViewById(R.id.editPhone);
        tvShow=(TextView)findViewById(R.id.tvShow);
        btnWrite=(Button)findViewById(R.id.btnWrite);
        btnRead=(Button)findViewById(R.id.btnRead);
        btnWrite.setOnClickListener(new WriteListener());
        btnRead.setOnClickListener(new ReadListener());
    }
    class WriteListener implements OnClickListener{
        @Override
        public void onClick(View arg0){
            FileOutputStream fos=null;
            try{
                fos=openFileOutput(fileName,Context.MODE_APPEND);
                String Name=editName.getText().toString();
                String Phone=editPhone.getText().toString();
                String msg=Name+"\t"+Phone+"\n";
                //通过文件流将字符串转换为字节数组写入文件
                fos.write(msg.getBytes());
            }
            catch(IOException e){
                e.printStackTrace();
            }
            finally{
                if(fos!=null){
                    try{
                        fos.flush();    //将输出缓冲区中的内容写入文件
                        fos.close();    //关闭输出流
                    }catch(IOException e){
                        e.printStackTrace();
                    }
                }
            }
```

```
        }
    }
    class ReadListener implements OnClickListener{
        @Override
        public void onClick(View v){
            FileInputStream fis=null;
            try{
                fis=openFileInput(fileName);
                byte[]byteMsg=new byte[fis.available()];
                //通过输入流将文件内容读入到数组 byteMsg 中
                while(fis.read(byteMsg)!=-1){
                }
                String msg=new String(byteMsg); //将字节数组转换为字符串
                tvShow.setText(msg);
            }catch(IOException e){
                e.printStackTrace();
            }
            finally{
                if(fis!=null){
                    try{
                        fis.close();
                    }catch(IOException e){
                        e.printStackTrace();
                    }
                }
            }
        }
    }
}
```

从上述代码可以看出：①由于 FileOutputStream 对象写入的是字节流，因此需要将 editName 以及 editPhone 中获取的字符串通过 getBytes( )方法转为字节数组，然后再写入文件，同样，FileIutputStream 对象读取的是字节数据，需要预先定义一个字节数组来保存读取的文件；②FileOutputStream 对象写文件时，先写入到缓冲区，所以当写数据结束时，需要调用 flush( )方法将数据从缓冲区中写入文件；③FileOutputStream 对象和 FileIutputStream 对象都需要通过调用 close( )方法关闭。

程序运行后，通过 FileExplorer 可以查看到在/data/data/cn.edu.nnutc/files 目录下，存在新建的文件 SimpleFile.txt，包括文件的大小、创建时间以及权限等信息，如图 7.4 所示。

Name	Size	Date	Time	Permissions
◢ data		2013-12-26	12:45	drwxrwx--x
▷ android.tts		2012-06-09	05:32	drwxr-x--x
◢ cn.edu.nnutc		2014-01-08	13:17	drwxr-x--x
▷ databases		2014-01-09	12:07	drwxrwx--x
◢ files		2014-01-10	14:37	drwxrwx--x
SimpleFile.txt	13	2014-01-10	14:37	-rw-rw-rw-

图 7.4 SimpleFile.txt 文件

7.4　SD 卡文件访问的设计与实现

通常手机内部的存储空间是有限的，因此需要借助一些外部的存储设备来存储一些比较大的文件。SD 卡是一种广泛应用于数码产品中的外部存储器，用于存储音乐和视频等比较大的文件。现在几乎所有的智能手机都支持 SD 卡，因此 Android 系统也提供了访问 SD 卡的一些方法。

7.4.1　预备知识

如果在开发 Android 应用程序时需要使用 SD 卡，就需要在 Android 模拟器中进行设置，因为默认情况下 Android 模拟器是不支持 SD 卡的。最简单的方法就是在 Eclipse 中打开 AVDManager，选中相应的模拟器，单击“编辑”按钮，弹出如图 7.5 所示的界面，然后在 SD Card 这一栏选择 Size 单选按钮，设置 SD 卡的大小，即可为模拟器创建 SD 卡。如果已经使用命令创建了 SD 卡映像文件，可以选择 File 单选按钮，将某个 SD 卡映像文件加载到模拟器中。

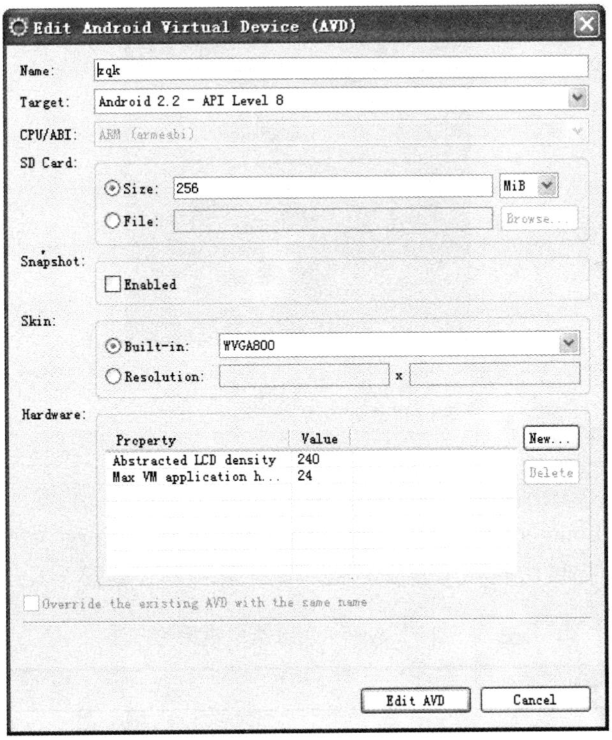

图 7.5　设置 SD 卡

如果想自己创建 SD 卡映像文件，可以使用<Android SDK>/tools 目录中的 mksdcard 命令创建 SD 卡映像文件。命令格式如下：

```
mksdcard -l NSDCARD 128M d:\sdcard
```

其中-l 表示磁盘映像创建的卷标，NSDCARD 表示 SD 卡映像文件的标识，128M 是 SD 卡映像文件的大小，d:\sdcard 是 SD 卡映像文件创建后所在的目录。

当然开发访问 SD 卡的应用程序，只在模拟器中设置了 SD 卡还不行，还要在 AndroidManifest.xml 文件中添加允许访问 SD 卡的权限，否则应用程序不能访问 SD 卡，权限代码如下：

```
<uses-permission android:name="android.permission.WRITE_EXTERNAL_STORAGE"/>
```

7.4.2 SD 卡文件访问的实现

下面通过一个项目示例来演示读写 SD 卡的方法。首先建立如图 7.6 所示的界面，界面中包含一个 EditText 组件用于输入写入到 SD 卡中的信息，两个按钮分别为“写入 SD 卡”和“读 SD 卡”。“写入 SD 卡”按钮用于将信息写入到 SD 卡；“读 SD 卡”按钮用于将信息从 SD 卡读取出来，并显示到界面下方的 TextView 组件上。

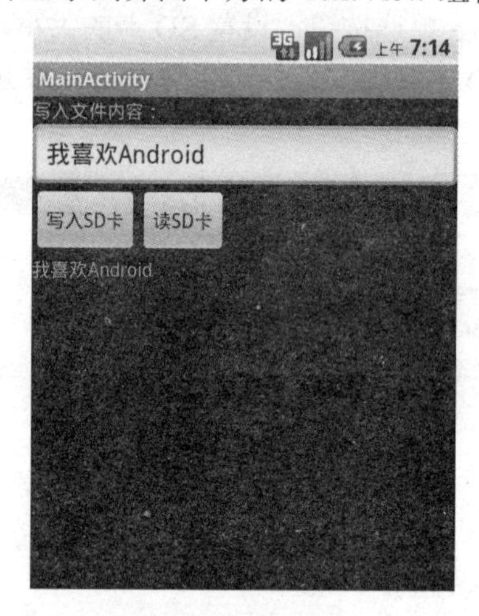

图 7.6 读写 SD 卡示例

1. 获取 SD 卡的存储路径

通常获取 SD 卡的存储路径有以下两种方式。

(1) 通过 Environment 类中的 getExternalStorageDirectory( ).getpath( )方法获取，Environment 是一个提供访问环境变量的类，其常用的方法见表 7-2。

表 7-2 Environment 类中常用的方法

方　法	说　明
getDataDirectory( )	返回 File，获取 Android 数据目录
getDownloadCacheDirectory( )	返回 File，获取 Android 下载/缓存内容目录。
getExternalStorageDirectory( )	返回 File，获取外部存储目录即 SDCard
getExternalStoragePublicDirectory(String type)	返回 File，返回选定类型的公共文件存储的目录
getExternalStorageState( )	返回 String，获取外部存储设备的当前状态

Environment 类中的 getExternalStorageState( )方法返回不同的常量，这些常量分别表示外部存储设备当前不同的状态，其常用的一些常量值的含义见表 7-3。

表 7-3　getExternalStorageState 方法返回的常量值

常　量	说　明
MEDIA_BAD_REMOVAL	表明 SDCard 被卸载前已被移除
MEDIA_MOUNTED_READ_ONLY	表明对象权限为只读
MEDIA_NOFS	表明对象为空白或正在使用不受支持的文件系统
MEDIA_REMOVED	表明不存在 SDCard
MEDIA_SHARED	如果 SDCard 未安装，则通过 USB 大容量存储共享
MEDIA_UNMOUNTABLE	SDCard 存在但不可以被安装
MEDIA_UNMOUNTED	SDCard 存在但是没有被安装

(2) 除了通过 Environment. getExternalStorageDirectory( ). getPath( )获取 SD 卡存储的路径，也可以先根据“/sdcard/”创建一个 File 对象，然后通过该对象的 getAbsolutePath( )方法获取 SD 卡的存储路径，代码如下所示：

```
File dir=new File("/sdcard/");
String SDPath=dir.getAbsolutePath();
```

2. 设置“写入 SD 卡”按钮的监听器

首先使用 File 对象的 createNewFile( )方法创建一个文件，然后通过 FileOutputStream 对象的 write( )方法将信息写入到文件中，需要注意的是，创建 FileOutputStream 对象，以及关闭 FileOutputStream 对象都可能发生异常，所以需要使用 try…catch 模块捕获异常。

```
class writeListener implements OnClickListener{
      @Override
      public void onClick(View arg0){
         File newFile=new File(SDPath+"/"+fileName);
         if(!newFile.exists()){
            try{
               newFile.createNewFile(); //创建一个新文件
            }catch(IOException e){
               e.printStackTrace();
            }
         }
         FileOutputStream fos=null;
         try{
            fos=new FileOutputStream(newFile);
            String msg=editMsg.getText().toString();
            fos.write(msg.getBytes());
         }
         catch(IOException e){
```

```
                e.printStackTrace();
            }
            finally{
                if(fos!=null){
                    try{
                        fos.close();
                    }catch(IOException e){
                        e.printStackTrace();
                    }
                }
            }
        }
    }
```

3. 设置“读 SD 卡”按钮的监听器

读取 SD 卡中文件时，也需要根据文件名(包含路径)创建 File 对象，以 File 对象为参数创建 FileInputStream 对象，然后使用 FileInputStream 对象的 read( )方法读取文件中的内容。需要注意的是，读取的原始内容是字节流，必须将其转换为字符型，再通过 StringBuffer 对象的 append( )方法将字符组成字符串。

```
class readListener implements OnClickListener{
    @Override
    public void onClick(View v){
        StringBuffer sb = new StringBuffer();
        File file = new File(SDPath+"/"+fileName);
        try{
            FileInputStream fis = new FileInputStream(file);
            int c;
            while ((c = fis.read())!= -1){
                sb.append((char)c);
            }
            fis.close();
        }
        catch (FileNotFoundException e){
            e.printStackTrace();
        }
        catch (IOException e){
            e.printStackTrace();
        }
        tvShow.setText(sb);
    }
}
```

文件写入到 SD 卡中后，可以通过 File Explorer 查看写入的文件，文件的路径为“/mnt/sdcard/<文件名>”，本案例中的文件名为 SimpleFile.txt，如图 7.7 所示。

名称	大小	日期	时间	权限
mnt		2014-01-10	13:39	drwxrwxr-x
asec		2014-01-10	13:39	drwxr-xr-x
sdcard		2014-01-10	14:43	d---rwxr-x
DCIM		2013-11-28	14:39	d---rwxr-x
LOST.DIR		2013-11-14	12:31	d---rwxr-x
SimpleFile.txt	13	2014-01-10	14:43	----rwxr-x

图 7.7　SD 卡文件的目录

7.5　简单记事本的设计与实现

SharedPreferences 和文件存储虽然都可以存储信息，然而都有各自的不足，不能满足存储大量数据的需要，许多 Android 应用程序如记事本、通讯录等都需要使用数据库来存储大量的数据。为此，Android 系统为开发者提供了一个轻量级的数据库 SQLite。下面，首先介绍 SQlite 数据存储的相关知识，然后用一个案例介绍如何使用 SQLite 数据库。

7.5.1　预备知识

1. 手动创建数据库

虽然大多数程序都是使用代码创建数据库，并对数据库进行操作，但是手动创建数据库也很重要，它有助于初次接触 Android 应用开发的人员更好地理解数据库的创建和使用。

Android 系统提供了一个工具——sqlite3，用于手动创建数据库，它在<Android SDK>/tools 目录中，为了能在 CMD 中使用 sqlite3 命令，可以将<Android SDK>/tools 目录添加到 Windows 系统的环境变量 Path 中，设置方法与配置 Java 开发环境一样，限于篇幅，本书不再详述。在 CMD 中输入 sqlite3 命令，会得到如下内容：

```
SQLite version 3.7.4
Enter ".help" for instructions
Enter SQL statements terminated with a ";"
sqlite>
```

其中 sqlite>表示进入与 SQLite 数据库交互的界面，此时可以在数据库中创建表和查询信息等。如果要退出与 SQLite 数据库交互的界面，可以输入.exit。

需要注意的是，Android 中每个应用程序的数据库文件通常默认保存在/data/data/<package name>/databases 目录下，然而如果是手动建立数据库，在/data/data/<package name>目录中并不存在 databases 目录，而需要自己动手建立。方法是，首先在 CMD 中使用 adb shell 命令进入 Linux 命令行，然后使用 Linux 系统的 cd 命令转到/data/data/<package name>目录下，最后使用 mkdir 命令创建 databases 目录，命令代码如下所示：

```
# cd data
# cd data
# cd <package name>
# mkdir databases
```

在创建好 databases 目录后，就可以使用 sqlite3 命令创建数据库文件，命令代码如下所示：

```
#sqlite3 school.db
SQLite version 3.6.22
Enter ".help" for instructions
Enter SQL statements terminated with a ";"
sqlite>
```

sqlite3 school.db 命令表示创建一个文件名为 school.db 的数据库文件。如果该数据库文件已经存在，则打开它，并且提示使用.help 命令获得有关 sqlite3 的帮助，使用 SQL 语句时使用“;”表示结束。数据库文件创建完成后，就可以在数据库中创建表了，代码如下所示：

```
    create table student(id integer primary key autoincrement, name text not
null, score float);
```

上述代码创建一个名为 student 的表，其中包含 3 个字段。

(1) id，类型为 integer 并且设置为主键，自动编号。

(2) name，类型为 text，不能为空。

(3) score，类型为 float。

有了数据库表后，就可以使用 insert into 命令向表中增加新的记录，代码如下所示：

```
insert into student(name,score) values('zhangsan',84);
```

需要注意的是，在定义表的结构时，将 id 字段设置为自动编号，所以在给表增加记录时，不需要给 id 赋值。

更新数据使用 update 命令，代码如下所示：

```
update student set score=90 where id=1;
```

删除数据使用 delete 命令，代码如下所示：

```
delete from student where id=1;
```

查询数据使用 select 命令，代码如下所示：

```
select * from student;
```

sqlite3 工具支持大量的命令，可以使用.help 命令查询相关命令，也可参见表 7-4，其中列举了一些常用的命令。

表 7-4 sqilte3 命令列表

编 号	命 令	说 明
1	.bail ON|OFF	遇到错误时停止，默认为 OFF
2	.databases	显示数据库名称和文件位置
3	.dump ? TABLE?…	将数据库以 SQL 文本形式导出
4	.echo ON|OFF	开启和关闭回显

续表

编　号	命　　令	说　　明
5	.exit	退出
6	.help	显示帮助信息
7	.table	显示数据库中所有的表
8	.schema	查看建立表时的 SQL 命令
9	.mode	更改输出格式，后面可加 column、csv 等
10	.read FILENAME	在文件中执行 SQL 语句

2. 代码创建数据库

在实际的软件开发过程中，使用代码创建数据库、修改数据库比较常见，例如，在程序运行过程中创建一个数据库，并在数据库中创建表，以及对表进行增、删、改、查等操作。在使用代码创建数据库时，需要用到一个非常重要的帮助类 SQLiteOpenHelper，这个帮助类可以辅助建立、更新和打开数据库。但是 SQLiteOpenHelper 类是一个抽象类，需要使用一个子类来继承该类，并实现该类中的抽象方法，代码如下所示：

```
public class DatabaseHelper extends SQLiteOpenHelper {
    public DatabaseHelper(Context context, String name, CursorFactory factory,
            int version){
        super(context, name, factory, version);
    }
    @Override
    public void onCreate(SQLiteDatabase db){
    }
    @Override
    public void onUpgrade(SQLiteDatabase db, int oldVersion, int newVersion){
    }
}
```

DatabaseHelper 构造方法中有 4 个参数，第一个参数 context 表示创建数据库对象的上下文；第二个参数 name 表示数据库的名称；第三个参数 factory 表示工厂指针，通常设为 null 值；第四个参数 version 表示数据库的版本号。该类中 onCreate( )方法，仅当第一次操作数据库时才执行一次，onUpgrade( )方法当数据库更新时执行。一旦创建了 SQLiteOpenHelper 类的子类，就可以通过子类调用该类中的 getWriteableDatebase( )方法获取一个可写的数据库对象和调用该类中的 getReadableDatabase( )方法获取一个可读的数据库对象。然后就可以使用数据库对象以及相应的增、删、改、查语句对数据库中的内容进行增、删、改、查操作。

7.5.2　简单记事本的实现

下面使用一个简单的记事本示例，介绍如何使用代码创建数据库，以及对数据库进行增、删、改的操作。如图 7.8 所示，在记事本首页中首先用 ListView 组件显示所有日记的标题。当按手机中的 MENU 键时，会在界面的底端显示两个按钮，“新建”按钮用于新建新的日记，“退出”按钮用于退出记事本。

图 7.8 记事本主界面

1. 数据库辅助类的功能代码

在记事本程序中需要将用户的每篇日记的标题、内容以及时间等信息记录下来，这就需要使用数据库。为此，需要使用 SQLiteOpenHelper 类，下面给出 SQLiteOpenHelper 类中子类的核心代码，其余代码读者可以参见代码包中的源代码。

```
    public class DatabaseHelper extends SQLiteOpenHelper{
        public DatabaseHelper(Context context, String name, CursorFactory
factory,int version){
            super(context, name, factory, version);
        }
        @Override
        public void onCreate(SQLiteDatabase arg0){
            String sql="create table thing(id integer primary key autoincrement,
                        title text not null,content text)";
            arg0.execSQL(sql);

        }
    …
    }
```

在 onCreate( )方法中，首先定义了一条创建表 thing 的 SQL 语句，该表中定义了 3 个字段，分别为 id、title 和 content，其中 id 为整型并设为表的主键，自动编号，title 和 content 都是文本类型，且 title 不能为空。然后通过参数 SQLiteDatabase 的对象执行 SQL 语句创建表。当第一次使用数据库对象时，就会执行 onCreate( )方法，即创建 thing 表。

2. 记事本主界面的功能实现

主界面 ListActivity 中的布局代码比较简单，只有一个 ListView 组件，限于篇幅，本书不再详述。下面给出界面组件的初始化代码。其中 MENU_New 和 MENU_Exit 定义两个菜单项的 ID，且定义了一个 ArrayList 用于保存日记的标题的 id。

```
ListView lvTitle;
final static int MENU_New=Menu.FIRST;
final static int MENU_Exit=Menu.FIRST+1;
ArrayList<Integer> IdArray=new ArrayList<Integer>();  //用于保存标题对应的 ID
@Override
protected void onCreate(Bundle savedInstanceState){
    super.onCreate(savedInstanceState);
    setContentView(R.layout.list);
    lvTitle=(ListView)findViewById(R.id.listView1);
    lvTitle.setOnItemClickListener(new itemListener());
}
```

应用程序运行时，要将日记的标题显示在主界面上，需要将数据库中的日记信息读出，即将日记的 id 存入 IdArray 中，将日记的 title 显示到 lvTitle 中，本示例定义了一个 InitData( ) 方法，代码如下：

```
public void InitData(){
    DatabaseHelper helper=new DatabaseHelper(ListActivity.this,"node.db",null,1);
    SQLiteDatabase db=helper.getReadableDatabase();
    Cursor cs=db.query("thing", new String[]{"id","title"}, null, null,
null, null, null);
    ArrayList<String> al=new ArrayList<String>();
    while(cs.moveToNext()){
        int id=cs.getInt(cs.getColumnIndex("id"));
        String title=cs.getString(cs.getColumnIndex("title"));
        IdArray.add(id);
        al.add(title);
    }
    ArrayAdapter<String> adapter=new ArrayAdapter<String>(this,
                          android.R.layout.simple_list_item_1,al);
    lvTitle.setAdapter(adapter);
}
```

代码中使用 DatabaseHelper 的构造方法创建一个该类的对象 helper，构造方法中的参数 ListActivity.this 表示创建的上下文，node.db 表示数据库的名字，1 表示数据库的版本号。

db.query(table, columns, selection, selectionArgs, groupBy, having, orderBy)方法用于从数据库中查询数据，该方法有 7 个参数，table 表示查询的表名；columns 表示查询的输出项，是一个字符串数组；selection 表示查询的条件；selectionArgs 表示查询条件的参数，由于可能不止一个参数，所以 selectionArgs 是一个字符串数组；groupBy 表示分组字段；having 表示设置的满足条件；orderBy 表示排序的字段。该方法返回的是一个 Cursor 类的对象，该类是数据记录的指针类。该类中的方法见表 7-5。

表 7-5 Cursor 类的方法和说明

方 法	说 明
moveToFirst	将指针移动到第一条数据上
moveToNext	将指针移动到下一条数据上
moveToPrevious	将指针移动到上一条数据上
getCount	获取集合的数据数量
getColumnIndexOrThrow	返回指定属性名称的序号，如果属性不存在则产生异常
getColumnName	返回指定序号的属性名称
getColumnNames	返回属性名称的字符串数组
getColumnIndex	根据属性名称返回序号
moveToPosition	将指针移动到指定的数据上
getPosition	返回当前指针的位置

在记事本主界面上单击某个日记标题时，就转到 UpdateActivity 界面中，该界面用于显示日记的内容并且可以对日记的内容进行修改。ListView 的单击事件监听器代码如下：

```
class itemListener implements OnItemClickListener{
    @Override
    public void onItemClick(AdapterView<?> arg0, View arg1, int arg2,
            long arg3){
        Intent intent=new Intent(ListActivity.this,UpdateActivity.class);
        intent.putExtra("id", IdArray.get(arg2));  //根据列表中标题的下标，获
取相应的 id
        startActivity(intent);
        }
}
```

由 intent.putExtra( )方法将当前选中的标题对应的 id 传递给 UpdateActivity，这样，在 UpdateActivity 界面中，就可以使用“id”查询得到相应的日记，并将该日记的内容显示在相应的位置。

在记事本主界面上，按 MENU 键，会弹出“新建”和“退出”按钮，单击“新建”按钮会转到 MainActivity 界面，单击“退出”按钮则退出程序。创建按钮和按钮的单击事件的代码如下：

```
@Override
public boolean onCreateOptionsMenu(Menu menu){
    menu.add(0,MENU_New,0,"新建");
    menu.add(0,MENU_Exit,0,"退出");
    return true;
}
@Override
public boolean onOptionsItemSelected(MenuItem item){
    switch(item.getItemId()){
    case MENU_New:
```

```
            Intent intent=new Intent(ListActivity.this,MainActivity.class);
            this.startActivity(intent);
            break;
        case MENU_Exit:
            System.exit(0);
        }
        return true;
    }
```

在用户新建一个日记文件并回到记事本主界面时，需要更新 ListView 中显示的内容，这就需要在 ListActivity 中添加 onResume( )方法，在该方法中调用 InitData( )方法重新获取数据库中的数据，代码如下：

```
@Override
protected void onResume(){
    super.onResume();
    InitData();
}
```

3. 查看日记和修改日记内容

在主界面中单击某个日记的标题时会跳转到 UpdateActivity 界面，如图 7.9 所示。

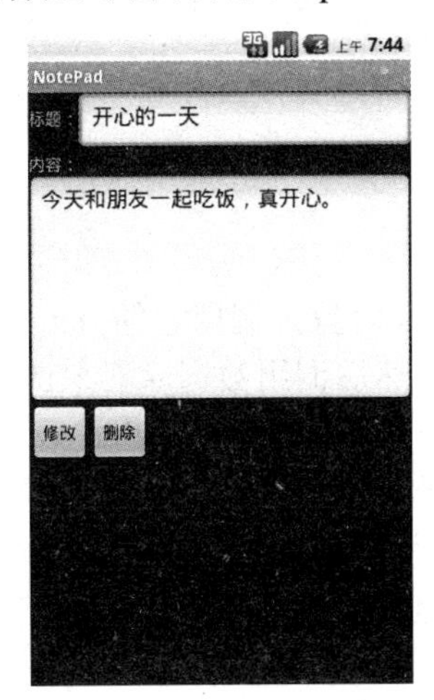

图 7.9　查看和修改日记

首先需要根据从 ListActivity 中传来的日记的 id，从数据库中取出相应日记显示到相关组件中。本示例定义了一个 fillData( )方法，用于根据 id 查询数据，并显示到相应的组件上，只要在 UpdateActivity 的 onCreate( )方法中初始化界面组件之后，调用此方法即可显示数据，代码如下：

```
private void fillData(){
    DatabaseHelper helper=new DatabaseHelper(UpdateActivity.this,"node.db",null,1);
    SQLiteDatabase db=helper.getReadableDatabase();
    Cursor cs=db.query("thing", new String[]{"id","title","content"},
```

```
"id=?", new String[]{id+""}, null, null, null);
    while(cs.moveToNext()){
        String title=cs.getString(cs.getColumnIndex("title"));
        String content=cs.getString(cs.getColumnIndex("content"));
        editTitle.setText(title);
        editContent.setText(content);
    }
    db.close();
}
```

在图 7.9 所示的界面上，可以单击“修改”按钮，对日记的标题和内容进行修改。“修改”按钮的监听器代码如下：

```
class updateListener implements OnClickListener{
    @Override
    public void onClick(View v){
        DatabaseHelper helper=new DatabaseHelper(UpdateActivity.this,"node.
db",null,1);
        SQLiteDatabase db=helper.getWritableDatabase();
        ContentValues value=new ContentValues();
        String msg=editContent.getText().toString();
        value.put("content", msg);
        db.update("thing", value,"id=?", new String[]{id+""});
        db.close();
    }
}
```

上述代码中使用 ContentValues 对象，调用它的 put( )方法，把更新的内容以键值对的形式放入 ContentValues 类的对象，然后调用数据库对象的 update(table, values, whereClause, whereArgs)方法更新数据，该方法的第一个参数 table 表示表名；第二个参数 values 表示 ContentValues 类的对象，其中包含要更新的数据；第三个参数是更新的条件；第四个参数是更新条件的参数，与 query( )方法的参数相同。

在图 7.9 所示的界面上可以删除所显示的日记，单击“删除”按钮，即可实现删除功能。“删除”按钮的监听器代码如下：

```
class deleteListener implements OnClickListener{
    @Override
    public void onClick(View arg0){
        DatabaseHelper helper=new DatabaseHelper(UpdateActivity.this,"node.
db",null,1);
        SQLiteDatabase db=helper.getWritableDatabase();
        db.delete("thing", "id=?", new String[]{id+""});
        db.close();
        editTitle.setText("");
        editContent.setText("");
    }
}
```

删除功能比较简单，只需要调用数据库对象的 db.delete(table, whereClause, whereArgs) 方法即可，它的第一个参数是表名，第二参数是删除的条件，第三个参数是条件中的参数。

4. 新建日记功能

在主界面上单击“新建”按钮，则会跳转到 MainActivity 界面，运行效果如图 7.10 所示。

图 7.10　新建日记界面

新建日记界面和修改日记的界面相似，即在标题文本框中输入日记标题，在内容文本框中输入日记内容，单击“完成”按钮就可将新的日记增加到数据库中。其监听器代码如下所示：

```
class insertListener implements OnClickListener{
    @Override
    public void onClick(View arg0){
        String title=editTitle.getText().toString();
        String content=editContent.getText().toString();
        DatabaseHelper help=new DatabaseHelper(MainActivity.this,"node.db",null,1);
        SQLiteDatabase db=help.getWritableDatabase();
        ContentValues value=new ContentValues();
        value.put("title", title);
        value.put("content", content);
        db.insert("thing", null, value);
        Intent intent=new Intent(MainActivity.this,ListActivity.class);
        intent.putExtra("title", title);
        startActivity(intent);
    }
}
```

7.6 成绩共享示例的设计与实现

Android 系统中为不同应用程序间共享数据提供了一个接口机制，即 ContentProvider (内容提供者)。虽然 SharedPreferences 和文件存储都提供了应用程序共享数据的机制，但这些方法都具有一定的局限性。而 ContentProvider 提供了更为高级的共享数据的机制，应用程序可以指定共享的数据，其他应用程序可以在不知道数据源以及数据路径的情况下，访问共享数据。在 Android 系统中许多内置的数据也是通过 ContentProvider 提供给程序开发者使用的，如通讯录、短信、视频等。

7.6.1 预备知识

在使用 ConentProvider 提供共享数据时，首先要使用数据库、文件系统或通过其他途径实现底层的存储功能，然后继承 ContentProvider 类，并实现 ContentProvider 类中的抽象方法，这些方法包含了数据的增、删、改、查功能。其他应用程序访问共享数据时，需要创建 ContentResolver 对象，通过 URI 指定调用哪个 ContentProvider 中的相应的方法来访问数据。ContentProvider 的调用关系如图 7.11 所示。

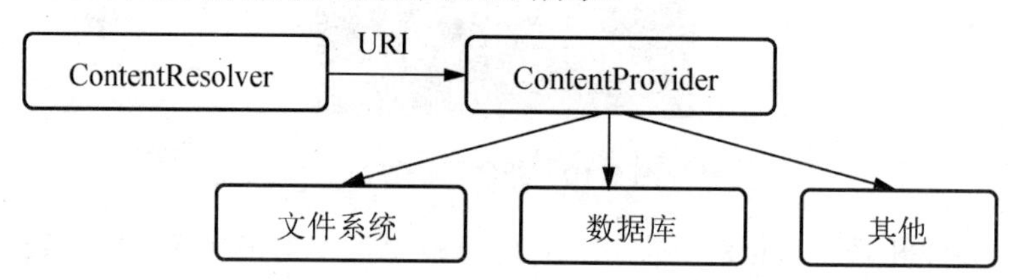

图 7.11 ContentProvider 的调用关系

ContentProvider 的数据模式类似于数据库的数据表，每行是一条记录，每列具有相同的数据类型，每条记录都包含一个长整型的字段_ID，用来唯一标识每条记录，见表 7-6。ContentProvider 可以提供多个数据集，调用者使用 URI 对不同的数据集的数据进行操作。

表 7-6 ContentProvider 数据结构

_ID	name	score
1	张三	86
2	李四	79

URI 是通用资源标志符(Uniform Resource Identifier)，用来定位任何远程或本地的可用资源，ContentProvider 使用的 URI 语法结构如下：

```
content://<authority>/<data_path>/<id>
```

(1) content://是通用前缀，表示该 URI 用于 ContentProvider 定位资源，不需要修改。

(2) <authority>是授权者名称，用来确定具体由哪一个 ContentProvider 提供资源，使用时一般都由包名+类名的小写全称组成，以保证唯一性。

(3) <data_path>是数据路径，用来确定请求的是哪个数据集，如果 ContentProvider 仅提供一个数据集，数据路径可以省略，如果 ContentProvider 提供多个数据集，数据路径必须指明具体是哪一个数据集。

(4) <id>是数据编号，用来唯一确定数据集中的一条记录，用来匹配数据集中_ID 字段的值，如果请求的数据并不只限于一条数据，那么<id>可以省略。

例如，获取 ContentProvider 中 student 表中的第 5 条数据，可以使用如下代码：

content://cn.edu.nnutc.studentprovider/student/5

其中 cn.edu.nnutc.studentprovider 为包名+类名的小写，5 表示 student 中的第 5 条记录。如果要获取整个数据集，则可以把 id 省略，代码如下：

```
content://cn.edu.nnutc.studentprovider/student
```

1. 创建 ContentProvider

创建一个 ContentProvider 共享数据，需要分为 3 个步骤。

(1) 新建子类继承 ContentProvider。下面代码中新建了一个 StudentProvider 类继承 ContentProvider，并重载了 6 个方法，这些方法都提供给其他应用对共享数据集进行操作。其中 delete( )方法，用于对数据集执行删除操作，insert( )方法用于对数据集增加新记录，update( )方法用于更新数据集，query( )方法用于对数据集执行查询操作。在这些方法中都有一个共同的参数 Uri，Uri 用于指定操作的数据集。onCreate( )方法是创建 ContentProvider 时系统自动执行的方法，用于执行一些初始化工作，例如创建数据库对象或文件对象等。getType( )方法用来返回指定 Uri 的 MIME 数据类型，如果 Uri 是单条数据，则返回的 MIME 数据类型必须以 vnd.android.cursor.item 开头，如果 URI 是多条数据，则返回的 MIME 数据类型应以 vnd.android.cursor.dir/开头。

```
public class StudentProvider extends ContentProvider {
@Override
public int delete(Uri arg0, String arg1, String[] arg2){
   return 0;
}
@Override
public String getType(Uri uri){
   return null;
}
@Override
public Uri insert(Uri uri, ContentValues values){
   return null;
}
@Override
public boolean onCreate(){
   return false;
}
@Override
```

```
public Cursor query(Uri uri, String[] projection, String selection,
        String[] selectionArgs, String sortOrder){
    return null;
}
@Override
public int update(Uri uri, ContentValues values, String selection,
          String[] selectionArgs){
    return 0;
}
}
```

(2) 声明 CONTENT_URI，并实现 UriMatcher。在新建的 ContentProvider 的子类中，通过构造一个 UriMatcher，判断 URI 是单条数据还是多条数据。为了便于判断和使用 URI，一般将 URI 的授权者名称和数据路径等内容声明为静态常量，并声明 CONTENT_URI，代码如下所示：

```
public static final String AUTHORITY = "cn.edu.studentprovider";
public static final String PATH_SINGLE = "student/#";
public static final String PATH_MULTIPLE = "student";
public static final String CONTENT_URI_STRING = "content://" + AUTHORITY
                    + "/" + PATH_MULTIPLE;
public static final Uri  CONTENT_URI = Uri.parse(CONTENT_URI_STRING);
private static final int MULTIPLE_STUDENT = 1;
private static final int SINGLE_STUDENT = 2;
private static final UriMatcher uriMatcher;
static{
    uriMatcher = new UriMatcher(UriMatcher.NO_MATCH);
    uriMatcher.addURI(AUTHORITY, PATH_MULTIPLE, MULTIPLE_STUDENT);
    uriMatcher.addURI(AUTHORITY, PATH_SINGLE, SINGLE_STUDENT);
}
```

其中 AUTHORITY 定义授权字符串，PATH_SINGLE 定义单数据路径，"student/#"后面的#号表示可以是任意数字，PATH_MULTIPLE 定义多数据路径，CONTENT_URI 定义数据集的 URI。在创建 UriMatcher 对象时添加的参数 UriMatcher.NO_MATCH 表示无匹配项的情况，可以通过 uriMatcher.addURI( )添加新的匹配项。

定义 UriMatcher 后，就可以调用其 match( )方法对指定的 URI 进行匹配，代码如下所示：

```
switch(uriMatcher.match(arg0)){
    case MULTIPLE_STUDENT:
        return Student.MINE_TYPE_MULTIPLE;
    case SINGLE_STUDENT:
        return Student.MINE_TYPE_SINGLE;
    default:
        throw new IllegalArgumentException("Unkown uri:"+arg0);
}
```

(3) 注册ContentProvider。ContentProvider属于Android系统中的四大组件之一，需要在AndroidManifest.xml文件中进行注册，否则会出现运行错误，注册代码如下：

```
<application
    android:allowBackup="true"
    android:icon="@drawable/ic_launcher"
    android:label="@string/app_name"
    android:theme="@style/AppTheme" >
    <provider android:name = ".StudentProvider"
      android:authorities = "cn.edu.studentprovider"/>
</application>
```

2. 使用ContentProvider

其他应用程序要调用ContentProvider子类中实现的delete( )、update( )、insert( )等方法操作数据集，必须通过一个ContentResolver对象，所以需要创建ContentResolver对象，代码如下所示：

```
ContentResolver reslover=this.getContentResolver();
Uri newUri =reslover.insert(Student.CONTENT_URI, value);
Cursor cursor=reslover.query(Student.CONTENT_URI, new String[] {
            Student.KEY_ID, Student.KEY_NAME, Student.KEY_SCORE}, null,
            null, null);
int result =reslover.delete(Student.CONTENT_URI, null, null);
int result = reslover.update(uri, values, null, null);
```

其中第一行代码使用getContentResolver( )方法获得一个ContentResolver对象reslover，第二行代码使用reslover对象调用ContentProvider类中的insert( )方法，第三行代码使用reslover对象调用ContentProvider类中的query( )方法，以下分别调用delete( )和update( )方法。这些方法和访问数据库中的相应方法类似，唯一的区别是需要通过第一个参数指明要访问的数据集的URI。

7.6.2 成绩共享案例的实现

下面通过一个案例介绍如何创建一个ContentProvider，以及在另一个应用程序中如何使用一个ContentProvider提供的共享数据集。该示例由两个项目组成，ContentProviderTest和ContentResolverTest，其中ContentProviderTest是一个无界面的项目，通过ContentProvider提供对共享数据集的操作，底层采用SQLite数据库，支持对数据的增、删、改和查询操作。ContentResolverTest的运行界面如图7.12所示，该项目通过指定的URI和授权对ContentProvider提供的数据集进行增、删、改和查询操作，既可以对单个数据操作，也可对整个数据集操作。

在底层SQLite数据库中存储一个student.db数据库，并创建一个名为studentinfo的表，然后在ContentProvider中提供对studentinfo表操作的方法。为了方便对表进行操作，以及方便定义资源URI的信息，示例在两个项目中都定义了一个Student类，包含studentinfo表中的相关信息，以及URI中的授权、数据集的路径等。两个项目的文件结构如图7.13所示。

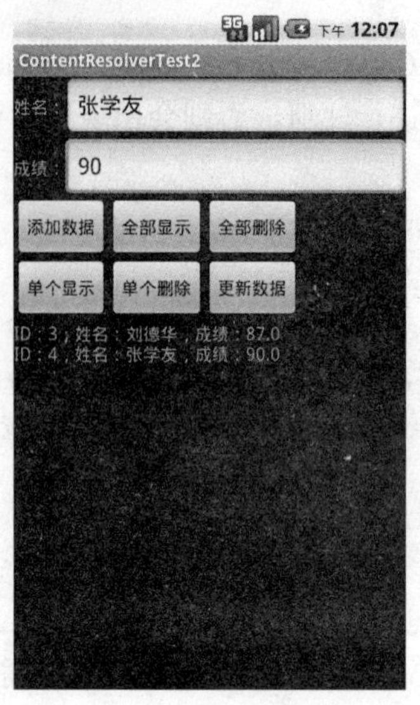

图 7.12　ContentResolverTest 运行界面

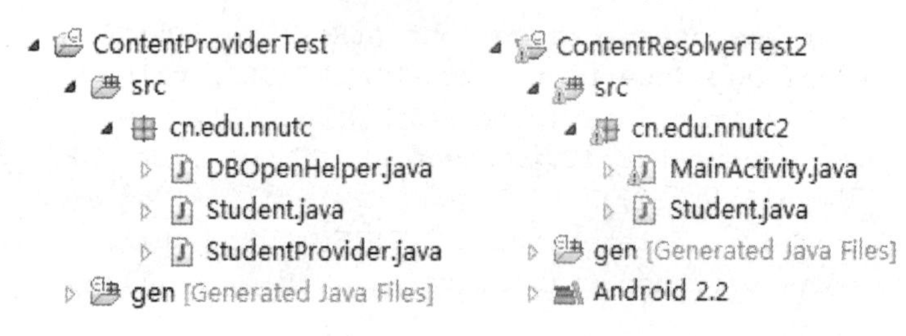

图 7.13　两个项目中的文件结构

1. ContentProviderTest 项目

ContentProviderTest 项目的文件结构如图 7.13 所示，包含 DBOpenHelper.java、Student.java 和 StudentProvider.java 文件。

(1) Student 类。Student.Java 中定义了表中的结构信息和 Uri 的相关信息，代码如下：

```
public class Student {
   public static final String MINE_DIR_PREFIX="vnd.android.cursor.dir";
   public static final String MINE_ITEM_PREFIX="vnd.android.cursor.item";
   public static final String MINE_ITEM="vnd.nnutc.student";
   public static final String MINE_TYPE_SINGLE =
                              MINE_ITEM_PREFIX + "/" + MINE_ITEM;
   public static final String MINE_TYPE_MULTIPLE =
                              MINE_DIR_PREFIX + "/" + MINE_ITEM;
   public static final String AUTHORITY = "cn.edu.studentprovider";
   public static final String PATH_SINGLE = "student/#";
   public static final String PATH_MULTIPLE = "student";
   public static final String CONTENT_URI_STRING =
                         "content://" + AUTHORITY + "/" + PATH_MULTIPLE;
   public static final Uri  CONTENT_URI = Uri.parse(CONTENT_URI_STRING);
   public static final String KEY_ID = "_id";
```

```
    public static final String KEY_NAME = "name";
    public static final String KEY_SCORE = "score";
}
```

其中 MINE_TYPE_SINGLE 和 MINE_TYPE_MULTIPLE 定义的是返回的 MINE 数据类型，AUTHORITY 定义的是授权字符串，CONTENT_URI 定义的是数据集的 URI，KEY_ID、KEY_NAME 和 KEY_SCORE 定义表的结构。

(2) DBOpenHelper 类。DBOpenHelper.java 是操作 SQLite 数据库的辅助类，用于创建数据库对象，以及在第一次使用数据库对象时在该数据库中创建表。代码如下：

```
public class DBOpenHelper extends SQLiteOpenHelper {
private static final String DB_TABLE = "studentinfo";
private static final String DB_CREATE = "create table " + DB_TABLE + " ("
                + Student.KEY_ID + " integer primary key autoincrement, "
                +Student.KEY_NAME+ " text not null, " +Student.KEY_SCORE
                + " float);";
public DBOpenHelper(Context context, String name, CursorFactory factory,int version){
    super(context, name, factory, version);
}
    @Override
public void onCreate(SQLiteDatabase db){
    db.execSQL(DB_CREATE);
}
@Override
public void onUpgrade(SQLiteDatabase db, int oldVersion, int newVersion){
}
}
```

其中 DB_TABLE 变量定义的表名，DB_CREATE 定义一个创建表的 SQL 命令，该命令指明创建名为 studentinfo 的表，该表包含 3 个字段，分别为 Student 类中的 KEY_ID、KEY_NAME 和 Student.KEY_SCORE。

(3) StudentProvider 类。StudentProvider 类继承 ContentProvider 类，重载 ContentProvider 类中的 6 个方法，用于对其他应用程序提供对数据集的操作服务，代码如下：

```
public class StudentProvider extends ContentProvider {
    private static final String DB_NAME = "student.db";
    private static final String DB_TABLE = "studentinfo";
    private static final int DB_VERSION = 1;
    private SQLiteDatabase db;
    private DBOpenHelper dbOpenHelper;
    private static final int MULTIPLE_STUDENT = 1;
    private static final int SINGLE_STUDENT = 2;
    private static final UriMatcher uriMatcher;
    static{
        uriMatcher = new UriMatcher(UriMatcher.NO_MATCH);
        uriMatcher.addURI(Student.AUTHORITY, Student.PATH_MULTIPLE,
                                MULTIPLE_STUDENT);
        uriMatcher.addURI(Student.AUTHORITY, Student.PATH_SINGLE,
```

```
                                SINGLE_STUDENT);
    }
    @Override
    public int delete(Uri arg0, String arg1, String[] arg2){
        int count = 0;
        switch(uriMatcher.match(arg0)){
            case MULTIPLE_STUDENT:
                count = db.delete(DB_TABLE, arg1, arg2);
                break;
            case SINGLE_STUDENT:
                String segment = arg0.getPathSegments().get(1);
                count = db.delete(DB_TABLE, Student.KEY_ID + "=" + segment, arg2);
                break;
            default:
                throw new IllegalArgumentException("Unsupported URI:" + arg0);
        }
        getContext().getContentResolver().notifyChange(arg0, null);
        return count;
    }
    @Override
    public String getType(Uri arg0){
        switch(uriMatcher.match(arg0)){
            case MULTIPLE_STUDENT:
                return Student.MINE_TYPE_MULTIPLE;
            case SINGLE_STUDENT:
                return Student.MINE_TYPE_SINGLE;
            default:
                throw new IllegalArgumentException("Unkown uri:"+arg0);
        }
    }
    @Override
    public Uri insert(Uri arg0, ContentValues arg1){
        long id = db.insert(DB_TABLE, null, arg1);
        if ( id > 0 ){
            Uri newUri=ContentUris.withAppendedId(Student.CONTENT_URI, id);
            getContext().getContentResolver().notifyChange(newUri, null);
            return newUri;
        }
        throw new SQLException("Failed to insert row into " + arg0);
    }
    @Override
    public boolean onCreate(){
        Context context = getContext();
        dbOpenHelper = new DBOpenHelper(context, DB_NAME, null, DB_VERSION);
        db = dbOpenHelper.getWritableDatabase();
        if (db == null)
            return false;
        else
            return true;
```

```
    }
    @Override
    public Cursor query(Uri arg0, String[] arg1, String arg2, String[] arg3,
            String arg4){
        SQLiteQueryBuilder qb = new SQLiteQueryBuilder();
        qb.setTables(DB_TABLE);
        switch(uriMatcher.match(arg0)){
            case SINGLE_STUDENT:
                qb.appendWhere(Student.KEY_ID + "=" + arg0.getPathSegments().get(1));
                break;
            default:
                break;
        }
        Cursor cursor = qb.query(db,arg1,arg2,arg3,null,null,arg4);
        cursor.setNotificationUri(getContext().getContentResolver(), arg0);
        return cursor;
    }
    @Override
    public int update(Uri arg0, ContentValues arg1, String arg2, String[] arg3){
        int count;
        switch(uriMatcher.match(arg0)){
            case MULTIPLE_STUDENT:
                count = db.update(DB_TABLE, arg1, arg2, arg3);
                break;
            case SINGLE_STUDENT:
                String segment = arg0.getPathSegments().get(1);
                count = db.update(DB_TABLE, arg1,Student.KEY_ID+"="+segment, arg3);
                break;
            default:
                throw new IllegalArgumentException("Unknow URI:" + arg0);
    }
        getContext().getContentResolver().notifyChange(arg0, null);
        return count;
    }
}
```

上述代码详细列出了删除、插入、查询和更新等操作数据集的功能代码，代码的含义在 7.5 节进行了阐述，限于篇幅，这里不再详述。

2. ContentResolverTest 项目

该项目主要是实现调用 ContentProviderTest 项目中定义的 ContentProvider，运行界面如图 7.16 所示，界面中主要包含两个 EditText 组件，分别用于输入学生姓名和学生成绩；6 个按钮，分别用于执行新增数据、显示数据和删除数据等，在按钮的下方有一个 TextView 组件，用于显示学生信息。

(1) 新增数据功能。当用户单击“添加数据”按钮时，将输入的学生姓名和成绩添加到共享数据集中，按钮的单击事件的监听器代码如下所示：

```
class addListener implements OnClickListener{
    @Override
    public void onClick(View arg0){
        String name=etName.getText().toString();
        float score=Float.parseFloat(etScore.getText().toString());
        ContentValues value=new ContentValues();
        value.put(Student.KEY_NAME, name);
        value.put(Student.KEY_SCORE, score);
        Log.d("自己的信息", Student.CONTENT_URI.toString());
        Uri newUri =reslover.insert(Student.CONTENT_URI, value);
        tvMessage.setText("添加成功！");
    }
}
```

(2) 全部显示功能。当用户单击“全部显示”按钮时，会在按钮下方的 TextView 组件中显示共享数据集中所有的学生信息，按钮单击事件的监听器代码如下：

```
class showListener implements OnClickListener{
    @Override
    public void onClick(View v){
    Cursor cursor=reslover.query(Student.CONTENT_URI, new String[] { Student.KEY_ID,
                        Student.KEY_NAME, Student.KEY_SCORE}, null, null, null);
    if(cursor==null){
        tvMessage.setText("数据库中没有数据");
    }
    tvMessage.setText("数据库: " + String.valueOf(cursor.getCount())+ "条记录");
    String msg = "";
    while(cursor.moveToNext()){
     msg += "ID: " + cursor.getInt(cursor.getColumnIndex(Student.KEY_ID))+ ", ";
     msg += "姓名: " + cursor.getString(cursor.getColumnIndex(Student.KEY_NAME))+ ", ";
     msg += "成绩: " + cursor.getFloat(cursor.getColumnIndex(Student.KEY_SCORE))+ "\n";
    }
        tvMessage.setText(msg);
    }
}
```

因为执行的是全部显示，所以在 reslover.query( )方法中，使用的是 Student.CONTENT_URI，表示整个数据集。

(3) 全部删除功能。当用户单击“全部删除”按钮时，会将数据集中所有的学生信息删除，按钮单击事件的监听器代码如下：

```
class deleAllListener implements OnClickListener{
    @Override
    public void onClick(View v){
        reslover.delete(Student.CONTENT_URI, null, null);
        String msg="全部删除成功";
        tvMessage.setText(msg);
    }
}
```

(4) 单个显示功能。单击“单个显示”按钮，会出现一个对话框，提示用户输入要显示的学生的 ID 号，输入 ID 号并单击“确认”按钮后，会在下方的 TextView 上显示指定 ID 号的学生信息。运行界面如图 7.14 所示。

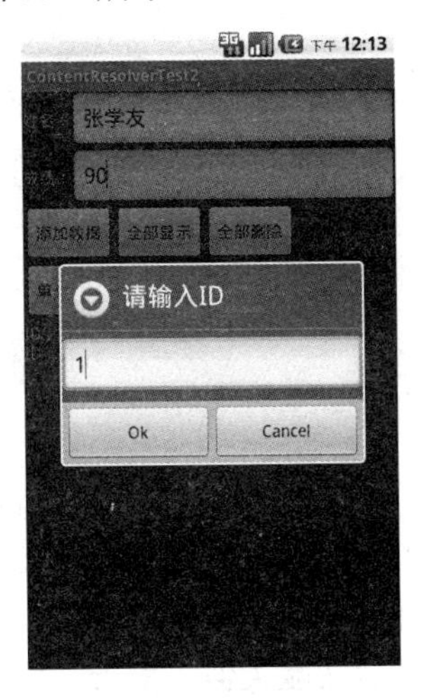

图 7.14　指定 ID 号

“单个显示”按钮的单击事件的监听器代码如下：

```
class showSingleListener implements OnClickListener{
    @Override
    public void onClick(View v){
        AlertDialog.Builder builder=new AlertDialog.Builder(MainActivity.this);
        builder.setTitle("请输入 ID");
        final EditText etId=new EditText(MainActivity.this);
        builder.setView(etId);
        builder.setPositiveButton("Ok", new DialogInterface.OnClickListener(){
            @Override
            public void onClick(DialogInterface dialog, int which){
            int tempId=Integer.parseInt(etId.getText().toString());
            Uri uri = Uri.parse(Student.CONTENT_URI_STRING + "/" + tempId);
            Cursor cursor = reslover.query(uri,
                              new String[] { Student.KEY_ID, Student.KEY_NAME,
                              Student.KEY_SCORE},null, null, null);
            if (cursor == null){
                tvMessage.setText("数据库中没有数据");
                return;
            }
                String msg = "";
                if(cursor.moveToNext()){
                    msg += "ID: "
                        + cursor.getInt(cursor.getColumnIndex(Student.KEY_ID))+ ", ";
                    msg += "姓名: "
                        + cursor.getString(cursor.getColumnIndex(Student.KEY_NAME))+ ", ";
                    msg += "成绩: "
```

```
                    + cursor.getFloat(cursor.getColumnIndex(Student.KEY_SCORE))+"\n";
                }
                tvMessage.setText(msg);
                }
        });
        builder.setNegativeButton("Cancel",new DialogInterface.OnClickListener(){
            @Override
            public void onClick(DialogInterface dialog, int which){
            }
        });
        builder.show();
        }
}
```

其中在创建资源 URI 对象时，采用的数据路径为 Student.CONTENT_URI_STRING 加上 tempId，tempId 即为用户在对话框中输入的指定的 ID 号，因为数据路径指定为单个数据，所以在 reslover.query( )方法中没有设置查询的条件。

(5) 单个删除功能。与单个显示功能类似，单击“单个删除”按钮，也会弹出对话框，让用户输入指定学生的 ID 号，单击“确定”按钮会把指定学生信息删除，按钮的单击事件的监听器代码如下：

```
class deleteListener implements OnClickListener{
    @Override
    public void onClick(View v){
        AlertDialog.Builder builder=new AlertDialog.Builder(MainActivity.this);
        builder.setTitle("请输入 ID");
        final EditText etId=new EditText(MainActivity.this);
        builder.setView(etId);
        builder.setPositiveButton("Ok", new DialogInterface.OnClickListener(){
            @Override
            public void onClick(DialogInterface dialog, int which){
                int id=Integer.parseInt(etId.getText().toString());
                Uri uri=Uri.parse(Student.CONTENT_URI_STRING+"/"+id);
                int result=reslover.delete(uri, null, null);
                String msg="删除"+(result>0?"成功":"失败");
                tvMessage.setText(msg);
                }
        });
        builder.setNegativeButton("Cancel",new DialogInterface.OnClickListener(){
            @Override
            public void onClick(DialogInterface dialog, int which){
             }
        });
        builder.show();
    }
}
```

(6) 更新数据的功能。单击“更新数据”按钮时，会弹出一个对话框让用户输入指定学生的 ID 号和更改的成绩，单击“确认”按钮后会将新的成绩更新到共享数据集中。运行界面如图 7.15 所示。

图 7.15　更新数据

“更新数据”按钮的单击事件的监听器代码如下：

```
class updateListener implements OnClickListener{
    @Override
    public void onClick(View v){
        AlertDialog.Builder builder=new AlertDialog.Builder(MainActivity.this);
        builder.setTitle("请输入 ID 和更新的成绩");
        Context mContext = getApplicationContext();
        LayoutInflater inflater = (LayoutInflater)
         mContext.getSystemService(LAYOUT_INFLATER_SERVICE);
        final View view=inflater.inflate(R.layout.dialog, null);
        builder.setView(view);
        builder.setPositiveButton("Ok", new DialogInterface.OnClickListener(){
            @Override
            public void onClick(DialogInterface dialog, int which){
                EditText etId=(EditText)view.findViewById(R.id.etID);
                EditText etHeight=(EditText)view.findViewById(R.id.etHeight);
                int id=Integer.parseInt(etId.getText().toString());
                float height=Float.parseFloat(etHeight.getText().toString());
                ContentValues values = new ContentValues();
                values.put(Student.KEY_SCORE, height);
                Uri uri = Uri.parse(Student.CONTENT_URI_STRING + "/" + id);
                int result = reslover.update(uri, values, null, null);
                String msg = "更新"+(result>0?"成功":"失败");
                tvMessage.setText(msg);
            }

        });
```

```
        builder.setNegativeButton("Cancel", new DialogInterface.OnClickListener(){
            @Override
            public void onClick(DialogInterface dialog, int which){
            }
        });
        builder.show();
    }
}
```

此界面中的对话框为用户自定义对话框，首先创建 LayoutInflater 类的对象，然后调用 LayoutInflater 对象的 inflate( )方法，将 Layout 文件夹中的 dialog.xml 文件中的布局转换为 view，最后调用对话框创建对象的 builder.setView(view)方法，将对话框的视图设为 view。

7.7 访问通讯录的设计与实现

在开发 Android 应用程序时，可能需要访问到 Android 系统中的通讯录，如自定义拨号程序、短信自发程序等。Android 系统中的通讯录通过相应的 ContentProvider 提供给开发者使用，下面通过一个示例来介绍如何访问通讯录。

7.7.1 预备知识

在 Android 系统的通讯录中联系人信息全部都存放在系统的数据库中，如果需要获得通讯录里联系人的信息就需要访问系统的数据库，通讯录数据库文件 contacts2.db 存放在 /data/data/ com.android. providers. contacts 目录下的 databases 文件夹中，如图 7.16 所示。contacts2.db 中包含很多表，其中几张关键表的表名及相关说明见表 7-7。

图 7.16 通迅录数据库

表 7-7 contacts2.db 中的表

表 名	说 明
contacts	包含头像的 ID、与联系人通话的次数、最后通话的时间等信息
data	包含联系人的姓名、电话号码、电子邮件、地址等信息
raw_contact	包含联系人姓名、删除标志、最后联系时间等
phone_lookup	包含 Data 表的 ID、raw_contact 表的 ID、电话号码的逆序等

为了让开发者访问 Android 系统中的通讯录数据，Android 系统工程师编写了系统的 ContentProvider，开发者只要通过指定的 Uri 就可以对 contacts2.db 中的数据进行访问。访问 contacts2.db 的 URI 为 Phone.CONTENT_URI，Phone 类在 android.provider.ContactsContract.

CommonDataKinds 包中，获取联系人的时候需要通过这个 Uri 去访问数据。它所指向的 Uri 就是"content:// com.android.contacts/data/phones"。

7.7.2　访问通讯录的实现

下面使用一个案例 ContactsProvider 来介绍如何通过系统提供的 ContentProvider 访问通讯录中的信息，ContactsProvider 示例的运行界面如图 7.17 所示。

图 7.17　访问系统通讯录

其中主界面是 ListActivity 的子类，通过 ListView 显示通讯录中联系人的头像、姓名和电话号码，ListView 中的列表项采用自定义布局，布局文件为 list_item.xml。

界面变量和组件的初始化代码如下所示：

```
Context mContext = null;
/*获取库 Phone 表字段*/
private static final String[] PHONES_PROJECTION = new String[] {
        Phone.DISPLAY_NAME, Phone.NUMBER,
          Photo.PHOTO_ID,Phone.CONTACT_ID };
/*联系人显示名称，及查询数据表的第 1 列*/
private static final int PHONES_DISPLAY_NAME_INDEX = 0;
/*电话号码，及查询数据表的第 2 列*/
private static final int PHONES_NUMBER_INDEX = 1;
/*头像 ID，及查询数据表的第 3 列*/
private static final int PHONES_PHOTO_ID_INDEX = 2;
/*联系人的 ID，及查询数据表的第 4 列*/
private static final int PHONES_CONTACT_ID_INDEX = 3;
/*联系人名称*/
private ArrayList<String> mContactsName = new ArrayList<String>();
/*联系人电话号*/
private ArrayList<String> mContactsNumber = new ArrayList<String>();
/*联系人头像*/
private ArrayList<Bitmap> mContactsPhonto = new ArrayList<Bitmap>();
ListView mListView = null;
```

```
    MyListAdapter myAdapter = null;
    @Override
    public void onCreate(Bundle savedInstanceState){
        mContext = this;
        mListView = this.getListView();
        /*得到手机通讯录中的联系人信息*/
        getPhoneContacts();
        myAdapter = new MyListAdapter(this);
        setListAdapter(myAdapter);
        mListView.setOnItemClickListener(new OnItemClickListener(){
            @Override
            public void onItemClick(AdapterView<?> adapterView, View view,
                int position, long id){
            //调用系统方法拨打电话
            Intent dialIntent = new Intent(Intent.ACTION_CALL, Uri
                .parse("tel:" + mContactsNumber.get(position)));
            startActivity(dialIntent);
            }
        });
        super.onCreate(savedInstanceState);
        }
```

以上代码中，PHONES_PROJECTION 为一个字符串数组，定义从数据集中获取的数据字段，依次为联系人姓名 Phone.DISPLAY_NAME、联系人电话号码 Phone.NUMBER、联系人头像的 ID 号 Photo.PHOTO_ID 和联系人的 ID 号 Phone.CONTACT_ID。然后定义了 3 个 ArrayList 分别用来保存所有联系人的姓名、电话号码，以及头像。通过 mListView.setOnItemClickListener( )方法定义列表项的单击事件代码，启动一个拨号的界面，并将当前列表项的电话号码作为参数以拨打对方的电话，拨号界面如图 7.18 所示。

图 7.18　给联系人拨打电话

为获取通讯录信息，首先使用 getContentResolver( )方法获取 ContentResolver 类的对象，然后使用 query( )方法从 Phone.CONTENT_URI 指定的数据集中查询 PHONES_

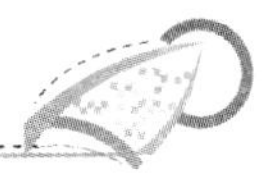

PROJECTION 中定义的数据字段。通过 while 循环获取记录指针 phoneCursor 中的所有记录。详细功能代码如下：

```
/*得到手机通讯录中的联系人信息*/
private void getPhoneContacts(){
ContentResolver resolver = mContext.getContentResolver();
// 获取手机联系人
Cursor phoneCursor = resolver.query(Phone.CONTENT_URI,PHONES_PROJECTION,
null, null, null);
if (phoneCursor != null){
    while (phoneCursor.moveToNext()){
        //得到手机号码
        String phoneNumber = phoneCursor.getString(PHONES_NUMBER_INDEX);
        //当手机号码为空或者为空字段时，跳过当前循环
        if (TextUtils.isEmpty(phoneNumber))
            continue;
        //得到联系人名称
        String contactName = phoneCursor.getString(PHONES_DISPLAY_NAME_INDEX);
        //得到联系人 ID
        Long contactid = phoneCursor.getLong(PHONES_CONTACT_ID_INDEX);
        //得到联系人头像 ID
        Long photoid = phoneCursor.getLong(PHONES_PHOTO_ID_INDEX);
        //得到联系人头像 Bitamp
        Bitmap contactPhoto = null;
        //photoid 大于 0 表示联系人有头像，如果没有，给此人设置一个默认的头像
        if(photoid > 0 ){
            Uri uri =ContentUris.withAppendedId(
                ContactsContract.Contacts.CONTENT_URI,contactid);
            InputStream input =
                ContactsContract.Contacts.openContactPhotoInputStream(resolver, uri);
            contactPhoto = BitmapFactory.decodeStream(input);
        }else {
            contactPhoto=BitmapFactory.decodeResource(getResources(),R.drawable.b);
        }

        mContactsName.add(contactName);
        mContactsNumber.add(phoneNumber);
        mContactsPhonto.add(contactPhoto);
        }
        phoneCursor.close();
    }
}
```

自定义数据适配器类的代码如下，其中 getView( )方法中将 list_item.xml 布局文件设为列表项的布局，并获取里面的 ImageView 组件和 TextView 组件，将当前位置的联系人的

头像和姓名以及电话号码显示到相应的组件上。

```
class MyListAdapter extends BaseAdapter {
    public MyListAdapter(Context context){
        mContext = context;
    }
    public int getCount(){
        //设置绘制数量
        return mContactsName.size();
    }
    @Override
    public boolean areAllItemsEnabled(){
        return false;
    }
    public Object getItem(int position){
        return position;
    }
    public long getItemId(int position){
        return position;
    }
    public View getView(int position, View convertView, ViewGroup parent){
        ImageView iamge = null;
        TextView title = null;
        TextView text = null;
        if (convertView == null || position < mContactsNumber.size()){
        convertView = LayoutInflater.from(mContext).inflate(
            R.layout.list_item, null);
        iamge = (ImageView)convertView.findViewById(R.id.color_image);
        title = (TextView)convertView.findViewById(R.id.color_title);
        text = (TextView)convertView.findViewById(R.id.color_text);
        }
        //绘制联系人名称
        title.setText(mContactsName.get(position));
        //绘制联系人号码
        text.setText(mContactsNumber.get(position));
        //绘制联系人头像
        iamge.setImageBitmap(mContactsPhonto.get(position));
        return convertView;
    }
}
```

ListView 中列表项的布局文件的代码如下所示：

```
<?xml version="1.0" encoding="utf-8"?>
<RelativeLayout xmlns:android="http://schemas.android.com/apk/res/android"
    android:layout_width="match_parent"
    android:layout_height="match_parent" >
```

```
    <ImageView android:id="@+id/color_image"
        android:layout_width="40dip" android:layout_height="40dip" />
    <TextView android:id="@+id/color_title"
        android:layout_width="fill_parent" android:layout_height="wrap_content"
        android:layout_toRightOf="@+id/color_image"
        android:layout_alignParentTop="true"
        android:layout_alignParentRight="true" android:singleLine="true"
        android:ellipsize="marquee"
        android:textSize="15dip"  />
    <TextView android:id="@+id/color_text"
        android:layout_width="fill_parent" android:layout_height="wrap_content"
        android:layout_toRightOf="@+id/color_image"
        android:layout_below="@+id/color_title"
        android:layout_alignParentBottom="true"
        android:layout_alignParentRight="true"
        android:singleLine="true"
        android:ellipsize="marquee"
        android:textSize="20dip" />
</RelativeLayout>
```

在该示例中因为访问了系统的通讯录，并且在 ListView 中单击联系人后会自动给联系人拨打电话，因此要在项目的 AndroidManifest.xml 文件中注册相应的权限，代码如下所示：

```
<uses-permission android:name="android.permission.READ_CONTACTS"/>
<uses-permission android:name="android.permission.CALL_PHONE"/>
```

本 章 小 结

本章结合实际示例项目的开发过程介绍了 Android 系统中数据存储的技术，包含简单的 SharedPreferences、内部文件存储、SD 卡文件存储，以及 SQLite 数据库存储等，读者通过对本章的学习能够掌握基本的数据存储相关的知识，对编写一些数据密集型的手机软件很有帮助。

项 目 实 训

项目名：随手记 (运行效果如图 7.19 和图 7.20 所示)。

功能描述：在“添加账单”界面中输入相应的账单、费用以及时间等信息，单击“保存”按钮，将输入信息保存到数据库 suishouji.db 中的表 zhangdan 中，保存完毕后自动转到“账单明细”界面，显示表 zhangdan 中的信息。

图 7.19　添加账单

图 7.20　账单明细

第 8 章 多媒体与网络应用开发技术

在移动终端迅速发展的今天，一个明显的趋势是它们提供的多媒体与网络功能不断增强。例如，在手机应用中，图像、视频、声音、移动上网和微博等，早已成为移动设备受到广泛欢迎的主要原因。而今，手机很少会没有摄像头、WiFi 设备，而且随着技术的日益更新，越来越多的移动终端设备拥有更为专业的视频和网络性能。用户经常使用手机来拍摄和浏览照片、录制声音和观看视频、上网聊天和浏览网络信息等，那么用户实现这些操作的应用程序是怎么开发的呢？本章将详细介绍它们的开发过程和实现方法。

教学目标

理解 Android 系统中多媒体组件的体系结构和原理。

掌握 Android 系统中 MediaPlayer、MediaRecoder、VideoView、Camera、AlarmManager、SmsManager 等多媒体类的常用方法。

掌握使用 Android 系统中的多媒体类开发多媒体应用软件的方法。

理解 Socket、HTTP 和 Web Service 这 3 种技术的原理。

掌握 Socket、HTTP 和 Web Service 这 3 种技术进行 Android 平台的网络应用开发的方法。

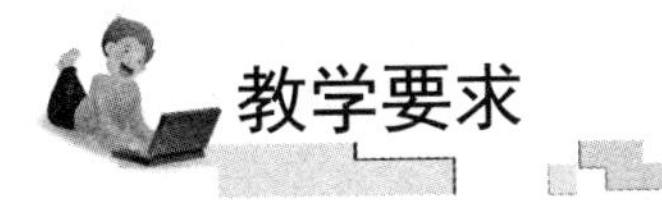

教学要求

知识要点	能力要求	相关知识
多媒体与网络技术	(1) 了解 Android 多媒体框架的核心 (2) 掌握 Open Core 中包含的常用多媒体类 (3) 理解 Socket、HTTP 和 Web Service 的原理及异同点	URL、ApacheClient
音频播放器的实现	(1) 掌握 MediaPlayer 类的使用方法 (2) 掌握读取 SD Card 中的 mp3 文件的方法	布局管理器
视频播放器的实现	掌握使用 MediaPlayer、VideoView 实现视频播放的方法	

续表

知识要点	能力要求	相关知识
录音机和照相机的实现	(1) 掌握使用 MediaRecorder 实现声音录制的方法 (2) 掌握 Camera 类的常用方法 (3) 掌握系统相机的调用和自定义相机的开发方法	文件操作
闹钟和定时短信发送器的实现	掌握 AlarmManager、SmsManager 的使用方法	
聊天室的实现	(1) 了解 HTTP 和 Socket 通信的原理和区别 (2) 掌握使用 Socket 和 ServerSocket 类实现 C/S 开发的方法	多线程编程
在线英汉字典的实现	(1) 了解 Android 系统中 HttpURLConnetction 接口和 Apache 接口(HttpClient)实现与服务器的 HTTP 通信的原理 (2) 掌握使用 HttpURLConnetction 接口和 Apache 接口实现 HTTP 连接和网络应用程序开发的方法	XML 解析
天气预报系统的实现	(1) 理解 WebService 的原理与特点 (2) 掌握利用 SOAP 技术进行 Web Service 开发的方法	

8.1 概　　述

8.1.1 多媒体技术介绍

Android 软件开发包提供了一系列的方法来处理音、视频媒体，包括对于多种媒体类型和格式的支持。单独的 Android 设备和开发人员可以扩展其支持的媒体格式列表。

Open Core，也称为 PacketVideo，它是 Android 多媒体框架的核心。与其他 Android 程序库相比，Open Core 的代码非常庞大，它是一个基于 C++的实现，定义了全功能的操作系统移植层，各种基本的功能均被封装成类的形式，各层次之间的接口多使用继承等方式。程序员可以通过 Open Core 方便迅速地开发出想要的多媒体应用程序，如录音、播放、回放、视频会议、流媒体播放等。

OpenCore 是一个多媒体的框架，从宏观上来看，它主要包含了两大方面的内容。

(1) PVPlayer：提供媒体播放器的功能，实现各种音频(Audio)、视频(Video)流的回放(Playback)。

(2) PVAuthor：提供媒体流记录的功能，实现各种音频(Audio)、视频(Video)流以及静态图像的捕获。

PVPlayer 和 PVAuthor 以 SDK 的形式提供给开发者，开发者可以在这个 SDK 之上构建多种应用程序和服务。

Open Core 主要提供了如下几个多媒体类。

MediaPlayer 类，可以用于播放音频、视频和流媒体，它包含了 Audio 和 Video 的播放功能，在 Android 的界面上，音频和视频的播放都是调用 MediaPlayer 实现的。它可以获得媒体文件和各种属性当前的播放状态，并可以开始和停止文件的播放。

MediaRecorder 类，用来进行媒体采样，包括音频和视频。MediaRecorder 作为状态机运行，需要设置不同的参数，如源格式和源设备。设置后可以执行任意长度的录制，直到用户停止。

VideoView 类，主要用来显示一个视频文件，它是 SurfaceView 类的一个子类，且实现了 MediaControl 接口。

Camera 类，用来处理系统中与相机相关的事件，Camera 是一种专门用来连接和断开相机服务的类。

8.1.2　网络技术介绍

Android 平台基于应用层的网络通信技术与 Java 几乎完全一样，可以使用 Socket、HTTP 和 Web Service 这 3 种技术进行 Android 平台的网络应用开发。

1. Socket 通信

Socket 是一种低级、原始的通信方式，要编写服务器端代码和客户端代码，自己开端口，自己制定通信协议、验证数据安全和合法性，而且通常还应该是多线程的，开发起来比较烦琐。但是它也有其优点：灵活，不受编程语言、设备、平台和操作系统的限制，通信速度快而高效。在 Java 中 Socket 相关类都在 java.net 包中，其中主要的类是 Socket 和 ServerSocket。Android 平台下的开发方法与 Java 完全一样，感兴趣的读者可以查阅 Java 网络编程资料。

2. HTTP 协议通信

HTTP 通信技术是网络应用中最为常用的技术之一，客户端向服务器发出 HTTP 请求，服务器接收到客户端的请求后，处理客户端的请求，处理完成后再通过 HTTP 将应答传回给客户端。在 Java 网络编程中，客户端一般是浏览器，但 Android 平台客户端是指安装了 Android 系统的智能终端，服务器一般是 HTTP 服务器，HTTP 请求方法有 POST、GET 等方法。

HTTP 通信编程可以使用 Java 的 java.net.URL 类，但是这个类只能发出 GET 请求；也可以使用 Apache 组织(http://www.apache.org)提供的 HttpClient 类库，HttpClient 类库已经集成到 Android 平台中，使用很方便。

3. Web Service

Web Service(Web 服务)是一种基于 XML 和 HTTP 技术的服务，它也是部署在 Web 服务器上、由 Web 服务器管理的。它使得不同计算机语言、不同计算机平台之间的方法调用成为可能，是远程调用和分布式系统的重要实现手段。与 HTTP 通信方式相比，HTTP 不能实现远程方法的调用，而 Web Service 可以。

例如，在 Android 客户端编写一个 Web Service 客户端程序，假设是一个用户登录程序，将用户名和口令以参数的形式传递给远程的 Web Service，由远程 Web Service 处理这个调用，然后再将结果返回给客户端。Web Service 是构建分布式系统的重要手段，涉及的技术比较复杂。

由于 Android 平台目前没有提供 Web Service 客户端开发类库，只能借助第三方的 Web Service 客户端开发类库。KSOAP2 是目前在 Android 平台应用最为广泛的客户端开发类库。KSOAP2 是一个 SOAP Web Service 客户端包，读者可以到 http://ksoap2.sourceforge.net/下载有关的 Android 开发包进行相关的应用开发。

8.2 音频播放器的设计与实现

下面，通过引用 MediaPlayer 类来设计一个简单的音频播放器，包括播放、暂停、前进、后退、下一首、前一首、播放列表和进度条等基本组件，能从 SD Card 上读出所有音频文件，然后播放选中的歌曲。

8.2.1 预备知识

Android SDK 提供了 MediaPlayer 类，以便在 Android 系统中实现多媒体服务，如音频、视频的播放等。这个类的常用方法见表 8-1。

表 8-1 MediaPlayer 类的常用方法

方法名	功 能	返回值
MediaPlayer( )	构造方法	
create(Context context, Uri uri)	通过 Uri 创建一个多媒体播放器	
create(Context context, int resid)	通过资源 ID 创建一个多媒体播放器	
create(Context context, Uri uri, SurfaceHolder holder)	通过 Uri 和指定 SurfaceHolder(抽象类)创建一个多媒体播放器	
getCurrentPosition( )	得到当前播放位置	int 型
getDuration( )	得到文件的时间	int 型
getVideoHeight( )	得到视频的高度	int 型
getVideoWidth( )	得到视频的宽度	int 型
isLooping( )	是否循环播放	boolean 型
isPlaying( )	是否正在播放	boolean 型
pause( )	暂停	无
prepare( )	准备同步	无
prepareAsync( )	准备异步	无
release( )	释放 MediaPlayer 对象	无
reset( )	重置 MediaPlayer 对象	无
seekTo(int msec)	指定播放的位置(以毫秒为单位的时间)	无
setAudioStreamType(int streamtype)	指定流媒体的类型	无
setDataSource(String path)	设置多媒体数据来源(根据路径)	无

续表

方法名	功　能	返回值
setDataSource(FileDescriptor fd, long offset, long length)	设置多媒体数据来源(根据 FileDescriptor)	无
setDataSource(FileDescriptor fd)	设置多媒体数据来源(根据 FileDescriptor)	无
setDataSource(Context context, Uri uri)	设置多媒体数据来源(根据 Uri)	无
setDisplay(SurfaceHolder sh)	设置用 SurfaceHolder 来显示多媒体	无
setLooping(boolean looping)	设置是否循环播放	无
setScreenOnWhilePlaying(boolean screenOn)	设置是否使用 SurfaceHolder 显示	无
setVolume(float leftVolume, float rightVolume)	设置音量	无
start( )	开始播放	无
stop( )	停止播放	无

MediaPlayer 类的常用事件见表 8-2。

表 8-2　MediaPlayer 类的常用事件

事件名	功　能
setOnBufferingUpdateListener(MediaPlayer.OnBufferingUpdateListener listener)	监听事件，网络流媒体的缓冲监听
setOnCompletionListener(MediaPlayer.OnCompletionListener listener)	监听事件，网络流媒体播放结束监听
setOnErrorListener(MediaPlayer.OnErrorListener listener)	监听事件，设置错误信息监听
setOnVideoSizeChangedListener(MediaPlayer.OnVideoSizeChangedListener listener	监听事件，视频尺寸监听

8.2.2　音频播放器界面设计

1. 准备所需的 Icons 和 Images

设计音频播放器界面时，可以使用一些平面设计软件(如 PhotoShop)来设计界面背景图片、基本按钮图标等，这里直接从互联网下载图片来修饰用户界面。为了突出操作按钮后的不同状态，可以准备不同状态下的图标，如默认、聚焦、按下等，然后将这些不同状态的图标放在 drawable 文件夹下。

2. 设计不同状态的 Icon 布局

保存所有不同状态的图标之后，需要为每一个 Icon 设计布局，下面是一个 Play Button 的布局文件 btn_play.xml，创建后保存在 drawable 文件夹下。btn_play.xml 文件源代码如下：

```
<selector xmlns:android="http://schemas.android.com/apk/res/android">
    <item android:drawable="@drawable/playfocused"
        android:state_focused="true" android:state_pressed="true"/>
    <item android:drawable="@drawable/playfocused"
        android:state_focused="false" android:state_pressed="true"/>
    <item android:drawable="@drawable/playfocused"
        android:state_focused="true" />
    <item android:drawable="@drawable/playdefault"
        android:state_focused="false" android:state_pressed="false"/>
</selector>
```

注意：其他的 Icon 的布局源代码与 btn_play.xml 文件源代码类似，由读者自行完成。

3. 设计 SeekBar 布局

为了显示歌曲播放进展，可以使用默认风格的 SeekBar，也可以使用 XML 样式定制 SeekBar。这里使用 XML 样式定制，在 drawable 文件夹下创建如表 8-3 所示的 XML 文件。

表 8-3　SeekBar 布局文件

文件名	作　用
seekbar_progress_bg.xml	改变 SeekBar 的背景样式(不使用默认的)
seekbar_progress.xml	改变 SeekBar 的进度条样式

seekbar_progress_bg.xml 文件源代码如下：

```
<?xml version="1.0" encoding="utf-8"?>
<layer-list xmlns:android="http://schemas.android.com/apk/res/android">
    <item>
        <clip>
            <bitmap xmlns:android="http://schemas.android.com/apk/res/android"
                android:src="@drawable/seekbarprogress" android:tileMode="repeat"
                android:antialias="true" android:dither="false" android:filter="false"
                android:gravity="left" />
        </clip>
    </item>
</layer-list>
```

seekbar_progress.xml 文件源代码如下：

```
<?xml version="1.0" encoding="utf-8"?>
<layer-list xmlns:android="http://schemas.android.com/apk/res/android">
    <item android:id="@android:id/background" android:drawable="@drawable/
seekbarbackground"
        android:dither="true">
    </item>
    <item android:id="@android:id/secondaryProgress">
        <clip>
            <shape>
                <gradient android:startColor="#80028ac8"
```

```
                android:centerColor="#80127fb1" android:centerY="0.75"
                android:endColor="#a004638f" android:angle="270" />
            </shape>
        </clip>
    </item>
    <item android:id="@android:id/progress"
  android:drawable="@drawable/seekbar_progress_bg" />
</layer-list>
```

4. 设计音乐播放器布局

至此，已完成了所有图标、SeekBar 的 XML 布局，现在需要将它们组合起来实现音乐播放器的布局设计，即在 layout 文件夹中创建一个新文件 musicplayer.xml。musicplayer.xml 文件源代码如下：

```
<?xml version="1.0" encoding="utf-8"?>
<RelativeLayout xmlns:android="http://schemas.android.com/apk/res/android"
    android:layout_width="match_parent" android:layout_height="match_parent"
    android:background="@color/player_background">
    <!-- 音乐播放器上部 -->
    <LinearLayout android:id="@+id/player_header_bg"
        android:layout_width="fill_parent" android:layout_height="60dip"
        android:background="@layout/bg_player_header"
        android:layout_alignParentTop="true" android:paddingLeft="5dp"
        android:paddingRight="5dp">
        <!-- 歌曲名 -->
        <TextView android:id="@+id/songTitle" android:layout_width="wrap_content"
            android:layout_height="wrap_content" android:layout_weight="1"
            android:textColor="#04b3d2" android:textSize="16dp"
            android:paddingLeft="10dp" android:textStyle="bold" android:text="祝你平安"
            android:layout_marginTop="10dp" />
        <!-- 播放列表按钮 -->
        <ImageButton android:id="@+id/btnPlaylist"
            android:layout_width="wrap_content" android:layout_height="fill_parent"
            android:src="@drawable/btn_playlist" android:background="@null" />
    </LinearLayout>
    <!-- 歌曲缩略图 -->
    <LinearLayout android:id="@+id/songThumbnail"
        android:layout_width="fill_parent" android:layout_height="wrap_content"
        android:paddingTop="10dp" android:paddingBottom="10dp"
        android:gravity="center" android:layout_below="@id/player_header_bg">
        <ImageView android:layout_width="wrap_content"
            android:layout_height="wrap_content" android:src="@drawable/adele" />
    </LinearLayout>
    <!-- 音乐播放器底部 -->
    <LinearLayout android:id="@+id/player_footer_bg"
        android:layout_width="fill_parent" android:layout_height="100dp"
        android:layout_alignParentBottom="true" android:background="@layout/
bg_player_footer"
```

```
        android:gravity="center">
        <!-- 播放按钮 -->
        <LinearLayout android:layout_width="wrap_content"
            android:layout_height="wrap_content" android:orientation="horizontal"
            android:gravity="center_vertical" android:background="@layout/
rounded_corner"
            android:paddingLeft="10dp" android:paddingRight="10dp">
            <!-- 前一首 -->
            <ImageButton android:id="@+id/btnPrevious" android:src="@drawable/
btn_previous"
                android:layout_width="wrap_content" android:layout_height="wrap_content"
                android:background="@null" />
            <!-- 后退 -->
            <ImageButton android:id="@+id/btnBackward" android:src="@drawable/
btn_back"
                android:layout_width="wrap_content" android:layout_height=
"wrap_content"
                android:background="@null" />
            <!-- 播放 -->
            <ImageButton android:id="@+id/btnPlay" android:src="@drawable/btn_play"
                android:layout_width="wrap_content" android:layout_height=
"wrap_content"
                android:background="@null" />
            <!-- 快进 -->
            <ImageButton android:id="@+id/btnForward" android:src="@drawable/btn_forward"
                android:layout_width="wrap_content" android:layout_height=
"wrap_content"
                android:background="@null" />
            <!-- 下一首 -->
            <ImageButton android:id="@+id/btnNext" android:src="@drawable/
btn_next"
                android:layout_width="wrap_content" android:layout_height=
"wrap_content"
                android:background="@null" />
        </LinearLayout>
    </LinearLayout>
    <!-- 进度条 -->
    <SeekBar android:id="@+id/songProgressBar"
        android:layout_width="fill_parent" android:layout_height="wrap_content"
        android:layout_marginRight="20dp" android:layout_marginLeft="20dp"
        android:layout_marginBottom="20dp" android:layout_above="@id/player_footer_bg"
    android:thumb="@drawable/seekbarthumb" android:progressDrawable="@drawable/
seekbar_progress"
        android:paddingLeft="6dp" android:paddingRight="6dp" />
    <!-- 时间显示 -->
    <LinearLayout android:id="@+id/timerDisplay"
        android:layout_above="@id/songProgressBar" android:layout_width="fill_parent"
        android:layout_height="wrap_content" android:layout_marginRight="20dp"
        android:layout_marginLeft="20dp" android:layout_marginBottom="10dp">
```

```
        <!-- Current Duration Label -->
        <TextView android:id="@+id/songCurrentDurationLabel"
            android:layout_width="fill_parent" android:layout_height="wrap_content"
            android:layout_weight="1" android:gravity="left" android:textColor="#eeeeee"
            android:text="0:00" android:textStyle="bold" />
        <!-- Total Duration Label -->
        <TextView android:id="@+id/songTotalDurationLabel"
            android:layout_width="fill_parent" android:layout_height="wrap_content"
            android:layout_weight="1" android:gravity="right" android:textColor=
"#04cbde"
            android:text="3:00" android:textStyle="bold" />
    </LinearLayout>
    <!-- 重复 / 随机 -->
    <LinearLayout android:layout_width="fill_parent"
        android:layout_height="wrap_content" android:layout_above="@id/timerDisplay"
        android:gravity="center">
        <!-- 重复按钮 -->
        <ImageButton android:id="@+id/btnRepeat"
            android:layout_width="wrap_content" android:layout_height="wrap_content"
            android:src="@drawable/btn_repeat" android:layout_marginRight="5dp"
            android:background="@null" />
        <!-- 随机按钮 -->
        <ImageButton android:id="@+id/btnShuffle"
            android:layout_width="wrap_content" android:layout_height="wrap_content"
            android:src="@drawable/btn_shuffle" android:layout_marginLeft="5dp"
            android:background="@null" />
    </LinearLayout>
</RelativeLayout>
```

上述代码中涉及的其他文件，请读者参见代码包中 Chap08_02_01 文件夹里的内容，关于自定义布局，将在第 10 章介绍。运行项目，效果如图 8.1 所示。

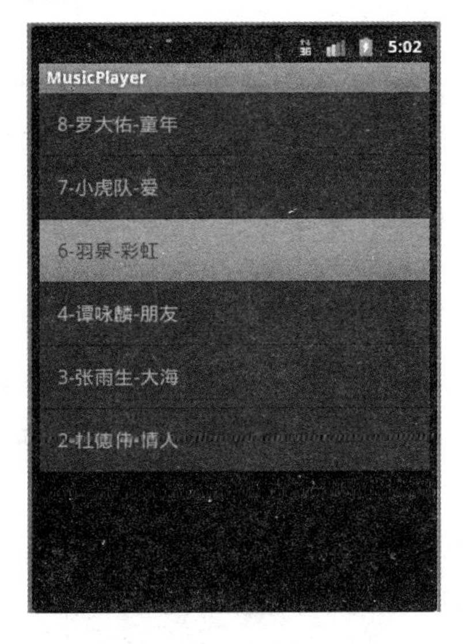

图 8.1　音乐播放器界面

5. 设计播放列表

使用列表视图(ListView)显示播放列表，在 drawable 文件夹中创建一个背景选择器布局文件 list_selector.xml。list_selector.xml 文件源代码如下：

```
<?xml version="1.0" encoding="utf-8"?>
<selector xmlns:android="http://schemas.android.com/apk/res/android">
    <item android:state_selected="false" android:state_pressed="false"
        android:drawable="@drawable/gradient_bg" />
    <item android:state_pressed="true" android:drawable="@drawable/gradient_
bg_hover" />
    <item android:state_selected="true" android:state_pressed="false"
        android:drawable="@drawable/gradient_bg_hover" />
</selector>
```

在 drawable 文件夹下创建一个显示列表视图布局文件 playlist.xml。playlist.xml 文件源代码如下：

```
<?xml version="1.0" encoding="utf-8"?>
<LinearLayout xmlns:android="http://schemas.android.com/apk/res/android"
    android:layout_width="fill_parent" android:layout_height="fill_parent"
    android:orientation="vertical">
    <ListView android:id="@android:id/list" android:layout_width="fill_parent"
        android:layout_height="fill_parent" android:divider="#242424"
        android:dividerHeight="1dp" android:listSelector="@drawable/list_selector" />
</LinearLayout>
```

在 drawable 文件夹下创建一个单一列表项显示歌曲标题的布局文件 playlist_item.xml。playlist_item.xml 文件源代码如下：

```
<?xml version="1.0" encoding="utf-8"?>
<LinearLayout xmlns:android="http://schemas.android.com/apk/res/android"
    android:layout_width="match_parent" android:layout_height="match_parent"
    android:orientation="vertical" android:gravity="center"
    android:background="@drawable/list_selector" android:padding="5dp">
    <TextView android:id="@+id/songTitle" android:layout_width="fill_parent"
        android:layout_height="wrap_content" android:textSize="16dp"
        android:padding="10dp" android:color="#f3f3f3" />
</LinearLayout>
```

6. 读取 SD Card 中的 mp3 文件

为了读取 SD Card 中的 mp3 格式文件，可以从设备上的 SD Card 中阅读所有文件并且过滤出含有.mp3 后缀的文件。本例中创建一个类文件 SongsManager.java 用于读取 SD Card 中的 mp3 文件，其源代码如下：

```
public class SongsManager {
    String MEDIA_PATH = new String("");
    private ArrayList<HashMap<String, String>> songsList = new ArrayList<
HashMap<String, String>>();
```

```
    public SongsManager(){
        if (Environment.getExternalStorageState().equals(Environment.MEDIA_
MOUNTED)){
// 获取 SD Card 目录
            MEDIA_PATH = Environment.getExternalStorageDirectory().toString();
        }
    }
    /*  从 SD Card 中读出所有 mp3 文件，将文件标题和路径存入到 ArrayList 中  */
    public ArrayList<HashMap<String, String>> getPlayList(){
        File home = new File(MEDIA_PATH);
        if (home.listFiles(new FileExtensionFilter()).length > 0){
            for (File file : home.listFiles(new FileExtensionFilter())){
                HashMap<String, String> song = new HashMap<String, String>();
                song.put("songTitle",file.getName().substring(0,(file. getName().
length()- 4)));
                song.put("songPath", file.getPath());
                songsList.add(song);
            }
        }
        return songsList;
    }
    /*  过滤出含有.mp3 扩展名的文件  */
    class FileExtensionFilter implements FilenameFilter {
        public boolean accept(File dir, String name){
            return (name.endsWith(".mp3")|| name.endsWith(".MP3"));
        }
    }
}
```

7. 实现播放列表界面

从 SD Card 中读出 mp3 格式文件后，将它们显示在播放列表界面上，通过继承 ListActivity 类来创建一个新类 PlayListActivity.java 实现此功能。该类中使用上面的 SongsManager.java 类来显示歌曲列表。效果如图 8.2 所示。其源代码如下：

```
public class PlayListActivity extends ListActivity {
    public ArrayList<HashMap<String, String>> songsList = new ArrayList<
HashMap<String, String>>();
    @Override
    public void onCreate(Bundle savedInstanceState){
        super.onCreate(savedInstanceState);
        setContentView(R.layout.playlist);
        ArrayList<HashMap<String, String>> songsListData = new ArrayList<
HashMap<String, String>>();
        SongsManager plm = new SongsManager();
        // 从 sdcard 读取所有 mp3 歌曲
        this.songsList = plm.getPlayList();
        for (int i = 0; i < songsList.size(); i++){
            HashMap<String, String> song = songsList.get(i);
```

```
            songsListData.add(song);
        }
        // 把歌曲标题加入到歌曲列表
        ListAdapter adapter = new SimpleAdapter(this, songsListData,
                R.layout.playlist_item, new String[] { "songTitle" }, new int[]
{ R.id.songTitle });
        setListAdapter(adapter);
        ListView lv = getListView();
        // 单击歌曲列表中的一首歌曲
        lv.setOnItemClickListener(new OnItemClickListener(){
            public void onItemClick(AdapterView<?> parent, View view, int
position, long id){
                int songIndex = position;
                Toast.makeText(getApplicationContext(), songIndex+"", 1000).show();
                Intent in = new Intent(getApplicationContext(),
                MainActivity.class);
                //将 songIndex 传递给 MainActivity
                in.putExtra("songIndex", songIndex);
                setResult(100, in);
                //关闭歌曲列表界面
                finish();
            }
        });
    }
}
```

图 8.2　播放列表界面

8. 实现辅助类

创建一个 Utilities.java 类，用来将时间格式设置为时:分:秒；将毫秒定时器转换为时间字符串显示在播放器的 SeekBar 上等。其源代码如下：

```
public class Utilities {
    /*  将时间统一设置为 时:分:秒的格式  */
```

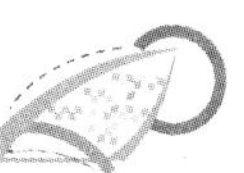

```
    public String milliSecondsToTimer(long milliseconds){
        String finalTimerString = "";
        String secondsString = "";
        int hours = (int)(milliseconds / (1000 * 60 * 60));
        int minutes = (int)(milliseconds % (1000 * 60 * 60))/ (1000 * 60);
        int seconds = (int)((milliseconds % (1000 * 60 * 60))% (1000 * 60)/ 1000);
        if (hours > 0){
            finalTimerString = hours + ":";
        }
        if (seconds < 10){
            secondsString = "0" + seconds;
        } else {
            secondsString = "" + seconds;
        }
        finalTimerString = finalTimerString + minutes + ":" + secondsString;
        return finalTimerString;
    }
    /*  播放进度条百分比  */
    public int getProgressPercentage(long currentDuration, long totalDuration){
        Double percentage = (double)0;
        long currentSeconds = (int)(currentDuration / 1000);
        long totalSeconds = (int)(totalDuration / 1000);
        percentage = (((double)currentSeconds)/ totalSeconds)* 100;
        return percentage.intValue();
    }
    /*  改变进度条时间  */
    public int progressToTimer(int progress, int totalDuration){
        int currentDuration = 0;
        totalDuration = (int)(totalDuration / 1000);
        currentDuration = (int)((((double)progress)/ 100)* totalDuration);
        return currentDuration * 1000;
    }
}
```

9. 实现主界面所有播放功能

主界面所有播放功能是通过继承了 OnCompletionListener 类和 SeekBar.OnSeekBarChange Listener 类的 MainActivity.java 类中编写的相关事件代码实现的。

(1) 加载播放列表界面。为主界面上按钮(btnPlaylist)编写单击事件监听器，当单击该按钮时加载 PlayListAcitivity.java 类，在播放列表界面选中一首特定的歌曲后需要返回该歌曲在列表中的索引号 songIndex。其源代码如下：

```
btnPlaylist.setOnClickListener(new OnClickListener(){
        public void onClick(View v){
            Intent i =new Intent(getApplicationContext(), PlayListActivity.class);
             startActivityForResult(i,100);
            }
});
```

接收播放列表界面选定歌曲索引号的源代码如下：

```
protected void onActivityResult(int requestCode, int resultCode, Intent data){
        super.onActivityResult(requestCode, resultCode, data);
          if(resultCode == 100){
                currentSongIndex = data.getExtras().getInt("songIndex");
                // 播放选中歌曲
                playSong(currentSongIndex);
          }
}
```

(2) 播放歌曲。创建一个 playSong(int songIndex)方法来实现歌曲的播放，该方法接收 songIndex 作为参数并播放，并且在开始播放歌曲时将播放按钮更改为暂停按钮状态。其源代码如下：

```
private void playSong(int songIndex){
        try {
            mp.reset();
            mp.setDataSource(songsList.get(songIndex).get("songPath"));
            mp.prepare();
            mp.start();
            // 显示歌曲标题
            String songTitle = songsList.get(songIndex).get("songTitle");
            songTitleLabel.setText(songTitle);
            // 将播放按钮更改为暂停按钮
            btnPlay.setImageResource(R.drawable.btn_pause);
            songProgressBar.setProgress(0);
            songProgressBar.setMax(100);
            // 更新进度条
            updateProgressBar();
        } catch (IllegalArgumentException e){
            e.printStackTrace();
        } catch (IllegalStateException e){
            e.printStackTrace();
        } catch (IOException e){
            e.printStackTrace();
        }
}
```

(3) 更新 SeekBar 的进度和时间。使用一个 Handler，运行一个后台线程，并使用 Utilities.java 类中定义的相关方法实现歌曲播放时间及已播放时间的显示。其源代码如下：

```
private void updateProgressBar(){
        mHandler.postDelayed(mUpdateTimeTask, 100);
    }
private Runnable mUpdateTimeTask = new Runnable(){
        public void run(){
            long totalDuration = mp.getDuration();
            long currentDuration = mp.getCurrentPosition();
            // 显示歌曲播放时间
```

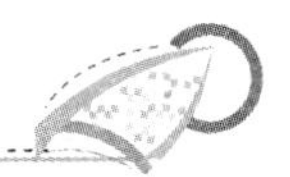

```
            songTotalDurationLabel.setText(""+utils.milliSecondsToTimer
(totalDuration));
            // 显示歌曲已播放时间
            songCurrentDurationLabel.setText(""+ utils.milliSecondsToTimer
(currentDuration));
            // 更新进度条
            int progress = (int)(utils.getProgressPercentage(currentDuration,
totalDuration));
            songProgressBar.setProgress(progress);
            mHandler.postDelayed(this, 100);
        }
    };
        /*  用户拖动进度条时  */
    public void onStartTrackingTouch(SeekBar seekBar){
        mHandler.removeCallbacks(mUpdateTimeTask);
    }
        /*  用户停止拖动进度条时  */
    public void onStopTrackingTouch(SeekBar seekBar){
        mHandler.removeCallbacks(mUpdateTimeTask);
        int totalDuration = mp.getDuration();
        int currentPosition = utils.progressToTimer(seekBar.getProgress(),
totalDuration);
        // 查到当前播放位置
        mp.seekTo(currentPosition);
        updateProgressBar();
    }
```

(4) 实现前进/后退按钮监听事件。单击“前进”按钮，表示在当前播放位置的基础上将播放位置前移 5 秒种，其源代码如下：

```
    btnForward.setOnClickListener(new OnClickListener(){
            public void onClick(View v){
                int currentPosition =mp.getCurrentPosition();
                // seekForwardTime=5000,单击前进按钮，表示快进 5 秒
                if (currentPosition + seekForwardTime <= mp.getDuration()){
                    mp.seekTo(currentPosition + seekForwardTime);
                } else {
                    mp.seekTo(mp.getDuration());
                }
            }
    });
```

单击后退按钮，表示在当前播放位置的基础上将播放位置后移 5 秒种。源代码与前进按钮类似，请读者参见代码包中 Chap08_02_01 文件夹里的内容。

(5) 实现前一首/下一首按钮监听事件。单击下一首按钮，表示将当前正在播放的音乐索引号增加 1，然后调用播放方法 playSong( )，其源代码如下：

```
    btnNext.setOnClickListener(new OnClickListener(){
            public void onClick(View v){
```

```
                // 检查有没有下一首歌曲
                if(currentSongIndex < (songsList.size()- 1)){
                    playSong(currentSongIndex +1);
                    currentSongIndex = currentSongIndex +1;
                }else{
                    // 若没有下一首，则播放第一首
                    playSong(0);
                    currentSongIndex =0;
                }
            }
    });
```

单击前一首按钮，表示将当前正在播放的音乐索引号减少 1，然后调用播放方法 playSong( )。源代码与下一首按钮类似，请读者参见代码包中 Chap08_02_01 文件夹里的内容。

(6) 单击重复/随机播放按钮监听事件。单击重复播放按钮，表示设置为重复播放当前歌曲，即将 isRepeat 设为 true，同时将重复按钮图标改为。其源代码如下：

```
    btnRepeat.setOnClickListener(new OnClickListener(){
        public void onClick(View v){
            if (isRepeat){
               isRepeat = false;
               Toast.makeText(getApplicationContext(), "关闭重复",Toast.LENGTH_
SHORT).show();
               btnRepeat.setImageResource(R.drawable.btn_repeat);
            } else {
               isRepeat = true;
               Toast.makeText(getApplicationContext(), "开启重复",Toast.LENGTH_
SHORT).show();
               //重复播放开启后，随机播放关闭
               isShuffle = false;
               btnRepeat.setImageResource(R.drawable.repeatfocused);
               btnShuffle.setImageResource(R.drawable.btn_shuffle);
               }
            }
    });
```

单击随机播放按钮，表示设置为随机播放歌曲，即将 isShuffle 设为 true，同时将随机播放按钮图标改为。源代码与重复播放按钮类似，请读者参见代码包中 Chap08_02_01 文件夹里的内容。

(7) 自动播放下一首监听事件。当某首歌曲播放完毕，需要自动播放下一首时，则需要实现 MediaPlayer.onCompletion Listener( )接口，当然下一首曲目必须依据重复播放按钮和随机播放按钮操作的条件来确定，其源代码如下：

```
    public void onCompletion(MediaPlayer arg0){
            // 检查重复状态
            if (isRepeat){
```

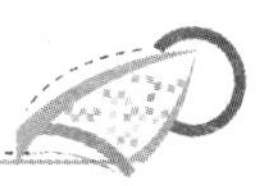

```
            // 若重复状态开启，则下一首仍是刚刚播放的歌曲
            playSong(currentSongIndex);
        } else if (isShuffle){
            // 若随机状态开启，则下一首为随机曲目
            Random rand = new Random();
            currentSongIndex = rand.nextInt((songsList.size()- 1)- 0 + 1)+ 0;
            playSong(currentSongIndex);
        } else {
            // 若重复状态没有开启，则下一首为当前播放曲目的索引号增加 1
            if (currentSongIndex < (songsList.size()- 1)){
                playSong(currentSongIndex + 1);
                currentSongIndex = currentSongIndex + 1;
            } else {
                playSong(0);
                currentSongIndex = 0;
            }
        }
    }
```

10. 修改配置文件

由于 PlayListActivity.java 继承于 Activity，属于 Android 系统的四大组件之一，所以需要在 AndroidManifest.xml 配置文件中添加如下代码：

```
<activity android:name=".PlayListActivity"
        android.label="播放列表">
</activity>
```

至此，音乐播放器设计完成，感兴趣的读者可以在该案例的基础上增加暂停按钮监听事件、添加歌词显示功能等进一步完善音乐播放器。

8.3　视频播放器的设计与实现

视频播放器的设计与实现方法与音频播放器类似。下面仅对与音频播放器的设计与实现不同的技术进行介绍，其他内容请读者参见代码包中 Chap08_03_01 文件夹里的内容。

8.3.1　预备知识

上节已经介绍过，Android 平台提供 android.media 包来管理各种音频和视频的媒体接口，该包中的 MediaPlayer 类(媒体播放器接口)用于控制音频或视频文件和流的回放，根据该类提供的方法来实现音频播放已经比较简单了，但是为了完善其功能还需要控制各种状态，对于视频还需要设置输出窗口。所以在 android.widget 包中还提供了 VideoView(视频视图)组件用于播放视频文件，以简化相对于使用 Media Player 播放视频的繁琐控制过程。

VideoView 组件是调用 MediaPlayer 实现视频播放的，它的作用与 ImageView 类似，ImageView 用来显示图片，VideoView 用来播放视频。Android 自带的程序 Gallery 也是用 VideoView 实现的。这个组件的常用方法见表 8-4。

表 8-4　VideoView 的常用方法

方法名	功　能	返回值
VideoView (Context context)	创建一个默认属性的 VideoView 实例	
getCurrentPosition( )	得到当前播放位置	int 型
canPause ( )	判断是否能够暂停播放视频	boolean 型
canSeekBackward ( )	判断是否能够倒退	boolean 型
canSeekForward ( )	判断是否能够快进	boolean 型
getDuration( )	得到文件的时间	int 型
isLooping( )	判断是否循环播放	boolean 型
isPlaying( )	判断是否正在播放	boolean 型
pause( )	暂停	无
resume ( )	恢复挂起的播放器	无
release( )	释放 MediaPlayer 对象	无
reset( )	重置 MediaPlayer 对象	无
seekTo(int msec)	指定播放的位置(以毫秒为单位的时间)	无
setVideoPath (String path)	设置视频文件的路径名	无
setVideoURI (Uri uri)	设置视频文件的统一资源标识符	无
stopPlayback ( )	停止回放视频文件	无
suspend ( )	挂起视频文件的播放	无
setMediaController (MediaController controller)	设置媒体控制器	无
start( )	开始播放	无

VideoView 的常用事件见表 8-5。

表 8-5　VideoView 的常用事件

事件名	功　能
setOnCompletionListener(MediaPlayer.OnCompletionListener listener)	监听事件，网络流媒体播放结束监听
setOnErrorListener(MediaPlayer.OnErrorListener listener)	监听事件，设置错误信息监听
setOnPreparedListener (MediaPlayer.OnPreparedListener l)	监听事件，视频加载完毕监听

8.3.2　视频播放器的实现

1. MediaPlayer

MediaPlayer 类可以用于播放音频和视频，通过设置它的 setDataSource( )方法可以指定音频或视频的文件路径。而与播放音频数据不同的是，视频播放还要设置显示视频内容的输出界面，此时可以使用 SurfaceView 控件，将它与 MediaPlayer 结合起来，就可以实现视

频输出了。SurfaceView 类的常用方法见表 8-6。

表 8-6　SurfaceView 的常用方法

方法名	功　　能	返回值
public getHolder ( )	得到 SurfaceHolder 对象用于管理 SurfaceView	SurfaceHolder 型
public void setVisibility (int visibility)	设置是否可见，其值可以是 VISIBLE、INVISIBLE、GONE	无

为了管理 SurfaceView，Android 提供了一个 SurfaceHolder 接口；SurfaceView 用于显示，SurfaceHolder 用于管理显示的 SurfaceView 对象。SurfaceView 是视图(View)的一个继承类，每一个 SurfaceView 都内嵌封装一个 Surface(Surface 上 Android 的一个重要元素，用于 Android 界面的图形绘制)。通过调用 SurfaceHolder 可以调用 SurfaceView，控制图形的尺寸和大小，而 SurfaceHolder 对象是由 getHold( )方法获得的，创建 SurfaceHolder 对象后，用 SurfaceHolder.Callback( )方法回调 SurfaceHolder，对 SurfaceView 进行控制。实现步骤如下。

(1) 创建 MediaPlayer 对象，并设置加载的视频文件。

(2) 在界面布局文件中定义 SurfaceView 控件。

(3) 通过 MediaPlayer.setDisplay(SurfaceHolder sh)来指定视频画面输出到 SurfaceView 之上。

(4) 通过 MediaPlayer 的其他一些方法播放视频。

布局文件源代码如下：

```
<?xml version="1.0" encoding="utf-8"?>
<LinearLayout xmlns:android="http://schemas.android.com/apk/res/android"
    android:orientation="vertical" android:layout_width="fill_parent"
    android:layout_height="fill_parent">
    <TextView android:layout_width="fill_parent"
        android:layout_height="wrap_content" android:text="@string/hello" />
    <!-- 视频输出区域 -->
    <SurfaceView android:id="@+id/surfaceView"
        android:layout_width="fill_parent" android:layout_height="360px"></SurfaceView>
    <LinearLayout android:orientation="horizontal"
        android:layout_width="wrap_content" android:layout_height="wrap_content">
        <Button android:text="播放" android:id="@+id/startBtn"
            android:layout_width="wrap_content"  android:layout_height="wrap_
content"></Button>
        <Button android:layout_height="wrap_content" android:id="@+id/pauseBtn"
            android:text="暂停" android:layout_width="wrap_content"></Button>
        <Button android:layout_height="wrap_content" android:id="@+id/stopBtn"
            android:text="停止" android:layout_width="wrap_content"></Button>
    </LinearLayout>
</LinearLayout>
```

功能实现部分源代码如下：

```
private void play(){
        try {
            mediaPlayer.reset();
            mediaPlayer.setAudioStreamType(AudioManager.STREAM_MUSIC);
            // 设置需要播放的视频
            mediaPlayer.setDataSource("mnt/sdcard/lesson2.flv");
            // 把视频画面输出到 SurfaceView
            mediaPlayer.setDisplay(this.surfaceView.getHolder());
            mediaPlayer.prepare();
            // 播放
            mediaPlayer.start();
        } catch (Exception e){

        }
}
```

MediaPlayer 实现视频播放效果如图 8.3 所示，其他内容请读者参见代码包中 Chap08_03_02 文件夹里的内容。

图 8.3　视频播放器(MediaPlayer)

2. VideoView

用 VideoView 组件实现视频播放时，必须在布局文件中定义两个组件。

(1) VideoView 组件，用于视频输出。

(2) MediaController 组件，用于控制视频播放，即用于控制该视频文件的播放行为(如暂停、前进、后退和进度拖曳等)。

VideoView 类包含的常用方法和事件，上节已详细介绍。MediaController 类是 android.widget 包下的，它包含控制 MediaPlayer 多媒体播放的组件，如“播放”、“暂停”、“快退”、“快进”、“进度条”等。常用方法见表 8-7。

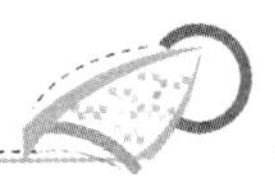

表 8-7　MediaController 的常用方法

方法名	功　　能	返回值
MediaController (Context context, AttributeSet attrs)	通过 Context 对象和 AttributeSet 对象来创建 MediaController 对象	
MediaController (Context context, boolean useFastForward)	通过 Context 对象指定是否允许用户控制进度。也就是是否有“快进”、“快退”按钮，若设置为 false，则不会显示	
hide( )	设置隐藏 MediaController	无
show( )	设置显示 MediaController，3 秒后自动消失	无
show(int timeout)	设置 MediaController 显示的时间(毫秒)	无
setMediaPlayer (MediaController. MediaPlayerControl player)	开始播放	无

使用 VideoView 组件实现视频播放的基本步骤如下。

(1) 在布局文件上定义 VideoView 组件。

(2) 调用 VideoView 的两个方法(两者选一)来加载指定的视频。

① setVideoPath(String path)，加载 path 文件代表的视频。

② setVideoUri(Uri uri)，加载 uri 所对应的视频。

(3) 调用 VideoView 的 start( )、stop( )、pause( )方法来控制视频的播放。

布局文件源代码如下：

```
<?xml version="1.0" encoding="utf-8"?>
<LinearLayout xmlns:android="http://schemas.android.com/apk/res/android"
    android:orientation="vertical" android:layout_width="fill_parent"
    android:layout_height="fill_parent">
    <TextView android:layout_width="fill_parent"
        android:layout_height="wrap_content" android:text="@string/hello" />
    <VideoView android:id="@+id/videoView" android:layout_height="wrap_content"
        android:layout_width="match_parent"></VideoView>
</LinearLayout>
```

功能实现源代码如下：

```
public class MainActivity extends Activity {
    private VideoView videoView;
    private MediaController mediaController;
    @Override
    public void onCreate(Bundle savedInstanceState){
        super.onCreate(savedInstanceState);
        setContentView(R.layout.main);
        videoView = (VideoView)this.findViewById(R.id.videoView);
```

```
        // 使用这种方式创建 MediaController 将不会显示"快进"和"快退"两个按钮
        // mediaController = new MediaController(this,false);
        mediaController = new MediaController(this);
        videoView.setVideoPath("/mnt/sdcard/lesson3.mp4");
        // 设置 VideView 与 MediaController 建立关联
        videoView.setMediaController(mediaController);
        // 设置 MediaController 与 VideView 建立关联
        mediaController.setMediaPlayer(videoView);
        // 让 VideoView 获取焦点
        videoView.requestFocus();
        // 开始播放
        videoView.start();
    }
}
```

VideoView 实现视频播放的效果如图 8.4 所示，其他内容请读者参见代码包中 Chap08_03_03 文件夹里的内容。

图 8.4　视频播放器(ViedoView)

8.4　录音机的设计与实现

Android 多媒体框架支持对常见音频的录制和编码，如果硬件支持，可以使用 MediaRecorder APIs 非常方便地编写音频程序。所以只需要 Android 设备带麦克风就可以

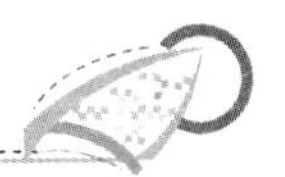

录制声音。当然，Android 模拟器不支持录制声音的功能，读者在开发录音机应用时必须有实际设备。

8.4.1　预备知识

为了在 Android 应用中录制音频，Android 系统提供了 MediaRecorder 类，该类的常用方法见表 8-8。

表 8-8　MediaRecorder 的常用方法

方法名	功　能	返回值
MediaRecorder( )	构造方法	
prepare( )	准备录音机	无
release( )	释放 MediaRecorder 对象	无
reset( )	重置 MediaRecorder 对象，使其为空闲状态	无
stop( )	停止录制声音	无
setAudioEncoder( )	设置声音编码格式	无
setAudioEncodingBitRate(int bitRate)	设置编码位数	无
setAudioSamplingRate(int samplingRate)	设置采样频率	无
setAudioSource( )	设置声音来源	无
setOutputFormat( )	设置所录制的音频文件的格式	无
setOutputFile(String path)	设置录制的音频文件的保存位置	无

录制后的音频文件需要以文件名保存在 SD Card 的目录下，此时需要使用 File 类中的 createTempFile(String prefix, String suffix, File directory)方法生成文件，其中 prefix 参数表示文件名前缀，suffix 参数表示文件名后缀，directory 表示文件存储位置；存储位置需要使用 android.os.Environment 类中的 getExternalStorageDirectory( )方法获得 SD Card 的默认位置，然后根据需要，在此位置下创建存储音频文件的子目录。具体实现读者可以参见代码包中 Chap08_04_01 文件夹里的内容。

8.4.2　录音机的实现

声音的录制比音频或者视频的播放复杂，但一般按照如下步骤实现。

(1) 使用 android.media.MediaRecorder 类创建 MediaRecorder 实例。

(2) 使用 MediaRecorder.setAudioSource( )方法设置音频来源。

(3) 使用 MediaRecorder.setOutputFormat( )设置输出音频格式。

(4) 使用 MediaRecorder.setAudioEncorder( )设置输出编码格式。

(5) 使用 MediaRecorder.setOutputFile( )方法设置输出文件名。

(6) 在开始录制之前调用 MediaRecorder.prepare( )方法。

(7) 调用 MediaRecorder.start( )方法开始录制声音。

(8) 调用 MediaRecorder.stop( )方法停止录制声音。

(9) 录制完声音调用 MediaRecorder.release( )方法释放占用的相关资源。

另外，在使用麦克风进行录音时，必须给应用程序授予录音的权限，即在 AndroidManifest.xml 配置文件中增加如下代码：

```
<uses-permission android:name="android.permission.RECORD_AUDIO" />
```

本案例在界面上通过 ListView 显示音频文件列表，实现过程在前面 UI 设计的章节中已详细介绍，此处不再详述；单击“录制”按钮，开始录制声音，实现代码如下：

```
startBTN.setOnClickListener(new OnClickListener(){
            @Override
            public void onClick(View v){
                try {
                    // 创建录音文件
                    audioFile = File.createTempFile(filePrefix, ".amr",audioPath);
                    //实例化 MediaRecorder 对象
                    mediaRecorder = new MediaRecorder();
                    //设置麦克风
                    mediaRecorder.setAudioSource(MediaRecorder.AudioSource.MIC);
                    //设置输出文件的格式
                    mediaRecorder.setOutputFormat(MediaRecorder.OutputFormat.
DEFAULT);
                    //设置音频文件的编码
                    mediaRecorder.setAudioEncoder(MediaRecorder. AudioEncoder.
DEFAULT);
                    //设置输出文件的路径
                    mediaRecorder.setOutputFile(audioFile.getAbsolutePath());
                    mediaRecorder.prepare();
                    mediaRecorder.start();
                } catch (IOException e){
                    e.printStackTrace();
                }
            }
});
```

单击“停止”按钮，录制结束，实现代码如下：

```
stopBTN.setOnClickListener(new OnClickListener(){
            @Override
            public void onClick(View v){
                if(audioFile!=null){
                    mediaRecorder.stop();
                    mediaRecorder.release();
                }
            }
});
```

录音机运行效果如图 8.5 所示。

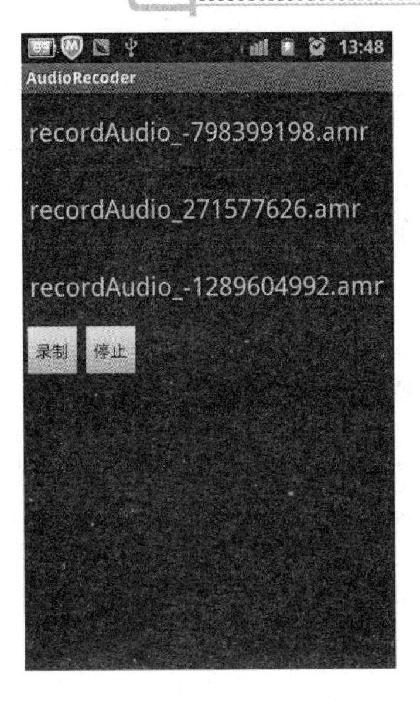

图 8.5　录音机运行效果

8.5　照相机的设计与实现

拍照功能日益成为手机的基本功能之一，手机的拍照功能是通过摄像头实现的。摄像头的应用，对于 Android 系统未来的发展，有着至关重要的作用，用户认证、条形码、SNS、内容分享等方面都会涉及摄像头的应用。而 Android 操作系统为拍照功能提供了基本的编程接口，使得程序员可以非常容易地访问摄像头而不需要编写底层的代码。照相机的具体实现有两种方式，一种是调用系统相机实现拍照功能，一种是自定义相机实现拍照功能。

8.5.1　预备知识

在使用系统相机拍照功能时，利用自己编写的 Activity 调用系统相机的 Activity，然后当系统相机的 Activity 关闭后，返回相片数据给自己编写的 Activity，这个过程需要使用如下两个方法。

(1) 打开新的 Activity 方法：startActivityForResult(Intent intent,int requestCode)；第一个参数为表示码，即调用该方法传递过去的值，第二个参数为结果码，即用于标识返回数据来自哪个新 Activity。

(2) 新的 Activity 关闭后，新 Activity 返回的数据通过 Intent 进行传递，Android 平台会调用前面 Activity 的 onActivityResult(int requestCode, int resultCode, Intent data)方法，把存放返回数据的 Intent 作为第三个输入参数传入，然后可以取出新 Activity 返回的数据。

在实现自定义摄像头照相时，需要使用 android.hardware.Camera 类，该类封装了所有摄像头相关的操作，如连接、断开摄像头服务，设置摄像头的各种参数，开始、结束摄像预览，抓取照片以及连续抓取多个图像帧等。该类没有默认的构造函数，只能使用静态方法 open( )获得类对象，其他常用方法见表 8-9。

表 8-9　Camera 的常用方法

方法名	功　　能	返回值
setPreviewDisplay( )	用于设置预览窗口	无
startPreview( )	Camera 对象把摄像头拍摄到的画面在对应的 View 对象上显示	无
stopPreview( )	结束预览画面显示	无
takePicture( )	用于真实拍摄，其参数全部是回调函数，完成拍摄后的处理	无
release( )	释放摄像头资源	无
autoFocus( )	自动对焦	无
setParameters( )	设置摄像头的参数	无

8.5.2　照相机的实现

1. 调用系统相机

通过 Intent 直接调用系统提供的相机功能，利用它的拍照 Activity，就可以很方便地实现照相机功能，要启动这个 Activity，就需要使用 startActivityForResult( )方法，实现代码如下：

```
btnCamera.setOnClickListener(new OnClickListener(){
        @Override
        public void onClick(View v){
            Intent intent = new Intent("android.media.action.IMAGE_CAPTURE");
            startActivityForResult(intent, Activity.DEFAULT_KEYS_DIALER);
        }
});
```

默认情况下，如果在 Intent 中不作任何设置，也就是不写如下代码：

```
intent.putExtra(MediaStore.EXTRA_OUTPUT,   Uri.fromFile(new File(Environment.
getExternalStorageDirectory(), "camera.jpg")));
```

则从系统照相机的 Activity 会返回一个名为 data 的 Bitmap 对象，它是照片的缩略图。代码包中 Chap08_05_01 文件夹里的照相机实例就是用的这种方法，缩略图最后显示在 ImageView 控件上。从 Activity 返回图像数据的方法是 onActivityResult( )，实现代码如下：

```
protected void onActivityResult(int requestCode, int resultCode, Intent data){
      switch (resultCode){
      case RESULT_OK:
          super.onActivityResult(requestCode, resultCode, data);
          if (data != null){
              Bundle extras = data.getExtras();
              Bitmap bmp = (Bitmap)extras.get("data");
              ivstorepic.setImageBitmap(bmp); // 设置照片缩略图显示在 ImageView 控件上
              hasShootPic = true;// 此变量是在提交数据时，验证是否有图片
          } else {
```

```
                hasShootPic = false;
            }
            break;
        default:
            break;
        }
    }
```

如果写了上述代码对 Intent 进行设置，就不会返回名为 data 的对象。但是会按照指定的路径保存原始图片。感兴趣的读者可以自行编程实现。

调用系统相机的运行效果如图 8.6 所示。这是一种简单的实现摄像头功能的方法，它使用了系统内置的 Activity 完成拍照工作。因为使用的 Activity 是系统内置的，所以程序员编程实现时也无法对它作任何调整，只能全部接受它。这种方法虽然简单，但灵活性不够，所以也没有什么特色，适合把拍照作为辅助功能的应用程序采用。为了适用专业的照相功能，就需要使用自定义相机来实现拍照。

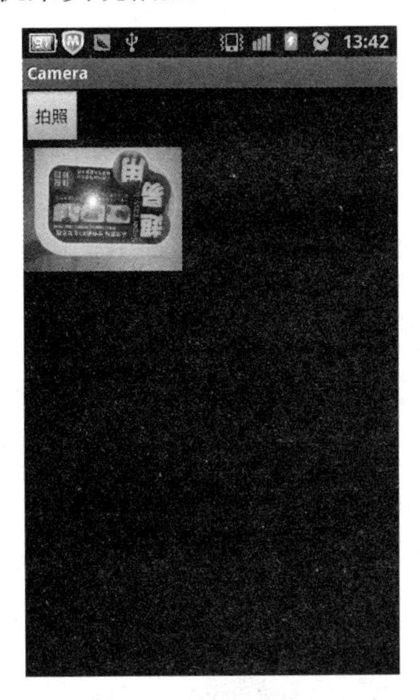

图 8.6　调用系统相机

2. 自定义相机

为了在应用程序中使用摄像头，必须首先在 AndroidManifest.xml 文件中设置拍照的权限许可，即在配置文件中增加如下代码：

```
<uses-permission android:name="android.permission.CAMERA" />
```

如果系统中没有安装摄像头则这个程序就无法安装，为了通知操作系统当前应用程序使用摄像头，可以在配置文件中加入如下代码：

```
<uses-feature android:name="android.hardware.camera" />
<uses-feature android:name="android.hardware.camera.autofocus" />
```

一般拍照和摄像的时候需要写到 SD 卡上，所以也需要在配置文件中加入如下代码：

```
<uses-permission android:name="android.permission.WRITE_EXTERNAL_STORAGE" />
```

若开发具有摄像功能的应用程序，还需要音频录制和视频录制功能，所以又需要下面两项权限声明：

```
<uses-permission android:name="android.permission.RECORD_VIDEO"/>
<uses-permission android:name="android.permission.RECORD_AUDIO"/>
```

另外使用 Camera API 拍照或摄像，都需要用到预览，预览就要用到 SurfaceView，为此 Activity 的布局中必须有 SurfaceView 组件。

通过 Camera 类进行拍照主要包含如下步骤。

(1) 调用 Camera 的 open( )方法打开相机。

(2) 调用 Camera 的 getParameters( )获取拍照的参数，该方法返回一个 Camera.parameters 对象。

(3) 调用 Camera.Parameters 对象对照相的参数进行设置。

(4) 调用 Camera.setParameters( )，并将 Camera.Parameters 对象作为参数传入，这样就可以对拍照的参数进行控制。

(5) 调用 Camera 的 startPreview( )，开始预览取景，在预览取景之前需要调用 Camera 的 startPreviewDisplay(SufaceHolder holder)设置使用哪个 SurfaceView 来显示取得的图片。

(6) 调用 Camera 的 takePicture( )进行拍照。

(7) 结束程序时，调用 Camera 的 stopPreview( )结束取景预览，并调用 release( )释放资源。

下面详细介绍代码包中 Chap08_05_02 文件夹里的自定义照相机的实现过程。

(1) 菜单文件。用户按 MENU 键时，会弹出操作菜单，有拍照、停止预览、浏览相片等功能，源代码如下，读者可以参见代码包中 Chap08_05_02 文件夹下的 res/menu/camera_menu.xml。

```
<?xml version="1.0" encoding="utf-8"?>
<menu xmlns:android="http://schemas.android.com/apk/res/android">
      <item android:id="@+id/takePhotoItem" android:title="拍照"></item>
      <item android:id="@+id/stopPhotoItem" android:title="停止预览"></item>
      <item android:id="@+id/queryPhotoItem" android:title="浏览"></item>
</menu>
```

(2) 浏览相片布局文件。源代码如下，读者可以参见代码包中 Chap08_05_02 文件夹下的 res/layout/browser_photo.xml。

```
<?xml version="1.0" encoding="utf-8"?>
<LinearLayout xmlns:android="http://schemas.android.com/apk/res/android"
    android:layout_width="match_parent"
android:layout_height="match_parent"
    android:orientation="vertical">
    <GridView android:layout_height="wrap_content" android:id="@+id/photoGridView"
       android:layout_width="match_parent" android:numColumns="3"></GridView>
</LinearLayout>
```

(3) 单张相片对话框布局文件。源代码如下，读者可以参见代码包中 Chap08_05_02 文件夹下的 res/layout/photo_dialog.xml。

```
<?xml version="1.0" encoding="utf-8"?>
<LinearLayout xmlns:android="http://schemas.android.com/apk/res/android"
    android:layout_width="match_parent" android:layout_height="match_parent">
    <ImageView android:layout_height="wrap_content" android:id="@+id/photoImageView"
        android:src="@drawable/icon" android:layout_width="wrap_content"></ImageView>
</LinearLayout>
```

(4) 照相的实现。首先创建一个名为“MainActivity.java”的 Activity 类，在该类中的 onCreate( )中设置好 SurfaceView，获得 SurfaceView 的 SurfaceHolder，并为 SurfaceHolder 添加一个回调监听器 SurfaceHolder.Callback，它用于接收发生在 SurfaceView 中变化的信息 ，分别实现 3 个函数。

① surfaceChanged(SurfaceHolder holder)，当 surface 的大小或尺寸变化的时候调用。

② surfaceCreated(SurfaceHolder holder)，当 surface 被创建时调用。

③ surfaceDestroyed (SurfaceHolder holder)，当 surface 被毁坏时调用。

然后在 surfaceCreated( )中使用 Camera 类中的 Open( )打开摄像头硬件，开启成功后，在 surfaceChange( )中调用 getParameters( )得到已打开的摄像头的配置参数 Parameters 对象，若要修改对象的参数，可以调用 setParameters( )进行设置，其主要实现代码如下：

```
surfaceHolder.addCallback(new Callback(){
        @Override
        public void surfaceDestroyed(SurfaceHolder holder){
            // 停止预览
            mycamera.stopPreview();
            // 释放相机资源并置空
            mycamera.release();
            mycamera = null;
        }
        @Override
        public void surfaceCreated(SurfaceHolder holder){
            mycamera = Camera.open();
            try {
                // 设置预览
                mycamera.setPreviewDisplay(holder);
            } catch (IOException e){
                // 释放相机资源并置空
                mycamera.release();
                mycamera = null;
            }
        }
        // 当 surface 视图数据发生变化时处理预览信息
        @Override
```

```
            public void surfaceChanged(SurfaceHolder holder, int format,
int width, int height){
                // 获得相机参数对象
                Camera.Parameters parameters = mycamera.getParameters();
                // 设置格式
                parameters.setPictureFormat(PixelFormat.JPEG);
                // 设置预览大小，设置为360px×480px
                parameters.setPreviewSize(360, 480);
                // 设置自动对焦
                parameters.setFocusMode("auto");
                // 设置图片保存时的分辨率大小
                parameters.setPictureSize(2592, 1456);
                // 给相机对象设置刚才设定的参数
                mycamera.setParameters(parameters);
                // 开始预览
                mycamera.startPreview();
            }
        });
```

最后，在需要拍照的时候，即单击“照相”按钮或选择“拍照”菜单时(本案例使用“拍照”菜单)，给拍照菜单添加监听事件，调用 public final void takePicture (Camera.ShutterCallback shutter, Camera.PictureCallback raw, Camera.PictureCallback jpeg)，其中 Camera.ShutterCallback 是拍照完成后的回调动作，Camera.PictureCallback 是拍摄的未压缩原数据的回调动作，可以为 null，Camera.PictureCallback 是对 JPEG 图像数据的回调动作(一般用于对图像数据的处理与保存)。对 JPEG 图像数据的回调动作可以在 PictureCallback 接口的 void onPictureTaken(byte[ ] data, Camera camera)中获得，其代码如下：

```
    PictureCallback pictureCallback = new PictureCallback(){
            @Override
            public void onPictureTaken(byte[] data, Camera camera){
                Toast.makeText(getApplicationContext(),"正在保存------",Toast.
LENGTH_LONG).show();
                // 用 BitmapFactory.decodeByteArray()方法可以把相机传回的数据转换成
Bitmap 对象
                mBitmap = BitmapFactory.decodeByteArray(data, 0, data.length);
                // 把 Bitmap 保存成一个存储卡中的文件
                File picPath = new File(Environment.getExternalStorageDirectory()+
"/pics");
                if (!picPath.exists()){
                    picPath.mkdir();
                }
                File file = new File(picPath.getPath()+"/"
                        + DateFormat.format("yyyyMMdd_hhmmss",
                                Calendar.getInstance(Locale.CHINA))+ ".jpg");
                try {
                    file.createNewFile();
```

```
                BufferedOutputStream bos = new BufferedOutputStream(
                        new FileOutputStream(file));
                mBitmap.compress(Bitmap.CompressFormat.PNG, 100, bos);
                bos.flush();
                bos.close();
                Toast.makeText(getApplicationContext(),
                        "图片保存完毕，存储在 SD 卡的 PICS 目录下", Toast.LENGTH_
LONG).show();
            } catch (IOException e){
                // TODO Auto-generated catch block
                e.printStackTrace();
            }
        }
    };
```

浏览相片、显示单张相片的实现代码请读者参见代码包中 Chap08_05_02 文件夹里的内容。

8.6　闹钟的设计与实现

闹钟应用程序作为人们日常常用的基本应用程序之一，其重要性不言而喻。在 Android 系统中闹钟服务功能不仅仅对闹钟应用程序服务，最重要的是可以利用该闹钟服务功能提供的唤醒能力来设计定时器。这样即便应用程序没有运行或者是没有启动，只要其注册过闹铃，那么到一定时间后，Android 系统可以自动将该应用程序启动，这就是所谓的闹铃“唤醒”功能。

8.6.1　预备知识

在 Android 系统中，底层系统提供了两种类型的时钟，软时钟 Timer 与硬时钟 RTC。系统在正常运行的情况下，Timer 工作，提供时间服务和闹铃提醒，而在系统进入睡眠状态后，时间服务和闹铃提醒由 RTC 来负责。对于上层应用来说，并不需要关心是 Timer 还是 RTC 提供服务，因为 Android 系统的 Framework 层把底层细节做了封装并统一提供 API——AlarmManager。在 Android 系统中有一个 AlarmManagerServie 服务程序对应 AlarmManager，该服务程序才是真正提供闹铃服务的，它主要维护应用程序注册下来的各类闹铃并适时地设置即将触发的闹铃给闹铃设备，并且一直监听闹铃设备，一旦有闹铃触发或者是闹铃事件发生，AlarmManagerServie 服务程序就会遍历闹铃列表找到相应的注册闹铃并发出广播。该服务程序在系统启动时被系统服务程序 system_service 启动并初始化闹铃设备。当然，在 Java 层的 AlarmManagerService 与 Linux Alarm 驱动程序接口之间还有一层封装，那就是 JNI(Java 本地调用接口)。

AlarmManager 可以实现从指定时间开始，以一个固定的间隔时间执行某项操作，所以常与广播(Broadcast)连用，实现闹钟等提示功能；它将应用与服务分割开后，使得应用程序开发者不用关心具体的服务，而是直接通过 AlarmManager 来使用这种服务。

AlarmManager 与 AlarmManagerService 之间是通过 Binder 来通信的，它们之间是多对一的关系，在 Android 系统中，AlarmManager 提供的主要方法和闹铃服务类型，分别见表 8-10 和表 8-11。

表 8-10　AlarmManager 的主要方法和功能

方法名	功　能	返回值
cancel(PendingIntent operation)	取消已经注册的与参数匹配的闹钟	无
set(int type, long triggerAtTime, PendingIntent operation)	注册一个新的延迟闹钟	无
setRepeating(int type, long triggerAtTime, long interval, PendingIntent operation)	注册一个重复类型的闹钟	无
setInexactRepeating (int type, long triggerAtTime, long interval, PendingIntent operation)	注册一个非精密的重复类型闹钟	无
setTimeZone(String timeZone)	设置时区	无

表 8-11　闹钟的主要类型和功能

类型名	功　能	默认值
ELAPSED_REALTIME	当系统进入睡眠状态时，这种类型的闹铃不会唤醒系统。直到系统下次被唤醒才传递它，该闹铃所用的时间是相对时间，是从系统启动后开始计时的，包括睡眠时间，可以通过调用 SystemClock.elapsedRealtime( )获得	3
ELAPSED_REALTIME_WAKEUP	能唤醒系统，用法同 ELAPSED_REALTIME	2
RTC	当系统进入睡眠状态时，这种类型的闹铃不会唤醒系统。直到系统下次被唤醒才传递它，该闹铃所用的时间是绝对时间，可以通过调用 System.currentTimeMillis( )获得	1
RTC_WAKEUP	在睡眠状态下能唤醒系统，用法同 RTC 类型	0
POWER_OFF_WAKEUP	能唤醒系统，它是一种关机闹铃，即设备在关机状态下也可以唤醒系统。使用方法同 RTC 类型	4

AlarmManager 的主要方法中用到了如下 4 个参数。

(1) int type：闹钟的类型，常用的 5 个值见表 8-11。

(2) long triggerAtTime：闹钟的第一次执行时间，以毫秒为单位，可以自定义时间，一般使用当前时间。需要注意的是，本属性与第一个属性(type)密切相关，如果第一个参数对应的闹钟使用的是相对时间(ELAPSED_REALTIME 和 ELAPSED_REALTIME_WAKEUP)，那么本属性就必须使用相对时间(相对于系统启动时间来说)，如当前时间表示为：SystemClock.elapsedRealtime( )；如果第一个参数对应的闹钟使用的是绝对时间(RTC、RTC_WAKEUP、POWER_OFF_WAKEUP)，那么本属性就必须使用绝对时间，如当前时间

表示为：System.currentTimeMillis( )。

(3) long interval：表示两次闹钟执行的间隔时间，也是以毫秒为单位。

(4) PendingIntent operation：是闹钟的执行动作，如发送一个广播、给出提示等。PendingIntent 是 Intent 的封装类。需要注意的是，如果是通过启动服务来实现闹钟提示，PendingIntent 对象的获取就应该采用 Pending.getService(Context c,int i,Intent intent,int j)方法；如果是通过广播来实现闹钟提示，PendingIntent 对象的获取就应该采用 PendingIntent.getBroadcast(Context c,int i,Intent intent,int j)方法；如果是采用 Activity 的方式来实现闹钟提示，PendingIntent 对象的获取就应该采用 PendingIntent.getActivity(Context c,int i,Intent intent,int j)方法。如果错用了这 3 种方法，虽然不会报错，但是看不到闹钟提示效果。

开发者可以通过下列 3 种不同的方式获得 PendingIntent 实例。

(1) getActivity(Context, int, Intent, int)：通过该方法获得的 PendingIntent 可以直接启动新的 Activity，就像调用 Context.startActivity(Intent)一样。值得注意的是，要想这个新的 Activity 不再是当前进程存在的 Activity，在 Intent 中必须使用 Intent.FLAG_ ACTIVITY_ NEW_TASK。代码如下：

```
    PendingIntent contentIntent = PendingIntent.getActivity(this , 0 , new
Intent( this , AlarmService. class ), 0 );
```

(2) getBroadcast(Context, int, Intent, int)：通过该方法获得的 PendingIntent 将会扮演一个广播的功能，就像调用 Context.sendBroadcast( )方法一样。当系统要通过它发送一个 Intent 时要采用广播的形式，并且在该 Intent 中会包含相应的 Intent 接收对象，当然这个对象可以在创建 PendingIntent 时指定，也可以通过 ACTION 和 CATEGORY 等描述让系统自动找到该行为处理对象。代码如下：

```
    Intent intent = new Intent(AlarmController.this, OneShotAlarm.class);
    PendingIntent sender = PendingIntent.getBroadcast(AlarmController.this, 0,
intent, 0);
```

(3) getService(Context, int, Intent, int)：通过该方法获得的 PengdingIntent 可以直接启动新的 Service，就像调用 Context.startService( )一样。代码如下：

```
    mAlarmSender = PendingIntent.getService(AlarmService.this,
                0, new Intent(AlarmService.this, AlarmService_Service.class), 0);
```

8.6.2　闹钟的实现

1. 闹钟主界面的设计

布局文件代码如下：

```
    <?xml version="1.0" encoding="utf-8"?>
    <LinearLayout xmlns:android="http://schemas.android.com/apk/res/android"
        android:orientation="vertical" android:layout_width="fill_parent"
        android:layout_height="fill_parent">
        <Button android:text="设置时间" android:id="@+id/btnSet"
```

```
        android:layout_width="fill_parent" android:layout_height="wrap_content">
</Button>
    <Button android:text="取消闹钟" android:id="@+id/btnCancel"
        android:layout_width="fill_parent" android:layout_height="wrap_content">
</Button>
    <TextView android:text="你设置的闹钟时间为: " android:id="@+id/txtTime"
    android:layout_width="wrap_content"  android:layout_height="wrap_content">
</TextView>
  </LinearLayout>
```

运行后界面效果如图 8.7 所示，时间设置界面效果如图 8.8 所示。

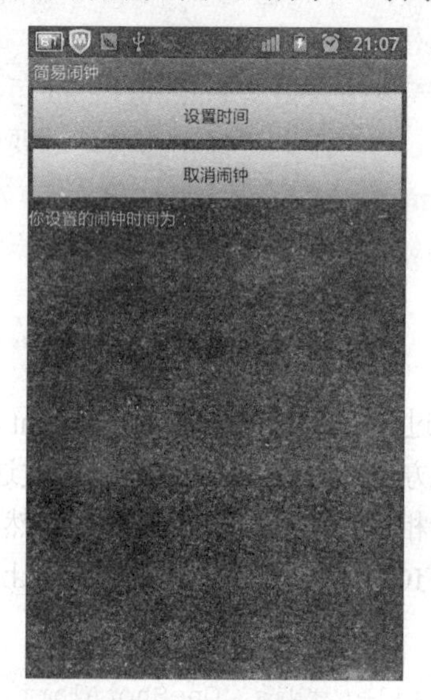

图 8.7　闹钟主界面

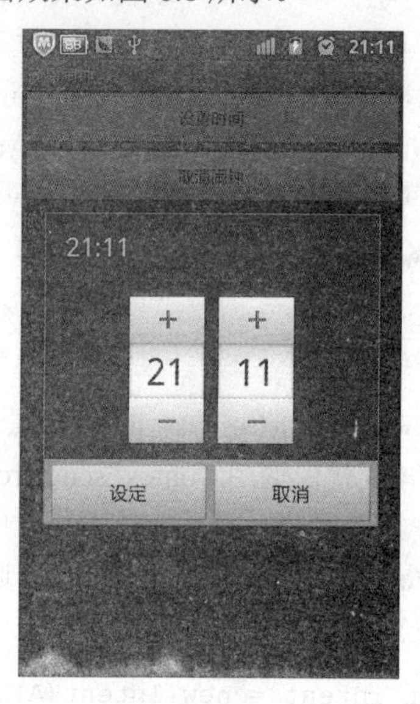

图 8.8　时间设置界面

2. 功能实现

全部功能实现代码请读者参见代码包中 Chap08_06_01 文件夹里的内容。时间设置代码如下：

```
  setBtn.setOnClickListener(new OnClickListener(){
      @Override
      public void onClick(View v){
          calendar.setTimeInMillis(System.currentTimeMillis());
          int mHour = calendar.get(Calendar.HOUR_OF_DAY);
          int mMinute = calendar.get(Calendar.MINUTE);
          // 创建一个 TimePickerDialog 实例，并把它显示出来
              new  TimePickerDialog(MainActivity.this,new  TimePickerDialog.
OnTimeSetListener(){
              @Override
              public void onTimeSet(TimePicker view,int hourOfDay, int minute){
                  calendar.setTimeInMillis(System.currentTimeMillis());
```

```
                // 根据用户选择的时间来设置对象
                calendar.set(Calendar.HOUR_OF_DAY, hourOfDay);
                calendar.set(Calendar.MINUTE, minute);
                calendar.set(Calendar.SECOND, 0);
                calendar.set(Calendar.MILLISECOND, 0);
                // 建立 Intent 和 PendingInten 来调用目标组件
                Intent intent = new Intent(MainActivity.this,AlarmActivity.
class);
                // 通过 getActivity()方法创建 PendingIntent 对象封装 Intent
                PendingIntent pendingIntent = PendingIntent.getActivity
(MainActivity.this, 0,intent, 0);
                AlarmManager am;
                // 获取闹钟管理的实例
                am = (AlarmManager)getSystemService(ALARM_SERVICE);
                // 设置闹钟
                am.set(AlarmManager.RTC_WAKEUP,calendar.getTimeInMillis(),
pendingIntent);
                /*设置闹钟从当前时间开始，每隔 10 分钟执行一次 PendingIntent 对象，注
意第一个参数与第二个参数的关系*/
                am.setRepeating(AlarmManager.RTC_WAKEUP,System.currentTimeMillis(),
24 * 60 * 60 * 1000, pendingIntent);
                String str = format(hourOfDay)+ ":"+ format(minute);
                timeTxt.setText("你设置的时间为:" + str);
            }
        }, mHour, mMinute, true).show();
    }
});
```

以上程序段代码表示 AlarmManager 将会在 Calendar 对应的时间启动 PendingIntent 对应的 Activity 组件。本例中的 AlarmManager 在对应的时间启动 AlarmActivity 类，该类可以不需要程序界面，当它加载时打开一个对话框提示闹钟时间到，并插入一段音乐提醒用户。代码如下：

```
public class AlarmActivity extends Activity {
    @Override
    protected void onCreate(Bundle savedInstanceState){
        super.onCreate(savedInstanceState);
        final MediaPlayer amMusic = MediaPlayer.create(this,R.raw.alarm);
        amMusic.setLooping(true);
        amMusic.start();
        new AlertDialog.Builder(AlarmActivity.this).setTitle("闹钟")
        .setMessage("时间到！请注意！")
        .setPositiveButton("确定", new OnClickListener(){
            @Override
            public void onClick(DialogInterface dialog, int which){
                amMusic.stop();
```

```
                AlarmActivity.this.finish();
            }
        }).show();
    }
}
```

取消闹钟功能代码如下：

```
cancelBtn.setOnClickListener(new OnClickListener(){
    @Override
    public void onClick(View v){
        Intent intent = new Intent(MainActivity.this,AlarmActivity.class);
        PendingIntent pendingIntent = PendingIntent.getActivity (MainActivity.
this, 0, intent, 0);
        AlarmManager am;
        am = (AlarmManager)getSystemService(ALARM_SERVICE);
        am.cancel(pendingIntent);
        timeTxt.setText("闹钟已取消！");
    }
});
```

8.7 定时短信发送器的设计与实现

短信是任何一款手机不可或缺的基本应用，平时使用的频率也很高，Android 系统中发送短信可以直接调用自带的短信程序完成，但应用不够灵活，另一种方法是使用 SmsManager 类，可以方便实现短信群发、定时发送短信等功能。定时短信发送器将定时器与发送短信相结合，在设定的时间到达时实现短信自动发送给收信人的功能。

8.7.1 预备知识

在 Android 系统中，发送短信有两种方法。

第一种方法：调用 Android 自带的短信应用程序发送界面，其主要代码如下：

```
Uri uri = Uri.parse("smsto:5554"); //5554 为接收人号码
Intent it = new Intent(Intent.ACTION_SENDTO, uri);
it.putExtra("sms_body", "SMS");//SMS 为短信内容
startActivity(it);
```

第二种方法：使用 SmsManager 类，该类的主要方法见表 8-12。

表 8-12 SmsManager 的主要方法和功能

方法名	功　能	返回值
ArrayList<String> divideMessage(String text)	当短信超过 SMS 消息的最大长度时，将短信分割为几块	ArrayList<String>，可以重新组合为初始的消息

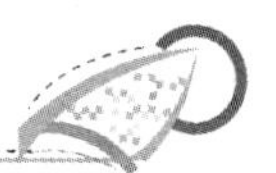

续表

方法名	功　　能	返回值
static SmsManager getDefault( )	获取 SmsManager 的默认实例	SmsManager 默认实例
void SendDataMessage(String destinationAddress, String scAddress, short destinationPort, byte[] data, PendingIntent sentIntent, PendingIntent deliveryIntent)	发送一个基于 SMS 的数据到指定的应用程序端口	无
void sendMultipartTextMessage(String destinationAddress, String scAddress, ArrayList<String> parts, ArrayList <PendingIntent> sentIntents, ArrayList<PendingIntent> deliverIntents)	发送一个基于 SMS 的多部分文本，调用者已经通过调用 divideMessage (String text)将消息分割成正确的大小	无
void sendTextMessage(String destinationAddress, String scAddress, String text, PendingIntent sentIntent, PendingIntent deliveryIntent)	发送一个基于 SMS 的文本	无

SmsManager 主要方法中主要用到如下 8 个参数。

(1) String destinationAddress：消息的目标地址。

(2) String scAddress：服务中心的地址，为空，使用当前默认的 SMSC。

(3) Short destinationPort：消息的目标端口号。

(4) byte[ ] data：消息的主体，即消息要发送的数据。

(5) PendingIntent sentIntent：如果不为空，当消息成功发送或失败时，这个 PendingIntent 就广播。结果代码是 Activity.RESULT_OK 表示成功，或 RESULT_ERROR_GENERIC_FAILURE、RESULT_ERROR_RADIO_OFF、RESULT_ERROR_NULL_PDU 之一表示错误。详细功能见表 8-13。

表 8-13　结果代码及功能

常量名	功　　能	默认值
RESULT_ERROR_GENERIC_FAILURE	表示普通错误	1(0x00000001)
RESULT_ERROR_NO_SERVICE	表示服务当前不可用	4 (0x00000004)
RESULT_ERROR_NULL_PDU	表示没有提供 PDU	3 (0x00000003)
RESULT_ERROR_RADIO_OFF	表示无线广播被明确地关闭	2 (0x00000002)
STATUS_ON_ICC_FREE	表示自由空间	0 (0x00000000)

(6) PendingIntent deliveryIntent：如果不为空，当消息成功传送到接收者时，这个 PendingIntent 就广播。

(7) PendingIntent sentIntents：与 SendDataMessage 方法中一样，这里的是一组 PendingIntent。

(8) PendingIntent deliverIntents：与 SendDataMessage 方法中一样，这里的是一组 PendingIntent。

8.7.2 定时短信发送器的实现

1. 定时短信发送器主界面的设计

布局文件代码比较简单，代码不再列出，请读者参见代码包中 Chap08_07_01 文件夹里的内容，运行后的效果如图 8.9 所示。

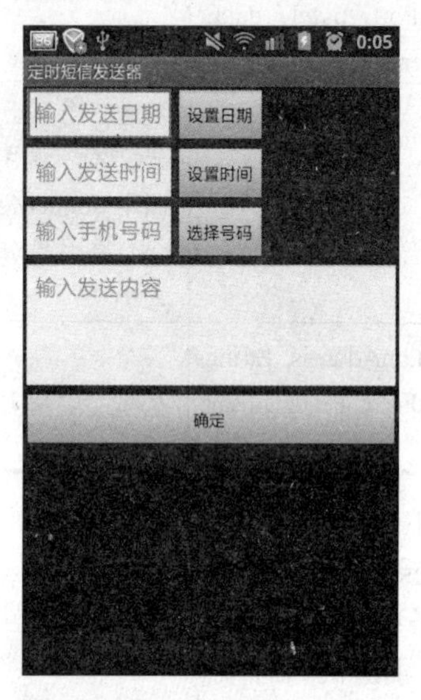

图 8.9 短信发送器主界面

2. 功能实现

(1) 要实现发送短信的功能，必须要用到 Android 系统中发送短信的权限，即在 AndroidManifest.xml 文件中添加如下内容：

```
<uses-permissionandroid:name="android.permission.SEND_SMS"/>
```

(2) 要实现从通讯录中读取联系人的电话号码，必须要用到 Android 系统中读取通讯录的权限，即在 AndroidManifest.xml 文件中添加如下内容：

```
<uses-permission android:name="android.permission.READ_CONTACTS" />
```

读取通讯录中的电话号码，并将电话号码返回到 EditText 中。首先在单击事件中启动 Intent，代码如下：

```
startActivityForResult(new Intent(Intent.ACTION_PICK,
                    ContactsContract.Contacts.CONTENT_URI), 0);
```

然后完成覆写 onActivityResult( )方法，实现代码如下：

```
@Override
protected void onActivityResult(int requestCode, int resultCode, Intent data){
      super.onActivityResult(requestCode, resultCode, data);
      if (resultCode == Activity.RESULT_OK){
        // ContentProvider 展示数据类似一个单个数据库表
```

```
            /* ContentResolver 实例带的方法可实现找到指定的 ContentProvider 并获取
ContentProvider 的数据*/
            ContentResolver reContentResolverol = getContentResolver();
            // URI,每个 ContentProvider 定义一个唯一的公开的 URI,用于指定到它的数据集
            Uri contactData = data.getData();
           /* 查询就是输入 URI 等参数,其中 URI 是必需的,其他是可选的,如果系统能找到 URI 对
应的 ContentProvider,将返回一个 Cursor 对象*/
            Cursor cursor = managedQuery(contactData, null, null, null, null);
            cursor.moveToFirst();
            // 获得 DATA 表中的名字
            String username = cursor.getString(cursor
                    .getColumnIndex(ContactsContract.Contacts.DISPLAY_NAME));
            // 条件为联系人 ID
            String contactId = cursor.getString(cursor
                    .getColumnIndex(ContactsContract.Contacts._ID));
            // 获得 DATA 表中的电话号码，条件为联系人 ID，因为手机号码可能会有多个
            Cursor phone = reContentResolverol.query(
                  ContactsContract.CommonDataKinds.Phone.CONTENT_URI, null,
                  ContactsContract.CommonDataKinds.Phone.CONTACT_ID + " = "
                          + contactId, null, null);
            while (phone.moveToNext()){
               String usernumber = phone
            .getString(phone.getColumnIndex(ContactsContract.CommonDataKinds
.Phone.NUMBER));
               edtTel.setText(usernumber);
            }
        }
    }
```

(3) 短信发送的日期和时间设置使用日期设置控件(DatePickerDialog)和时间设置控件(TimePickerDialog)，在前面章节中对这两个控件的使用已经进行了详细的讲解，实现代码请读者参见代码包中 Chap08_07_01 文件夹里的内容。运行效果如图 8.10 所示。

图 8.10　设置发送日期

(4) 使用 AlarmManager 来实现一个倒计时的功能，到设定的时间就发送短信。由上节介绍的 AlarmManager 用法可知，AlarmManager 对象需要配合 Intent 对象使用，可以定时开启一个 Activity、广播一个 Broadcast，或者开启一个 Service。设置定时发送短信的代码如下：

```
btnOk.setOnClickListener(new OnClickListener(){
 @Override
    public void onClick(View v){
        sendTime = edtTime.getText().toString().trim();
        sendData = edtData.getText().toString().trim();
        sendTel = edtTel.getText().toString().trim();
        sendContent = edtContent.getText().toString().trim();
        sharedPreferences = MainActivity.this.getSharedPreferences(
                    "alarm_record", Activity.MODE_PRIVATE);
        sharedPreferences.edit().putString("timestr", sendTime).commit();
        sharedPreferences.edit().putString("haoma", sendTel).commit();
        sharedPreferences.edit().putString("neirong",sendContent).commit();
        AlarmManager aManager=(AlarmManager)getSystemService(Context.ALARM_SERVICE);
        Intent intent=new Intent(MainActivity.this,AlarmReceiver.class);
        intent.setAction("AlarmReceiver");
        PendingIntent pendingIntent=PendingIntent.getBroadcast(MainActivity.this,
0,intent, 0);
        aManager.setRepeating(AlarmManager.RTC, 0,24 * 60 * 60 * 1000,
pendingIntent);
    }
});
```

本示例由 AlarmManager 与 Intent 配合广播一个 Broadcast，由继承 BroadcastReceiver 的 AlarmReceiver 类对发送出来的 Broadcast 进行过滤接收并响应。AlarmReceiver 类的代码如下：

```
public class AlarmReceiver extends BroadcastReceiver {
    @Override
    public void onReceive(Context context, Intent intent){
        SharedPreferences sharedPreferences = context.getSharedPreferences(
        "alarm_record", Activity.MODE_PRIVATE);
        String hour = String.valueOf(Calendar.getInstance().get(Calendar.
HOUR_OF_DAY));
        String minute = String.valueOf(Calendar.getInstance().get(Calendar.MINUTE));
        String time = sharedPreferences.getString("timestr", null);
        String haoma = sharedPreferences.getString("haoma", null);
        String neirong = sharedPreferences.getString("neirong", null);
        if (time != null){
            Toast.makeText(context, "定时短信设置成功", Toast.LENGTH_LONG).show();
            sendMsg(haoma, neirong);
        }
    }
    private void sendMsg(String number, String message){
        SmsManager smsManager = SmsManager.getDefault();
```

```
            smsManager.sendTextMessage(number, null, message, null, null);
        }
    }
```

需要说明的是，本示例中，由于发送时间、电话号码、短信内容信息量较小，采用了 Android 平台上一个轻量级的存储类——SharedPreferences。

(5) 在 AndroidManifest.xml 里添加 Receiver 的声明，代码如下：

```
<receiver android:name=".AlarmReceiver" android:label="@string/app_name">
          <intent-filter>
              <action android:name="AlarmReceiver" />
          </intent-filter>
</receiver>
```

8.8　Android 聊天室的设计与实现

随着网络应用的发展，借助网络与好友聊天是用户比较喜欢的一种交流方式，现在用得比较多的就是大家熟知的 QQ，但不管是在手机还是在 PC 端，要使用 QQ 正常地聊天必须通过 Internet，尤其在使用手机、平板电脑等移动终端时，它一方面受到连接 Internet 的限制，另一方面也可能造成流量的增加。而随着 Android 系统的移动终端的普及，在局域网内构建内部聊天系统可以解决这个问题。下面采用 Socket 套接字设计一个基于 Android 系统与 PC 之间通信的简便聊天室，PC 作为服务器端，Android 系统的移动终端作为客户端。

8.8.1　预备知识

Android 与服务器的通信方式主要有两种：一种是 HTTP 通信，另一种是 Socket 通信。两者的最大差异在于，HTTP 连接使用的是“请求—响应”方式，即在请求时建立连接通道，客户端向服务器发送请求后，服务器端才能向客户端返回数据。而 Socket 通信则是在双方建立起连接后就可以直接进行数据的传输，在连接时可实现信息的主动推送，而不需要每次由客户端向服务器发送请求。

Socket，通常也称“套接字”，用于描述 IP 地址和端口。在程序内部提供了与外界通信的端口，即端口通信。通过建立 Socket 连接，可为通信双方的数据传输提供通道。它是网络通信过程中端点的抽象表示，包含进行网络通信必需的 5 个信息：连接使用的协议、本地主机的 IP 地址、本地进程的协议端口、远程主机的 IP 地址和远程进程的协议端口。应用程序通常通过 Socket 向网络发出请求或者应答网络请求。

根据不同的底层协议，Socket 的实现多样化，而在 TCP/IP 协议族中，它有下列两种类型。

(1) 流套接字(Stream Socket)：它是将 TCP 作为其端到端协议，提供了一个可信赖的字节流服务；即必须建立一个连接和一个请求，所有事件的到达顺序和出发顺序一致，此时 Socket 必须在发送数据之前与目的地的 Socket 取得连接，效率不高，但安全。

(2) 数据报套接字(Datagram Socket)：它是使用 UDP 协议，提供一个“尽力而为”的数据报服务，应用程序可以通过它发送最长 65500 字节的个人信息。即事件到达顺序和出发顺序不保证一致，快速、高效，但安全性不高。

Socket 是 Java 中较为常用的网络通信方式，而 Android 是采用 Java 语言进行开发的，因此 Android 中的 Socket 通信，采用的就是 Java 的 Socket 通信方式。Socket 工作机制如图 8.11 所示。服务器端开启服务后，客户端发起连接请求，并向服务器端发送数据，服务器端响应请求并在服务器端显示后向客户端返回数据，最后客户端接收服务器端的数据并显示。

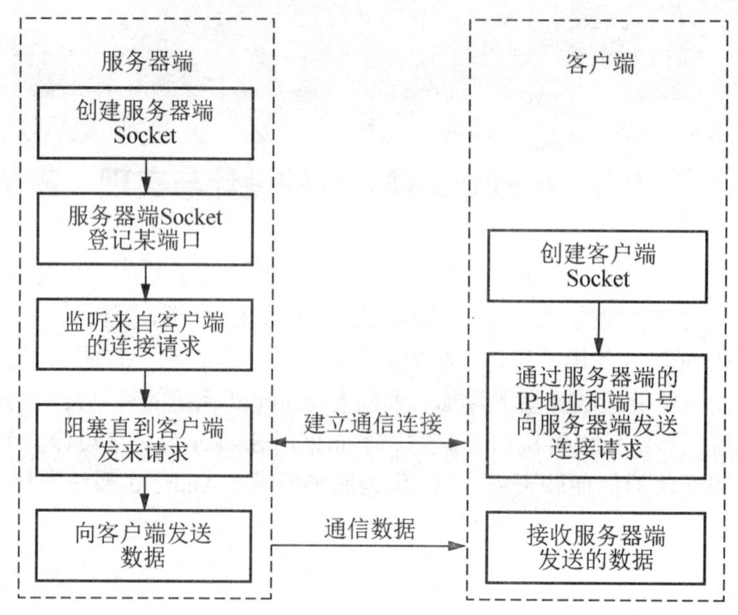

图 8.11 Socket 工作机制

Java.net 中提供了两个类，Socket 和 ServerSocket，分别用来表示双向连接的客户端和服务器端。它们的部分构造方法如下。

Socket( )：表示通过系统默认类型的 SocketImpl 创建未连接套接字。

Socket(InetAddress address, int port, InetAddress localAddr, int localPort)：表示创建一个套接字并将其连接到指定远程地址上的指定远程端口。

Socket(InetAddress address, int port)：表示创建一个流套接字并将其连接到指定 IP 地址的指定端口号。

Socket(SocketImpl impl)：表示使用用户指定的 SocketImpl 创建一个未连接套接字。

Socket(String host, int port)：表示创建一个流套接字并将其连接到指定主机上的指定端口号。

Socket(String host, int port, InetAddress localAddr, int localPort)：表示创建一个套接字并将其连接到指定远程主机上的指定远程端口。

ServerSocket( )：表示创建非绑定服务器套接字。

ServerSocket(int port)：表示创建绑定到特定端口的服务器套接字。

ServerSocket(int port, int backlog)：表示利用指定的 backlog 创建服务器套接字并将其绑定到指定的本地端口号。

ServerSocket(int port, int backlog, InetAddress bindAddr)：表示使用指定的端口、侦听 backlog 和要绑定到的本地 IP 地址创建服务器。

其中，address、host、port 分别表示双向连接中另一方的 IP 地址、主机名、端口号，localAddr，bindAddr 是本地机器的地址(ServerSocket 的主机地址)，impl 是 Socket 的父类，既可以创建 ServerSocket，也可创建 Socket 。由于每一个端口提供一种特定的服务，只有给出正确的端口，才能获取相应的服务。0～1023 的端口号为系统所保留，如 HTTP 服务的端口号是 80，Telnet 服务的端口号是 21，FTP 服务的端口号是 23。所以在选择端口号时要选择大于 1023 的数，防止发生冲突。在创建 Socket 时，如果发生错误，将产生 IOException，在程序中必须对其进行处理。所以在创建 Socket 或 ServerSocket 时必须捕获或抛出异常。

Socket 的常用方法见表 8-14，ServerSocket 的常用方法见表 8-15。

表 8-14　Socket 的主要方法和功能

方法名	功　　能	返回值
bind(SocketAddress bindpoint)	将套接字绑定到本地地址	void
connect(SocketAddress endpoint)	将此套接字连接到服务器	void
connect(SocketAddress endpoint, int timeout)	将此套接字连接到服务器，并指定一个超时值	void
getOutputStream( )	返回此套接字的输出流	OutputStream
getInputStream( )	返回此套接字的输入流	InputStream
close( )	关闭此套接字	void
isConnected( )	返回套接字的连接状态	boolean
isClosed( )	返回套接字的关闭状态	boolean
isBound( )	返回套接字的绑定状态	boolean

表 8-15　ServerSocket 的主要方法和功能

方法名	功　　能	返回值
accept( )	侦听并接收到此套接字的连接	Socket

1. 基于 TCP 协议的 Socket 实现原理

服务器端首先声明一个 ServerSocket 对象并且指定端口号，然后使用“Socket socket=serversocket.accept( )”语句调用 ServerSocket 的 accept( )方法接收客户端的数据；accept( )方法在没有数据需要接收时处于阻塞状态，一旦接收到数据，通过 InputStream 读取接收的数据。

客户端创建一个 Socket 对象，使用“Socket socket=new Socket("172.168.10.108",8080)”

语句指定服务器端的 IP 地址和端口号，通过 InputStream 读取数据，使用“OutputStream outputstream=socket.getOutputStream( )”语句获取服务器发送的数据，最后将要发送的数据写入到 OutputStream 即可进行 TCP 协议的 Socket 数据传输。

下面以 Java SE 平台下的示例介绍基于 TCP 协议的 Socket 实现方式，实现代码请读者参见代码包中 Chap08_08_01 文件夹里的内容。

(1) 客户端实现详细代码如下：

```
public class Client {
    public static void main(String[] args){
        try {
            // 创建一个 Socket 对象，指定服务器端的 IP 地址和端口号
            Socket socket = new Socket("58.192.98.115", 4567);
            // 使用 InputStream 读取硬盘上的文件
            InputStream inputStream = new FileInputStream("f://test/chatfile.txt");
            // 从 Socket 当中得到 OutputStream
            OutputStream outputStream = socket.getOutputStream();
            byte buffer[] = new byte[4 * 1024];
            int temp = 0;
            // 将 InputStream 当中的数据取出，并写入到 OutputStream 中
            while ((temp = inputStream.read(buffer))!= -1){
                outputStream.write(buffer, 0, temp);
            }
            outputStream.flush();
        } catch (IOException e){
            e.printStackTrace();
        }
    }
}
```

(2) 服务器端实现详细代码如下：

```
public class Server {
    public static void main(String[] args){
        // 声明一个 ServerSocket 对象
        ServerSocket serverSocket = null;
        try {
            // 创建一个 ServerSocket 对象，并让这个 Socket 在 4567 端口监听
            serverSocket = new ServerSocket(4567);
            /*调用 ServerSocket 的 accept()方法，接受客户端所发送的请求，如果客户端
没有发送数据，那么该线程就停滞不继续*/
            Socket socket = serverSocket.accept();
            // 从 Socket 当中得到 InputStream 对象
            InputStream inputStream = socket.getInputStream();
            byte buffer[] = new byte[1024 * 4];
            int temp = 0;
            // 从 InputStream 当中读取客户端所发送的数据
            while ((temp = inputStream.read(buffer))!= -1){
                System.out.println(new String(buffer, 0, temp));
            }
```

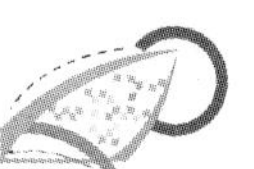

```
        } catch (IOException e){
            e.printStackTrace();
        }
        try {
            serverSocket.close();
        } catch (IOException e){
            e.printStackTrace();
        }
    }
}
```

2. 基于 UDP 协议的数据传输实现原理

服务器端首先创建一个 DatagramSocket 对象，并且指定监听的端口，然后通过如下代码创建一个空的 DatagramSocket 对象用于接收数据。

```
byte data[]=newbyte[1024] ;
DatagramSocket  packet=new DatagramSocket(data, data.length));
```

接着使用 DatagramSocket 的 receive( )方法接收客户端发送的数据，该方法在没有数据需要接收的时候处于阻塞状态。客户端也创建一个 DatagramSocket 对象，并且指定监听的端口。通过“InetAddress serveraddress=InetAddress.getByName("172.168.1.120")”语句创建 InetAddress 对象，这个对象类似于一个网络的发送地址，然后定义要发送的一个字符串和一个 DatagramPacket 对象，并指定数据报发送到网络的那个地址以及端口号，最后使用 DatagramSocket 的对象的 send( )发送数据。代码如下：

```
String str="hello";
Byte data[]=str.getByte();
DatagramPacket packet=new DatagramPacket(data,data.length,serveraddress,4567);
socket.send(packet);
```

下面以 Java SE 平台下的示例介绍基于 UDP 协议的 Socket 实现方式，实现代码请读者参见代码包中 Chap08_08_02 文件夹里的内容。

(1) 客户端实现详细代码如下：

```
public class Client {
    public static void main(String[] args){
        try {
            // 首先创建一个 DatagramSocket 对象
            DatagramSocket socket = new DatagramSocket(5567);
            // 创建一个 InetAddree
            InetAddress serverAddress = InetAddress.getByName("58.192.98.115");
            String str = "hello";
            // 这是要传输的数据
            byte data[] = str.getBytes();
            // 把传输内容分解成字节
            /* 创建一个 DatagramPacket 对象，并指定要将这个数据包发送到网络当中的哪
个地址，哪个端口号*/
```

```
            DatagramPacket packet = new DatagramPacket(data, data. length,
serverAddress, 4567);
            // 调用 Socket 对象的 send()方法，发送数据
            socket.send(packet);
        } catch (Exception e){
            // TODOAuto-generatedatchblock
            e.printStackTrace();
        }
    }
}
```

(2) 服务器端实现详细代码如下：

```
public class Server {
    public static void main(String[] args){
        // 创建一个 DatagramSocket 对象，并指定监听的端口号
        DatagramSocket socket;
        try {
            socket = new DatagramSocket(5567);
            // 创建一个空的 DatagramPacket 对象
            byte data[] = new byte[1024];
            // 使用 receive()方法接收客户端所发送的数据，如果客户端没有发送数据，该进
程就停滞在这里
            DatagramPacket packet = new DatagramPacket(data, data.length);
            socket.receive(packet);
            String result = new String(packet.getData(), packet.getOffset(),
packet.getLength());
            System.out.println("result--->" + result);
        } catch (IOException e){
            e.printStackTrace();
        }
    }
}
```

8.8.2 Android 聊天室的实现

1. *数据交互格式*

对于本案例项目的聊天系统，主要存在登录、传递消息、退出三类数据消息，这三类数据消息都是需要向服务器端发送的数据，为了在服务器端处理这三类数据时不被混淆，采用了如表 8-16 所示的数据格式对三类消息进行格式化。

表 8-16 消息格式表

数据位置	0	1～11	12～13	14～24	25	26～33	34 以后
数据信息	消息种类	目标地址	标识	源地址	—	时间	内容

消息种类：“L”表示登录，“S”表示传递消息，“C”表示退出。

目的地址：要发往特定客户端的手机号码。

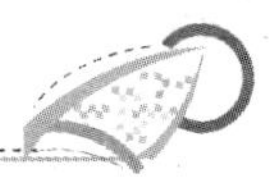

标识：用来标识不同种类的信息符号，其中“$$”表示发送的消息标识，“##”表示客户上下线标识。

源地址：消息来源的客户端手机号码。

时间：获取到的发送消息时的时间。

内容：如果“登录”则为“上线了”，如果“退出”则为“下线了”，如果是“传递消息”则为想发送的内容。

其中对于登录和退出消息，送往服务器端进行拆分后将其目标地址置空，对于传递消息，如果目标地址和源地址相同则表示将该消息发送给所有的客户端，反之，则只是发送到这两个地址的客户端中。

2. 服务器端的实现

(1) 主界面类(Cserver.java)的实现。服务器端就是运行在PC(服务器)上的Java项目，运行效果如图8.12所示。本项目示例创建了Cserver.java类来实现此界面效果，在该界面中，定义了两个命令按钮分别用于启动服务器和关闭服务器，一个文本框用于服务器端接收信息。由于代码内容就是Java编程，本教材不再列出关键代码，请读者参阅代码包中Chap08_08_03文件夹里ChatPC文件夹中的内容。

图8.12　服务器端启动界面

在编写服务器端程序时，本项目示例一共包含5个类，其名称和功能如下。

CServer.java：服务器端主程序，负责界面以及服务端主程序ServerThread的启动，服务端主程序ServerThread又产生BroadCast及ClientThread线程。

BroadCast.java：服务器向客户端广播线程程序，负责向客户端发送消息。

ClientThread.java：维持服务器与单个客户端的连接线程程序，负责接收客户端发来的信息。

ServerThread.java：服务器监听端口线程程序，负责创建服务器端ServerSocket以及监听是否有新客户端连接，并且记录客户端连接以及需要发送的信息。

DoDataBase.java：数据库操作程序，负责连接 Access 数据库以及往数据表中添加聊天信息。

(2) 服务器监听端口线程类(ServerThread.java)的实现。启动程序后，在主界面上有如图 8.12 所示的两个按钮，单击界面上的“启动服务器”按钮时，会创建一个 ServerThread 对象，并执行该对象中的 run( )方法来启动服务器。该类在构造方法中实例化了两个 Vector 数组，分别用来保存 ClientThread 线程(clients)和存放从客户端发来的消息(messages)；此外还对 ServerSocket 进行了初始化，然后启动 BroadCast 方法。代码如下：

```
public ServerThread(){
        /*
          新建两个 Vector
          clients 负责存储所有与服务器建立连接的客户端
          messages 负责存储服务器接收到的未发送出去的全部客户端信息
        */
        clients = new Vector<ClientThread>();
        messages = new Vector<Object>();
        try {
            serverSocket = new ServerSocket(PORT);
        } catch (IOException e){
            e.printStackTrace();
        }
        try {
            myIPAddress = InetAddress.getLocalHost();
        } catch (UnknownHostException e){
            e.printStackTrace();
        }
        //启动播放消息线程，用于向客户端发送消息
        broadcast = new BroadCast(this);
        broadcast.start();
}
```

构造方法执行后，接着执行该线程的 run( )方法，该方法不停地对客户端的连接进行监听，一旦监听到客户端的连接请求，就获得该客户端的 Socket 并将其封装在 ClientThread 线程中，然后启动 ClientThread 线程并将该线程加入 clients 数组中，用以实现服务器向指定客户端(私聊)或所有客户端(群聊)发送数据。由于 clients 属于临界资源，同一时刻只能允许被一个线程操作，因此使用了线程同步方法 synchronized(clients)。代码如下：

```
public void run(){
        while (true){
            try {
                Socket socket = serverSocket.accept();
                ClientThread clientThread = new ClientThread(socket, this);
                clientThread.start();
                if (socket != null){
                    synchronized (clients){
                        clients.addElement(clientThread);
                    }
```

```
            }
        } catch (IOException e){
            e.printStackTrace();
        }
    }
}
```

(3) 维持服务器与单个客户端连接的线程类(ClientThread.java)的实现。当 ServerThread 线程开启了 ClientThread 线程后，通过构造方法获得了客户端的 Socket，然后通过 Socket 的 getInputStream( )方法和 getOutputStream( )方法获取输入输出流。

```
public ClientThread(Socket clientSocket, ServerThread serverThread){
        this.clientSocket = clientSocket;
        this.serverThread = serverThread;
        try {
            in = new DataInputStream(clientSocket.getInputStream());
            out = new DataOutputStream(clientSocket.getOutputStream());
        } catch (IOException e){
            e.printStackTrace();
        }
}
```

执行 Run( )方法监听 Socket 是否有新的消息，然后根据消息的类别对其作相应处理后在控制台上显示出来，并把 message 的第 14 到 25 的子串(username)作为 ClientThread 的唯一标识 ID，此标识可以用来实现从一个客户端向另一个指定客户端发送数据，并利用 doMsg( )方法将 message 拆分后存放到数据库中，同时将 message 压入到 messages 消息队列中。Android 客户端登录后，执行效果如图 8.13 所示。代码如下：

```
public void run(){
    while (true){
        // 读取客户端输入数据
        try {
            String message = in.readUTF();
            //在服务器端窗口显示的信息
            String contentMsg = null;
            synchronized (serverThread.messages){
                if (message != null){
                    doMsg(message);
                    ID = message.substring(14, 25);
                    // 添加数据到服务器端显示
                    serverThread.messages.addElement(message);
                    // 如果消息种类是 S，表示传送信息
                    if (message.subSequence(0, 1).equals("S")){
                        // 如果目标地址与源地址相同，则打印源地址与-后的所有内容
                        if (message.substring(1, 12).equals(   message.substring(14,
25))){
                            contentMsg = message.substring(14, 25)+ "自言自语道：" +
```

```
                        message.substring(34)+"  "+message.substring(26, 34);
                    } else {
                        /* 如果目标地址与源地址不相同，则打印源地址对
                           目标地址说与-后的所有内容*/
                        contentMsg = message.substring(14, 25)+ " 对 "+
                        message.substring(1, 12)+ "说: "+ message.substring(34)+
                         "  "    + message.substring(26, 34);
                        }
                    } else {
                        // 否则输出标识位后面的所有内容
                        contentMsg = message.substring(14, 25)  + message.substring(34)
                        + "  "+ message.substring(26, 34);
                    }
                    // 并将信息加入到主界面的文本框中
                    CServer.msgta.append(contentMsg + '\n');
                }
            }
        } catch (IOException e){
            e.printStackTrace();
            break;
        }
    }
}
private void doMsg(String message){
    String goalid = "";// 接收方地址
    String content = "";// 发送内容
    String catgory = message.substring(0, 1); // 信息标志
    String orgid = message.substring(14, 25); // 发送方地址
    String time = message.substring(26, 34); // 发送时间
    // 如果接收到的信息是 S 开头，表示传递消息，并取出目标地址和信息内容
    if (catgory.equals("S")){
        goalid = message.substring(1, 12);
        content = message.substring(34);
    } else {
    // 如果接收到的信息不是 S 开头，表示为登录或退出，目标地址置空，并取出信息内容
        goalid = "";
        content = message.substring(34);
    }
    try {
        ddb.AddMsg(time, catgory, orgid, goalid, content);
    } catch (Exception e){
        e.printStackTrace();
    }
}
```

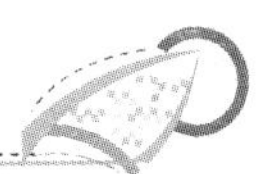

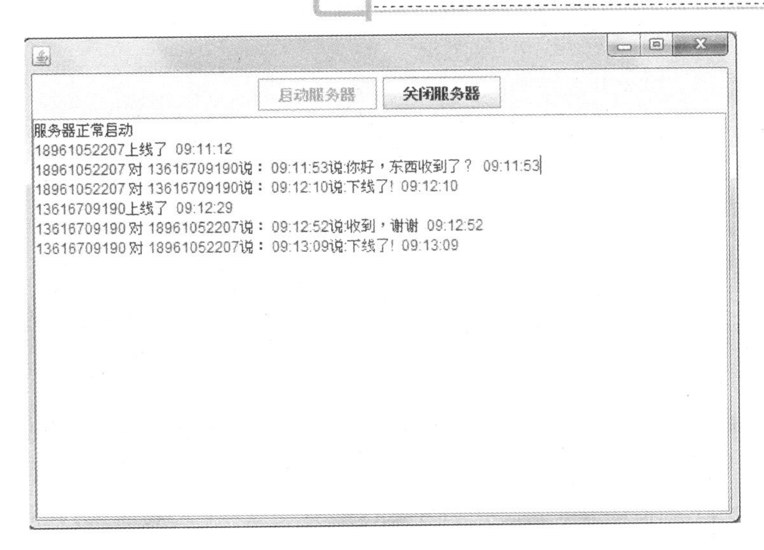

图 8.13　服务器端显示聊天信息

(4) 服务器端向客户端广播线程类(BroadCast.java)的实现。通过 ServerThread 线程调用该类后，ServerThread 类通过 BroadCast 构造方法传给 ServerThread 实例，然后执行该线程的 Run( )方法，每循环一次线程休眠 200ms，然后取出 messages 中尚未发送出去的消息，将消息按其格式拆分后根据其意图送往各个客户端(群聊)或是指定客户端(私聊)。同样，消息数组是临界资源，所以，用到了 synchronized(serverThread.messages)方法，判断该消息为下线，则将根据 ID 删除 Vector 中的 ClientThread 线程。代码如下：

```
public BroadCast(ServerThread serverThread){
      this.serverThread = serverThread;
   }
public void run(){
   while (true){
      try {// 每隔 200ms 取出尚未发送出去的数据
         Thread.sleep(200);
      } catch (InterruptedException e1){
         e1.printStackTrace();
      }
      synchronized (serverThread.messages){
         if (serverThread.messages.isEmpty()){
            continue;
         }
         // 获取消息队列队首消息
         str = (String)this.serverThread.messages.firstElement();
      }
      // 同步发送消息到各个客户端
      synchronized (serverThread.clients){
         System.out.println("当前客户端人数: " + serverThread.clients.size());
         for (int i = 0; i < serverThread.clients.size(); i++){
            // 获取该客户端线程
            clientThread = (ClientThread)serverThread.clients.elementAt(i);
```

```
                // 向客户端中写入数据
                try {
                    clientThread.out.writeUTF(getMsg(str));
                } catch (IOException e){
                    e.printStackTrace();
                }
            }
            this.serverThread.messages.remove(str);
        }
    }
}
```

(5) 数据库操作类(DoDataBase.java)的实现。该类有两个方法：AddMsg( )和 getConnection( )方法。其中 getConnection( )方法用于获取数据库 chatdata 的连接句柄；AddMsg( )方法用于对 chatdata 中的表 messages 进行写操作，即将聊天内容添加到该表中。代码如下：

```
public void AddMsg(String time, String catgory, String orgid,
            String goalid, String content)throws Exception {
        Connection conn = this.getConnection();//建立连接
        PreparedStatement pst = conn.prepareStatement("insert into messages
values(?,?,?,?,?)");
        pst.setString(1, time);        // 发送时间
        pst.setString(2, catgory);     // 发送的消息种类
        pst.setString(3, orgid);       // 发送的源地址
        pst.setString(4, goalid);      // 发送的目的地址
        pst.setString(5, content);     // 发送的内容
        pst.execute();
        conn.close();
}

public Connection getConnection()throws ClassNotFoundException,SQLException {
        // 获得项目路径
        String path = System.getProperty("user.dir");
        String dbpath = path + "" + "\\datafile\\chatdata.mdb";
        // Java 访问 Access 数据库的位置
        String url = "jdbc:odbc:driver={Microsoft Access Driver (*.mdb)};DBQ="+
dbpath;
        Class.forName("sun.jdbc.odbc.JdbcOdbcDriver");
        Connection dbConn = DriverManager.getConnection(url);
        return dbConn;
}
```

3. 客户端的实现

要实现联网功能，必须要用到 Android 系统中联网的权限，即在 AndroidManifest.xml 文件中添加如下内容：

```
<uses-permissionandroid:name="android.permission.INTERNET"/>
```

(1) 主界面(main.xml)的实现。为了让客户端连接服务器端，需要用户输入服务器端的 IP 地址，然后根据 IP 地址和输入的用户名(用户名一般是用户手机号码，也可以输入 11 位数字)进入聊天室；登录成功后，输入聊天对象的用户名(对方的手机号码或登录号码)及发言内容，即可正常聊天。界面运行后的效果如图 8.14 所示。代码实现比较简单，这里不再列出，读者可以参阅代码包中 Chap08_08_03 文件夹里 ChatAndroidClient 文件夹中的内容。

(2) 客户端功能实现。在服务器端 IP 地址、登录用户名按要求输入正确后，单击“进入”按钮，进入聊天室；进入聊天室后，用户可以输入聊天对象用户名和发言内容，单击“发送”按钮即可将聊天信息发送到服务器端，服务器端通过广播方式将相关信息发送给与其连接的所有客户端。运行效果如图 8.15 所示。

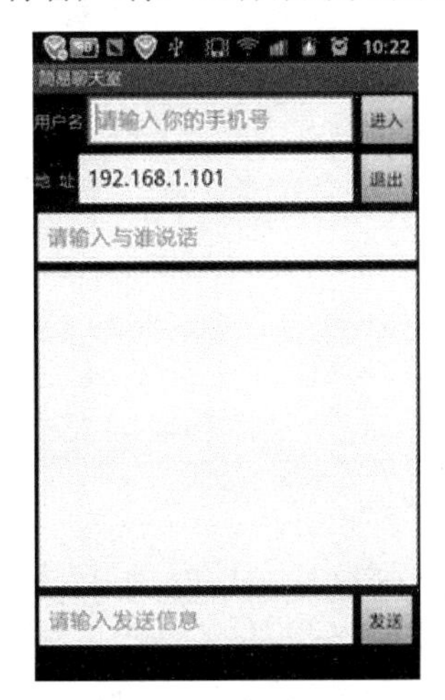

图 8.14　客户端启动界面

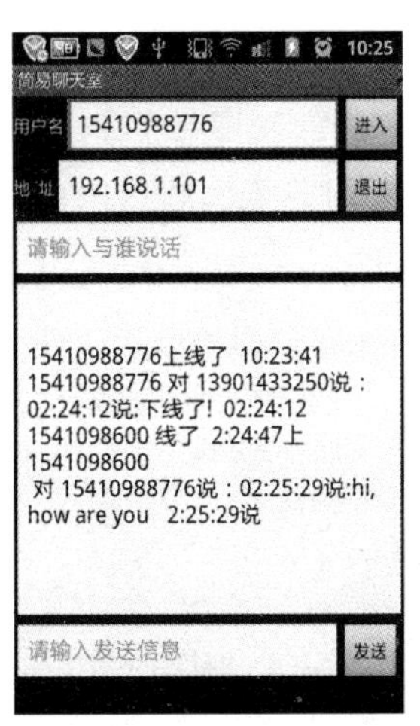

图 8.15　客户端聊天界面

用户登录时，首先判断是否已经在连接状态，如果在连接状态，给出提示，否则按照前面介绍的自定义通信协议，将登录信息封装后发送给服务器端，其代码如下：

```
private void login(){
       String sendInfo=null;
       if (flag == true){
          Toast.makeText(MainActivity.this, "已经登录过了", 1).show();
          return;
       }
       username = userNameEDT.getText().toString().trim();
       friendTel = friendEDT.getText().toString().trim();
       ip = ipEDT.getText().toString().trim();
       if (username != "" && username != null && ip != null){
          try {
             socket = new Socket(ip, PORT);
             in = new DataInputStream(socket.getInputStream());
             out = new DataOutputStream(socket.getOutputStream());
             Date now = new Date(System.currentTimeMillis());
             SimpleDateFormat format = new SimpleDateFormat("hh:mm:ss");
             String nowStr = format.format(now);
```

```
            friendTel="***********";//登录时，表示没有聊天对象
            sendInfo = "L" + friendTel + "##" + username+" "+nowStr + "上线了";
            out.writeUTF(sendInfo);
        } catch (UnknownHostException e){
            e.printStackTrace();
        } catch (IOException e){
            e.printStackTrace();
        }
        Toast.makeText(MainActivity.this, sendInfo, 1).show();
        thread = new Thread(MainActivity.this);
        thread.start();
        flag = true;
    }
}
```

用户发送信息时，先判断该用户有没有登录，如果登录了，就正常发送，否则给出提示信息，代码如下：

```
private void send(){
        if (flag == false){
            Toast.makeText(MainActivity.this, "没有登录，请登录", 1).show();
            return;
        }
        friendTel = friendEDT.getText().toString().trim();
        chat_txt = messageEDT.getText().toString();
        String sendInfo;
        Date now = new Date(System.currentTimeMillis());
        SimpleDateFormat format = new SimpleDateFormat("hh:mm:ss");
        String nowStr = format.format(now);
        sendInfo = "S" + friendTel + "$$" + username+" "+nowStr + "说:";
        if (chat_txt != null){
            try {
                out.writeUTF(sendInfo+chat_txt);
            } catch (IOException e){
                e.printStackTrace();
            }
        } else {
            try {
                out.writeUTF(sendInfo+"请说话");
            } catch (IOException e){
                e.printStackTrace();
            }
        }
}
```

退出聊天室时，发送退出信息给服务器，并关闭与服务器连接的 Socket 和退出聊天主界面，代码如下：

```
private void exitS(){
        if (flag == false){
           Toast.makeText(MainActivity.this, "没有登录，请登录", 1).show();
           return;
        }
        friendTel = friendEDT.getText().toString().trim();
        String  sendInfo;
        Date now = new Date(System.currentTimeMillis());
        SimpleDateFormat format = new SimpleDateFormat("hh:mm:ss");
        String nowStr = format.format(now);
        sendInfo = "S" + friendTel + "$$" + username+" "+nowStr + "说:";
        try {
           out.writeUTF(sendInfo+ "下线了!");
           out.close();
           in.close();
           socket.close();
        } catch (IOException e){
           // TODO Auto-generated catch block
           e.printStackTrace();
        }
        flag = false;
        Toast.makeText(MainActivity.this, "已经退出", 1).show();
        System.exit(0);
        MainActivity.this.finish();
}
```

客户端运行时，不断检测有没有服务器端发来的消息，并进行相应的处理，这个工作是由线程来实现的，本示例项目通过实现run( )来完成此功能，实现代码如下：

```
public void run(){
        while (true){
            try {
                chat_in = in.readUTF();
                chat_in += "\n";
                mhandler.sendMessage(mhandler.obtainMessage());
            } catch (IOException e){
                // TODO Auto-generated catch block
                e.printStackTrace();
            }
        }
}
Handler mhandler = new Handler(){
        public void handleMessage(Message msg){
            historyEDT.append(chat_in);
            super.handleMessage(msg);
        }
};
```

8.9　在线英汉双译字典的设计与实现

英汉字典作为一种工具，能够查找英语单词的中文意思，使用户更容易学习英语。学习英语离不开字典，要学好和掌握英语，使用英语词典是主要方法之一。随着网络应用的发展，很多人已不习惯带着传统字典学习英语，而随着智能终端和 3G 网络的普及，使用英汉电子词典成为一种趋势。在线英汉双译字典主要通过 HTTP 通信在线实现英汉互译、单词发音的功能，极大方便了用户。

8.9.1　预备知识

在 Android 系统中提供了 HttpURLConnetction 接口和 Apache 接口(HttpClient)实现与服务器的 HTTP 通信，并有 Post 和 Get 两种请求方式。Get 请求可以获取静态页面，也可以把参数放在 URL 字串后面，传递给 HTTP 服务器，Post 与 Get 的不同之处在于 Post 的参数不是放在 URL 字串里面，而是放在 HTTP 请求的正文内。

1．HttpURLConnetction 接口

HttpURLConnection 属于 Java API 的标准接口，包含在包 java.net.*中。HttpURLConnection 是 Java 的标准类，继承自 URLConnection 类，URLConnection 与 HttpURLConnection 都是抽象类，无法直接实例化对象，其对象主要通过 URL 的 openConnection 方法获得。使用该接口的步骤如下。

(1) 创建 URL 和 HttpURLConnetction 对象，部分代码如下：

```
URL url = new URL("http://www.baidu.com");
HttpURLConnection urlConn = (HttpURLConnection)url.openConnection();
```

(2) 设置连接参数，部分代码如下：

```
//设置输入/输出流
connection.setDoOutput(true);
connection.setDoInput(true);
//设置请求的方式为 Get 或者 Post，默认方式为 Get
connection.setRequestMethod("GET");
connection.setRequestMethod("POST");
//在设置 POST 方式时要注意，POST 请求方式不能够使用缓存
connection.setUseCaches(false);
```

(3) 连接服务器。

(4) 向服务器写数据。

(5) 从服务器读数据。

(6) 关闭连接。

使用 URLConnection 的 Get 方式连接 HTTP 服务器的关键代码如下：

```
private String urlGetConn(String urlStr){
      String content = "";
```

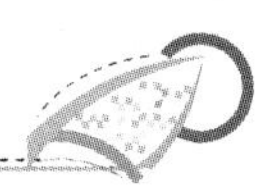

```
        try {
            //创建 URL 对象
            URL url = new URL(urlStr);
            //使用 HttpURLConnection 打开连接
            HttpURLConnection httpconn = (HttpURLConnection)url.openConnection();
            if (httpconn.getResponseCode()== HttpURLConnection.HTTP_OK){
                Toast.makeText(getApplicationContext(),
                        "以Get 方式连接HTTP 服务器成功!", Toast.LENGTH_SHORT).show();
                //得到读取的内容(流)
                InputStreamReader in = new InputStreamReader(httpconn.getInputStream(),
"utf-8");
                //为输出创建 BufferedReader
                BufferedReader buffer = new BufferedReader(in);
                String inputLine = null;
                //使用循环来读取获得的数据
                while ((inputLine = isr.readLine())!= null){
                    content = content + inputLine+ "\n";
                }
                in.close();
            }
            // 关闭连接
            httpconn.disconnect();
        } catch (Exception e){
            Toast.makeText(getApplicationContext(), "以Get 方式连接HTTP 服务器失败! ",
                    Toast.LENGTH_SHORT).show();
            e.printStackTrace();
        }
        return content;
    }
```

urlGetConn( )方法的 urlStr 参数表示请求的 URL 地址，此代码可以实现带参数和不带参数的 Http 请求。如果是不带参数的 HTTP 请求，urlStr 的值可以为“http://ie.nnutc.edu.cn/web/mp3/title.txt”格式；如果是带参数的 HTTP 请求，urlStr 的值可以为“https://reg.163.com/logins.jsp?id=helloworld&pwd=android”格式，其中 id 和 pwd 是形式参数，helloworld 和 android 是实际参数值。

在 Post 方式中，openConnection 方法只创建了 URLConnection 或者 HttpURLConnection 实例，但并不进行真正的连接操作。并且，每次 openConnection 都将创建一个新的实例。因此，连接之前需要对其一些属性进行操作，如超过时间等，如上述接口使用步骤(2)。使用 URLConnection 的 Post 方式连接 HTTP 服务器的关键代码如下：

```
    private String urlPostConn(String urlStr,String postTransferData){
        String resultData = "";
        URL url = null;
        try {
            url = new URL(urlStr);
            //使用 HttpURLConnection 打开连接
            HttpURLConnection urlConn = (HttpURLConnection)url.openConnection();
```

```
            //因为要求使用 Post 方式提交数据,需要设置为 true
            urlConn.setDoOutput(true);
            urlConn.setDoInput(true);
            //设置为 Post 方式,注意此处的"POST"必须大写
            urlConn.setRequestMethod("POST");
            //Post 请求不能使用缓存
            urlConn.setUseCaches(false);
            urlConn.setInstanceFollowRedirects(true);
            //配置本次连接的 Content-Type
            urlConn.setRequestProperty("Content-Type","application/x-www-
form-urlencoded");
            urlConn.connect();
            // DataOutputStream 流上传数据
            DataOutputStream out = new DataOutputStream(urlConn.getOutputStream());
            //要上传的参数
            String content = "par="+ URLEncoder.encode(postTransferData, "gb2312");
            //将要上传的内容写入流中
            out.writeBytes(content);
            //刷新,关闭
            out.flush();
            out.close();
            //得到读取的数据
            InputStreamReader in = new InputStreamReader(urlConn.getInputStream());
            BufferedReader buffer = new BufferedReader(in);
            String str = null;
            while ((str = buffer.readLine())!= null){
                resultData += str + "\n";
            }
            in.close();
            urlConn.disconnect();
        } catch (IOException e){
            e.printStackTrace();
        }
        return resultData;
}
```

urlPostConn( )方法含有两个参数，urlStr 参数表示请求的 URL 地址，postTransferData 参数表示 HTTP 请求参数，此代码实现的是带参数的 HTTP 请求。在 urlPostConn( )方法中，对 connection 对象的所有配置(即代码中含有 set 的方法)都必须要在 connect( )方法执行之前完成。而对 OutputStream 的写操作，又必须要在 InputStream 的读操作之前，这些顺序实际上是由 HTTP 请求的格式决定的。在发送 Get 请求时，不需要设置指定的请求头，而发送 Post 请求时，需要将 content-type 头配置为 application/x-www-form-urlencoded，表示正文是 urlencoded 编码过的 Form 参数，也就是下面的 content 就是对正文内容使用 URLEncoder.encode 进行编码，否则服务器端脚本无法解析发送到服务器端的数据内容。

2. HttpClient 接口

Apache 提供了 HttpClient 接口，其对 java.net 中的类做了封装和抽象。更适合在 Android

上开发联网应用。要使用 HttpClient 必须了解下面几种常用类。

(1) HttpClient 接口，它有一个实现类 DefaultHttpClient，该类的主要方法和功能见表 8-17。

表 8-17　DefaultHttpClient 类的方法和功能

方法名	功　能	返回值
DefaultHttpClient( )	创建一个实例化对象	HttpClient
execute(HttpUriRequest request)	通过 HttpUriRequest 对象执行	HttpResponse
execute(HttpUriRequest request, HttpContext context)	通过 HttpUriRequest 对象和 HttpContext 执行	HttpResponse

(2) HttpUriRequest 接口，它有两个实现类：HttpGet 类和 HttpPost 类，它们的主要方法分别见表 8-18 和表 8-19。

表 8-18　HttpGet 类的方法和功能

方法名	功　能	返回值
HttpGet( )	无参数构造方法用以实例化对象	HttpGet
HttpGet(URI uri)	通过 URI 对象构造 HttpGet 对象	HttpGet
HttpGet(String uri)	通过指定的 uri 字符串构造 HttpGet 对象	HttpGet

表 8-19　HttpPost 类的方法和功能

方法名	功　能	返回值
HttpPost( )	无参数构造方法用以实例化对象	HttpPost
HttpPost(URI uri)	通过 URI 对象构造 HttpPost 对象	HttpPost
HttpPost(String uri)	通过指定的 uri 字符串构造 HttpPost 对象	HttpPost
setEntity(HttpEntity entity)	为 Post 设置 HTTP 实体	void

(3) HttpEntity 接口，它有一个实现类 UrlEncodedFormEntity。也可以通过 EntityUtils 类，它是一个 final 类，一个专门用于处理 HttpEntity 的帮助类，它们的主要方法分别见表 8-20 和表 8-21。

表 8-20　HttpEntity 接口的方法和功能

方法名	功　能	返回值
getContent ( )	得到一个输入流对象，可以用这个流来操作文件(如保存文件到 SD 卡)	InputStream
getContentType ( )	得到 Content-Type 信息头	Header
getContentEncoding ( )	得到 Content-Encoding 信息头	Header

表 8-21　EntityUtils 类的方法和功能

方法名	功　能	返回值
getContentCharSet (HttpEntity entity)	获得 HttpEntity 对象的 ContentCharset	String
toByteArray (HttpEntity entity)	将 HttpClient 转换成一个字节数组	byte[ ]
toString (HttpEntity entity, String defaultCharset)	通过指定的编码方式取得 HttpEntity 里字符串内容	String
toString (HttpEntity entity)	取得 HttpEntity 里字符串内容	String

UrlEncodedFormEntity 类有两个构造方法，用于向请求对象中写入请求实体(包含请求参数(NameValuePair))，其格式如下：

```
UrlEncodedFormEntity(List<? extends NameValuePair> params)
UrlEncodedFormEntity (List<? extends NameValuePair> parameters, String encoding)
```

(4) NameValuePair 接口，它是一个简单的封闭的键值对，提供了 getName( )和 getValue( )方法分别获取键和值；它有一个实现类 Basic NameValuePair，用于直接设置请求参数的名称和请求参数的值，其构造方法如下:

```
BasicNameValuePair(String name , String value)
```

(5) HttpResponse 接口，定义了一系列的 set、get 方法，见表 8-22。

表 8-22　HttpResponse 接口的方法和功能

方法名	功　能	返回值
getEntity ( )	得到一个 HttpEntity 对象	HttpEntity
getStatusLine ( )	得到一个 StatusLine 接口的实例对象	StatusLine
getLocale ( )	得到 Locale 对象	Locale

StatusLine，就是 HTTP 协议中的状态行，HTTP 状态行由三部分组成：HTTP 协议版本、服务器发回的响应状态代码、状态码的文本描述。HTTP 状态行信息封装在 StatusLine 接口中，该接口包含的方法和功能见表 8-23。

表 8-23　StatusLine 接口的方法和功能

方法名	功　能	返回值
getProtocolVersion ( )	得到一个 ProtocolVersion 对象	ProtocolVersion
getReasonPhrase ( )	状态码的文本描述	String
getStatusCode ( )	得到响应状态码	int

ProtocolVersion 是一个 HTTP 版本的封装类，在这个类里定义了一系列的方法，getProtocol( )方法取得协议名称，getMinor( )方法取得 HTTP 协议的版本。

在熟悉上面的所有常用 API 后，就可能通过 Apache HttpClient 来访问 HTTP 资源，使用 HttpClient 与 HTTP 服务器连接的步骤如下。

(1) 创建 HttpClient 对象、HttpGet 或 HttpPost 请求对象。

(2) 设置连接参数(仅 HttpPost 请求需要)。

(3) 执行 HTTP 操作。

(4) 处理服务器返回结果。

使用 HttpClient 的 Get 方式连接 HTTP 服务器的关键代码如下：

```
protected String httpClientGet(String urlStr){
        String content = "";
        // 创建 HttpClient 对象
        HttpClient httpclient = new DefaultHttpClient();
        // 创建 HttpGet 对象
        HttpGet httpget = new HttpGet(urlStr);
        try {
            HttpResponse httpResponse = httpclient.execute(httpget);
            // 获取返回的数据
            content = EntityUtils.toString(httpResponse.getEntity(), "UTF-8");
            Toast.makeText(getApplicationContext(), "连接服务器成功!",
                    Toast.LENGTH_SHORT).show();
        } catch (Exception e){
            Toast.makeText(getApplicationContext(), "连接服务器失败",
                    Toast.LENGTH_SHORT).show();
        }
        httpclient.getConnectionManager().shutdown();
        return content;
}
```

使用 HttpClient 的 Post 方式连接 HTTP 服务器的关键代码如下：

```
private String httpClientPost(String urlStr){
        // urlStr 为需要获取的内容来源地址
        String content = "";
        try {
            // 根据内容来源地址创建一个 HTTP 请求
            HttpPost request = new HttpPost(urlStr);
            ArrayList<BasicNameValuePair> params = new ArrayList<BasicNameValuePair>();
            // 添加必需的参数
            params.add(new BasicNameValuePair("theCityCode", "成都"));
            params.add(new BasicNameValuePair("theUserID", ""));
            // 设置参数的编码
            request.setEntity(new UrlEncodedFormEntity(params, HTTP.UTF_8));
            // 发送请求并获取反馈
            HttpResponse httpResponse = new DefaultHttpClient().execute(request);
            // 解析返回的内容
            if (httpResponse.getStatusLine().getStatusCode()!= 404){
                String result = EntityUtils.toString(httpResponse.getEntity());
                content = result.toString();
            }
        } catch (Exception e){
            Toast.makeText(getApplicationContext(), "连接服务器失败",
```

```
                Toast.LENGTH_SHORT).show();
        }
        return content;
    }
```

8.9.2 在线英汉双译字典的实现

1. 主界面的设计

主界面上放置了一个 EditText，用于输入要翻译的词语，两个 ImageButton，一个用于单击后连接网络进行翻译，一个用于播放读音，还有 3 个 TextView，分别用于显示原词语、音标(或拼音)、翻译结果。整个布局文件代码比较简单，代码不再列出，请读者参见代码包中 Chap08_09_01 文件夹里的内容，运行后的效果如图 8.16 所示。

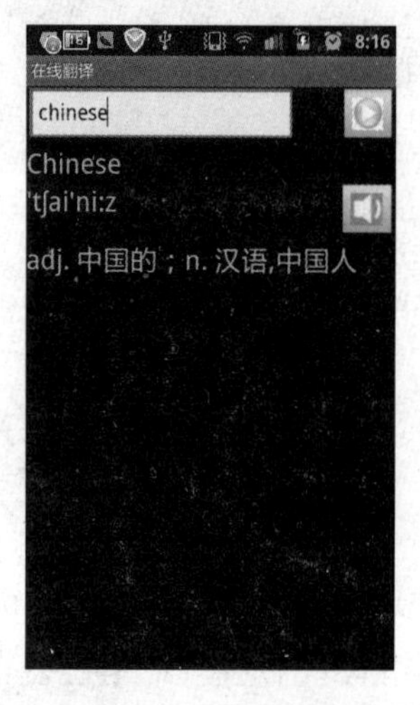

图 8.16　字典主界面

2. 功能实现

要实现在线英汉双译的功能，必须要用到 Android 系统中联网的权限，即在 AndroidManifest.xml 文件中添加如下内容：

```
<uses-permissionandroid:name="android.permission.INTERNET"/>
```

(1) XML 格式的字符串的解析。本示例项目开发中使用了中英文双向翻译永久免费的 Web 服务网站——http://fy.webxml.com.cn/webservices/EnglishChinese.asmx，该网站提供词典翻译、音标(拼音)、解释、相关词条、读音等功能。在线英汉双译字典实现了英汉互译、读音两个基本功能，英汉互译使用该服务的 TranslatorString( )方法，此方法输入参数 wordKey 后，返回 XML 格式的字符串内容，如图 8.17 所示，此格式字符串中，第一个<string>是输入的内容，第二<string>是音标(拼音)，第四个<string>是翻译释义，第五个<string>是对应词语读音的 mp3 文件名。

```
<?xml version="1.0" encoding="UTF-8"?>
- <ArrayOfString xmlns="http://WebXml.com.cn/" xmlns:
    <string>Chinese</string>
    <string>'tʃai'ni:z</string>
    <string/>
    <string>adj. 中国的; n. 汉语,中国人</string>
    <string>4699.mp3</string>
  </ArrayOfString>
```

图 8.17　返回的 XML 格式字符串

为了将 XML 格式的字符串内容解析出来，此处自定义了方法 parseXml(String protocolXML, String fieldName)来实现，该方法实现时将 5 个<string>后的内容分别放入一个字符串数组 temp[i]中。实现代码如下：

```
public void parseXml(String protocolXML, String fieldName){
        try {
            // 得到 DOM 解析器的工厂实例
            DocumentBuilderFactory factory = DocumentBuilderFactory.newInstance();
            // 从 DOM 工厂获得 DOM 解析器
            DocumentBuilder builder = factory.newDocumentBuilder();
            // 把要解析的 XML 格式字符串转化为输入流，以便 DOM 解析器对它进行解析
            InputStream inputStream = new ByteArrayInputStream(protocolXML.getBytes());
            // 解析 XML 文档的输入流，得到一个 Document
            Document doc = builder.parse(inputStream);
            // 得到 XML 文档的根节点
            Element root = doc.getDocumentElement();
            // 得到节点的 string 子节点
            NodeList wordInfo = root.getElementsByTagName(fieldName);
            if (wordInfo != null){
                // 轮询子节点，并取出子节点的值
                for (int i = 0; i < wordInfo.getLength(); i++){
                    Element wordSingle = (Element)wordInfo.item(i);
                    Node t = wordSingle.getFirstChild();
                    temp[i] = "";
                    // 由于 t 返回的可能为空，即<string/>这一项是没有
                    // 值的，若不用如下方法处理，遇到 null 退出循环
                    if (t == null){
                        temp[i] = "";
                    } else {
                        temp[i] = t.getNodeValue();
                    }
                }
            } else {
```

```
                Toast.makeText(MainActivity.this, "对不起,没有该词语!", 2).show();
            }
        } catch (Exception e){
            e.printStackTrace();
        }
}
```

该方法使用 DOM 解析器解析 XML 格式文档，它有两个参数：protocolXML 表示要解析的 XML 格式字符串，fieldName 表示子节点名，详细步骤读者可参阅源代码中的注释，限于篇幅不再详述。

(2) 通过 HttpClient 的 Post 方式实现与 Http 服务器连接，代码如下：

```
public String httpClientPost(String findWord){
        String res = null;
        String Server_URL = nameSpace + "/" + methodStr;
        HttpPost request = new HttpPost(Server_URL);
        ArrayList<BasicNameValuePair> params = new ArrayList<BasicNameValuePair>();
        params.add(new BasicNameValuePair("wordKey", findWord));
        try {
            request.setEntity(new UrlEncodedFormEntity(params, HTTP.UTF_8));
            HttpResponse httpResponse = new DefaultHttpClient().execute(request);
            if (httpResponse.getStatusLine().getStatusCode()!= 404){
                res = EntityUtils.toString(httpResponse.getEntity());
            }
        } catch (IOException e){
            e.printStackTrace();
        }
        return res;
}
```

该方法使用 HttpPost 实现与 Http 的连接，通过 BasicNameValuePair 对象传递参数给 HTTP 服务器，“new BasicNameValuePair("wordKey", findWord)”语句中，wordKey 表示参数名，findWord 表示参数值。由 HttpResponse.getEntity( )获得响应对象，并通过 EntityUtils.toString( )方法将此响应对象转换为 string 类型返回给调用方法。

(3) 按钮事件代码如下：

```
enterBtn.setOnClickListener(new OnClickListener(){
            @Override
            public void onClick(View arg0){
                String word = edtWord.getText().toString();
                if (word.trim().length()== 0){
                    Toast.makeText(MainActivity.this, "请输入翻译内容!", 2).show();
                    return;
                }
                String str = httpClientPost(word);
                parseXml(str, "string");
                txtWord.setText(temp[0]);
                txtPinYin.setText(temp[1]);
                txtContent.setText(temp[3]);
            }
});
```

此代码中 edtWord 表示用户输入待翻译词语的 EditText，txtWord、txtPinYin、txtContent 分别表示放置原词语、音标(拼音)、词语释义内容的 TextView。temp[0]、temp[1]、temp[3]是由 parseXml( )方法中解析的 XML 格式字符串的内容。

(4) 按钮事件代码如下：

```
soundBtn.setOnClickListener(new OnClickListener(){
        @Override
        public void onClick(View arg0){
            if (temp[4].trim().length()== 0){
                Toast.makeText(MainActivity.this, "对不起，没有该词的读音！
", 2).show();
                return;
            }
            String mp3URL = "http://fy.webxml.com.cn/sound/" + temp[4];
            MediaPlayer mediaPlayer = new MediaPlayer();
            try {
                mediaPlayer.setDataSource(mp3URL);
                mediaPlayer.prepare();
                mediaPlayer.start();
            } catch (IOException e){
                e.printStackTrace();
            }
        }
    });
```

此代码中 temp[4]存放的是单词的读音对应的 mp3 文件名，然后使用 MediaPlayer 类中提供的方法播放音乐文件。

至此，在线英汉双译字典就已完成，英译汉的运行效果如图 8.18 所示，汉译英的运行效果如图 8.19 所示。读者可以在此示例项目基础上完善该字典功能，如将查找到的内容保存在本地数据库，以便下次使用时，先查找本地数据库中的词语，如果没有再联网查找。

图 8.18　英译汉界面

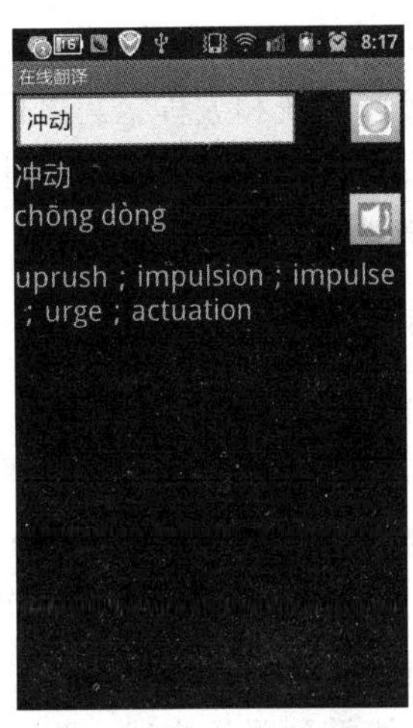

图 8.19　汉译英界面

8.10 天气预报查询系统的设计与实现

随着3G时代的到来，移动互联网成为Internet下一个热点，其中庞大的计算机系统可以为位于全世界任何可以使用卫星天线位置的大量微型终端提供服务。这种配置的无线远程终端即被称为云。就像云到处移动和随风变化那样，这些微型手持设备的操作模式也是如此，终端变得越来越小，功能越来越强，可移植性增强了许多，服务器的功能也越来越强大，通过软件虚拟化并根据使用收费，能更好地满足用户的数据需求。而Android系统可以达到新的高度并让用户体验前所未有的移动计算。基于Android移动设备端查询需求越来越多，城市天气预报就是其中最常用的应用之一。本项目示例通过单击Android手机天气预报应用的下拉菜单显示的城市名称，将城市名称传送到云端服务器从而获得该城市的天气预报信息。用户也可以通过单击更多信息按钮，从云端服务器返回该城市的气压、湿度、风速、能见度等信息。

8.10.1 预备知识

1. Web Service介绍

Web Service是一种构建应用程序的普遍模型，可以在任何支持网络通信的操作系统中实施运行，它是一种新的Web应用程序分支，是自包含、自描述的可用网络模块，可以执行具体的业务功能。Web Service是一个应用组件，它逻辑性地为其他应用程序提供数据与服务。各应用程序通过网络协议和规定的一些标准数据格式(如HTTP、XML、SOAP等)来访问Web Service，通过Web Service内部执行得到所需结果。Web Service可以执行从简单的请求到复杂商务处理的任何功能。一旦部署以后，其他Web Service应用程序可以发现并调用它部署的服务。

Web Service使用基于XML的消息处理，作为基本的数据通信方式，消除使用不同组件模型、操作系统和编程语言之间存在的差异，使异构系统能作为单个计算机网络协同运行。Web Service建立在一些通用协议的基础上，如HTTP、SOAP、XML、WSDL、UDDI等。这些协议在涉及到操作系统、对象模型和编程语言时，没有任何倾向，因此具备很强的生命力。

2. Web Service的特点

Web Service的主要目标是跨平台。为了达到这一目标，Web Service完全基于XML(可扩展标记语言)、XSD(XML Schema)等独立于平台、独立于软件供应商的标准，是创建可互操作的、分布式应用程序的新平台。

封装性：Web Service是一种部署在Web应用上的对象，具备良好的封装性。对使用者而言，仅能看到服务描述，而该服务的具体实现、运行平台都是透明，调用者无须关心，也无法关心。Web Service作为整体提供服务。

松散耦合：当 Web Service 的实现发生改变时，调用者是无法感受到这种改变的。对调用者而言，只要服务实现的接口没有变化，具体实现的改变是完全透明的。

使用标准协议：Web Service 所有的公共协议都使用标准协议描述、传输和交换。这些标准协议在各种平台上完全相同。

高度整合的能力：由于 Web Service 采用简单的、易理解的标准 Web 协议作为通信协议，完全屏蔽了不同平台的差异，无论是 CORBA、DCOM 还是 EJB，都可以通过这种标准的协议进行互操作，实现系统的最高可整合性。

高度的开放性：Web Service 可以与其他的 Web Service 进行交互，具有语言和平台无关性，支持 CORBA、EJB、DCOM 等多种组件标准，支持各种通信协议，如 HTTP、SMTP、FTP 和 RMI(Remote Method Invocation，远程方法调用)等。

3. Web Service 的主要技术

Web Service 建立在一些技术标准上，设计的主要技术包括 SOAP(Simple Object Access Protocol，简单对象访问协议)、WSDL(Web Service Description Language，Web Service 描述语言)和 UDDI(Universal Description，Discovery and Integration，统一描述、发现和整合协议)。

本项目示例主要使用 SOAP 技术进行开发，所以这里对 SOAP 技术进行简单介绍。

SOAP(简单对象访问协议)是一种轻量级的、简单的、基于 XML 的协议，它被设计成在 Web 上交换结构化的和固化的信息。SOAP 可以和现存的许多因特网协议和格式结合使用，包括超文本传输协议(HTTP)、简单邮件传输协议(SMTP)、多用途网际邮件扩充协议(MIME)。它还支持从消息系统到远程过程调用(RPC)等大量的应用程序。SOAP 包括以下 4 个部分。

(1) SOAP 封装(Envelop)，它定义了一个框架，描述消息中的内容是什么，是谁发送的，谁应当接收并处理它以及如何处理。

(2) SOAP 编码规则(Encoding Rules)，它定义了一种序列化的机制，用于表示应用程序需要使用的数据类型的实例。

(3) SOAP RPC 表示(RPC Representation)，它定义了一个协定，用于表示远程过程调用和应答。

(4) SOAP 绑定(Binding)，它定义了 SOAP 使用哪种协议交换信息。可以使用的协议包括 HTTP、TCP、UDP 等。

在 Android SDK 中并没有提供调用 Web Service 的库，因此，需要使用第三方类库(KSOAP2)来调用 Web Service。下面将介绍在 Android 开发中通过 KSOAP2 调用 Web Service 的具体方法。

KSOAP2 是 Enhydra.org 的一个开源作品，是 EnhydraME 项目的一部分。ksoap2-android-assembly-2.5.4-jar-with-dependencies.jar 是 KSOAP2 在 Android 下的一个移植版本，利用它可以非常方便地访问 Web Service。它的常用接口见表 8-24。

表 8-24　StatusLine 接口的方法和功能

接口名	功　能
org.ksoap2.SoapObject	用于创建 SOAP 对象，实现 SOAP 调用
org.ksoap2.SoapEnvelope	实现了 SOAP 标准中的 SOAP Envelope，封装了 head 对象和 body 对象
org.ksoap2.SoapSerializationEnvelope	是 KSOAP2 中对 SOAP Envelope 的扩展，支持 SOAP 序列化(Serialization)格式规范，可以对简单对象自动进行序列化
org.ksoap2.Transport.HttpTransport	用于进行 Internet 访问/请求，获取服务器 SOAP

在使用 ksoap2-android 前，先从网络上下载 ksoap2-android-assembly-2.5.4-jar-with-dependencies.jar 或更高版本的包，然后把 jar 包添加到 Android 工程中，添加步骤如下。

(1) 将 ksoap2-android-assembly-2.5.4-jar-with-dependencies.jar 包复制到 libs 目录下(如果没有该目录，需要用户自己创建，也可以是其他目录)。

(2) 在 Eclipse 项目上右击，选择 Build Path 选项，选择 Configure Build Path 选项，打开项目属性的 Java Build Path 属性，选择 Libraries 选项卡，单击 Add Jars 按钮，弹出 JAR Selection 对话框，选择此项目中的 libs 目录中的 jar 包文件，单击 OK 按钮即可。

下面详细介绍调用 Web Service 的步骤。

(1) 实例化 SoapObject 对象，指定 Web Service 的命名空间(从相关 WSDL 文档中可以查看命名空间)，以及调用方法名称。关键代码如下：

```
//命名空间
private static final String serviceNameSpace="http://WebXml.com.cn/";
//调用方法(获得支持的城市)
private static final String getSupportCity="getSupportCity";
//实例化 SoapObject 对象
SoapObject request=new SoapObject(serviceNameSpace, getSupportCity);
```

(2) 设置调用方法的参数和参数值(若没有参数，此步骤可以省略)。代码如下：

```
request.addProperty("参数名称 1","参数值 1");
request.addProperty("参数名称 2","参数值 2");
```

要注意的是，addProperty( )方法的第一个参数虽然表示调用方法的参数名，但该参数值并不一定与服务器端的 Web Service 类中的方法参数名一致，只要设置参数的顺序一致即可。

(3) 设置 SOAP 请求信息(参数部分为 SOAP 协议版本号，与要调用的 Web Service 中的版本号一致)。代码如下：

```
//获得序列化的 Envelope
SoapSerializationEnvelope envelope=new SoapSerializationEnvelope(SoapEnvelope.VER11);
envelope.bodyOut=request;
```

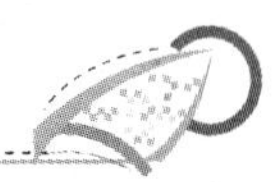

创建 SoapSerializationEnvelope 对象时需要通过 SoapSerializationEnvelope 类的构造方法设置 SOAP 协议的版本号，该版本号需要根据服务端 Web Service 的版本号设置，见表 8-25。在创建 SoapSerializationEnvelope 对象后，一定要设置 SOAPSoapSerialization Envelope 类的 bodyOut 属性，该属性的值就是在第一步创建的 SoapObject 对象。提供 Web Service 服务的服务器是.NET 环境，必须在此处增加语句“envelope.dotNet = true;”。

表 8-25　SOAP 协议的版本号

SOAP 规范	版本号
SOAP 1.0	SoapEnvelope.VER10
SOAP 1.1	SoapEnvelope.VER11
SOAP 1.2	SoapEnvelope.VER12

(4) 通过传递 SOAP 数据的目标地址(WSDL 文档的 URL)实例化传输 HttpTransportsSE 对象。代码如下：

```
private static final String serviceURL="http://…webservices/weatherwebservice.asmx";
HttpTransportSE transport=new HttpTransportSE (serviceURL,2000);
transport.debug=true;
```

(5) 使用 call( )方法调用 Web Service 方法(其中参数为：①命名空间+方法名称；②Envelope 对象)。代码如下：

```
transport.call(serviceNameSpace+methodName, envelope);
```

(6) 获得 Web Service 方法的返回结果，返回结果可以使用如下两种方法获得：

方法一：

```
detail =(SoapObject)envelope.getResponse();
```

方法二：

```
SoapObject result = (SoapObject)envelope.bodyIn;
detail = (SoapObject)result.getProperty("getWeatherbyCityNameResult");
```

(7) 解析 SoapObject 对象。代码如下：

```
for (int i = 0; i < detail.getPropertyCount(); i++){
    System.out.println("detail.getProperty(" + i + ")" + detail.getProperty(i));
}
```

(8) 设置访问网络的权限。在 AndroidManifest.xml 文件中加入 uses-permission 项，代码如下：

```
<manifest …>
…
   <application …>
      …
```

```
    </application>
<uses-permission android:name="android.permission.INTERNET"></uses-permission>
 ...
</manifest>
```

8.10.2 天气预报查询系统的实现

1. 主界面的设计

主界面上放置了两个 Spinner 组件，一个用于显示从 Web Service 服务器上读取的全国所有省份信息，一个用于显示省份对应的城市信息。3 个 TextView 组件分别用于显示今天、明天、后天的天气信息。整个布局文件代码比较简单，不再列出，请读者参见代码包中 Chap08_10_01 文件夹里的内容，运行后效果如图 8.20 和图 8.21 所示。

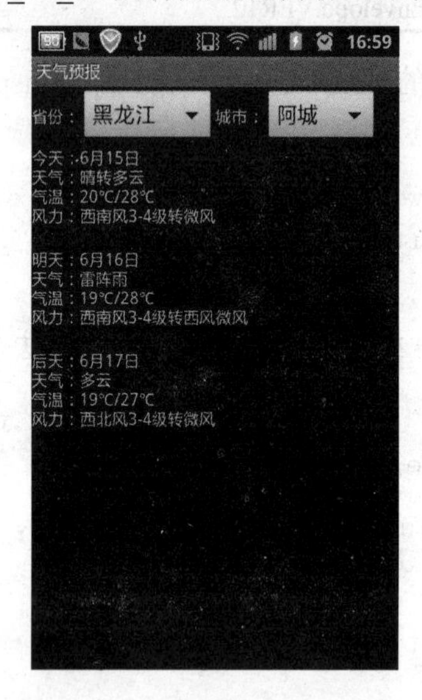

图 8.20 天气预报运行后的界面

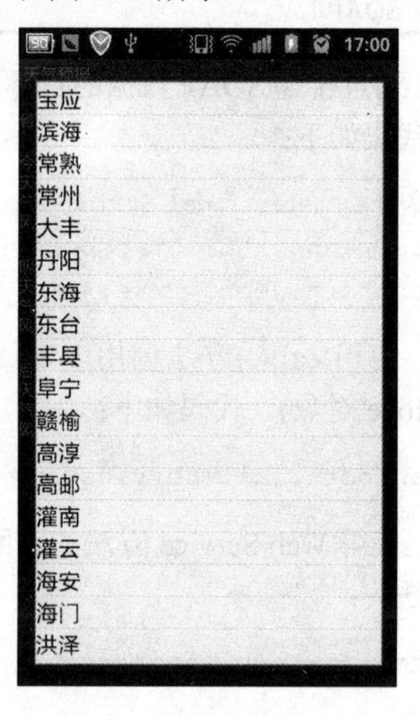

图 8.21 选择城市界面

2. 功能实现

要实现在线查看天气预报的功能，必须要用到 Android 系统中联网的权限，即在 AndroidManifest.xml 文件中添加如下内容：

```
<uses-permissionandroid:name="android.permission.INTERNET"/>
```

(1) 获取省份信息的实现。网站 http://webservice.webxml.com.cn/WebServices/WeatherWS.asmx 提供了永久免费的 Web Service 服务，该服务提供了 getRegionProvince( )方法，可以直接获得中国省份、直辖市、地区信息，本示例项目创建了 WebServiceHelper.java 工具类，在该工具类中自定义了 getProvince(String methodName)方法，用于读取服务器中的省份信息，详细代码如下：

```
public SoapObject getProvince(String methodName){
        // 通过 Web Service 的命名空间和调用方法实例化 SoapObject 对象
```

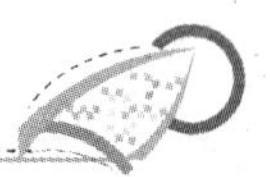

```
        SoapObject request = new SoapObject(serviceNameSpace, methodName);
        // 通过实例化 Envelope 对象，设置 SOAP 请求信息
        SoapSerializationEnvelope envelope = new SoapSerializationEnvelope(
                SoapEnvelope.VER11);
        envelope.dotNet = true;
        envelope.bodyOut = request;
        String serviceURL = "http://webservice.webxml.com.cn/WebServices/
WeatherWS.asmx";
        soapAction = serviceNameSpace + methodName;
        try {
            // 通过传递 SOAP 数据的目标地址(WSDL 文档的 URL)实例化传输对象
            HttpTransportSE transportSE = new HttpTransportSE(serviceURL,
2000);
            // 使用 call()方法调用 Web Service
            transportSE.call(soapAction, envelope);
            // 获取返回结果
            if (envelope.getResponse()!= null){
                Object soapObject = envelope.getResponse();
                return (SoapObject)soapObject;
            }
        } catch (IOException e){
            e.printStackTrace();
        } catch (XmlPullParserException e){
            e.printStackTrace();
        }
        return null;
}
```

该方法的返回数据类型为 SoapObject，为了将数据解析出来放到省份 Spinner 组件上，编写了如下方法：

```
private ArrayList<String> getXMLName(SoapObject soapobject){
        ArrayList<String> al = new ArrayList<String>();
        for (int i = 0; i < soapobject.getPropertyCount(); i++){
            String xm = soapobject.getProperty(i).toString();
            String sarray[] = xm.split(",");
            al.add(sarray[0]);
        }
        return al;
}
```

(2) 获取地区信息的实现。网站 http://webservice.webxml.com.cn/WebServices/WeatherWS.asmx 提供了永久免费的 Web Service 服务，该服务提供了 getSupportCityString( )方法，可以根据省份信息参数 theRegionCode 获得该省包括的地区信息，在 WebServiceHelper.java 工具类中自定义了 getCity(String methodName, String cityName)方法，用于读取服务器中的相应省份包括的城市信息，详细代码如下：

```
public SoapObject getCity(String methodName, String cityName){
        SoapObject request = new SoapObject(serviceNameSpace, methodName);
        request.addProperty("theRegionCode", cityName);
        SoapSerializationEnvelope envelope = new SoapSerializationEnvelope(
                SoapEnvelope.VER11);
        envelope.dotNet = true;
        envelope.bodyOut = request;
        String serviceURL = "http://webservice.webxml.com.cn/WebServices/
WeatherWS.asmx";
        soapAction = serviceNameSpace + methodName;
        try {
            HttpTransportSE transportSE = new HttpTransportSE(serviceURL, 2000);
            transportSE.call(soapAction,envelope);
            if (envelope.getResponse()!= null){
                Object soapObject = envelope.getResponse();
                return (SoapObject)soapObject;
            }
        } catch (IOException e){
            e.printStackTrace();
        } catch (XmlPullParserException e){
            e.printStackTrace();
        }
        return null;
}
```

(3) 获取某城市天气信息的实现。网站 http://webservice.webxml.com.cn/WebServices/WeatherWS.asmx 提供了永久免费的 Web Service 服务，该服务提供了 getWeather( )方法，可以根据城市信息参数 theCityCode、theUserID 获得该城市的天气信息(theCityCode 参数值从城市 Spinner 组件中选择获得，theUserID 参数值可以为空字符串)，在 WebServiceHelper.java 工具类中自定义了 getWeather(String methodName, String cityName)方法，用于读取服务器中的相应省份包括的城市的天气信息，详细代码如下：

```
public SoapObject getWeather(String methodName, String cityName){
        SoapObject request = new SoapObject(serviceNameSpace, methodName);
        request.addProperty("theCityCode", cityName);
        request.addProperty("theUserID","");
        SoapSerializationEnvelope envelope = new SoapSerializationEnvelope(
                SoapEnvelope.VER11);
        envelope.dotNet = true;
        envelope.bodyOut = request;
        String serviceURL = "http://webservice.webxml.com.cn/WebServices/
WeatherWS.asmx";
        soapAction = serviceNameSpace + methodName;
        try {
            HttpTransportSE transportSE = new HttpTransportSE(serviceURL, 2000);
```

```
            transportSE.call(soapAction,envelope);
            if (envelope.getResponse()!= null){
                Object soapObject = envelope.getResponse();
                return (SoapObject)soapObject;
            }
        } catch (IOException e){
            e.printStackTrace();
        } catch (XmlPullParserException e){
            e.printStackTrace();
        }
        return null;
    }
```

该方法返回的数据格式如图 8.22 所示，要将数据格式中的今天、明天、后天的天气信息解析出来，并分别显示在 3 个 TextView 组件上，本示例项目编写了如下方法：

```
    private void getDays(SoapObject soapObject){
        String todate = soapObject.getProperty(7).toString();
        String weatherToday = "今天: " + todate.split(" ")[0];
        weatherToday += "\n 天气: " + todate.split(" ")[1];
        weatherToday += "\n 气温: " + soapObject.getProperty(8).toString();
        weatherToday += "\n 风力: " + soapObject.getProperty(9).toString();
        weatherToday += "\n";
        tv1.setText(weatherToday);
        String tomorrow = soapObject.getProperty(12).toString();
        String weatherTomorrow = "明天: " + tomorrow.split(" ")[0];
        weatherTomorrow += "\n 天气: " + tomorrow.split(" ")[1];
        weatherTomorrow += "\n 气温: " + soapObject.getProperty(13).toString();
        weatherTomorrow += "\n 风力: " + soapObject.getProperty(14).toString();
        weatherTomorrow += "\n";
        tv2.setText(weatherTomorrow);
        String nextDay = soapObject.getProperty(17).toString();
        String weatherNext = "后天: " + nextDay.split(" ")[0];
        weatherNext += "\n 天气: " + nextDay.split(" ")[1];
        weatherNext += "\n 气温: " + soapObject.getProperty(18).toString();
        weatherNext += "\n 风力: " + soapObject.getProperty(19).toString();
        weatherNext += "\n";
        tv3.setText(weatherNext);
    }
```

(4) 将省份信息添加到 Spinner 组件的实现。Spinner 组件的使用方法将在第 10 章进行详细介绍，限于篇幅，此处只列出实现代码，详细使用方法请读者参阅第 10 章 10.1 节的相关内容。

```
    SoapObject soapobjectProvince = wsHelper.getProvince("getRegionProvince");
    provinceName = getXMLName(soapobjectProvince);
```

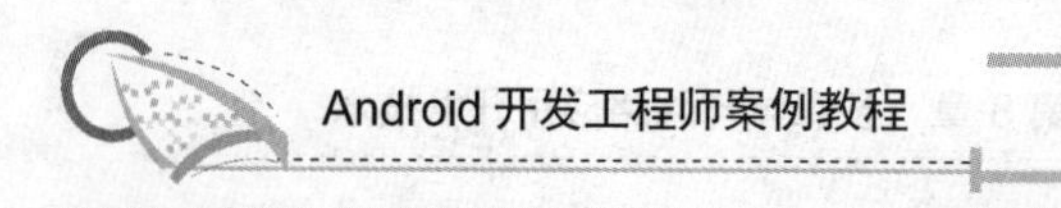


```
    ArrayAdapter<String> provinceArray = new ArrayAdapter<String>(
              MainActivity.this, android.R.layout.simple_spinner_item,provinceName);
    spinnerProvince.setAdapter(provinceArray);
```

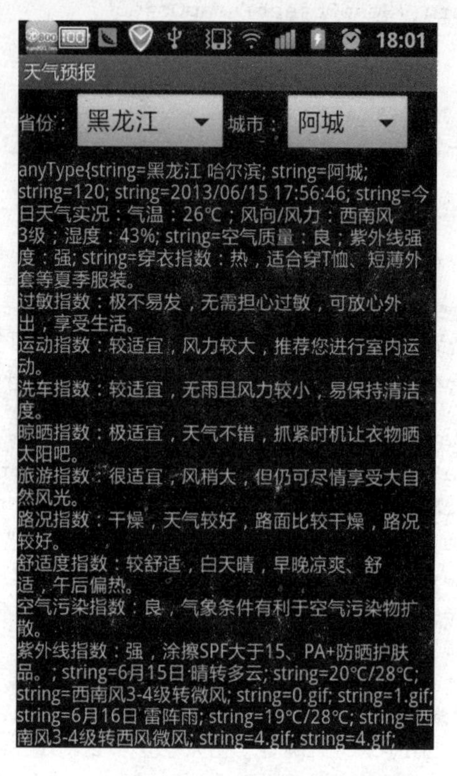

图 8.22　天气信息格式

至此，天气预报查询系统的基本功能已经实现，读者可以在此项目示例的基础上进行扩展，可以将天气状态用对应的天气状态图显示在对应日期天气之后，这样可以图文并茂地显示天气信息。

本 章 小 结

本章结合实际示例项目的开发过程介绍了 Android 系统中 MediaPlay、VideoView、MediaRecorder、Camera、AlarmManager、SmsManager 等多媒体组件的使用方法，详细阐述了 Socket、HTTP 和 Web Service 这 3 种技术的基本原理，验证了 HttpURLConnetction 接口和 Apache 接口实现 HTTP 连接和网络应用程序的开发方法以及利用 SOAP 技术进行 Web Service 开发实现的过程。让读者既明白了进行 Android 系统中多媒体和网络应用开发的流程，也掌握了相关技术。

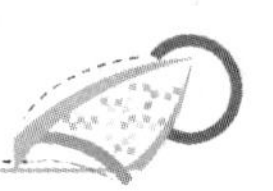

项 目 实 训

项目一

项目名：成长记录。

功能描述：成长记录可以随时用文字记录宝宝的成长经历(类似普通的记事本)；用语音记录宝宝的牙牙学语过程(类似普通的录音笔)；用图片、视频记录宝宝的各种行为(类似普通的照相机)。

项目二

项目名：iCloud 通讯录。

功能描述：iCloud 通讯录可以随时通过 Internet 备份或恢复通讯录中的所有信息。

Android开发高级篇

第9章 图形与图像处理

图形与图像处理是软件开发的关键组成，一个软件要呈现给用户，必须通过图形与图像的形式出现在用户界面上。用户界面上所有的组成部件都是通过图形与图像的处理形成的，包括界面上的按钮、文本和编辑框等组成部件。这些部件都是Android系统预先定义好的，开发者可以直接使用。当然软件开发都讲究软件的个性化、差异化，更多的开发者会选择使用自定义组件来完成软件开发，这就需要开发者学习图形与图像处理技术。本章结合项目案例介绍Android系统的图形与图像处理技术中的一些关键技术。

教学目标

理解Android系统中图形与图像处理的相关技术。

掌握图形与图像处理技术中实现2D图形接口的程序结构。

掌握图形与图像处理中的Paint(画笔)和Canvas(画布)两个类的使用方法。

掌握图形与图像处理中的基本绘制、路径绘制、位图绘制、补间动画和帧动画效果这几种关键技术。

教学要求

知识要点	能力要求	相关知识
图形与图像处理技术	(1) 了解2D图形接口的程序结构 (2) 掌握Paint(画笔)类和Canvas(画布)类	
乒乓球的实现	(1) 掌握几何图形绘制方法 (2) 掌握文本绘制方法	线程控制

续表

知识要点	能力要求	相关知识
小画板的实现	掌握路径绘制方法	触摸事件
多功能图片浏览器的实现	(1) 掌握使用 drawBitmap 绘制方法 (2) 掌握 Matrix 类的常用方法 (3) 掌握绘制的剪切效果使用方法	缩略图
多变 Tom 猫的实现	掌握 Tween Animation 动画的使用方法	
简易抽奖器的实现	掌握 Frame 动画的使用方法	

9.1 概　　述

9.1.1 2D 图形接口的程序结构

2D 图形接口实际上是 Android 图形系统的基础，GUI 上的各种可见元素也是基于 2D 图形接口构建的。因此，Android GUI 方面的内容分为两层，下层是图形的 API，上层是各种控件，各种控件实际上是基于图形 API 绘制出来的。

2D 图形接口的结构及其与控件的关系如图 9.1 所示。

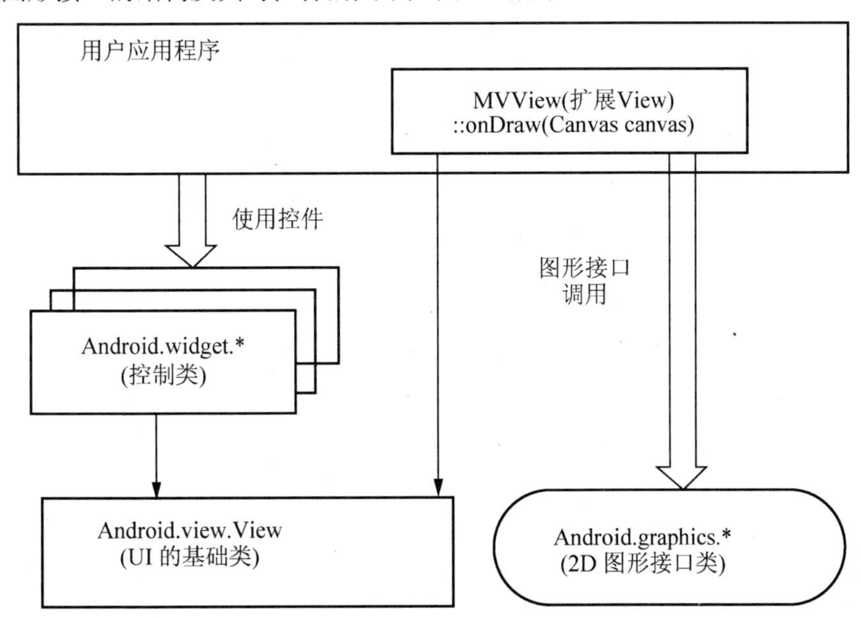

图 9.1　2D 图形接口结构及其与控件的关系

Android 控件和图形接口的基本程序结构有以下三方面。

(1) 在一般的 Android 应用程序中，直接使用控件，主要也就是 android.view 包中 View 类的诸多继承者。

(2) 如果直接使用 Android 的 2D 图形接口，需要继承 View 类，并实现其中的 onDraw( ) 方法来实现绘制的工作，绘制的工作主要由 android.graphics 包来实现。

(3) 实际上，Android 各种控件的外观也是基于 android.graphics 包来绘制的。

android.graphics 包中的内容是 Android 系统的 2D 图形 API，其中主要类的内容见表 9-1。

表 9-1　2D 图形 API 主要类

类　名	说　明
Point、Rect 和 Color	一些基础类，分别定义点、矩阵、颜色的基础信息
Bitmap	表示内存中的位图，可以从图像文件中和内存中建立，也可以控制其中的每一个像素
Canvas	画布，图形系统的核心类，用于提供各种绘制的方法
Paint	画笔，用于控制绘制时的颜色、线条、文本和样式等信息

使用 2D 的图形接口实现图形绘制的一般步骤如下。

(1) 新建一个继承 android.view.View 类的子类。

(2) 实现 View 类的 onDraw( )方法，在其中使用 Canvas 的方法进行图形绘制。

实现代码如下：

```
public class MyView extends View{
    public MyView(Context context){
        super(context);
    }
    @Override
    protected void onDraw(Canvas canvas){
         super.onDraw(canvas);
        canvas.draw…//使用 Canvas 的方法进行绘制
    }
}
```

在使用 2D 的图形接口程序的场合，自定义实现的 View 类作为下层的绘制和上层的 GUI 系统中间层，需要在继承 Activity 类的 MainActivity 子类中使用自定义 View 类对象，因此需要创建该类对象。MainActivity.java 文件代码如下：

```
public class MainActivity extends Activity {
    private MyView myView=null;
    @Override
    public void onCreate(Bundle savedInstanceState){
        super.onCreate(savedInstanceState);
        myView=new MyView(this);
        setContentView(myView);
    }
}
```

使用 Android 的 2D 图形接口的程序结构与实现一个自定义控件的核心代码类似，都需要继承 View 类，它们的不同主要体现在以下几个方面。

(1) 在目的上，使用 2D 图形接口主要是为了实现自由的绘制；自定义控件的目的是在应用程序中使用这些控件。

(2) 自定义控件可以在布局文件中使用也可以使用其属性，如果只是需要使用 2D 图形接口实现绘制的功能，那么就不需要处理在布局的 XML 文件中使用以及自定义属性的问题。

(3) 除了继承 android.view.View，根据需要，自定义的控件也可以通过继承 View 类的各个继承者(Widget)类来完成。

9.1.2　Paint(画笔)类和 Canvas(画布)类

1. Paint 类

Paint 即画笔，在绘图过程中起到了极其重要的作用，画笔主要保存了颜色、样式等绘制信息，指定了如何绘制文本和图形。画笔对象有很多设置方法，大体上可以分为两类，一类与图形绘制相关，一类与文本绘制相关，见表 9-2 和表 9-3。

表 9-2　Paint 图形绘制方法

类方法	说　明
setARGB(int a,int r,int g,int b)	设置绘制的颜色，a 代表透明度，r、g、b 代表颜色值
setAlpha(int a)	设置绘制图形的透明度
setColor(int color)	设置绘制的颜色，使用颜色值来表示，该颜色值包括透明度和 RGB 颜色
setAntiAlias(boolean aa)	设置是否使用抗锯齿功能，会消耗较多资源，绘制图形速度会变慢
setDither(boolean dither)	设定是否使用图像抖动处理，会使绘制出来的图片颜色更加平滑和饱满，图像更加清晰
setFilterBitmap(boolean filter)	如果该项设置为 true，则图像在动画进行中会滤掉对 Bitmap 图像的优化操作，加快显示速度，本设置项依赖于 dither 和 xfermode 的设置
setMaskFilter(MaskFilter maskfilter)	设置 MaskFilter，可以用不同的 MaskFilter 实现滤镜的效果，如滤化、立体等
setColorFilter(ColorFilter colorfilter)	设置颜色过滤器，可以在绘制颜色时实现不用颜色的变换效果
setPathEffect(PathEffect effect)	设置绘制路径的效果，如点划线等
setShader(Shader shader)	设置图像效果，使用 Shader 可以绘制出各种渐变效果
setShadowLayer(float radius ,float dx, float dy,int color)	在图形下面设置阴影层，产生阴影效果，radius 为阴影的角度，dx 和 dy 为阴影在 x 轴和 y 轴上的距离，color 为阴影的颜色
setStyle(Paint.Style style)	设置画笔的样式，为 FILL、FILL_OR_STROKE，或 STROKE
setStrokeCap(Paint.Cap cap)	当画笔样式为 STROKE 或 FILL_OR_STROKE 时，设置笔刷的图形样式，如圆形样式 Cap.ROUND，或方形样式 Cap.SQUARE
setSrokeJoin(Paint.Join join)	设置绘制时各图形的结合方式，如平滑效果等
setStrokeWidth(float width)	当画笔样式为 STROKE 或 FILL_OR_STROKE 时，设置笔刷的粗细度
setXfermode(Xfermode xfermode)	设置图形重叠时的处理方式，如合并、取交集或并集，经常用来制作橡皮的擦除效果

表 9-3 Paint 文本绘制方法

类　名	说　明
setFakeBoldText(boolean fakeBoldText)	模拟实现粗体文字，设置在小字体上效果会非常差
setSubpixelText(boolean subpixelText)	设置该项为 true，将有助于文本在 LCD 屏幕上的显示效果
setTextAlign(Paint.Align align)	设置绘制文字的对齐方向
setTextScaleX(float scaleX)	设置绘制文字 x 轴的缩放比例，可以实现文字的拉伸的效果
setTextSize(float textSize)	设置绘制文字的字号大小
setTextSkewX(float skewX)	设置斜体文字，skewX 为倾斜弧度
setTypeface(Typeface typeface)	设置 Typeface 对象，即字体风格，包括粗体、斜体以及衬线体、非衬线体等
setUnderlineText(boolean underlineText)	设置带有下划线的文字效果
setStrikeThruText(boolean strikeThruText)	设置带有删除线的文字效果

2. Canvas 类

调整好画笔之后，需要绘制到画布上，这就需要用到 Canvas 类。在 Android 中既然把 Canvas 当做画布，那么就可以在画布上绘制想要的任何东西。除了在画布上绘制之外，还需要设置一些关于画布的属性，如画布的颜色、尺寸等。表 9-4 中列出了 Canvas 类包含的常用方法和功能。

表 9-4 Canvas 类方法

类方法	说　明
Canvas( )	创建一个空的画布，可以使用 setBitmap( )方法来设置绘制具体的画布
Canvas(Bitmap bitmap)	以 Bitmap 对象创建一个画布，则将内容都绘制在 Bitmap 上，因此 Bitmap 的值不能为 null
Canvas(GL gl)	在绘制 3D 效果时使用，与 OpenGL 相关
drawColor(color)	设置 Canvas 的背景颜色
setBitmap(bitmap)	设置具体画布
clipRect(rect)	设置显示区域，即设置裁剪区
isOpaque( )	检测是否支持透明
Rotate(degrees)	旋转画布
setViewport(view)	设置画布中显示窗口
Skew(sx,sy)	设置偏移量
drawRect(Rect rect, Paint paint)	绘制矩形区域，参数一 Rect 为一个区域
drawPath(Path path, Paint paint)	绘制一个路径，参数一 Path 为路径对象
drawBitmap(Bitmap bitmap, Rect src, Rect dst, Paint paint)	贴图，参数一就是常规的 Bitmap 对象，参数二是源区域(这里是 bitmap)，参数三是目标区域(应该是 canvas 的位置和大小)，参数四是 Paint 画刷对象，因为用到了缩放和拉伸的功能，当原始 Rect 不等于目标 Rect 时性能将会有大幅降低

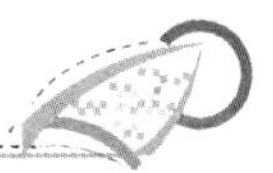

续表

类方法	说　明
drawLine(float startX, float startY, float stopX, float stopY, Paint paint)	画线，参数一为起始点的 x 轴位置，参数二为起始点的 y 轴位置，参数三为终点的 x 轴水平位置，参数四为 y 轴垂直位置，最后一个参数为 Paint 画刷对象
drawPoint(float x, float y, Paint paint)	画点，参数一为水平 x 轴，参数二为垂直 y 轴，第三个参数为 Paint 对象
drawText(String text, float x, floaty, Paint paint)	渲染文本，Canvas 类可以描绘文字，参数一是 String 类型的文本，参数二、三分别为 x 坐标、y 坐标，参数四是 Paint 对象
drawOval(RectF oval, Paint paint)	画椭圆，参数一是矩形区域，参数二为 Paint 对象
drawCircle(float cx, float cy, float radius,Paint paint)	绘制圆，参数一是中心点的 x 轴，参数二是中心点的 y 轴，参数三是半径，参数四是 Paint 对象
drawArc(RectF oval,float startAngle, float sweepAngle, Boolean useCenter, Paint paint)	画弧，参数一是 RectF 对象，一个矩形区域，椭圆形的界限用于定义形状、大小、电弧，参数二是起始角(度)在电弧的开始，参数三扫描角(度)，开始顺时针测量的，参数四表示如果这是真的，则包括椭圆中心的电弧并关闭它，如果它是假，则这将是一个弧线，参数五是 Paint 对象

9.2　乒乓球的设计与实现

下面，使用基本绘制技术设计一个简易乒乓球游戏，并能实现小球移动、移动球拍、球拍接球等基本功能。

9.2.1　预备知识

在实现了 2D 图形接口程序结构后，实现 View 的 onDraw( )方法，使用 Canvas 的方法进行基本图形绘制。在自定义 View 中可以绘制多种几何图形，在上一节中已经介绍了 Canvas 类的绘制图形方法。图 9.2 中绘制了直线、矩形、圆角矩形、圆形、椭圆形、弧线这几种几何图形。

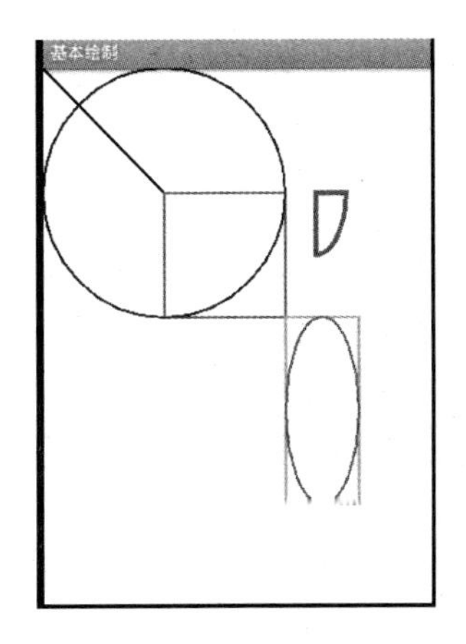

图 9.2　几何图形绘制

图 9.2 的实现代码如下：

```
public class CanvasDraw extends View {
    private Paint paint;
    public CanvasDraw(Context context){
        super(context);
        paint=new Paint();
        //画笔样式设置(是否填充)
        paint.setStyle(Style.STROKE);
        //笔刷粗细
        paint.setStrokeWidth(2);
    }
    @Override
    protected void onDraw(Canvas canvas){
        super.onDraw(canvas);
        canvas.drawColor(Color.WHITE);
        //画一条直线
        canvas.drawLine(0, 0, 100, 100, paint);
        //画笔换色画一个矩形
        paint.setColor(Color.RED);
        canvas.drawRect(100, 100, 200, 200, paint);
        //画一个圆形
        paint.setColor(Color.BLUE);
        canvas.drawCircle(100, 100, 100, paint);
        //定义 3 种矩形区域
        Rect rect=new Rect(200, 200, 260, 350);
        RectF rectf=new RectF(rect);
        RectF oval=new RectF(200, 50, 250, 150);
        //再画一个矩形
        paint.setColor(Color.GREEN);
        canvas.drawRect(rect, paint);
        //画一个椭圆
        paint.setColor(Color.RED);
        canvas.drawOval(rectf, paint);
        //画一个圆弧
        paint.setStrokeWidth(4);
        canvas.drawArc(oval, 0, 90, true, paint);
    }
}
```

上述代码中画布背景色被设置成白色，而画笔的初始颜色是黑色的，如果这里不给画布上色，第一步画的直线就不能显示出来，如果要正常显示就需要给画笔换色。通过变换画笔的各种样式，绘制出来的几何图形是各式各样的。

另外，文本绘制也是基本绘制中的一种基本形式。绘制文本有 3 种方法：drawText、drawPosText 和 drawTextOnPath。第一种方法是普通的描绘文本，第二种方法是相对指定位置描绘文本，第三种方法是沿着某一路径描绘文本。在一般程序中绘制文本只需要使用 drawText( )方法，drawText( )方法的常用构造方法见表 9-5。

表 9-5　drawText 的构造方法

构造方法	参数说明
drawText (String text, float x, float y, Paint paint)	text：字符串内容，可以采用 String 格式，也可以采用 char 字符数组形式；x：显示位置的 x 坐标；y：显示位置的 y 坐标
drawText (char[] text, int index, int count, float x, float y, Paint paint)	index：显示起始字符的位置；count：显示字符的个数
drawText (CharSequence text, int start, int end, float x, float y, Paint paint)	start：显示起始字符的位置 end：显示终止字符的位置
drawText (String text, int start, int end, float x, float y, Paint paint)	paint：绘制时所使用的画笔

9.2.2　乒乓球的实现

1. 主界面的设计

该案例的界面没有采用 XML 文件实现，由于界面简单且要突出图形绘制的效果，在项目的 src 目录下直接新建 GameView 类继承于 View 类，在 View 中直接绘制界面。具体实现代码如下：

```
class GameView extends View{
    public GameView(Context context){
        super(context);
        setFocusable(true);
    }
    // 重写 View 的 onDraw()方法，实现绘画
    public void onDraw(Canvas canvas){
        canvas.drawColor(Color.WHITE);
        Paint paint = new Paint();
        paint.setStyle(Paint.Style.FILL);
        // 如果游戏已经结束
        if (isLose){   // 设置颜色和字号用于文本绘制
            paint.setColor(Color.RED);
            paint.setTextSize(30);
            canvas.drawText("你的得分为"+score+"分", 50, 200, paint);
            canvas.drawText("    游戏已结束", 50, 250, paint);
        }
        // 如果游戏还没有结束
        else
        {   // 设置颜色，并绘制小球
            paint.setColor(Color.RED);
            canvas.drawCircle(ballX, ballY, BALL_SIZE, paint);
            paint.setColor(Color.GREEN);
            canvas.drawCircle(ballX, ballY,BALL_SIZE, paint);
            // 设置颜色，并绘制球拍
```

```
            paint.setColor(Color.rgb(80, 80, 200));
            canvas.drawRect(racketX, racketY, racketX + RACKET_WIDTH,
                racketY + RACKET_HEIGHT, paint);
            // 设置字号和颜色并画直线和文字
            paint.setTextSize(20);
            paint.setColor(Color.BLACK);
            canvas.drawLine(0, racketY+30, tableWidth, racketY+30, paint);
            canvas.drawText("得分: "+score, 50, racketY+50, paint);
        }
    }
}
```

上述代码中通过使用 Canvas 类的绘制图形方法实现界面图形绘制，其中有绘制圆形表示乒乓球、绘制矩形表示球拍、绘制直线表示游戏与得分区的分割线，其中绘制文本的内容下面的章节会具体介绍。具体效果如图 9.3 和图 9.4 所示。

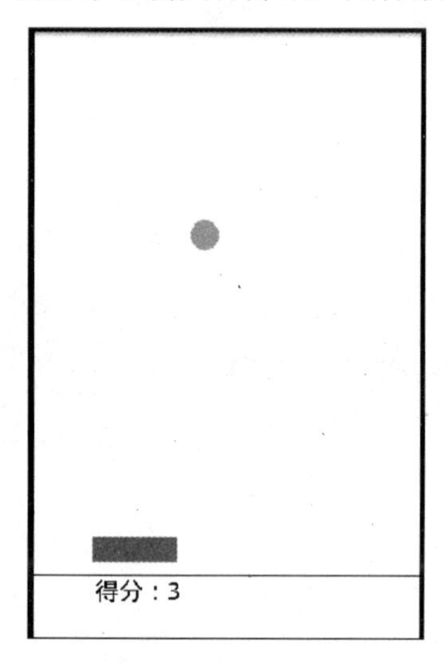

图 9.3　游戏运行界面

你的得分为3分
游戏已结束

图 9.4　游戏结束界面

2. 功能实现

(1) 定义变量。代码如下：

```
private int tableWidth;      // 桌面的宽度
private int tableHeight;     // 桌面的高度
private int racketY;         // 球拍的垂直位置
// 下面定义球拍的高度和宽度
private final int RACKET_HEIGHT = 20;
private final int RACKET_WIDTH = 70;
private final int BALL_SIZE = 12;  // 小球的大小
// 小球纵向的运行速度
private int ySpeed = 10;
Random rand = new Random();
// 返回一个-0.5~0.5 的比率，用于控制小球的运行方向
private double xyRate = rand.nextDouble()- 0.5;
```

```
// 小球横向的运行速度
private int xSpeed = (int)(ySpeed * xyRate * 2);
// ballX 和 ballY 代表小球的坐标
private int ballX = rand.nextInt(200)+ 20;
private int ballY = rand.nextInt(10)+ 20;
// racketX 代表球拍的水平位置
private int racketX = rand.nextInt(200);
private int score=0; //得分数
// 游戏是否结束的旗标
private boolean isLose = false;
```

(2) 界面初始化。代码如下：

```
// 去掉窗口标题
requestWindowFeature(Window.FEATURE_NO_TITLE);
// 全屏显示
getWindow().setFlags(WindowManager.LayoutParams.FLAG_FULLSCREEN,
WindowManager.LayoutParams.FLAG_FULLSCREEN);
// 创建 GameView 组件
final GameView gameView = new GameView(this);
setContentView(gameView);
// 获取窗口管理器
WindowManager windowManager = getWindowManager();
Display display = windowManager.getDefaultDisplay();
// 获得屏幕宽和高
tableWidth = display.getWidth();
tableHeight = display.getHeight();
racketY = tableHeight - 80;
```

(3) 方向键的监听事件实现球拍的移动。代码如下：

```
gameView.setOnKeyListener(new OnKeyListener(){
    @Override
    public boolean onKey(View source, int keyCode, KeyEvent event){
        // 获取由哪个键触发的事件
        switch (event.getKeyCode()){
            // 控制挡板左移
            case KeyEvent.KEYCODE_DPAD_LEFT:
            if (racketX > 0)
                  racketX -= 10;
                  break;
            // 控制挡板右移
            case KeyEvent.KEYCODE_DPAD_RIGHT:
            if (racketX < tableWidth - RACKET_WIDTH)
                  racketX += 10;
                  break;
            }
            // 通知 planeView 组件重绘
            gameView.invalidate();
            return true;
        }
 });
```

(4) 线程控制代码，通过小球与球拍的坐标范围来判断小球是否被碰撞。代码如下：

```
final Timer timer = new Timer();
timer.schedule(new TimerTask(){
    @Override
    public void run()
    {
        // 如果小球碰到左边边框
        if (ballX <= 0 || ballX >= tableWidth - BALL_SIZE)
        {
            xSpeed = -xSpeed;
        }
        // 如果小球高度超出了球拍位置，且横向不在球拍范围之内，游戏结束
        if (ballY >= racketY - BALL_SIZE
            && (ballX < racketX || ballX > racketX + RACKET_WIDTH))
        {
            timer.cancel();
            // 设置游戏结束的旗标为true。
            isLose = true;
        }
        // 如果小球位于球拍之内，且到达球拍位置，小球反弹
        else if (ballY <= 0
            || (ballY >= racketY - BALL_SIZE && ballX > racketX && ballX <= racketX
                + RACKET_WIDTH))
        {
            if(ballY>0){
                score++;
            }
            ySpeed = -ySpeed;
        }
        // 小球坐标增加
        ballY += ySpeed;
        ballX += xSpeed;
        // 发送消息，通知系统重绘组件
        handler.sendEmptyMessage(0x123);
    }
}, 0, 100);
```

至此，整个游戏的功能模块全部实现，玩家可以通过智能手机的左右键控制球拍的移动来接到乒乓球，每接到一次球得分加 1。为了提高游戏的可玩性和复杂度，读者可以在本案例的基础上增加乒乓球的个数，增加计时器等功能。

9.3 小画板的设计与实现

现在越来越多的电子产品上附带很多画板软件，这些画板软件适合小朋友实现创造性绘画，当然这些画板软件有的功能强大，有的简单实用。本节将画板的基本功能通过路径绘制进行实现，功能可能相对简单一些，但基本绘画功能都已经实现。常见小画板的原理

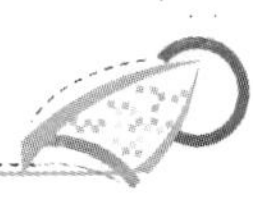

就是在画布中拖动鼠标进行绘画，在画布中绘制出自己想要的图形。在 Android 平台上实现画板功能是通过监听触摸事件来获取路径坐标实现跟踪手指触摸同步绘制图形，也就是通过手指触摸屏幕实现在画布中绘制图形。

9.3.1　预备知识

Path 是一个用于表示复杂几何图形的类，这个类主要可以表示常用几何图形，可以是封闭的图形，也可以是曲线。例如，两点之间或者多点之间的连线、圆弧、矩形、椭圆。Path 的常用方法见表 9-6。

表 9-6　Path 类的常用方法

类方法	说　明
void MoveTo(float dx, float dy)	移动到某点
void LineTo(float dx, float dy)	连线到某点
void addOval(RectF oval, Path.Direction dir)	增加椭圆
void addArc(RectF oval, float startAngle, float sweepAngle)	增加圆弧

绘制 Path 是通过调用 Canvas 中的 drawPath( )方法，具体的绘制效果还要受到 Paint 参数的影响。Path 要附加路径的效果，需要使用 PathEffect 类，PathEffect 类是一个给 Paint 类使用的类，代码如下。

```
void drawPath(Path path, Paint paint)              //绘制路径
PathEffect setPathEffect(PathEffect effect)    //设置路径效果
```

PathEffect 用来控制绘制轮廓(线条)的方式，对于绘制 Path 基本图形特别有用，它们应用到任何 Paint 中从而影响线条绘制的方式。使用 PathEffect，可以改变一个形状的边角的外观并且控制轮廓的外表。PathEffect 包含多个子类，这些子类实现多种不同的绘制效果，具体效果见表 9-7。

表 9-7　PathEffect 子类

类　名	说　明
CornerPathEffect	可以使用圆角来代替尖锐的角从而对基本图形的形状尖锐的边角进行平滑
DashPathEffect	创建一个虚线的轮廓(短横线/小圆点)，而不是使用实线
DiscretePathEffect	与 DashPathEffect 相似，但是添加了随机性。当绘制它的时候，需要指定每一段的长度和与原始路径的偏离度
PathDashPathEffect	这种效果可以定义一个新的形状(路径)并将其用作原始路径的轮廓标记
SumPathEffect	顺序地在一条路径中添加两种效果，这样每一种效果都可以应用到原始路径中，而且两种效果可以结合起来应用
ComposePathEffect	将两种效果组合起来应用，先使用第一种效果，然后在这种效果的基础上应用第二种效果

9.3.2 小画板的实现

1. 主界面的设计

这里的布局方式没有使用布局文件，而是直接用功能代码实现布局。详细代码如下：

```
public class mainActivity extends Activity {
    private littlePaint littlepaint=null;
    private FrameLayout flayout=null;
    private LinearLayout llayout=null;
    private Button btn1,btn2,btn3;
    private TextView textView;
    @Override
    public void onCreate(Bundle savedInstanceState){
        super.onCreate(savedInstanceState);
        littlepaint=new littlePaint(this);
        flayout=new FrameLayout(this);
        llayout=new LinearLayout(this);
        btn1=new Button(this);
        btn2=new Button(this);
        btn3=new Button(this);
        textView=new TextView(this);
        btn1.setText("清屏");
        btn2.setText("红色粗画笔");
        btn3.setText("初始画笔");
        textView.setText(btn3.getText());
        //添加控件到布局界面
        llayout.addView(btn1);
        llayout.addView(btn2);
        llayout.addView(btn3);
        llayout.addView(textView);
        flayout.addView(littlepaint);
        flayout.addView(llayout);
        setContentView(flayout);
        btn1.setOnClickListener(new View.OnClickListener(){ //“清屏”按钮
            public void onClick(View v){
                littlepaint.cancelDraw();
            }
        });
        btn2.setOnClickListener(new View.OnClickListener(){ //画笔1
            public void onClick(View v){
                littlepaint.eraserDraw();
                textView.setText(btn2.getText());
            }
        });
        btn3.setOnClickListener(new View.OnClickListener(){ //画笔2
            public void onClick(View v){
                littlepaint.paintDraw();
                textView.setText(btn3.getText());
```

```
            }
        });
    }
}
```

上述代码中先定义布局类和要用的控件，再使用 View 类的 addView 方法将控件添加进布局。这里最外面使用框架布局添加自定义画布类 littePiant 和线性布局 LinearLayout，其中自定义 littePiant 类会在功能实现中具体介绍。根据帧布局的布局方式 LinearLayout 显示在自定义画布类的上层且在屏幕的左上位置。再在 LinearLayout 布局中添加按钮组件和其他组件，以横向依次排列在屏幕的顶部。程序效果如图 9.5 和图 9.6 所示。

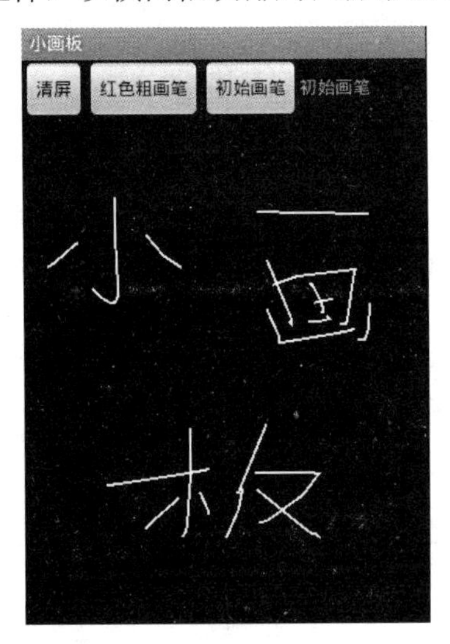

图 9.5　初始画笔

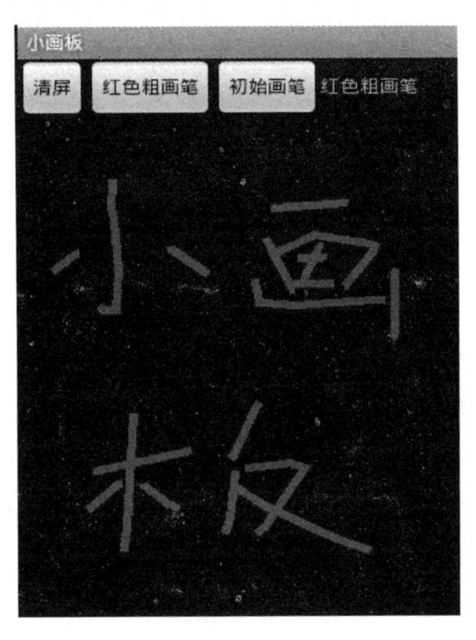

图 9.6　红色粗画笔

2. 功能实现

(1) 自定义 littlePaint 类。代码如下：

```
public class littlePaint extends View {
   private Paint paint;
   private Path path;
   private Paint paint1;
   private Path path1;
   private Boolean isCancle=false;
   private int idenx=0;
   private Bitmap bitmap=null;
   public littlePaint(Context context){
      super(context);
      paint=new Paint();
      paint.setColor(Color.WHITE);       //添加画笔颜色
      paint.setStyle(Style.STROKE);      //设置画笔样式，是否闭合
      paint.setStrokeWidth(2);           //设置笔刷粗细
      path=new Path();
```

```
        bitmap=BitmapFactory.decodeResource(this.getResources(), R.drawable.tanke100);
        paint1=new Paint();                    //清屏画笔
        paint1.setColor(Color.RED);
        paint1.setStyle(Style.STROKE);
        paint1.setStrokeWidth(6);
        path1=new Path();
    }
    @Override
    protected void onDraw(Canvas canvas){
         super.onDraw(canvas);
        canvas.drawPath(path, paint); //绘制路径
        canvas.drawPath(path1, paint1);
    }
}
```

Paint 类提供多个方法，可以给画笔添加多种效果，画板中的画笔多样性可以增添画板软件的实用效果。这里为两个画笔对象添加两种不同的效果，在选择不同画笔的情况下画出来的效果也是不一样的。

(2) 触摸事件获取绘制路径。画笔进行绘制的关键是监听触摸事件，在按下时获取坐标作为 Path 起点，拖动时 Path 连线到拖动坐标，调用 postInvalidate 方法重绘就能实现流畅绘画了。代码如下：

```
public boolean onTouchEvent(MotionEvent event){
        switch (event.getAction()){
        case MotionEvent.ACTION_DOWN:
            if(idenx==0)// 画笔判断
               path.moveTo(event.getX(), event.getY());
            else
               path1.moveTo(event.getX(), event.getY());
            break;
        case MotionEvent.ACTION_MOVE:
            if(idenx==0)// 画笔判断
                path.lineTo(event.getX(), event.getY());
            else
                path1.lineTo(event.getX(), event.getY());
            postInvalidate();
            break;
        default:
            break;
        }
        return true;
}
```

(3) 清屏功能实现。清屏方法，实际是将 Path 进行重置，重置后需要重绘。代码如下：

```
public void  cancelDraw(){
```

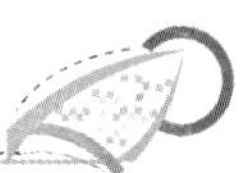

```
        path.reset();
        path1.reset();
        postInvalidate();
    }
```

至此，小画板的用户界面布局和功能实现的关键代码已经列出，其他内容请读者参见代码包中 Chap09_03_01 文件夹里的内容。

9.4　多功能图片浏览器的设计与实现

图片浏览器，顾名思义是用于图片的浏览显示，通过单击缩略图来显示不同的图片，在第 8 章中介绍的图片浏览器只能用于图片的显示，而本节的多功能图片浏览器的多功能体现在当图像展现时可以有多种绘制效果。这里运用到 Matrix 类提供的 4 种显示效果，另外还介绍到图形绘制的剪切效果。

9.4.1　预备知识

Android 中显示图像主要有两步，第一步是获取图像资源，第二步是调用画布类的 drawBitmap 方法进行图像绘制。

1. 获取图像资源

图像的资源获取通常由 Bitmap 类和 BitmapFactory 类及相关的内容来完成。Bitmap 用于描述一个抽象的位图概念，包括对一个具体位图的设置和操作。BitmapFactory 是一个工具类，包含了一些位图的静态方法，可以通过这些静态方法从不同来源解析获得 Bitmap。BitmapFactory 的静态方法见表 9-8。

表 9-8　BitmapFactory 的静态方法

静态方法	说　明
decodeByteArray(byte[]b,int offset,int length)	从指定的字节数组中解析
decodeFile(String pathName)	从指定的文件中解析、创建
decodeFileDescriptor(FileDescriptor fd)	从 fd 对应的文件中解析、创建
decodeResource(Resource r,int id)	根据 id 从指定资源中解析、创建
decodeStream(InputStream is)	从指定输出流中解析、创建

2. drawBitmap 方法

获得位图资源后就可以调用画布类的 drawBitmap 方法进行图像显示了，当然 drawBitmap 方法有很多构造方法，这里重点介绍以下 3 种常用方法。

第一种方法，直接将位图资源绘制到指定位置，格式如下：

```
public void drawBitmap (Bitmap bitmap, float left, float top, Paint paint)
```

其中的 left、top 参数确定了位图在画布上的位置，即位图在画布上左上角的坐标。

第二种方法，通过两个矩形先对位图进行截取，再进行矩形定位绘制，格式如下：

```
public void drawBitmap(Bitmap bitmap, Rect src, Rect dst, Paint paint)
```

其中参数 src、dst 都是 Rect 类对象，也就是一个矩形对象。src 表示要截取的 bitmap 里面的区域。dst 表示要将 src 矩形部分的 bitmap 显示在画布上的区域。两个矩形大小可以不一样，在绘制的时候，会自动拉伸。使用代码如下：

```
Rect src = new Rect(x1, y1, cx1,cy1);
Rect dst = new Rect(x2, y2, cx2, cy2);
canvas.drawBitmap(mBitmap, src, dst, paint);
```

Rect 是一个矩形类，src 对象含有 4 个参数：x1、y2、cx1 和 cy1，x1 和 y2 代表矩形的左上角坐标的 x 坐标和 y 坐标，cx1 和 cy1 代表矩形的右下角坐标的 x 坐标和 y 坐标，dst 也是一样。位图显示不需要用画笔，这里的 paint 参数可以直接设置为 null。

通过一个程序(分布的坦克)具体来看看这个方法的使用情况，图 9.7 所示的资源位图是一张 png 格式的图片，放置在项目的 drawable 目录下，使用上面介绍的第二种方法分别截取资源位图的 3 个坦克图标放置在画布的左上角、右上角和右下角；使用第一种方法将资源位图直接放置在画布的左下角位置。具体实现代码如下：

```
public class TranslateDraw extends View {
    private Bitmap bitmap=null;
    public TranslateDraw(Context context){
        super(context);
    // 获取位图资源
    bitmap=BitmapFactory.decodeResource(this.getResources(),R.drawable.tanke100);
    }
    @Override
    protected void onDraw(Canvas canvas){
        super.onDraw(canvas);
        //  绘制原图
        canvas.drawBitmap(bitmap, 0, this.getHeight()-200, null);
        // 绘制原图左下坦克
        Rect src4=new Rect(0,100,100,200);
        Rect dst4=new Rect(0,0,100,100);
        canvas.drawBitmap(bitmap, src4, dst4, null);
        // 绘制原图右上坦克
        Rect src2=new Rect(100,0,200,100);
        Rect dst2=new Rect(this.getWidth()-100,0,this.getWidth(),100);
        canvas.drawBitmap(bitmap, src2, dst2, null);
        //  绘制原图右下坦克
        Rect src3=new Rect(100,100,200,200);
        Rectdst3=newRect(this.getWidth()-100,this.getHeight()-100,this.
getWidth(),this.getHeight());
        canvas.drawBitmap(bitmap, src3, dst3, null);
```

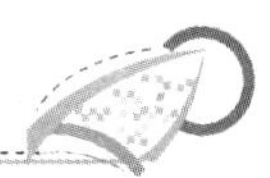

```
        }
    }
```

上述代码中，this.getWidth( )和 this.getHeight( )获取画布大小，运行效果如图 9.8 所示。本案例采用的绘制方法节省资源和便于管理，进行游戏开发时普遍使用。

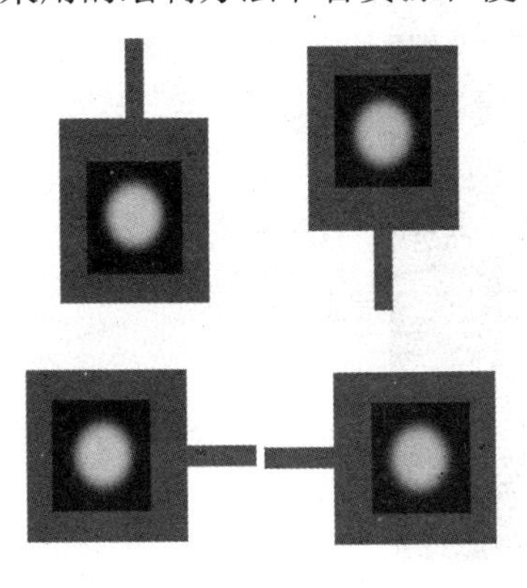

图 9.7　资源位图

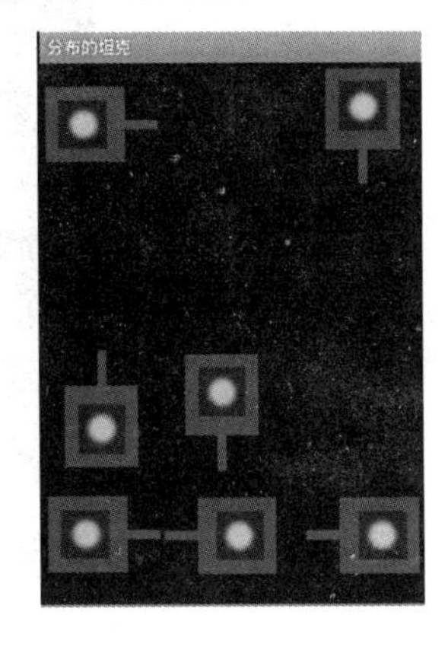

图 9.8　位图分布

第三种方法是对位图资源进行变换后再进行绘制，格式如下：

```
public void drawBitmap(Bitmap bitmap, Matrix matrix, Paint paint)
```

这个方法并没有给位图设置绘制位置，绘图后的原始位置是(0,0)。该方法可以通过 Matrix 类参数对位图进行变换操作，Android 中 Matrix 提供了平移、旋转、缩放和倾斜 4 种操作方法。Matrix 在使用前必须通过 reset( )或者 set( )方法进行初始化。其中对应每种操作都有 set、pre、post 3 种接口。在使用 set 时将会使当前操作覆盖以前的操作，所以绘图时位图被 set 多次后只有最后一次是有效操作。而 pre 和 post 都是顺序叠加操作，区别在于，pre 是将新变换矩阵左乘原来的操作矩阵，而 post 是将新变换矩阵右乘原来的操作矩阵。在调用时除平移外，其他 3 种操作都可以有操作中心点。Matrix 常用的接口方法见表 9-9。

表 9-9　Matrix 方法

3 种接口方法	说　明
setTranslate、preTranslate、postTranslate	平移
setRotate、preRotate、postRotate	旋转
setScale、preScale、postScale	缩放
setSkew、preSkew、postSkew	倾斜

下面用代码分别实现将位图平移绘制、将位图平移后旋转绘制、将位图平移后缩放绘制，以及将位图平移后倾斜绘制。可以看出，除平移外，其他操作都是可以设置中心点的。初始中心点为(0,0)。运行效果如图 9.9 所示。实现代码如下：

图 9.9　Matrix 的使用

```
public class PaintView extends View {
    private Bitmap bitmap=null;
    private Matrix matrix=null;
    private myThread mthread;
    public PaintView(Context context){
        super(context);
        bitmap=BitmapFactory.decodeResource(this.getResources(), R.drawable.cancle);
        matrix=new Matrix();
    }
    @Override
    protected void onDraw(Canvas canvas){
        super.onDraw(canvas);
        matrix.setTranslate(10, 10);   //画布平移，以(10, 10)为原点开始绘图
        canvas.drawBitmap(bitmap, matrix, paint);
        matrix.setTranslate(110, 10);  //画布平移，以(110, 10)为原点
        matrix.postRotate(30, 26, 50);   //在平移的基础上追加以(26,50)为中心旋转30°
        canvas.drawBitmap(bitmap, matrix, paint);
        matrix.setTranslate(10, 100);     //画布平移，以(10, 110)为原点
        matrix.postScale(1, 2, 26, 50);  //在平移的基础上追加以(26,50)为中心进
行1:2伸缩
        canvas.drawBitmap(bitmap, matrix, paint);
        matrix.setTranslate(110, 100);
        matrix.postScale(1, 2, 0, 0);   //在平移的基础上追加以(0,0)为中心进行1:2伸缩
        canvas.drawBitmap(bitmap, matrix, paint);
        matrix.setTranslate(110, 110);
        matrix.postSkew(1, 0,26,50);   //在平移的基础上追加以(26,50)为中心进行斜切
        canvas.drawBitmap(bitmap, matrix, paint);
        }
  }
```

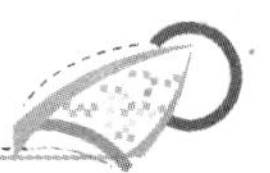

3 种接口交替使用，可以绘制出各式各样的效果，由于 Matrix 不是本书介绍的重点，感兴趣的读者可以查阅相关资料，多练习、多运用可以更好地理解位图变换的知识。

9.4.2　多功能图片浏览器的实现

1. 主界面的设计

本案例的图片浏览器在显示图片时没有使用常用的 ImageView 组件，而是自定义 picView 类来实现，该类继承于 View 类。当然 imageView 组件也是继承于 View 类。将自定义类增加到布局文件中实现界面设计。效果如图 9.10 和图 9.11 所示。

图 9.10　图像旋转

图 9.11　添加边框

代码如下：

```
<?xml version="1.0" encoding="utf-8"?>
<LinearLayout xmlns:android="http://schemas.android.com/apk/res/android"
   android:orientation="vertical"
   android:layout_width="fill_parent"
   android:layout_height="fill_parent"
   android:gravity="center_horizontal">
   <LinearLayout android:orientation="horizontal"
      android:layout_width="fill_parent"
      android:layout_height="20px">
   </LinearLayout>
   <LinearLayout android:orientation="horizontal"
      android:layout_width="wrap_content"
      android:layout_height="wrap_content"
      android:background="#00ff00">
      <cn.nnuto.piosee.picView //自定义类
         android:id="@+id/picview"
         android:layout_width="280px"
         android:layout_height="280px" />
   </LinearLayout>
```

```
    <LinearLayout android:orientation="horizontal"
        android:layout_width="fill_parent"
        android:layout_height="5px">
    </LinearLayout>
    <LinearLayout android:orientation="horizontal"
        android:layout_width="fill_parent"
        android:layout_height="wrap_content"
        android:gravity="center_horizontal">
        <Button android:id="@+id/enlarge"
            android:layout_width="wrap_content"
            android:layout_height="wrap_content"
            android:text="放大" />
        <Button android:id="@+id/rotate"
            android:layout_width="wrap_content"
            android:layout_height="wrap_content"
            android:text="旋转" />
        <Button android:id="@+id/traleft"
            android:layout_width="wrap_content"
            android:layout_height="wrap_content"
            android:text="《" />
        <Button android:id="@+id/traright"
            android:layout_width="wrap_content"
            android:layout_height="wrap_content"
            android:text="》" />
        <CheckBox android:id="@+id/checkbox"
            android:layout_width="wrap_content"
            android:layout_height="wrap_content"
            android:text="边框" />
    </LinearLayout>
    <LinearLayout android:orientation="horizontal"
        android:layout_width="fill_parent"
        android:layout_height="wrap_content">
        <ImageView android:id="@+id/image1"
            android:layout_width="wrap_content"
            android:layout_height="wrap_content" />
        <ImageView android:id="@+id/image2"
            android:layout_width="wrap_content"
            android:layout_height="wrap_content" />
        <ImageView android:id="@+id/image3"
            android:layout_width="wrap_content"
            android:layout_height="wrap_content" />
        <ImageView android:id="@+id/image4"
            android:layout_width="wrap_content"
            android:layout_height="wrap_content" />
    </LinearLayout>
</LinearLayout>
```

2. 自定义 picView 类的实现

(1) 定义变量。代码如下：

```
private Bitmap bitmap=null; //图像对象
private Bitmap bitmap1=null;
private Bitmap bitmap2=null;
private Bitmap bitmap3=null;
private Bitmap bitmap4=null;
private Matrix matrix=null;
private boolean isbox=false;//边框判断
private Paint paint;
```

(2) onDraw( )方法的实现。该方法中的边框绘制是采用了图形与图像处理技术的剪切效果实现的。在 Android 系统中当几个绘制的内容重叠时，可以使用剪裁效果控制重叠情况下显示哪个部分的内容。剪裁是 Canvas 类的一个功能，Canvas 提供了 ClipPath( )、ClipRect( )、ClipRegion( )等方法实现裁剪，通过 Path、Rect 、Region 的不同组合，支持任意形状的裁剪区域。

android.graphics 包中定义了 Point、Rect、Path、Region 这几种几何形状，Path 可以为圆弧、椭圆、二次曲线、三次曲线、线段、矩形等基本几何图形或是由这些基本几何图形组合而成的图形，可以为开放或闭合曲线。Rect 提供了定义矩形的简洁方法，Region 表示一个区域，但和 Rect 不同，它表示的是一个不规则的形状，可以是椭圆、多边形等等，而 Rect 仅仅是矩形。可以通过多个 Region 的"加"、"减"、"并"、"异或"等逻辑运算实现不规则的几何形状。Region.Op 定义了 Region 支持的区域间运算种类，见表 9-10。

表 9-10　Region.Op 枚举值

枚举值	说　明
Region.Op. DIFFERENCE	区域差集，显示第一次不同于第二次的部分
Region.Op. INTERSECT	区域交集
Region.Op. REPLACE	区域替换，显示第二次的部分
Region.Op. REVERSE_DIFFERENCE	区域逆向差集，显示第二次不同于第一次的部分
Region.Op. UNION	区域全集，全部显示
Region.Op. XOR	区域补集，显示全集减去交集剩余的部分

onDraw( )方法具体实现代码如下：

```
protected void onDraw(Canvas canvas){
        super.onDraw(canvas);
        paint.setColor(Color.YELLOW),  //设置画笔颜色
        canvas.drawBitmap(bitmap,matrix, null);  //绘制图像
        if(isbox){   //添加边框，使用剪切效果实现
             canvas.clipRect(0, 0, 280, 280);  //剪切矩形
             canvas.clipRect(20, 20, 260, 260, Region.Op.DIFFERENCE); //剪
切矩形与上一矩形差集显示
```

```
            canvas.drawRect(0, 0, 280, 280, paint);
        }
    }
```

(3) chosePic( )方法的实现。chosePic 方法中运用到了 Matrix 的 set 方法，这里的作用是还原图片，当图片经过放大或者旋转等操作后，在单击缩略图时图片被还原成原始状态。当然在修改绘制效果后一定要使用 postInvalidate( )方法进行重绘才能显示效果，详细代码如下：

```
public void chosePic(int i){
        switch (i){
        case 1:
            bitmap=bitmap1;
            //还原图片
            matrix.setScale(1, 1, 140, 140);
            postInvalidate();       //重绘
            break;
        case 2:
            bitmap=bitmap2;
            matrix.setScale(1, 1, 140, 140);
            postInvalidate();
            break;
        case 3:
            bitmap=bitmap3;
            matrix.setScale(1, 1, 140, 140);
            postInvalidate();
            break;
        case 4:
            bitmap=bitmap4;
            matrix.setScale(1, 1, 140, 140);
            postInvalidate();
            break;
        default:
            break;
        }
    }
```

(4) enlarge( )、rotate( )、translate( )和 addbox( )方法的实现。代码如下：

```
//放大操作
public void enlarge(){
    matrix.setScale(2, 2, 140, 140);
    postInvalidate();
}
//旋转操作
public void rotate(){
    matrix.postRotate(90, 140, 140);
    postInvalidate();
}
//移动操作
```

```
public void translate(int i){
    if(i==0){
        matrix.postTranslate(-10, 0);//采用 Post 方式可以追加旋转
    }
    else{
        matrix.postTranslate(10, 0); //采用 Post 方式可以追加移动
    }
    postInvalidate();
}
//边框操作
public void addbox(int i){
    if(i==0){
        isbox=false;
    }
    else{
        isbox=true;
    }
    postInvalidate();
}
```

3．功能实现

(1) 定义变量。代码如下：

```
//定义图形图像对象
private Bitmap pic1 = null;
private ImageView image1;
private Bitmap pic2 = null;
private ImageView image2;
private Bitmap pic3 = null;
private ImageView image3;
private Bitmap pic4 = null;
private ImageView image4;
//定义自定义图像类
private picView picview;
//定义按钮对象
private Button btnenlarge;
private Button btnrotate;
private Button btntraright;
private Button btntraleft;
private Boolean islarge=false;
private CheckBox cBox;
```

(2) 生成缩略图。以往实现缩略图时通过 Bitmap、Drawable 和 Canvas 配合完成，并且需要与一系列繁杂的代码逻辑地缩小原有图片。这里介绍一种比较简单的方法，在 Android 2.2 以后版本中，新增了一个 ThumbnailUtils 工具类实现缩略图，此工具类功能强大，使用方便，在该类中提供了一个常量和 3 个方法。利用这些常量和方法，可以轻松快捷地实现图片和视频的缩略图功能。ThumbnailUtils 类方法及常量见表 9-11。

表 9-11　ThumbnailUtils 类方法和常量

类方法和常量	说　明
extractThumbnail (source, width, height);	创建一个指定大小的缩略图
extractThumbnail(source, width, height, options);	创建一个指定大小居中的缩略图
createVideoThumbnail(filePath, kind);	创建一个视频的缩略图
OPTIONS_RECYCLE_INPUT	表示应该回收输入源图片

功能实现代码如下：

```
//得到原图片
pic1 = BitmapFactory.decodeResource(getResources(), R.drawable.pic1);
//得到 80×80 的缩略图
pic1 = ThumbnailUtils.extractThumbnail(pic1, 80, 80);
```

(3) 单击缩略图显示图片事件。监听 ImageView 组件单击事件来控制自定义类图片绘制，在单击事件中调用 picView 类的 chosePic 方法，具体实现代码如下：

```
//图片 1 单击事件
image1.setOnClickListener(new View.OnClickListener(){
public void onClick(View v){
    picview.chosePic(1);
    islarge=false;
 }
});
```

(4) 放大、旋转、移动单击事件。和缩略图单击事件一样，放大、旋转、移动功能通过监听按钮单击事件调用 picView 类方法实现，主要运用 Matrix 的 4 种方法进行交替使用。具体实现代码如下：

```
//放大按钮单击事件
btnenlarge.setOnClickListener(new View.OnClickListener(){
    public void onClick(View v){
        picview.enlarge();
        islarge=true;
    }
 });
//旋转按钮单击事件
btnrotate.setOnClickListener(new View.OnClickListener(){
    public void onClick(View v){
        picview.rotate();
    }
});
//左移按钮单击事件
btntraleft.setOnClickListener(new View.OnClickListener(){
    public void onClick(View v){
        if(islarge){
            picview.translate(1);}
```

```
        }
    });
    //右移按钮单击事件
    btntraright.setOnClickListener(new View.OnClickListener(){
        public void onClick(View v){
            if(islarge){
                picview.translate(0);}
            }
    });
```

(5) 复选框单击事件。复选框的功能是添加图像边框，具体实现代码如下：

```
cBox.setOnCheckedChangeListener(new CompoundButton.OnCheckedChangeListener(){
        @Override
        public void onCheckedChanged(CompoundButton buttonView, boolean isChecked){
                if(isChecked){
                    picview.addbox(1);
                }else{
                        picview.addbox(0);
                }
        }
});
```

9.5　多变 Tom 猫的设计与实现

Android 系统中使用了大量的动画效果，如 Activity 切换的动画效果、Dialog 弹出和关闭时的渐变动画效果以及 Toast 显示信息时的淡入淡出效果等。在开发应用程序时，开发者也可以实现这些动画效果，为了便于开发者使用动画效果，Android 系统为开发者提供了一些动画类及其工具类。

Android 系统中动画的实现分两种方式，一种方式是补间动画 Tween Animation，定义一个开始和结束，中间的部分由 Android 自身实现；另一种是逐帧动画 Frame Animation，通过一帧帧地连续播放形成动画效果。本节介绍的多变 Tom 猫项目案例详细介绍了补间动画 Tween Animation 的使用方法。

9.5.1　预备知识

Tween Animation 动画，即通过对场景里面的对象不断做图像的变换(渐变透明、平移、缩放、旋转)来产生动画效果，如表 9-12 所示，由此可见，实现 Tween 动画只需要简单的一幅图像就可以了，因此对资源的占用很少。可以以 XML 文件方式或者源代码方式预先为 Tween 定义一组指令，这些指令指定了图形变换的类型、触发时间、持续时间等，程序沿着时间线执行这些指令就可以实现动画效果了。

表 9-12 Tween 动画实现

XML 实现	功能代码实现	说明
alpha	AlphaAnimation	渐变透明度动画效果
Scale	ScaleAnimation	渐变尺寸伸缩动画效果
translate	TranslateAnimatio	画面转换位置移动动画效果
rotate	RotateAnimation	画面转移旋转动画效果

使用 XML 来定义 Tween Animation，需要在工程中 res 目录新建 anim 目录，再在其中新建 XML 文件(文件名为小写)，这个文件必须包含一个根元素，可以使用<alpha><scale><translate> <rotate>插值元素或者是把上面的元素都放入<set>元素组中，默认情况下，所用的动画指令都是同时发生的，为了让它们按序列发生，需要设置一个特殊的属性 startOffset 来控制各个动画效果的发生时间。XML 文件代码如下：

```
<?xml version="1.0" encoding="utf-8"?>
< set xmlns:android="http://schemas.android.com/apk/res/android">
<alpha/>
<scale/>
<translate/>
<rotate/>
 < /set>
```

下面分别说明各种变换效果如何用 XML 和功能代码来实现。

1. Alpha——透明渐变动画

(1) 用 XML 代码实现从完全不透明渐变到完全透明动画效果。代码如下：

```
<?xml version="1.0" encoding="utf-8"?>
<alpha  xmlns:android="http:   //schemas.android.com/apk/res/android"
    android:fromAlpha="1.0"      //设置动画起始透明度为 1.0，表示完全不透明
    android:toAlpha="0.0"        //设置动画结束透明度为 0.0，表示完全透明
    android:repeatCount="infinite"      //设置动画运行次数
    android:duration="2000">     //设置动画运行时间，单位为 ms
/ >
```

其中，repeatCount 属性设置为“infinite”，表示动画循环播放，它可以设置为 int 类型值，即动画播放的次数，但是它记录次数是从 0 开始计数的，例如，设置为 2，那么动画从 0 开始计数 0 、1、 2 ，实际上是播放了 3 次。

(2) 用功能代码实现从完全不透明渐变到完全透明动画效果。代码如下：

```
mAnimation = new AlphaAnimation(1.0f, 0.0f); _ //起始透明度、结束透明度
mAnimation.setDuration(2000);   //设置动画运行时间
```

2. Scale——缩放动画

(1) 用 XML 代码实现缩放动画。代码如下：

```
<?xml version="1.0" encoding="utf-8"?>
<scale xmlns:android="http://schemas.android.com/apk/res/android"
```

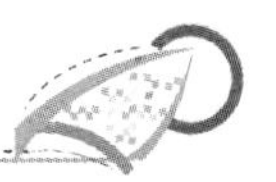

```
            android:fromXScale="1.0"      //表示开始时 x 轴缩放比例为 1.0
            android:toXScale="0.0"        //表示结束时 x 轴缩放比例为 0.0
            android:fromYScale="1.0"      //表示开始时 y 轴缩放比例为 1.0
            android:toYScale="0.0"        //表示结束时 y 轴缩放比例为 0.0
            android:pivotX="50%"          //x 轴缩放的位置为中心点
            android:pivotY="50%"          //x 轴缩放的位置为中心点
            android:duration="2000">
  / >
```

(2) 用功能代码实现缩放动画。代码如下：

```
    mLitteAnimation = new ScaleAnimation(0.0f, 1.0f, 0.0f, 1.0f, Animation.
RELATIVE_TO_SELF, 0.5f, Animation.RELATIVE_TO_SELF, 0.5f);     //中心点
    mLitteAnimation.setDuration(2000);
```

3. Translate——*移动动画*

(1) 用 XML 代码实现从 (0.0)到 (320,480)做匀速移动的动画效果。代码如下：

```
<?xml version="1.0" encoding="utf-8"?>
<translate  xmlns:android="http://schemas.android.com/apk/res/android"
    android:fromXDelta="0"      //为动画、结束起始时 x 坐标上的位置
    android:toXDelta="320"
    android:fromYDelta="0"      //为动画、结束起始时 y 坐标上的位置
    android:toYDelta="480"
    android:duration="2000"
    android:repeatCount="infinite"
/ >
```

(2) 用功能代码实现从(0,0)到(320,480)做匀速移动的动画效果。代码如下：

```
mAnimation = new TranslateAnimation(0, 320, 0, 480);
mAnimation.setDuration(2000);
```

4. Rotate——*旋转动画*

(1) 用 XML 代码实现向左做 360 度旋转加速运动的动画效果。代码如下：

```
<?xml version="1.0" encoding="utf-8"?>
<rotate xmlns:android="http://schemas.android.com/apk/res/android"
        android:interpolator="@android:anim/accelerate_interpolator"    //动画加速
        android:fromDegrees="+360"        //设置动画开始的角度
        android:toDegrees="0"             //设置动画结束的角度
        android:pivotX="50%"
        android:pivotY="50%"
        android:duration="2000"
/ >
```

上述代码的 interpolator 属性设置为“@android:anim/accelerate_interpolator”表示设置动画渲染器为加速动画(动画播放速度越来越快)。interpolator 还有两个子类：decelerate_interpolator 表示设置动画渲染器为减速动画(动画播放速度越来越慢)；accelerate_decelerate_ interpolator 表示设置动画渲染器为先加速再减速(开始速度最快，逐渐减慢)。若不设置该属性值，默认为匀速运动。

(2) 用功能代码实现向左做 360 度旋转加速运动的动画效果。代码如下：

```
mLeftAnimation = new RotateAnimation(360.0f, 0.0f,  Animation.RELATIVE_TO_SELF, 0.5f,
     Animation.RELATIVE_TO_SELF, 0.5f);
     mLeftAnimation.setDuration(2000);
```

9.5.2 多变 Tom 猫的实现

1. 在 XML 文件中配置动画效果

本案例中设计了渐变、缩放、移动、旋转 4 种动画效果，关键代码如下 ：

```
//渐变
<set xmlns:android="http://schemas.android.com/apk/res/android">
    <alpha
        android:fromAlpha="1"
        android:toAlpha="0.05"
        android:duration="3000"/>
</set>
//缩放
<set xmlns:android="http://schemas.android.com/apk/res/android">
    <rotate
        android:fromDegrees="0"
        android:toDegrees="1800"
        android:pivotX="50%"
        android:pivotY="50%"
        android:duration="3000"
        />
</set>
//移动
<translate  xmlns:android="http://schemas.android.com/apk/res/android"
    android:fromXDelta="0"
    android:toXDelta="320"
    android:fromYDelta="0"
    android:toYDelta="480"
    android:duration="2000"
    android:repeatCount="1"
/>
//旋转
<set xmlns:android="http://schemas.android.com/apk/res/android">
    <scale
        android:fromXScale="1.0"
        android:toXScale="0.01"
        android:fromYScale="1.0"
        android:toYScale="0.01"
        android:pivotX="50%"
        android:pivotY="50%"
```

```
        android:fillAfter="true"
        android:duration="3000"
        />
</set>
```

2. 主界面的设计

玩过“会说话的 Tom 猫”的读者会发现游戏的主界面就是在一个背景前绘制一只猫，周围摆放一些功能按钮，本案例也采用这样的方式。程序运行后效果如图 9.12 所示，单击“侧翻”按钮，效果如图 9.13 所示。

图 9.12　界面效果

图 9.13　侧翻效果

关键代码如下：

```
<?xml version="1.0" encoding="utf-8"?>
<RelativeLayout xmlns:android="http://schemas.android.com/apk/res/android"
   android:layout_width="fill_parent"
   android:layout_height="fill_parent"
   android:background="@drawable/bg">
   <RelativeLayout
      android:layout_width="fill_parent"
      android:layout_height="fill_parent" >
      <ImageView
         android:id="@+id/imageView1"
         android:layout_width="wrap_content"
         android:layout_height="wrap_content"
         android:background="@drawable/tom"
         android:layout_centerInParent="true" />
   </RelativeLayout>
   <LinearLayout
      android:id="@+id/button_area"
      android:layout_width="fill_parent"
      android:layout_height="wrap_content"
      android:layout_alignParentBottom="true"
```

```
        android:background="#cccccc"
        android:paddingTop="3dp">
        <Button
            android:id="@+id/button1"
            android:layout_width="wrap_content"
            android:layout_height="wrap_content"
            android:text="隐身"
            android:layout_weight="1"
            android:textSize="12sp"/>
        <Button
            android:id="@+id/button2"
            android:layout_width="wrap_content"
            android:layout_height="wrap_content"
            android:text="变小"
            android:layout_weight="1"
            android:textSize="12sp"/>
        <Button
            android:id="@+id/button3"
            android:layout_width="wrap_content"
            android:layout_height="wrap_content"
            android:text="闪人"
            android:layout_weight="1"
            android:textSize="12sp"/>
        <Button
            android:id="@+id/button4"
            android:layout_width="wrap_content"
            android:layout_height="wrap_content"
            android:text="侧翻"
            android:layout_weight="1"
            android:textSize="12sp"/>
    </LinearLayout>
</RelativeLayout>
```

3. 功能实现

(1) 变量定义。代码如下：

```
//定义 4 个按钮分别表示隐身、变小、闪人、侧翻
Button mButton1 = null;
Button mButton2 = null;
Button mButton3 = null;
Button mButton4 = null;
//显示图像
ImageView mImageView = null;
//定义 4 种动画分别表示隐身、缩小、移动、旋转
Animation alphaAnimation = null;
Animation scaleAnimation = null;
Animation translateAnimation = null;
Animation rotateAnimation = null;
```

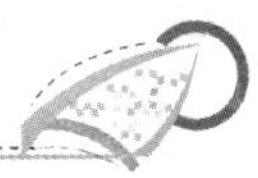

(2) 隐身功能实现。隐身功能，也就是将原来的图片从不透明设置为透明，功能代码如下：

```
//加载动画
alphaAnimation = AnimationUtils.loadAnimation(this, R.anim.alphatween);
alphaAnimation.setFillAfter(true);
mButton1 = (Button)findViewById(R.id.button1);
mButton1.setOnClickListener(new View.OnClickListener(){
     @Override
      public void onClick(View arg0){
       //播放动画
       mImageView.startAnimation(alphaAnimation);
      }
});
```

变小、闪人和侧翻的实现与隐身功能实现相似，限于篇幅不再详述，读者可参阅代码包 Chap09_05_01。

9.6　简易抽奖器的设计与实现

本节的简易抽奖器案例使用了 Android 系统中的 Frame 动画技术，下面通过该案例的实现过程介绍，让读者掌握 Frame 动画的实现方法，便于读者开发中使用。

9.6.1　预备知识

Frame 动画是最常见的一种实现方式，在 Android 系统中逐帧动画是通过 AnimationDrawable 类实现的，在该类中保存了帧序列以及显示的时间。

Android 提供了通过 XML 来创建帧动画的方式，在定义帧动画时需要使用如下格式保存 XML 文件。

```
  <animation-list  Xmlns:android="http://schemas.android.com/apk/res/android "
android:oneshot="true">
         <item Android:drawable="@drawable/rocket_thrust1"android:duration="200"/>
         <item Android:drawable="@drawable/rocket_thrust2"android:duration="200"/>
         <item Android:drawable="@drawable/rocket_thrust3"android:duration="200"/>
  </animation-list >
```

XML 文件通过 animation-list 指定是 AnimationDrawable 动画定义，里面的 item 用来指定每帧图片资源路径，duration 代表当前帧显示时间，oneshot 属性值为 true 表示动画只播放一次并停止在最后一帧上，如果设置为 false 表示动画循环播放。

9.6.2　简易抽奖器的实现

1. 创建 animation 文件

案例中需要的动画效果代码格式在预备知识中已经介绍，文件存放在 res 目录下的 anim 目录中。

2. 主界面的设计

简易抽奖器需要有号码显示区域、抽奖结果显示区域、“开始”按钮和“停止”按钮。这样的界面布局需要几种布局方式嵌套使用，本案例的界面布局主要是线性布局和相对布局嵌套使用。界面效果如图 9.14 所示，抽奖完成的效果如图 9.15 所示。界面布局的详细代码如下：

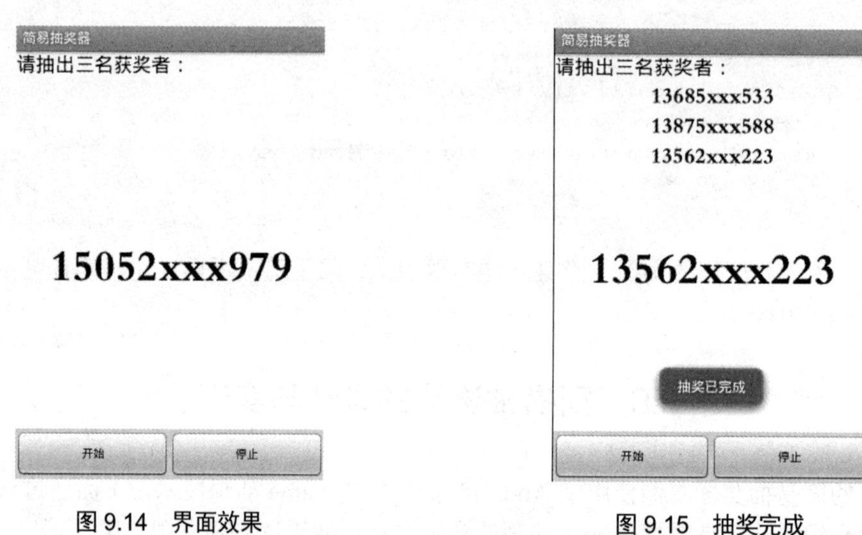

图 9.14　界面效果

图 9.15　抽奖完成

```
<?xml version="1.0" encoding="utf-8"?>
<RelativeLayout xmlns:android="http://schemas.android.com/apk/res/android"
    android:layout_width="fill_parent"
    android:layout_height="fill_parent" android:background="#ffffff">
    <LinearLayout
        android:id="@+id/show_area"
        android:orientation="vertical"
        android:layout_width="fill_parent"
        android:layout_height="wrap_content"
        android:layout_alignParentTop="true"
        android:gravity="center_horizontal">
        <TextView
            android:textSize="20dp"
            android:textColor="#000000"
            android:text="请抽出三名获奖者："
            android:layout_width="fill_parent"
            android:layout_height="wrap_content"/>
        //存放被抽到的图片
        <ImageView
            android:id="@+id/imageView2"
            android:layout_width="wrap_content"
            android:layout_height="wrap_content" />
        <ImageView
            android:id="@+id/imageView3"
            android:layout_width="wrap_content"
```

```
            android:layout_height="wrap_content" />
        <ImageView
            android:id="@+id/imageView4"
            android:layout_width="wrap_content"
            android:layout_height="wrap_content"/>
    </LinearLayout>
    <RelativeLayout
        android:layout_width="fill_parent"
        android:layout_height="fill_parent" >
        //号码显示区
        <ImageView
            android:id="@+id/imageView1"
            android:layout_width="wrap_content"
            android:layout_height="wrap_content"
            android:layout_centerInParent="true" />
    </RelativeLayout>
    <LinearLayout
        //按钮区
        android:id="@+id/button_area"
        android:layout_width="fill_parent"
        android:layout_height="wrap_content"
        android:layout_alignParentBottom="true"
        android:background="#cccccc"
        android:paddingTop="3dp">
        <Button
            android:id="@+id/button1"
            android:layout_width="wrap_content"
            android:layout_height="wrap_content"
            android:text="开始"
            android:layout_weight="1"
            android:textSize="12sp"/>
        <Button
            android:id="@+id/button3"
            android:layout_width="wrap_content"
            android:layout_height="wrap_content"
            android:text="停止"
            android:layout_weight="1"
            android:textSize="12sp"/>
    </LinearLayout>
</RelativeLayout>
```

3. 功能实现

(1) 变量定义。代码如下：

```
private ImageView imageView1,imageView2,imageView3,imageView4;
private Drawable drb;
private AnimationDrawable animationDrawable;
private Button startButton;
```

```
private Button stopButton;
//抽奖次数计数
private int count=0;
private Bitmap pic = null;
```

(2) 开始号码翻滚功能。代码如下：

```
private void start(){
        if (animationDrawable != null){
            if (animationDrawable.isRunning()){  //如果已经运行，停止后重新运行
                animationDrawable.stop();
                }
            animationDrawable.start();
            }
}
```

(3) “开始”、“停止”按钮单击事件。单击“开始”按钮后开始计数，当抽奖次数多于 3 时停止抽奖。单击“停止”按钮后将 imageView1 中的图片提取出来，再获得其缩略图放入 imageView2、imageView3、imageView4 中显示获奖名单。这里涉及图片类型转换的问题，下面具体介绍将 Drawable 转化成 Bitmap 的方法。代码如下：

```
public void onClick(View view)
{
    if (view == startButton){
        //计数超过 3 次，单击无效
        if(count<3){
             start(false);
             return;
        }
        else{
            Toast.makeText(getApplicationContext(), "抽奖已完成",
            Toast.LENGTH_SHORT).show();
            }
    }
    //只有已经运行，“停止”按钮才有效
    if (view == stopButton&&animationDrawable.isRunning()){
        animationDrawable.stop();
        //计数
        count++;
        //获取 imageView1 的当前图片
        drb=imageView1.getBackground();
        //转化成 Bitmap
        pic=drawableToBitmap(drb);
        //获得缩略图
        pic = ThumbnailUtils.extractThumbnail(pic, 125, 30);
        if(count==1){
              imageView2.setImageBitmap(pic);
        }
```

```
        if(count==2){
              imageView3.setImageBitmap(pic);
        }
        if(count==3){
              imageView4.setImageBitmap(pic);
        }
        return;
        }
  }
```

(4) Drawable 转化成 Bitmap 的方法。代码如下：

```
    //Bitmap 与 Drawable 转化
    public static Bitmap drawableToBitmap(Drawable drawable){
          Bitmap bitmap = Bitmap.createBitmap(
          drawable.getIntrinsicWidth(), //获得宽和高
          drawable.getIntrinsicHeight(),
          drawable.getOpacity()!= PixelFormat.OPAQUE ? Bitmap.Config.ARGB_8888
                    : Bitmap.Config.RGB_565);   //图片类型
          Canvas canvas = new Canvas(bitmap);
          drawable.setBounds(0,0,drawable.getIntrinsicWidth(),drawable.
getIntrinsicHeight());
          drawable.draw(canvas);
          return  bitmap;
    }
```

本 章 小 结

本章结合几个案例项目的开发过程介绍了 Android 系统中图形与图像处理技术。可以看出 Android 处理图形的能力非常强大，通过对本章几种常用的绘制技术的学习，读者在将来的项目开发中可以设计出风格独特的用户界面和一些特别的画面效果。

项 目 实 训

项目一

项目名：七彩画板 (运行效果如图 9.16 所示)。

功能描述：在 9.3 节小画板的基础上，完成一个七彩画板(画一笔后换一种颜色，7 种颜色循环)。

项目二

项目名：行走的人。

功能描述：利用 Frame 动画效果实现，当项目运行时，界面的人物在界面上行走(运行效果如图 9.17 所示，图中下方的多个人物形态连贯成人物行走)。

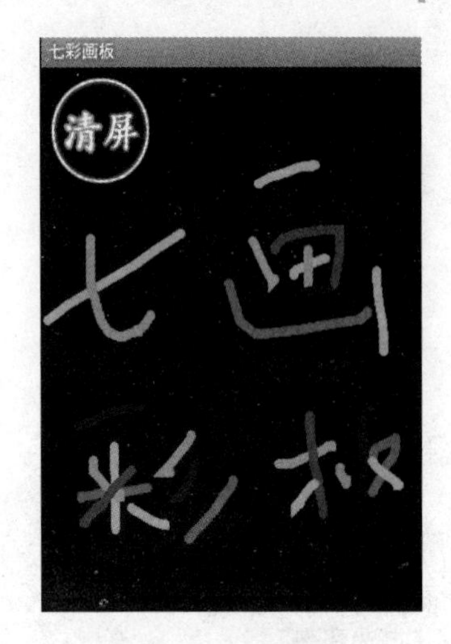

图 9.16　七彩画板

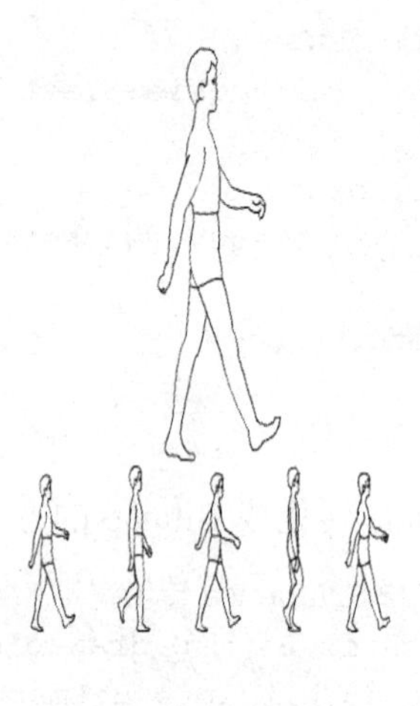

图 9.17　行走的人

第 10 章 用户界面高级组件

Android 提供了一个精致而强大的组件化模式来创建用户界面，基于基础的布局类：视图 View 和视图组 ViewGroup。Android 平台包含了多种预定义视图和视图组子类，即组件和布局，它们可以用来构造用户界面。

基本组件包括按钮(Button)、文本视图(TextView)、编辑文本框(EditText)、列表视图(ListView)、复选框(CheckBox)、单选按钮(RadioButton)、选项卡(TabHost)、图片按钮(ImageButton)、进度条(ProgressBar)、图像视图(ImageView)等；可用布局包括框架布局(FrameLayout)、表格布局(TableLayout)、相对布局(RelativeLayout)、绝对布局(AbsoluteLayout)等。这些基本组件的使用方法已经在本书第 3 章进行了详细介绍，还有一些用于特定场合的自动补全文本框(AutoCompleteTextView)、图片切换器(ImageSwitcher)、文本切换器(TextSwitcher)、画廊(Gallery)，滚动视图(ScrollView)、网格视图(GridView)等系统提供的组件在实际开发中应用也比较普遍。如果这些预定义的部件或布局还不能满足用户界面设计的需求，那么就必须自定义组件，也就是创建用户自己的视图类来满足用户要求，本章将通过项目案例对用户界面的高级设计进行介绍。

教学目标

掌握 Android 系统中自动补全文本框(AutoCompleteTextView)、下拉列表(Spinner)、网格视图(GridView)、图片切换器(ImageSwitcher)、文本切换器(TextSwitcher)、画廊(Gallery)、滚动视图(ScrollView)、网格视图(GridView)等高级组件的常用属性和使用方法。

理解自定义组件的主要方式及使用方法。

使用高级组件和自定义组件进行项目开发。

教学要求

知识要点	能力要求	相关知识
便携课程表的实现	(1) 掌握自动补全文本框(AutoCompleteTextView)、下拉列表(Spinner)、网格视图(GridView)等组件的常用属性和方法 (2) 掌握 SQLite 数据库中的增、删、改、查的实现	SQLiteOpenHelper
在线音乐播放器的实现	(1) 掌握拖动条(SeekBar)、滚动视图(ScrollView)等组件的常用属性和方法 (2) 掌握使用 HttpURLConnection 对象从互联网上读取数据的方法	ListView SimpleAdapte
猜扑克游戏的实现	掌握滚动视图(ScrollView)、评分条(RatingBar)等组件的常用属性和方法	
电子相册的实现	(1) 掌握图片切换器(ImageSwitcher)、画廊(Gallery)等组件的常用属性和方法 (2) 掌握 ImageAdapter 适配器的使用方法 (3) 掌握 Android 系统中图片的内存溢出、缩小、放大等处理方法	文件操作
文本阅读器的实现	(1) 掌握文本切换器(TextSwithcher)组件的常用属性和方法 (2) 掌握文本分页的处理方法	快捷菜单
自定义组件	(1) 掌握继承已有组件自定义组件的方法 (2) 掌握组合已有组件自定义组件的方法	

10.1 便携课程表的设计与实现

下面，通过使用自动补全文本框(AutoCompleteTextView)、下拉列表(Spinner)、网格视图(GridView)等组件设计一个便携课程表，能够实现课程表的输入、编辑、修改、查询等操作。

10.1.1 预备知识

1. 自动补全文本框

自动补全文本框(AutoComplete TextView)继承自 EditText，因此它实质也是一个文本编辑框。但是比起普通的文本编辑框，AutoCompleteTextView 多了一个功能，当用户在文本编辑框中输入一定文本之后，AutoCompleteTextView 会显示一个包含用户输入内容的下拉菜单，供用户选择，当用户选择其中的某个菜单项后，AutoCompleteTextView 会将用户选择的菜单项自动填写到该文本框，功能类似于百度或者 Google 在搜索栏输入信息的时候，

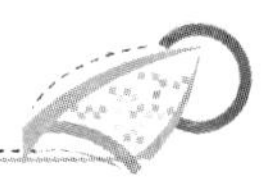

弹出与输入信息接近的提示信息。AutoCompleteTextView 除了可以使用从父类 EditText 继承过来的 XML 属性和方法之外，也有属于自己的 XML 属性和方法，见表 10-1。

表 10-1　AutoCompleteTextView 的常用 XML 属性及相关方法

XML 属性	相关方法	说　明
android:completionHint	setCompletionHint(CharSequence)	设置出现在下拉菜单中的提示标题
android:completionThreshold	setThreshold(int)	设置用户至少输入几个字符才会显示提示
android:dropDownHeight	setDropDownHeight(int)	设置下拉菜单的高度
android:dropDownWidth	setDropDownWidth(int)	设置下拉菜单的宽度
android:dropDownHorizontalOffset		设置下拉菜单与文本框之间的水平偏移，默认左对齐
android:dropDownVerticalOffset		设置下拉菜单与文本框之间的垂直对齐，默认紧跟文本框
android:popupBackground	setDropDownBackgroundResource(int)	设置下拉菜单的背景

自动补全文本框(AutoCompleteTextView)的使用一般按如下步骤进行。

(1) 在布局文件中定义控件，代码如下：

```
<AutoCompleteTextView android:id="@+id/autoCompleteTextView1"
        android:layout_width="match_parent" android:layout_height="wrap_content"
        android: hint="请选择星期几: "
android:text="AutoCompleteTextView">
</AutoCompleteTextView>
```

(2) 在 Activity 中引用，代码如下：

```
AutoCompleteTextView actv = (AutoCompleteTextView) findViewById(R.id.autoCompleteTextView1);
```

(3) 创建一个适配器(ArrayAdapter)为 AutoCompleteTextView 提供数据，ArrayAdapter 中的数据来源有字符串数组和 XML 两种方式。

方式一：使用字符串数组作为数据来源，其代码如下：

```
String[] str = new String[]{ "星期一", "星期二", "星期三", "星期四", "星期五
", "星期六", "星期日"};
```

设置 ArrayAdapter，代码如下：

```
ArrayAdapter<String> weekArray=new ArrayAdapter<String>(this, android.R.
layout.simple_dropdown_item_1line, str);
```

参数说明：ArrayAdapter 有 3 个参数：第一个参数为 Context，第二个参数为布局文件(此例应用了 Android 定义的布局文件)，第三个参数为数组(即显示在下拉列表中的内容，不能用 int 型数组)。

方式二：使用 XML 作为数据来源，需要使用 XML 文件将下拉菜单提示文本的所有内容放到 values 目录下的 strings.xml 资源文件中，strings.xml 的代码如下：

```
<?xml version="1.0" encoding="utf-8"?>
<resources>
    <string name="hello">Hello World, MainActivity!</string>
    <string name="app_name">便携课程表</string>
    <string-array name="games_array">
        <item>星期一</item>
        <item>星期二</item>
        <item>星期三</item>
        <item>星期四</item>
        <item>星期五</item>
        <item>星期六</item>
        <item>星期日</item>
    </string-array>
</resources>
```

设置 ArrayAdapter，代码如下：

```
ArrayAdapter weekArray = ArrayAdapter.createFromResource(this,
            R.array.country_array, android.R.layout.simple_spinner_item);
weekArray.setDropDownViewResource(android.R.layout.simple_spinner_dropd
own_item);
```

(4) 将适配器与 AutoCompleteTextView 相关联，代码如下：

```
actv.setAdapter(weekArray);
```

2. 下拉列表

下拉列表(Spinner)其实就是一个列表选择框。Android 的列表选择框相当于弹出一个菜单供用户选择。它是 ViewGroup 的间接子类，因此可以作为容器使用。其常用属性见表 10-2。

表 10-2 Spinner 的常用 XML 属性及相关方法

XML 属性	相关方法	说　明
android:prompt	spinner.setPrompt( )	设置该列表选择框的提示
android:entries		使用数组资源设置该下拉列表框的列表项目

下拉列表(Spinner)的使用一般按如下步骤进行。

(1) 在布局文件中定义控件，代码如下：

```
<Spinner android:layout_height="wrap_content" android:id="@+id/spinner1"
    android:prompt="@string/app_name" android:layout_width="match_parent"></Spinner>
```

(2) 在 Activity 中引用，代码如下：

```
Spinner spinner = (Spinner)this.findViewById(R.id.spinner1);
```

(3) 创建一个适配器(ArrayAdapter)为 Spinner 提供数据，ArrayAdapter 中的数据来源有字符串数组和 XML 两种方式。

方式一：使用字符串数组作为数据来源，其代码如下：

```
    String[] str = new String[]{ "星期一", "星期二", "星期三", "星期四", "星期五",
"星期六", "星期日"};
```

设置 ArrayAdapter，代码如下：

```
    ArrayAdapter<String> weekArray=new ArrayAdapter<String>(this, android.R.
layout.simple_dropdown_item_1line, str);
```

参数说明：ArrayAdapter 有 3 个参数：第一个参数为 Context，第二个参数为布局文件(此例应用了 Android 定义的布局文件)，第三个参数为数组(即显示在下拉列表中的内容，不能用 int 型数组)。

方式二：使用 XML 作为数据来源，需要使用 XML 文件将下拉菜单列出的所有内容放到 values 目录下的 strings.xml 资源文件中，strings.xml 的代码如下：

```
<?xml version="1.0" encoding="utf-8"?>
<resources>
    <string name="app_name">便携课程表</string>
    <string-array name="games_array">
        <item>星期一</item>
        <item>星期二</item>
        <item>星期三</item>
        <item>星期四</item>
        <item>星期五</item>
        <item>星期六</item>
        <item>星期日</item>
    </string-array>
</resources>
```

设置 ArrayAdapter，代码如下：

```
ArrayAdapter weekArray = ArrayAdapter.createFromResource(this,
            R.array.country_array, android.R.layout.simple_spinner_item);
weekArray.setDropDownViewResource(android.R.layout.simple_spinner_dropdown_item);
```

(4) 将适配器与 Spinner 相关联，代码如下：

```
spinner.setAdapter(weekArray);
```

(5) 创建一个监听器，其代码如下：

```
class SpinnerListener implements OnItemSelectedListener{
    @Override
    public void onItemSelected(AdapterView<?> arg0, View arg1, int arg2, long arg3){
        String selected = arg0.getItemAtPosition(arg2).toString();
        Toast.makeText(MainActivity.this, selected, 1).show();
    }
    @Override
```

```
        public void onNothingSelected(AdapterView<?> arg0){

        }
}
```

当用户选定了一个条目时，就会调用该方法。第一参数指整个列表的 View 对象，第二个参数指被选中条目的 View 对象，第三个参数指被选中条目的位置，第四个参数指被选中条目的 id。

(6) 绑定监听器，其代码如下：

```
spinner.setOnItemSelectedListener(new SpinnerListener());
```

说明：使用 Spinner 时已经可以确定下拉列表框里的列表项，则完全不需要编写代码，也就不需要设置 ArrayAdapter 适配器，而直接使用 android:entries 属性来设置数组资源作为下拉列表框的列表项目，即可以省略上述步骤(3)和(4)，而将布局文件的代码改为：

```
<Spinner android:layout_height="wrap_content" android:id="@+id/spinner1"
android:entries="@array/ games _array"
        android:prompt="@string/app_name" android:layout_width="match_parent">
</Spinner>
```

其中，games_array 数组是在 strings.xml 资源文件中定义的。

3. 网格视图

网格视图(GridView)是按照行列的形式来显示内容，一般用于图片、图标的显示。GridView 也可以像第 3 章介绍的 ListView 一样，以列表的形式来显示内容。其一些常用属性见表 10-3。

表 10-3　GridView 的常用 XML 属性及相关方法

XML 属性	相关方法	说　　明
android:columnWidth	setColumnWidth( )	每一列的宽度
android:gravity	setGravity ( )	设置此组件中的内容在组件中的位置。可选的值有：top、bottom、left、right、center_vertical、fill_vertical、center_horizontal、fill_horizontal、center、fill、clip_vertical，可以多选，用“|”分开
android:numColumns	setNumColumns( )	设置 GridView 的列数
android:horizontalSpacing	setHorizontalSpacing( )	设置两列之间的默认水平间距
android:verticalSpacing	setVerticalSpacing( )	设置两行之间的默认垂直间距
android:stretchMode	setStretchMode( )	设置列应该以何种方式填充可用空间。可选值：no_stretch、stretch_spacing、stretch_spacing_uniform，或 stretch_column_width

网格视图(GridView)的使用一般按如下步骤进行。

(1) 在布局文件中定义控件，代码如下：

```
<GridView android:id="@+id/GridView1" android:layout_width="wrap_content"
        android:layout_height="wrap_content" android:columnWidth="90dp"
        android:numColumns="3" android:verticalSpacing="10dp"
        android:horizontalSpacing="10dp" android:stretchMode="columnWidth"
        android:gravity="center" />
```

(2) 在 Activity 中引用，代码如下：

```
GridView gv = (GridView)findViewById(R.id.gridView1);
```

(3) 创建一个适配器(ArrayAdapter)为 GridView 提供数据，ArrayAdapter 中的数据来源有字符串数组和 XML 两种方式。

方式一：使用字符串数组作为数据来源，其代码如下：

```
    String[] str = new String[]{ "星期一", "星期二", "星期三", "星期四", "星期五",
"星期六", "星期日"};
```

设置 ArrayAdapter，代码如下：

```
    ArrayAdapter<String> weekArray1=new ArrayAdapter<String>(this, android.R.
layout.simple_gallery_item, str);
```

参数说明：ArrayAdapter 有 3 个参数：第一个参数为 Context，第二个参数为布局文件(此例应用了 Android 定义的布局文件)，第三个参数为数组(即显示在下拉列表中的内容，不能用 int 型数组)。

方式二：使用 XML 作为数据来源，需要使用 XML 文件将网格视图中显示的所有内容放到 values 目录下的 strings.xml 资源文件中，string.xml 的代码如下：

```
<?xml version="1.0" encoding="utf-8"?>
<resources>
    <string name="app_name">便携课程表</string>
    <string-array name="games_array">
        <item>星期一</item>
        <item>星期二</item>
        <item>星期三</item>
        <item>星期四</item>
        <item>星期五</item>
        <item>星期六</item>
        <item>星期日</item>
    </string-array>
</resources>
```

设置 ArrayAdapter，代码如下：

```
ArrayAdapter weekArray1 = ArrayAdapter.createFromResource(this,
                R.array.country_array, android.R.layout.simple_gallery_item);
weekArray1.setDropDownViewResource(android.R.layout.simple_gallery_item);
```

(4) 将适配器与 GridView 相关联，代码如下：

```
gv.setAdapter(weekArray1);
```

(5) 创建一个监听器，其代码如下：

```
class GridViewListener implements OnItemClickListener{
      @Override
      public void onItemClick(AdapterView<?> arg0, View arg1, int arg2,
            long arg3){
         String selected = arg0.getItemAtPosition(arg2).toString();
         Toast.makeText(MainActivity.this, "你选择了"+ selected , 1).show();
      }
}
```

当用户选定了一个条目时，就会调用该方法。第一参数指整个 GridView 的 View 对象，第二个参数指被选中条目的 View 对象，第三个参数指被选中条目的位置，第四个参数指被选中条目的 id。

(6) 绑定监听器，其代码如下：

```
gv.setOnItemClickListener(new GridViewListener());
```

至此，字符串就能正常显示在网格视图(GridView)的对应位置了。为了在网格视图(GridView)中显示图片，只需要创建一个继承 BaseAdapter 的适配器类，然后为 GridView 设置该适配器。本例中，该适配器类名为 ImageAdapter.java，其代码如下：

```
public class ImageAdapter extends BaseAdapter {
   //定义 Context
   private Context mContext;
   //定义整型数组,即图片源
   private Integer[] mImageIds =
   {
      R.drawable.p1, R.drawable.p2, R.drawable.p3, R.drawable.p4, R.drawable.p5,
      R.drawable.p6,  R.drawable.p7,  R.drawable.p8,
   };

   public ImageAdapter(Context c){
      mContext = c;
   }

   //获取图片个数
   public int getCount(){
      return mImageIds.length;
   }
   //获取图片在库中的位置
   public Object getItem(int position){
      return position;
   }
   //获取图片 ID
   public long getItemId(int position){
```

```
        return position;
    }

    public View getView(int position, View convertView, ViewGroup parent){
        ImageView imageView;
        if (convertView == null ){
            //给 ImageView 设置资源
            imageView = new ImageView(mContext);
            //设置布局，图片以 150×60 显示
            imageView.setLayoutParams(new GridView.LayoutParams(150,60));
            //设置显示比例类型
            imageView.setScaleType(ImageView.ScaleType.FIT_CENTER);
        }
        else {
            imageView = (ImageView)convertView;
        }
        imageView.setImageResource(mImageIds[position]);
        return imageView;
    }
}
```

10.1.2　便携课程表界面设计

1. 主界面的设计

根据便携课程表的功能，在主界面上显示课程总表，如图 10.1 所示。

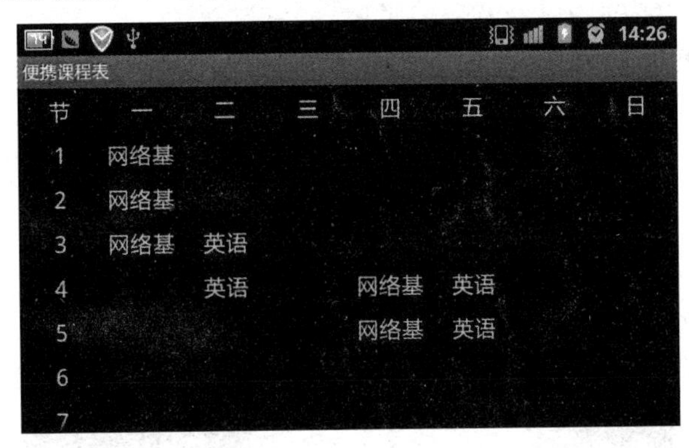

图 10.1　课程总表界面

为了让屏幕显示完整课程表，本案例将用户界面设置为横向显示，修改配置文件 AndroidManifest.xml，代码如下：

```
<activity android:name=".LoginActivity" android:label="@string/app_name"
    android:screenOrientation="landscape" >
</activity>
```

主界面布局文件 login.xml 代码如下：

```
<?xml version="1.0" encoding="utf-8"?>
```

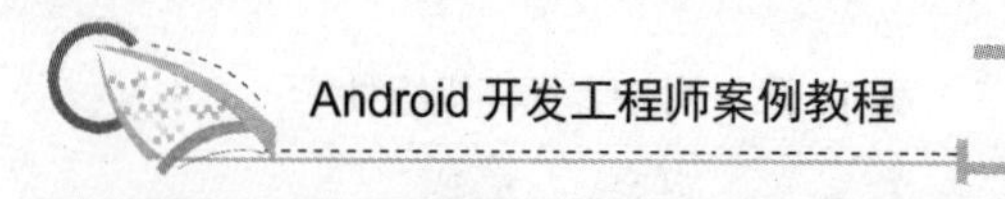


```
<LinearLayout xmlns:android="http://schemas.android.com/apk/res/android"
    android:orientation="vertical" android:layout_width="fill_parent"
    android:layout_height="fill_parent">
    <GridView android:id="@+id/GVCourse" android:layout_width="wrap_content"
        android:layout_height="wrap_content" android:columnWidth="80dp"
        android:numColumns="7" android:verticalSpacing="10dp"
        android:horizontalSpacing="10dp" android:stretchMode="columnWidth"
        android:gravity="center" />
</LinearLayout>
```

2. 课表录入界面的设计

为了使录入界面布局美观，本示例使用 TableLayout 表格布局进行设计，界面显示效果如图 10.2 所示。input.xml 布局文件部分代码如下：

```
<AutoCompleteTextView android:id="@+id/autoWeek"
       android:layout_width="match_parent" android:layout_height="wrap_content"
       android:popupBackground="#cccccc" android:hint="请选择星期几：">
</AutoCompleteTextView>
<TableRow android:id="@+id/tableRow1" android:layout_width="wrap_content"
          android:layout_height="wrap_content">
          <TextView android:text="请选择第几节课：" android:id="@+id/textView1"
              android:layout_width="wrap_content" android:layout_height="wrap_content">
          </TextView>
          <Spinner android:layout_height="wrap_content" android:id="@+id/spinnerNum"
              android:entries="@array/country_array" android:prompt="@string/app_name"
              android:layout_width="180px">
          </Spinner>
</TableRow>
```

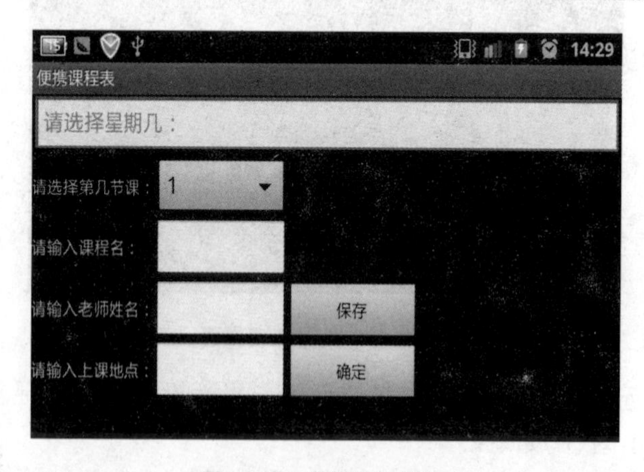

图 10.2　课程录入界面

3. 课表详细信息界面的设计

课表详细信息显示界面代码比较简单，请读者参见代码包中 Chap10_01_01 文件夹里的 detail.xml 布局文件。

10.1.3　便携课程表功能实现

1. 课程总表的实现

为了保存课程表的详细信息，本案例设计一个数据库文件 Course_DB，该数据库包含一个 courseTable 表用来存放详细的课程信息，结构见表 10-4。

表 10-4　courseTable 表结构

字段名	字段类型	字段宽度	说　明
classID	varchar	2	节数
星期一	varchar	50	课程详细信息(包括课程名，任课教师，上课地点)
星期二	varchar	50	课程详细信息(包括课程名，任课教师，上课地点)
星期三	varchar	50	课程详细信息(包括课程名，任课教师，上课地点)
星期四	varchar	50	课程详细信息(包括课程名，任课教师，上课地点)
星期五	varchar	50	课程详细信息(包括课程名，任课教师，上课地点)
星期六	varchar	50	课程详细信息(包括课程名，任课教师，上课地点)
星期日	varchar	50	课程详细信息(包括课程名，任课教师，上课地点)

新建一个继承 SQLiteOpenHelper 类的 DBHelper.java 类实现数据库和表的创建，具体代码如下：

```
public class DBHelper extends SQLiteOpenHelper {
    private static int Version = 1;
    public DBHelper(Context context, String name, CursorFactory factory, int version){
        super(context, name, factory, version);
    }
    public DBHelper(Context context, String name){
        this(context, name, null, Version);
    }
    @Override
    public void onCreate(SQLiteDatabase db){
        String sql = "create table IF NOT EXISTS courseTable(" +
                "classID varchar(2)primary key ," +
                "星期一  varchar(50),星期二  varchar(50),星期三  varchar(50)," +
                "星期四  varchar(50),星期五  varchar(50),星期六  varchar(50)," +
                "星期日  varchar(50))";
        db.execSQL(sql);
    }
    @Override
    public void onUpgrade(SQLiteDatabase arg0, int arg1, int arg2){
    }
}
```

在主界面 LoginActivity 上有一个 GridView 对象，该对象用来显示课程表信息。为了在该界面的 GridView 中只显示课程名并且在单击课程表的某项信息时，还要在

DetailActivity 中显示该课程的其他信息，从数据库中读出某天某节的课程信息后，必须将上课时间(星期几、第几节)、上课地点、任课教师等信息存入 ClassDetail 对象(该对象为实现 Serializable 的自定义类，在两个 Activity 传递对象时，必须对该对象实现 Serializable)，单击课程表的某项信息后，将该对象通过 Bundle 对象传递给 DetailActivity。部分实现代码如下所示：

```
final ClassDetail[][] classDetail = new ClassDetail[13][8];
for (int i = 0; i <= 12; i++){
    for (int j = 0; j <= 7; j++){
    classDetail[i][j] = new ClassDetail();
    }
}
ArrayList<String> strList = new ArrayList<String>();
strList.add("节");        strList.add("一");        strList.add("二");
strList.add("三");        strList.add("四");        strList.add("五");
strList.add("六");        strList.add("日");
String str = "select * from courseTable";
Cursor cursor = db.rawQuery(str, null);
cursor.moveToFirst();
for (int i = 1; i <= cursor.getCount(); i++){
    String courseInfo0 = cursor.getString(0);
    strList.add(courseInfo0);
    String weekInfo = "";
    for (int j = 1; j <= 7; j++){
        String courseInfo1 = cursor.getString(j);
        // 根据"课程名,任课教师,上课地点"格式分离出来
        String[] a = courseInfo1.split(",");
        if (a[0].trim().length()!= 0){
            // 将分离出来的课程表信息分别放入 classDetail 对象中
            classDetail[i][j].setcName(a[0]);
            classDetail[i][j].setcTeacher(a[1]);
            classDetail[i][j].setcAddress(a[2]);
            classDetail[i][j].setcTime(i + "");
            switch (j){
            case 1:
                weekInfo = "星期一";break;
            case 2:
                weekInfo = "星期二";break;
            case 3:
                weekInfo = "星期三";break;
            case 4:
                weekInfo = "星期四";break;
            case 5:
                weekInfo = "星期五";break;
            case 6:
                weekInfo = "星期六";break;
            case 7:
                weekInfo = "星期日";break;
```

```
            }
            classDetail[i][j].setcWeek(weekInfo);
            strList.add(a[0] );
        } else {
            strList.add(" " );
        }
    }
    cursor.moveToNext();
}
ArrayAdapter<String> weekArray = new ArrayAdapter<String>(this, android.
R.layout.simple_gallery_item, strList);
GridView gv = (GridView)findViewById(R.id.GVCourse);
gv.setAdapter(weekArray);
gv.setOnItemClickListener(new OnItemClickListener(){
    @Override
    public void onItemClick(AdapterView<?> arg0, View arg1, int arg2,long arg3){
        //根据 arg2 位置值求出二维数组中的行、列号，并将结果通过 Intent
        //传递到课程表详细信息 Activity
        int m=0;
        int n=0;
        m=arg2/8;
        n=arg2%8;
        Intent intent = new Intent(LoginActivity.this,DetailActivity.class);
        Bundle mbundle=new Bundle ();
        mbundle.putSerializable("classInfo",classDetail[m][n]);
        intent.putExtras(mbundle);
    startActivity(intent);
    }
});
```

2. 录入课程表的实现

本案例在录入课程表前，首先判断该课程表是否为空表，若为空表，则往课程表中插入 12 条空记录，表示一天最多 12 节课，每节课的内容信息为空，然后通过输入界面选择对应时间，输入详细的课程信息，根据课程信息更新 courseTable 表中对应的课程信息。此处主要涉及数据信息的插入与更新，在前面章节中已详细介绍，请读者参见代码包中 Chap10_01_01 文件夹里的 InputActivity.java 文件。

3. 课程表详细信息显示的实现

获取从总课程表界面 LoginActivity 传递过来的 ClassDetail 对象，并将该对象的相应信息显示在对应位置。实现代码如下：

```
public class DetailActivity extends Activity {
    private ClassDetail classInfo;
    private TextView txt1,txt2, txt3;
    @Override
    protected void onCreate(Bundle savedInstanceState){
        super.onCreate(savedInstanceState);
```

```
        this.setContentView(R.layout.detail);
        txt1 = (TextView)this.findViewById(R.id.textView2);
        txt2 = (TextView)this.findViewById(R.id.textView4);
        txt3= (TextView)this.findViewById(R.id.textView6);
        Bundle bundle = getIntent().getExtras();
        classInfo= (ClassDetail)bundle.get("classInfo");
        txt1.setText(classInfo.getcWeek()+" 第"+classInfo.getcTime()+"节");
        txt2.setText(classInfo.getcAddress());
        txt3.setText(classInfo.getcTeacher());
    }
}
```

10.2 在线音乐播放器的设计与实现

下面，通过使用拖动条(SeekBar)、滚动视图(ScrollView)等组件设计一个在线音乐播放器，能够实现音乐名显示、音乐播放、音量调整等功能。

10.2.1 预备知识

1. 拖动条

拖动条(SeekBar)是 ProgressBar 的扩展，在其基础上增加了一个可滑动的滑片(进度条上可以拖动的图标)。用户可以触摸滑片并向左或向右拖动，或者可以使用方向键设置当前的进度等级。SeekBar 的常用属性和方法见表 10-5。

表 10-5 SeekBar 的常用 XML 属性及相关方法

XML 属性	相关方法	说　　明
android:max	setMax(int)	设置进度条满时的值
android:progress	setProgress(int)	设置进度条主进度当前值
android:thumb	setThumb(Drawable)	设置拇指跟随图标
android:thumbOffset	setThumbOffset(int)	设置允许的轨道的范围扩展到拇指的偏移量

拖动条(SeekBar)的使用一般按如下步骤进行。

(1) 和其他常用控件一样，在布局文件中定义一个 SeekBar 的控件，代码如下：

```
<SeekBar android:layout_height="wrap_content" android:id="@+id/seekBarVolumn"
      android:layout_width="match_parent"></SeekBar>
```

更加细致的布局读者可以自己设定。

(2) 在 Activity 中引用，代码如下：

```
SeekBar volumnSeekBar = (SeekBar)this.findViewById(R.id.seekBarVolumn);
```

(3) 为代码中的 SeekBar 变量设置监听器，这也是 SeekBar 控件执行操作的关键，要实现 SeekBar.OnSeekBarChangeListener( )这个监听器接口，接口中有如下 3 个方法：

```
public void onStopTrackingTouch(SeekBar seekBar){
}
public void onStartTrackingTouch(SeekBar seekBar){
}
public void onProgressChanged(SeekBar seekBar, int progress, boolean fromUser){
}
```

其中，onStopTrackingTouch( )方法是在拖动 SeekBar 游标停止的那一瞬间所触发的回调方法。即当用手指停止拖动 SeekBar 上的游标时，会触发这个方法执行相应的操作，如显示当前音量等。

onStartTrackingTouch( )方法是指在开始拖动 SeekBar 游标的瞬间所触发的回调函数。即当用手指按下游标的那一瞬间，这个方法就会被执行。一般在该方法中用 Toast 显示提示信息。

onProgressChanged( )方法是 SeekBar 的关键方法，只要当 SeekBar 组件的进度值被改变(不论是人为拖动改变，还是程序进行改变)，这个方法就会被触发。如在设计 mp3 播放器时，需要实现一个拖动 SeekBar 组件以调节播放进度的功能，那么人为拖动 SeekBar 游标时，可以即时提醒用户当前 mp3 的时间进度。

此 3 种方法的参数有 3 个：其中 seekBar 参数是当前的 SeekBar 组件对象，progress 是当前的进度值，fromUser 用来告诉方法当前进度值的改变是否是由用户执行的。

2. 使用 HttpURLConnection 对象从互联网上读取数据

Android 系统中通过 HttpURLConnection 类实现与服务器的通信，该类是通过 HTTP 协议向服务器发送请求，并可以获取服务器发回的数据。HttpURLConnection 类的完整名称为 java.net. HttpURLConnection，没有 public 的构造方法，可以通过 java.net.URL 类的 openConnection( )方法获取一个 URLConnection 的实例。使用步骤如下。

(1) 创建一个 URL 对象。代码如下：

```
URL url = new URL(http://ie.nnutc.edu.cn/web/mp3/title.txt);
```

(2) 利用 HttpURLConnection 对象从网络中获取网页数据。代码如下：

```
HttpURLConnection conn = (HttpURLConnection)url.openConnection();
```

(3) 设置连接超时。代码如下：

```
conn.setConnectTimeout(6*1000);
```

如果网络不好，Android 系统在超过默认时间会收回资源并中断操作。

(4) 对响应码进行判断。代码如下：

```
if (conn.getResponseCode()!= 200)  throw new RuntimeException("请求url失败");
```

从 Internet 获取网页，发送请求，将网页以流的形式读回来。

(5) 得到网络返回的输入流。代码如下：

```
buffer = new BufferedReader(new InputStreamReader(urlcon.getInputStream(),"GB2312"));
```

使用 IO 读取数据。

(6) 关闭连接。代码如下：

```
conn.disconnect();
```

(7) 修改 Androidmanifest.xml 配置文件。代码如下：

```
<uses-permission android:name="android.permission.INTERNET"></uses-permission>
```

10.2.2　在线音乐播放器界面设计

根据功能需要，主界面上有两个 SeekBar 组件、一个 ListView 组件和一个 Button 组件。其中 SeekBar 组件一个用于显示当前音乐的播放进度，一个用于调节音量；ListView 组件用于显示歌名和歌手名，如图 10.3 所示；Button 组件用于控制音量，运行效果如图 10.4 所示。

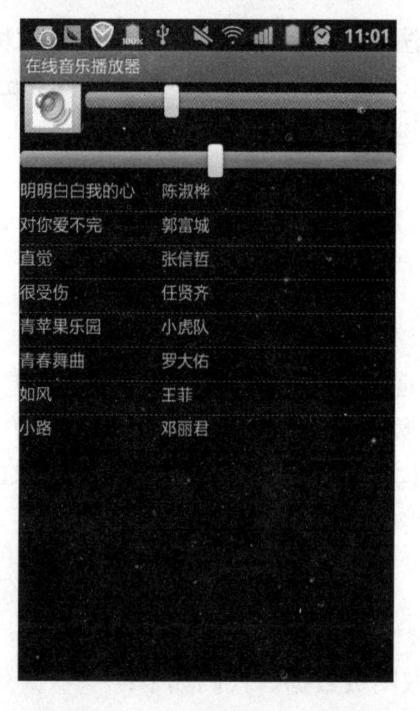

图 10.3　在线音乐播放器主界面

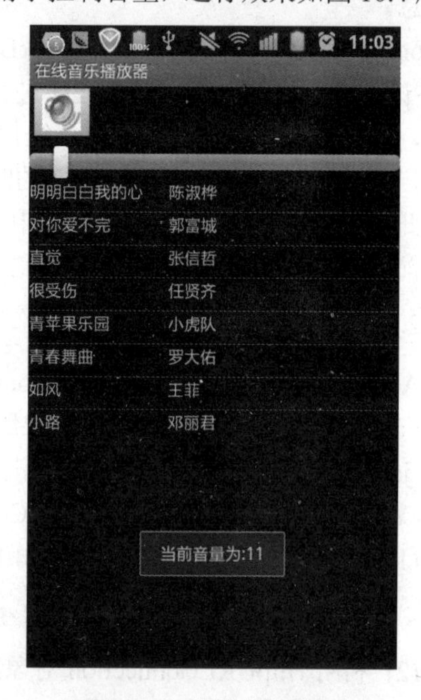

图 10.4　调节音量界面

为了在 ListView 列表中显示歌名和歌手名两列数据，在 list.xml 布局文件中用了两个 TextView 组件，然后使用 SimpleAdapte 绑定两个数据即可。

10.2.3　在线音乐播放器的实现

1. 从网络读取文件的实现

本示例创建了一个 HttpDownLoadFile 类，在该类中新建了一个方法 download(String urlStr)，用于实现从网络读取文件，将读取的文件内容按行方式存储在 ArrayList 中，具体实现代码如下：

```
public ArrayList<String> download(String urlStr){
      ArrayList<String> allSongInfo = new ArrayList<String>();
```

```
BufferedReader buffer = null;
        try {
            url = new URL(urlStr);
            HttpURLConnection urlcon = (HttpURLConnection)url.openConnection();
            buffer = new BufferedReader(new InputStreamReader(
                    urlcon.getInputStream(),"GB2312"));
            while ((line = buffer.readLine())!= null){
                allSongInfo.add(line);
            }
        } catch (MalformedURLException e){
            e.printStackTrace();
        } catch (IOException e){
            e.printStackTrace();
        } finally {
            try {
                buffer.close();
            } catch (IOException e){
                e.printStackTrace();
            }
        }
        return allSongInfo;
    }
```

2. 播放网络音乐文件的实现

本案例创建了一个 Player 类，该类实现了 OnBufferingUpdateListener、OnCompletionListener、OnPreparedListener 这 3 个接口，可以实现边下载边播放 mp3 音乐，还可以根据播放进度和下载进度更新进度条。

(1) 进度条更新关键代码如下：

```
Handler handleProgress = new Handler(){
        public void handleMessage(Message msg){
            int position = mediaPlayer.getCurrentPosition();
            int duration = mediaPlayer.getDuration();
            if (duration > 0){
                long pos = progressSeekBar.getMax()* position / duration;
                progressSeekBar.setProgress((int)pos);
            }
        };
    };
```

(2) 播放代码如下：

```
public void playUrl(String mp3Url){
        try {
            mediaPlayer.reset();
            mediaPlayer.setDataSource(mp3Url);
            mediaPlayer.prepare();// prepare之后自动播放
        } catch (IOException e){
            e.printStackTrace();
```

```
        }
}
```

在单击主界面 ListView 中的某一项时，根据该项的歌名将值传递给 mp3Url 参数。代码如下：

```
String url = "http://ie.nnutc.edu.cn/web/mp3/"+songNo+".mp3";
player.playUrl(url);
```

3. 音量调节的实现

Android 中可以通过 AudioManager 类获取系统手机的铃声和音量。同样，也可以设置铃声和音量。AudioManager 类位于 android.media 包中，它提供访问、控制音量和铃声模式的操作，由于本示例只实现音量控制，所以下面仅介绍使用该类进行音量调节的方法。

调整音量方法有两种：一种是渐进式，即像手动按音量键一样，一步一步增加或减少音量，另一种是直接设置音量值。

(1) 渐进式音量调节的方法。代码如下：

```
public void adjustStreamVolume (int streamType, int direction, int flags)
```

该方法有 3 个参数，第一个参数 streamType 是需要调整音量的类型，常用的值有 STREAM_ALARM(警报)、STREAM_MUSIC(媒体音量)、STREAM_RING(铃声)、STREAM_SYSTEM(系统)、STREAM_VOICE_CALL(通话)等；第二个参数 direction 是调整的方向，即增加或减少音量，常用的值有 ADJUST_LOWER(降低音量)、ADJUST_RAISE(升高音量)、ADJUST_SAME(保持不变)；第三个参数 flags 是一些附加参数，常用的值有 FLAG_PLAY_SOUND(调整音量时播放声音)、FLAG_SHOW_UI(调整音量时显示音量条)。

(2) 直接设置音量值的方法。代码如下：

```
public void setStreamVolume (int streamType, int index, int flags)
```

该方法有 3 个参数，第一个参数和第三个参数与 adjustStreamVolume( )一样，第二个参数是设置的音量值，该值不能大于 getStreamMaxVolume(int streamType)方法获得的该类型音量的最大值。

本案例中首先获得媒体音量的最大值，将该值作为 SeekBar 的最大值，表示 SeekBar 的返回值只能在 0 至音量的最大值之间变化，然后将 SeekBar 的当前值作为 setStreamVolume( )方法的 index 参数值。具体实现代码如下：

```
AudioManager audioMgr = (AudioManager)getSystemService(Context.AUDIO_SERVICE);
        // 获取最大音乐音量
int  maxVolume = audioMgr.getStreamMaxVolume(AudioManager.STREAM_MUSIC);
SeekBar   volumnSeekBar = (SeekBar)this.findViewById(R.id.seekBarVolumn);
volumnSeekBar.setMax(maxVolume);
volumnSeekBar.setOnSeekBarChangeListener(new OnSeekBarChangeListener(){
        public void onStopTrackingTouch(SeekBar arg0){
```

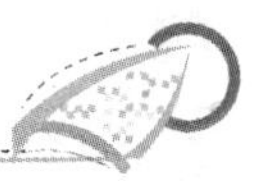

```
            }
            public void onStartTrackingTouch(SeekBar arg0){
                Toast.makeText(MainActivity.this, "调音量", 2).show();
            }
            public void onProgressChanged(SeekBar arg0, int arg1, boolean arg2){
                Toast.makeText(MainActivity.this, "当前音量为:"+arg1, 2).show();
                currentVolume= arg1;
                audioMgr.setStreamVolume(AudioManager.STREAM_MUSIC, currentVolume,
                        AudioManager.FLAG_PLAY_SOUND);
            }
    });
```

4. ListView 显示两列数据的实现

首先通过调用自定义 HttpDownLoadFile 类中的 download( )方法从网络中读出文件内容，该内容存放在 ArrayList 中，使用迭代器将 ArrayList 中的内容读出，本示例中网络文件每行的格式为“序号,歌名,歌手名”，然后使用 String.split( )方法分离出歌名和歌手名，放入 Map 中，最后添加到 List 集合中，将 List 作为 ListView 适配器的数据源，具体实现代码如下：

```
    lsSongName = (ListView)this.findViewById(R.id.lvSongInfo);
    String showInfo[] = { "songName", "singerName" };
    int showId[] = { R.id.textView1, R.id.textView2 };
    SimpleAdapter adapter = new SimpleAdapter(this, getData(),    R.layout.list,
showInfo, showId);
    lsSongName.setAdapter(adapter)
    private List<? extends Map<String, String>> getData(){
            List<Map<String, String>> list = new ArrayList<Map<String, String>>();
            HashMap<String, String> map;
            String urlStr = "http://ie.nnutc.edu.cn/web/mp3/title.txt";
            ArrayList<String> allSongInfo = new ArrayList<String>();
            allSongInfo=httpDownLoadFile.download(urlStr);
            for (Iterator<String> it = allSongInfo.iterator();it.hasNext();){
                String lineInfo = it.next();
                if (lineInfo.trim().length()==0){
                    return list;
                }
                String [] line=lineInfo.split(",");
                map = new HashMap<String, String>();
                map.put("songName", line[1]);
                map.put("singerName", line[2]);
                list.add(map);
            }
            return list;
    }
```

至此，在线音乐播放器设计完成，读者可以参阅代码包中 Chap10_02_01 文件夹里的内容继续完善，如长按 ListView 的某一项，弹出包含播放、暂停、停止等菜单项，并实现相关功能。

10.3 猜扑克游戏的设计与实现

基于扑克牌的小游戏很多，本案例实现红桃 A、草花 A、黑桃 A 这 3 张扑克牌按随机顺序放在滚动视图(ScrollView)上，由用户猜测哪张是红桃 A，如果认为是红桃 A 的，就单击该牌，如果认为不是就滑动滚动视图，单击另一张牌。猜测正确与否，都给出提示。另外，本案例使用评分条(RatingBar)设计了评分功能，用于用户对该小游戏评分。

10.3.1 预备知识

1. 滚动视图

有时内容很多，一页显示不完，此时可以把某些控件加入到滚动视图(ScrollView)中。所以滚动视图是指在内容很多，不能在一页屏幕显示完全的情况下，需要借助滚动来显示内容。ScrollView 是一种特殊的 FrameLayout，是 FrameLayout 的子类。使用 ScrollView 可以使用户能够滚动一个包含 views 的列表，这样就可以利用比物理显示区域更大的空间。默认状态下，ScrollView 是垂直滚屏(垂直滚动条)的，如果想要实现水平滚屏(水平滚动条)，可以使用组件 HorizontalScrollView。ScrollView 的常用属性及参数说明见表 10-6。

表 10-6 ScrollView 的常用属性

XML 属性	功　能	说　明
android:scrollbars	设置滚动条显示	none(隐藏)、horizontal(水平)、vertical(垂直)
android:scrollbarFadeDuration	设置滚动条淡出效果时间	以 ms 为单位
android:scrollbarSize	设置滚动条的宽度	
android:scrollbarStyle	设置滚动条的风格和位置	insideOverlay、insideInset、outsideOverlay、outsideInset
android:scrollbarThumbHorizontal	设置水平滚动条的 drawable	
android:scrollbarThumbVertical	设置垂直滚动条的 drawable	
android:scrollbarTrackHorizontal	设置水平滚动条背景(轨迹)的 drawable	
android:soundEffectsEnabled	设置单击或触摸时是否有声音效果	

2. 评分条

评分条(RatingBar)是基于 SeekBar 和 ProgressBar 的扩展，用星型来显示等级评定。使用 RatingBar 的默认大小时，用户可以触摸/拖动或使用键来设置评分，它有两种样式(小风格用 ratingBarStyleSmall，大风格用 ratingBarStyleIndicator)，其中大风格只适合指示，不适合于用户交互。

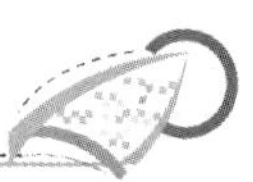

当使用可以支持用户交互的 RatingBar 时，无论将控件(widgets)放在它的左边还是右边都是不合适的。只有当布局的宽被设置为“wrap content”时，设置的星型数量(通过方法 setNumStars(int)或者在 XML 的布局文件中定义)将显示出来。RatingBar 的常用属性和方法见表 10-7。

表 10-7　RatingBar 的常用属性及相关方法

XML 属性	相关方法	说　明
android:isIndicator	isIndicator ( )	RatingBar 是否是一个指示器(用户无法进行更改)
android:numStars	setNumStars (int numStars)	显示的星型数量，必须是一个整形值，如“10”
android:rating	setRating (float rating)	默认的评分，必须是浮点类型，如“1.2”
android:stepSize	setStepSize (float stepSize)	评分的步长，必须是浮点类型，如“1.2”

RatingBar 还有两个重要的方法。

(1) getRating ( )方法用于获取当前的评分(填充的星型的数量)。

(2) setOnRatingBarChangeListener (RatingBar.OnRatingBarChangeListener listener)方法用于设置当评分等级发生改变时回调的监听器事件。

10.3.2　猜扑克游戏的界面设计

根据功能需要，主界面上主要有一个 HorizontalScrollView 水平滚动条，两个风格不一样的 RatingBar 组件(一个是 ratingBarStyleSmall，用于显示评分；一个是默认风格，用于用户交互设置评分)和两个 Button 组件。运行效果如图 10.5 所示。主要布局文件代码如下：

```
    <HorizontalScrollView xmlns:android="http://schemas.android.com/apk/res/android"
           android:id="@+id/horizontalScrollView1" android:layout_height="wrap_content"
           android:layout_gravity="center" android:layout_width="300px">
           <LinearLayout android:layout_height="wrap_content"
                android:gravity="center" android:orientation="horizontal"
                android:layout_width="wrap_content" android:id="@+id/linearLayout1">
              <ImageView android:id="@+id/mImage01" android:padding="5px"
                 android:layout_height="wrap_content" android:layout_width="wrap_content"
                 android:src="@drawable/icon"></ImageView>
              <ImageView android:id="@+id/mImage02" android:padding="5px"
                 android:layout_height="wrap_content" android:layout_width=
"wrap_content"
                 android:src="@drawable/icon"></ImageView>
              <ImageView android:id="@+id/mImage03" android:padding="5px"
                 android:layout_height="wrap_content" android:layout_width=
"wrap_content"
                 android:src="@drawable/icon"></ImageView>
           </LinearLayout>
    </HorizontalScrollView>
    <Button android:text="再玩一次" android:id="@+id/mButton"
           android:layout_gravity="center" android:layout_width="wrap_content"
           android:layout_height="wrap_content"></Button>
```

```
    <RatingBar android:id="@+id/ratingbarP"
           android:layout_width="wrap_content"
           android:layout_height="wrap_content"
           android:numStars="5"
           android:rating="2.25" />
    <LinearLayout android:layout_width="match_parent"
           android:layout_height="wrap_content" android:layout_marginTop="10dip">
           <TextView android:id="@+id/rating" android:layout_width="wrap_content"
              android:layout_height="wrap_content" />
           <RatingBar android:id="@+id/small_ratingbar" style="?android:attr/
ratingBarStyleSmall"
              android:layout_marginLeft="5dip" android:layout_width="wrap_content"
              android:layout_height="wrap_content" android:layout_gravity=
"center_vertical" />
    </LinearLayout>
    <Button android:text="重置评分" android:id="@+id/pButton"
           android:layout_gravity="center" android:layout_width="wrap_content"
           android:layout_height="wrap_content"></Button>
```

图 10.5　游戏主界面

由于扑克牌图片较大，屏幕不能显示完整的 3 张图片，本案例设置 HorizontalScrollView 时，设置了滚动视图的 layout_width，让该滚动视图区域只显示一张图片，其他图片由用户使用滑屏的方式选择。

10.3.3　猜扑克牌游戏的实现

1．随机显示 3 张扑克牌的实现

首先用 myImage 数组存放 3 张扑克牌的图片 id，然后通过自定义 Randon( )方法将 3

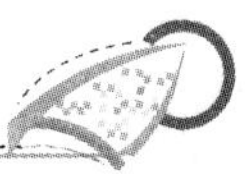

张扑克牌的图片 id 在 myImage 数组中随机交换，然后使用 setImageResource( )方法重新显示在 ImageView 组件上。 实现代码如下：

```
private void Randon(){
        for (int i = 0; i < myImage.length; i++){
            int temp = myImage[i];
            int s = (int)(Math.random()* 2);
            myImage[i] = myImage[s];
            myImage[s] = temp;
        }
}
```

2. 单击图片判断猜中与否的实现

使用 getId( )方法获得该图片的 id，判断单击的是哪一张扑克牌，然后通过自定义方法 SetImage (int temp, ImageView ss)判断该扑克牌是否就是要猜的扑克牌。实现代码如下：

```
View.OnClickListener MyimageClistener= new View.OnClickListener(){
            @Override
            public void onClick(View v){
                if (a == 0){
                    switch (v.getId()){
                    case R.id.mImage01:
                        SetImage(0, myImageView1);
                        break;
                    case R.id.mImage02:
                        SetImage(1, myImageView2);
                        break;
                    case R.id.mImage03:
                        SetImage(2, myImageView3);
                        break;
                    default:
                        break;
                    }
                }
            }
        };
myImageView1.setOnClickListener(MyimageClistener);
myImageView2.setOnClickListener(MyimageClistener);
myImageView3.setOnClickListener(MyimageClistener);
```

单击扑克牌后，不管猜中与否，都要将 3 张扑克牌显示出来，这样便于用户知道正确的扑克牌是哪一张。效果如图 10.6 和图 10.7 所示。实现代码如下：

```
private void SetImage (int temp, ImageView ss){
        myImageView1.setImageResource(myImage[0]);
        myImageView2.setImageResource(myImage[1]);
        myImageView3.setImageResource(myImage[2]);
        myImageView1.setAlpha(100);
        myImageView2.setAlpha(100);
```

```
        myImageView3.setAlpha(100);
        ss.setAlpha(255);
        if (myImage[temp] == R.drawable.reda){
            Toast.makeText(MainActivity.this, "恭喜你猜对了", Toast.LENGTH_
SHORT).show();
        } else {
            Toast.makeText(MainActivity.this,"对不起你猜错了", Toast.LENGTH_
SHORT).show();
        }
        a++;
    }
```

图 10.6　猜对主界面

图 10.7　猜错界面

3. 评分功能的实现

本示例使用了两个风格的 RatingBar 组件，一个是 ratingBarStyleSmall，用于显示评分；一个是默认风格，用于用户交互设置评分。效果如图 10.8 所示。实现代码如下：

```
mSmallRatingBar = (RatingBar)findViewById(R.id.small_ratingbar); //用于显示评分
mPingRatingBar = (RatingBar)findViewById(R.id.ratingbarP);      //用于设置评分
mPingRatingBar.setOnRatingBarChangeListener(new OnRatingBarChangeListener(){
    @Override
    public void onRatingChanged(RatingBar ratingBar,   float rating, boolean fromUser){
           final int numStars = ratingBar.getNumStars();
           mRatingText.setText(" 受欢迎度" + rating + "/" + numStars);
           mPingRatingBar.setNumStars(numStars);
           mSmallRatingBar.setNumStars(numStars);
           mPingRatingBar.setRating(rating);
           mSmallRatingBar.setRating(rating);
           final float ratingBarStepSize = ratingBar.getStepSize();
           mPingRatingBar.setStepSize(ratingBarStepSize);
           mSmallRatingBar.setStepSize(ratingBarStepSize);
    }
});
```

图 10.8　评分效果

10.4　电子相册的设计与实现

随着智能手机拍照功能的普及，使用智能手机随处拍照和随时浏览相片成为广大用户的习惯，下面就用图片切换器(ImageSwitcher)、画廊(Gallery)两个组件相结合开发一款操作方便的 Android 平台电子相册。该电子相册主要有两个功能模块：显示图片(放大、缩小、旋转、幻灯片播放、全屏播放、切换)和编辑图片(删除、美化)。

10.4.1　预备知识

1. *画廊*

通常在手机或者 PC 上看到动态的图片，可以通过手指触摸或者鼠标来移动它，产生动态的图片滚动效果，还可以根据触摸或者单击触发其他事件响应。Android 系统也提供了这种实现，即通过画廊(Gallery)在 UI 上实现缩略图浏览器，所以画廊也称为缩略图控件。Gallery 的常用属性和方法见表 10-8。

表 10-8　Gallery 的常用 XML 属性及相关方法

XML 属性	相关方法	说　明
android:animationDuration	setAnimationDuration(int)	设置布局变化时动画的转换所需的时间(毫秒级)。仅在动画开始时计时，该值必须是整数
android:spacing	setSpacing(int)	设置图片之间的间距
android:unselectedAlpha	setUnselectedAlpha(float)	设置未选中的条目的透明度(Alpha)。该值必须是 float 类型，如“1.2”

画廊(Gallery)的使用一般按如下步骤进行。

(1) 和其他常用控件一样，在布局文件中首先定义一个 Gallery 控件，代码如下：

```
<Gallery android:id="@+id/galleryView" android:layout_height="wrap_content"
        android:layout_width="match_parent"></Gallery>
```

(2) 在 Activity 中引用，代码如下：

```
Gallery gallery =(Gallery)this.findViewById(R.id.galleryView);
```

(3) 一般情况下，在 Android 中要用到类似这种图片容器的控件，都需要为它指定一个适配器，让它可以把内容按照定义的方式显示出来，因此需要给 Gallery 添加一个适配器，假设添加的适配器类为 ImageAdapter，该类通过继承 BaseAdapter 实现。为 Gallery 设置适配器的代码如下：

```
gallery.setAdapter(new ImageAdapter(this));
```

(4) 将需要显示的图片存放在 drawable 文件夹中，然后用每个图片的 id 做索引，以便在适配器中使用。代码如下：

```
    Integer[] mps = { R.drawable.p1, R.drawable.p2, R.drawable.p3, R.drawable.
p4, R.drawable.p5 };
```

(5) 定义 ImageAdapter 适配器，实现代码如下：

```
public class ImageAdapter extends BaseAdapter {
        private Context mContext;
        public ImageAdapter(Context context){
        mContext = context;
        }
        public int getCount(){
          return mps.length;
        }
        public Object getItem(int position){
          return position;
        }
        public long getItemId(int position){
          return position;
        }
        @Override
        public View getView(int position, View convertView, ViewGroup parent){
          ImageView image = new ImageView(mContext);
// 给 ImageView 设置资源
          image.setImageResource(mps[position]);
// 设置布局图片 200×200 显示
          image.setLayoutParams(new Gallery.LayoutParams(200, 200));
          // 设置比例类型
          image.setScaleType(ImageView.ScaleType.FIT_XY);
          return image;
          }
}
```

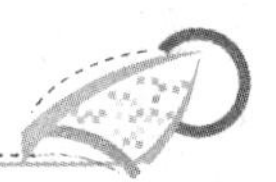

getView( )方法里动态生成一个 ImageView，然后利用 setLayoutParams、setImageResource 分别设定图片大小、图片来源。当图片被显示到当前屏幕时这个方法就会被自动回调来提供要显示的 ImageView。

(6) 为 Gallery 添加监听器，监听单击画廊中的某一图片发生的事件，代码如下：

```
gallery.setOnItemSelectedListener(new OnItemSelectedListener(){
        public void onItemSelected(AdapterView<?> parent, View view,
                int position, long id){
            // 当在 Gallery 中选定一张图片时产生的事件;
        }
        public void onNothingSelected(AdapterView<?> parent){

        }
});
```

2. 图片切换器

一般与画廊组件(Gallery)配合使用的是图片切换器控件(ImageSwitcher)，Gallery 用于显示图片缩略图，而显示完整图片效果则用 ImageSwitcher 组件，也称图像转换器。平时在 Android 的 UI 中显示图片时，也可以使用 ImageView 组件，使用方法在第 3 章已作介绍，但 ImageSwitcher 具备一些特定的功能，即它本身在转换图片的时候可以增加一些动画效果。ImageSwitcher 可以在一系列的图片中逐张地显示特定的图片，利用该控件可以实现图片浏览器中的“上一张”、“下一张”的功能。其使用方法也较为简单，但是，ImageSwitcher 在使用的时候需要一个 ViewFactory，用来区分显示图片的容器和它的父窗口。ImageSwitcher 的方法见表 10-9。

表 10-9　ImageSwitcher 的常用方法

方　　法	说　　明
setImageResource(int)	设置图片资源
setImageURI(Uri)	设置图片地址
setImageDrawable(Drawable)	绘制图片
setFactory (ViewFactory)	设置在视图转换器中切换的视图的工厂
setInAnimation(AnimationUtils.loadAnimation(this, android.R.anim.fade_in))	设置图片进入动画效果
setOutAnimation(AnimationUtils.loadAnimation(this, android.R.anim.fade_out))	设置图片退出动画效果

图片切换器(ImageSwitcher)的使用一般按如下步骤进行。

(1) 和其他常用控件一样，在布局文件中首先定义一个 ImageSwitcher 控件，代码如下：

```
<ImageSwitcher android:id="@+id/imageSwitcher" android:layout_height="wrap_content"
        android:layout_width="match_parent"></ImageSwitcher>
```

(2) 在 Activity 中引用，代码如下：

```
ImageSwitcher is =(Gallery)this.findViewById(R.id. imageSwitcher);
```

(3) 设置 ImageSwitcher 对象所需的 ViewFactory，setFactory( )方法确定 ImageSwitcher 要以什么方式来显示内容。代码如下：

```
is.setFactory(new ImageViewFactory(this));
```

(4) 在单击某个按钮或者滑屏滚动时，通过设置图片资源来显示图片，即 setImageSource( ) 方法确定要显示的那些图片是从哪里获得的。代码如下：

```
is.setImageResource(mps[position]);
```

(5) 实现 ViewFactory 接口，makeView( )方法是 ViewFactory 接口定义的方法，该方法返回一个 View，ImageSwitcher 就按照这个 View 的布局来显示内容。代码如下：

```
class ImageViewFactory implements ViewFactory {
        Context context;
        public ImageViewFactory(Context context){
            this.context = context;
        }
        @Override
        public View makeView(){
            ImageView iv = new ImageView(context);
            // 设置显示的大小、布局参数。
            iv.setLayoutParams(new ImageSwitcher.LayoutParams(360, 480));
            return iv;
        }
}
```

makeView( )方法为 ImageSwitcher 返回一个 View。ImageSwitcher 的调用过程是首先要有一个 Factory 为它提供一个 View，然后 ImageSwitcher 初始化各种资源。

在使用一个 ImageSwitcher 之前，一定要调用 setFactory( )方法，不然 setImageResource( ) 方法会报空指针异常。ImageSwitcher 的切换效果就是可以通过表 10-9 中的最后两个方法实现的，setInAnimation 是资源被读入到 ImageSwitcher 的时候要实现的动画效果，setOutAnimation 是资源文件从 ImageSwitcher 里消失的时候要实现的动画效果，所有的动画都是从 android.R 系统文件里读取的。

10.4.2 电子相册的界面设计

根据电子相册的功能需要，本电子相册主要有 3 个界面，分别是运行系统后的主界面、显示相册的界面和选择图片文件位置的界面。

1. 主界面的设计

主界面的设计比较简单，在布局文件中设置一个背景图片作为 LinearLayout 的背景，运行效果如图 10.9 所示。其代码如下：

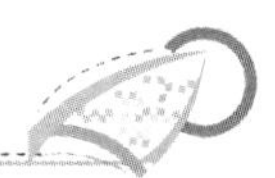

```
<?xml version="1.0" encoding="utf-8"?>
<LinearLayout xmlns:android="http://schemas.android.com/apk/res/android"
   android:orientation="horizontal" android:layout_width="fill_parent"
   android:background="@drawable/loadback" android:id="@+id/loginXml"
   android:layout_height="fill_parent">
</LinearLayout>
```

2. 显示相册界面的设计

为了方便浏览相册中的照片，本示例使用了 ImageSwitch 和 Gallery 两个组件结合实现图片的展示，运行效果如图 10.10 所示。其代码如下：

```
<?xml version="1.0" encoding="utf-8"?>
<LinearLayout xmlns:android="http://schemas.android.com/apk/res/android"
   android:orientation="vertical" android:layout_width="fill_parent"
   android:layout_height="fill_parent">
   <ImageSwitcher  android:id="@+id/iSwitcher"  android:layout_gravity=
"center_horizontal"
      android:layout_width="match_parent"  android:layout_height="600px">
</ImageSwitcher>
   <Gallery android:id="@+id/allGallery" android:layout_width="fill_parent"
      android:layout_height="fill_parent"></Gallery>
</LinearLayout>
```

图 10.9　电子相册主界面

图 10.10　显示相册界面

3. 选择图片文件位置界面的设计

为了清晰地显示指定位置开始的目录结构，本案例通过两个布局文件(fileselect.xml 和

file_low.xml)配合完成。fileselect.xml 布局文件中有一个 TextView 控件用于显示当前目录位置，一个 ListView 控件用于显示目录结构，一个 Button 控件用于确定选择的目录位置；file_low.xml 布局文件用于在显示目录结构时定义每行的显示格式(包括图标、文件名或目录名)。运行效果如图 10.11 所示。其代码如下：

```
//fileselect.xml 布局文件
<?xml version="1.0" encoding="utf-8"?>
<LinearLayout xmlns:android="http://schemas.android.com/apk/res/android"
    android:layout_width="fill_parent" android:layout_height="fill_parent"
    android:orientation="vertical">
    <TextView android:id="@+id/mPath" android:layout_width="wrap_content"
        android:layout_height="wrap_content" android:padding="5px" android:text=""
        android:textSize="18sp">
    </TextView>
    <ListView android:id="@android:id/list" android:layout_width="fill_parent"
        android:layout_height="600px">
    </ListView>
    <LinearLayout android:gravity="bottom"
        android:layout_width="wrap_content" android:layout_height="wrap_content"
        android:orientation="horizontal">
        <Button android:id="@+id/buttonConfirm" android:layout_width="125px"
            android:layout_height="fill_parent" android:text="确定" />
        <Button android:id="@+id/buttonCancle" android:layout_width="125px"
            android:layout_height="fill_parent" android:text="取消" />
    </LinearLayout>
</LinearLayout>
//file_low.xml 布局文件
<?xml version="1.0" encoding="utf-8"?>
<LinearLayout xmlns:android="http://schemas.android.com/apk/res/android"
    android:orientation="horizontal" android:layout_width="fill_parent"
    android:layout_height="fill_parent" android:background="#ffffff">
    <LinearLayout android:orientation="horizontal"
        android:layout_width="fill_parent" android:layout_height="fill_parent"
        android:padding="6px">
        <ImageView android:id="@+id/icon" android:layout_width="30dip"
            android:layout_height="30dip">
        </ImageView>
        <TextView android:id="@+id/text" android:layout_gravity="center_horizontal"
            android:layout_width="fill_parent" android:layout_height="wrap_content">
        </TextView>
    </LinearLayout>
</LinearLayout>
```

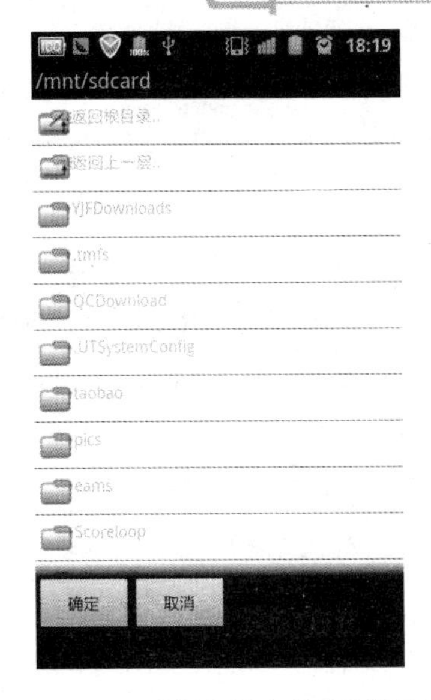

图 10.11　选择图片文件位置界面

10.4.3　电子相册的实现

1. 获取 SD 卡图片的实现

触摸电子相册首页，系统会自动加载 SD 卡下 Pic 目录下的所有图片文件，若 Pic 目录下没有图片文件，会弹出对话框，提示用户选择图片文件所在位置，如图 10.12 所示，再将该位置下的所有图片以缩略图的形式显示在 Gallery 中。

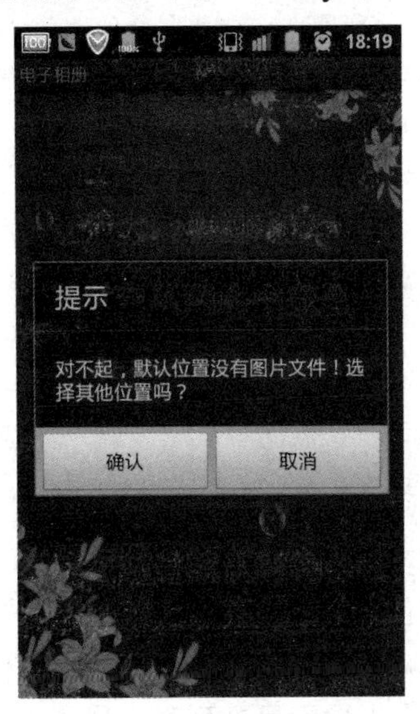

图 10.12　提示对话框界面

由于在某目录下可能有的文件不是图片文件，本示例编写了 LoadPicFile 类实现将指定目录下的 jpg、png、gif、bmp 等图片文件筛选出来，放到的 ArrayList 中，代码如下：

```
public class LoadPicFile {
    /*
     * 获得图片文件
     * @Pic_PATH 图片路径
     * @return ArrayList<String>
    */
    public ArrayList<String> getImageList(String Pic_PATH){
        ArrayList<String> it = new ArrayList<String>();
        File f = new File(Pic_PATH);
        if (!f.exists()){
            f.mkdir();
            return it;
        }
        File[] files = f.listFiles();
        for (int i = 0; i < files.length; i++){
            File file = files[i];
            if (getImageFile(file.getPath())){
                it.add(file.getPath());
            }
        }
        return it;
    }
    /*
     * 判断是否为图片文件夹
     * @path 图片路径
     * @return boolean
    */
    private boolean getImageFile(String path){
        String end=path.substring(path.lastIndexOf(".")+1, path.length())  .toLowerCase();
        if (end.equalsIgnoreCase("jpg")|| end.equalsIgnoreCase("gif")
                || end.equalsIgnoreCase("jpeg")|| end.equalsIgnoreCase("png")
                || (end.equalsIgnoreCase("bmp"))){
            return true;
        }
        return false;
    }
}
```

2. 选择图片文件位置的实现

在单击图 10.12 中的“确定”按钮后，会弹出如图 10.11 所示的选择图片文件位置的界面，在此界面选择图片文件目录后，可以调用 LoadPicFile 类中的 getImageList( )方法获得所有图片文件，并以缩略图的形式显示在Gallery中。本案例中定义了一个 MyFileManager 类，该类继承 ListActivity 类，用于显示目录列表，代码如下：

```
public class MyFileManager extends ListActivity {
    private List<String> items = null;
    private List<String> paths = null;
    private String rootPath = "/mnt";
```

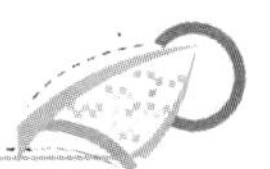

```
    String file_row;
    private String curPath = "/mnt";
    private TextView mPath;
    @Override
    protected void onCreate(Bundle savedInstanceState){
        super.onCreate(savedInstanceState);
        requestWindowFeature(Window.FEATURE_NO_TITLE);
        this.setContentView(R.layout.fileselect);
        mPath = (TextView)findViewById(R.id.mPath);
        Button buttonConfirm = (Button)findViewById(R.id.buttonConfirm);
        buttonConfirm.setOnClickListener(new OnClickListener(){
            @Override
            public void onClick(View arg0){
                Intent intent = new Intent(MyFileManager.this,ListPicActivity.class);
                Bundle bundle = new Bundle();
                bundle.putString("file", curPath);
                intent.putExtras(bundle);
                startActivity(intent);
                finish();
            }
        });
        Button buttonCancle = (Button)findViewById(R.id.buttonCancle);
        buttonCancle.setOnClickListener(new OnClickListener(){
            public void onClick(View v){
                finish();
            }
        });
        getFileDir(rootPath);
    }
    //获取某位置的所有文件目录
    private void getFileDir(String filePath){
        mPath.setText(filePath);
        items = new ArrayList<String>();
        paths = new ArrayList<String>();
        File f = new File(filePath);
        File[] files = f.listFiles();
        if (!filePath.equals(rootPath)){
            items.add("b1");
            paths.add(rootPath);
            items.add("b2");
            paths.add(f.getParent());
        }
        for (int i = 0; i < files.length; i++){
            File file = files[i];
            items.add(file.getName());
            paths.add(file.getPath());
        }
        setListAdapter(new MyAdapter(this, items, paths));
    }
```

```
        //单击目录列表中的某项后发生的事件
        @Override
        protected void onListItemClick(ListView l, View v, int position, long id){
            File file = new File(paths.get(position));
            if (file.isDirectory()){
                curPath = paths.get(position);
                getFileDir(paths.get(position));
            } else {
                Toast.makeText(MyFileManager.this, "对不起，你选的不是目录", 2).
show();//可以打开文件
            }
        }
    }
```

3. 显示图片和缩略图的实现

由于 getImageList( )返回的是 ArrayList<String>类型的数据集，数据集中的内容表示图片文件的路径，为了将图片文件的路径转换成适合在 Gallery 和 ImageSwitcher 中显示的图片，编写了 getImage( )方法，代码如下：

```
    private Bitmap[] getImage(ArrayList<String> al){
            Bitmap[] image1 = new Bitmap[al.size()];
            mpsBig = new Drawable[al.size()];
            int i = 0;
            Iterator<String> it = al.iterator();
            while (it.hasNext()){
                Object path = it.next();
                mpsBig[i] = Drawable.createFromPath(path.toString());
                BitmapFactory.Options opts = new BitmapFactory.Options();
                opts.inJustDecodeBounds = true;
                BitmapFactory.decodeFile(path.toString(), opts);
                opts.inSampleSize = computeSampleSize(opts, -1, 128 * 128);
                opts.inJustDecodeBounds = false;
                try {
                    image1[i] = BitmapFactory.decodeFile(path.toString(), opts);
                } catch (OutOfMemoryError err){
                }
                i++;
            }
            return image1;
    }
```

在由路径转换成 Drawable 图片文件时，可以直接使用 Drawable.createFromPath( )方法，但在显示缩略图时，由于图片文件较大，容易出现 OutOfMemoryError 异常，为了解决这类问题，本示例编写了 computeSampleSize( )方法，用于计算 BitmapFactory.Options.inSampleSize 的值，具体实现代码请读者参阅代码包中 Chap10_04_01 文件夹里的 ListPicActivity.java 文件。

滑动 Gallery 中的某个图片，在 ImageSwitch 中显示图片效果的代码如下：

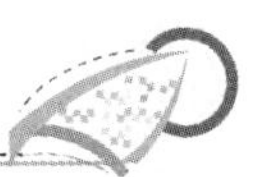

```
    allImageGallery = (Gallery)this.findViewById(R.id.allGallery);
    imageSwitcher = (ImageSwitcher)this.findViewById(R.id.iSwitcher);
    imageSwitcher.setFactory(new ImageViewFactory(this));
    imageSwitcher.setInAnimation(AnimationUtils.loadAnimation(this,android.
R.anim.fade_in));
    imageSwitcher.setOutAnimation(AnimationUtils.loadAnimation(this,android.
R.anim.fade_out));
    Bundle b = getIntent().getExtras();
    String fileinfo = b.getString("file");
    if (!fileinfo.equals("Y")){// 若默认位置没有图片，则返回选择目录中的图片文件信息
       allFilelist = loadPicFile.getImageList(fileinfo);
    } else {
       allFilelist = b.getStringArrayList("filedetail");
    }
    mps = getImage(allFilelist);
    allImageGallery.setSpacing(10);
    allImageGallery.setAdapter(new ImageAdapter(this));
    allImageGallery.setOnItemSelectedListener(new OnItemSelectedListener(){
       public void onItemSelected(AdapterView<?> parent, View view,int position,
long id){
              imageSwitcher.setImageDrawable(mpsBig[position]);
       }
       public void onNothingSelected(AdapterView<?> parent){
       }
    });
```

4. 图片放大与缩小显示的实现

在触摸 ImageSwitcher 中显示的图片后，全屏显示该图片，要全屏显示该图片，只要创建一个布局文件 screen.xml 和 Activity 类文件 ScreenActivity.java。在布局文件中放入一个 ImageView 控件，让其宽和高的值为“fill_parent”；在 ScreenActivity 上新建一个选项菜单，包括“放大”、“缩小”两个选项，用于改变显示图片的大小。该类中的 small( )方法会将图片缩小为原尺寸的 4/5，big( )方法会将图片放大为原尺寸的 1.25 倍，当“放大”选项事件被触发时，会运行 big( )方法；“缩小”选项事件被触发时，则运行 small( )方法。程序中以 Matrix 对象搭配 Bitmap 的 createBitmap( )方法来对图片进行缩放，并利用 DisplayMetrics 对象来取得屏幕显示大小，用以控制图片放大后的尺寸不会超过屏幕显示的区域。实现代码如下：

```
    // 图片缩小的方法
    public void small(LinearLayout myImgLayout, ImageView myImageView){
       int bmpWidth = bmp.getWidth();
       int bmpHeight = bmp.getHeight();
       // 设置图片缩小比例
       double scale = 0.8;
       // 计算出这次要缩小的比例
       scaleWidth = (float)(scaleWidth * scale);
       scaleHeight = (float)(scaleHeight * scale);
```

```
    // 产生 resize 之后的 Bmp 对象
    Matrix matrix = new Matrix();
    matrix.postScale(scaleWidth, scaleHeight);
    Bitmap resizeBmp = Bitmap.createBitmap(bmp, 0, 0, bmpWidth, bmpHeight,
matrix, true);
    if (id == 0){
        // 如果是第一次触发，就删除原来默认的 ImageView
        myImgLayout.removeView(myImageView);
    } else {
        // 否则，删除上一次放大缩小后产生的 ImageView
         myImgLayout.removeView((ImageView)(findViewById(id)));
    }
    // 产生新的 ImageView，并放入 resize 的 bmp 图像，再放入 Layout
    id++;
    ImageView imageView = new ImageView(ScreenActivity.this);
    imageView.setId(id);
    imageView.setImageBitmap(resizeBmp);
    myImgLayout.addView(imageView);
    if (scaleWidth * scale * bmpWidth < 10|| scaleHeight * scale * bmpHeight < 10){
            Toast.makeText(ScreenActivity.this, "图片已经最小！", 1).show();
    }
}
// 图片放大的方法
public void big(LinearLayout myImgLayout, ImageView myImageView){
    int bmpWidth = bmp.getWidth();
    int bmpHeight = bmp.getHeight();
    // 设置图片放大比例
    double scale = 1.25;
    // 计算出这次要缩小的比例
    scaleWidth = (float)(scaleWidth * scale);
    scaleHeight = (float)(scaleHeight * scale);
    // 产生 resize 之后的 Bmp 对象
    Matrix matrix = new Matrix();
    matrix.postScale(scaleWidth, scaleHeight);
    Bitmap resizeBmp = Bitmap.createBitmap(bmp, 0, 0, bmpWidth, bmpHeight,
matrix, true);
    if (id == 0){
        // 如果是第一次触发，就删除原来默认的 ImageView
        myImgLayout.removeView(myImageView);
    } else {
        // 否则，删除上一次放大缩小后产生的 ImageView
        myImgLayout.removeView((ImageView)findViewById(id));
    }
    // 产生新的 ImageView，并放入 resize 的 bmp 图像，再放入 Layout
    id++;
    ImageView imageView = new ImageView(ScreenActivity.this);
    imageView.setId(id);
    imageView.setImageBitmap(resizeBmp);
    myImgLayout.addView(imageView);
```

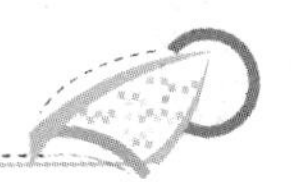

```
        // 如果再放大将超过屏幕大小，此时会显示提示信息
        if (scaleWidth * scale * bmpWidth > displayWidth || scaleHeight * scale
* bmpHeight > displayHeight){
            Toast.makeText(ScreenActivity.this, "图片已经最大! ", 1).show();
        }
    }
```

因为在 Android 中不允许产生 ImageView 后，动态修改其长度与宽度，所以为了实现图片放大、缩小的功能，使用的方式是当用户在单击放大或缩小的按钮时，除了将图片作放大或缩小的动作外，并将原来 Layout 中的 ImageView 删除，重新产生一个新的 ImageView，指定图片给它后，再放入 Layout 里。用户看起来就好像是同一张图片在放大或缩小。

在放大、缩小图片文件时使用的 Martix 对象，除了可以用来作图片的缩放外，还有非常实用的旋转效果，使用方法与图片的缩放类似，这里不再详述，具体实现代码请读者参阅代码包中 Chap10_04_01 文件夹里的 ScreenActivity.java 文件中的 rTurn( )方法、lTurn( )方法。

关于图片的常用特效处理(素描、怀旧、底片、反转、调色、截图等)读者可以参阅代码包中 Chap10_04_02 文件夹里的内容。

10.5　文本阅读器的设计与实现

随着手机功能不断增强，手机阅读器已成为智能手机重要软件之一。下面用文本切换器(TextSwithcher)、命令按钮(Button)、快捷菜单相结合开发一款 txt 文本阅读器。该文本阅读器可以实现文本的分页显示、更改文字大小等功能。

10.5.1　预备知识

TextSwitcher 是 ViewSwitcher 的子类，用于使屏幕上的标签文本产生动画效果，当调用 setText(CharSequence)时，TextSwitcher 使用动画形式隐藏当前的文本并显示新的文本。TextSwitcher 的常用属性和方法见表 10-10。

表 10-10　TextSwitcher 的常用方法

方　法	说　明
setCurrentText (CharSequence)	以非动画方式显示当前文本视图的文字内容
setText (CharSequence)	以动画的方式退出当前文本内容，显示下一个文本内容
setFactory (ViewFactory)	设置在视图转换器中切换的视图的工厂
setInAnimation(AnimationUtils.loadAnimation(this, android.R.anim.fade_in))	设置文本进入动画效果
setOutAnimation(AnimationUtils.loadAnimation(this, android.R.anim.fade_out))	设置文本退出动画效果

文本切换器(TextSwithcher)的使用一般按如下步骤进行。

(1) 和其他常用控件一样，在布局文件中首先定义一个 Gallery 控件，代码如下：

```
    <TextSwitcher android:id="@+id/view_contents"    android:layout_width="fill_parent"
android:layout_height="wrap_content"></TextSwitcher>
```

(2) 在 Activity 中引用，代码如下：

```
    TextSwitcher ts =( TextSwitcher)this.findViewById(R.id. view_contents);
```

(3) 为 TextSwithcher 指定 ViewSwitcher.ViewFactory 工厂，该工厂会产生转换时需要的 View，代码如下：

```
    ts.setFactory(new ViewFactory(){
            @Override
            public View makeView(){
                textView = new TextView(ViewFile.this);
                textView.setHeight(txtHeight);
                textView.setTextSize(fontSize);
                return textView;
            }
    });
```

(4) 为 TextSwithcher 设定显示的内容，代码执行后就会切换到下一个 View，即退出当前文本内容显示，显示下一个文本内容(若设置了动画效果，此过程将呈现动画效果)，代码如下：

```
    Animation in = AnimationUtils.loadAnimation(this, android.R.anim.slide_
in_left);
    Animation out = AnimationUtils.loadAnimation(this, android.R.anim.slide_
out_right);
    ts.setInAnimation(in);
    ts.setOutAnimation(out);
    String string = "";
    ts.setText(string);
```

10.5.2 文本阅读器的界面设计

文本阅读器主要有 4 个界面，分别是运行系统后的主界面、选择文本文件所在位置界面、显示文本文件列表界面、阅读文本内容界面。主界面、选择文本文件所在位置界面、显示文本文件列表界面与前面项目示例中类似，请读者参阅代码包中 Chap10_05_01 文件夹里的内容。下面主要介绍阅读文本内容界面的设计。

阅读文本内容界面中放置一个 TextSwitcher 组件用于显示每页的内容、4 个 Button 组件用于控制翻页，运行效果如图 10.13 所示。其代码如下：

```
    <?xml version="1.0" encoding="utf-8"?>
    <LinearLayout xmlns:android="http://schemas.android.com/apk/res/android"
       android:orientation="vertical" android:layout_width="fill_parent"
       android:layout_height="fill_parent">
```

```
    <TextSwitcher android:textSize="25sp" android:id="@+id/view_contents"
        android:layout_width="fill_parent" android:layout_height="wrap_content">
    </TextSwitcher>
    <LinearLayout android:layout_width="fill_parent"
        android:gravity="center" android:id="@+id/linearBtn"
        android:layout_height="wrap_content" android:orientation="horizontal">
        <Button android:layout_width="wrap_content"
            android:layout_height="wrap_content" android:id="@+id/btnFirst"
            android:text="首页">
        </Button>
        <Button android:layout_width="wrap_content"
            android:layout_height="wrap_content" android:id="@+id/btnPrevious"
            android:text="上一页">
        </Button>
        <Button android:layout_width="wrap_content"
            android:layout_height="wrap_content" android:id="@+id/btnNext"
            android:text="下一页">
        </Button>
        <Button android:layout_width="wrap_content"
            android:layout_height="wrap_content" android:id="@+id/btnLast"
            android:text="末页">
        </Button>
    </LinearLayout>
</LinearLayout>
```

图 10.13　阅读界面图

10.5.3　文本阅读器的实现

1. 阅读界面的实现

由于 TextSwitcher 中通过 TextView 显示文本内容时，默认方式是将文本内容全部显示在 TextView 中，这样就会出现当 TextView 中显示的文本内容较少时，4 个命令按钮就不会显示在界面底部，为了解决这个问题，保证命令按钮始终显示在界面底部(对于任何大小的屏幕均适合)，本案例通过获得的整个显示区域高度值减去命令按钮高度得到 TextView 的高度，将值直接作为 TextView 的 Height，这样，不管 TextView 中有没有文本，都始终将此高度的区域留给 TextView，而命令按钮则显示在界面底部。实现代码如下：

```
Display display = getWindowManager().getDefaultDisplay();
int txtWeight = display.getWidth();
int txtHeight = display.getHeight()- 100;
textView = new TextView(ViewFile.this);
textView.setHeight(txtHeight);
```

2. 文本分页显示的实现

首先根据 TextView 的高度、宽度和字的大小，计算出一页包含多少行、多少列。本案例通过自定义类 PageShow 实现，该类中有两个方法，分别用于计算行数和列数。代码如下：

```
public class PageShow {
    private int mLineCount;
    //计算行数
    public int getLines(int mVisibleHeight, int m_fontSize){
        mLineCount = (int)(mVisibleHeight / m_fontSize)-3;
        //-3 的原因是除去行间距占用的空间
        return mLineCount;
    }
    //计算列数
    public int getColumns(int mVisibleWeight, int m_fontSize){
        mLineCount = (int)(mVisibleWeight / m_fontSize);
        return mLineCount;
    }
}
```

然后再通过自定义方法 getStringFromFile( )读出文本文件的全部内容，并放入 StringBuffer 中，然后计算出 StringBuffer 中文本的长度，用文本长度除以一页包含的字符数，就得到总页数，然后使用 subString( )方法，根据一页的字符数取出字符，放入 pageString[ ] 数组中，便于上一页、下一页内容的显示。代码如下：

```
//下一页
nextBtn.setOnClickListener(new OnClickListener(){
    @Override
    public void onClick(View arg0){
        if (pageNum < pageCount){// 若剩余内容可显示整页，则取一页内容
            String string = fileContent.substring(pageNum * pageLine * pageColumn,
                            (pageNum + 1)* pageLine * pageColumn);
            pageString[pageNum] = string;
            pageNum++;
            ts.setText(string);
```

```
        } else if (pageNum == pageCount){// 若剩余内容不可显示整页，则取剩下的内容
            String string = fileContent.substring(pageNum * pageLine* pageColumn);
            pageNum++;
            ts.setText(string);
        } else {
            Toast.makeText(ViewFile.this, "已到末页", 1).show();
        }
    }
});
//前一页
previousBtn.setOnClickListener(new OnClickListener(){
    @Override
    public void onClick(View arg0){
        if (pageNum == 1){
            Toast.makeText(ViewFile.this, "已到首页", 1).show();
        } else {
            pageNum--;
            ts.setText(pageString[pageNum - 1]);
        }
    }
});
//读出文件内容
public String getStringFromFile(String code){
    try {
        StringBuffer sBuffer = new StringBuffer();
        FileInputStream fInputStream = new FileInputStream(filenameString);
        InputStreamReader inputStreamReader = new InputStreamReader(    fInputStream,
code);
        BufferedReader in = new BufferedReader(inputStreamReader);
        if (!new File(filenameString).exists()){
                return null;
        }
        while (in.ready()){
            sBuffer.append(in.readLine()+ "\n");
        }
        in.close();
        return sBuffer.toString();
    } catch (Exception e){
        e.printStackTrace();
    }
    return null;
}
```

2. 快捷菜单的实现

创建快捷菜单，选择快捷菜单中的选项，改变 TextView 控件的 textSize 属性值，并注册到 TextSwitcher 控件。运行效果如图 10.14 所示。代码如下：

```
// 创建快捷菜单
@Override
public void onCreateContextMenu(ContextMenu menu, View v,ContextMenuInfo menuInfo){
        menu.setHeaderTitle("更改字的大小");
        menu.add(0, 0, 0, "小字号");
        menu.add(0, 1, 1, "中字号(默认)");
        menu.add(0, 2, 2, "大字号");
        super.onCreateContextMenu(menu, v, menuInfo);
}
// 单击快捷菜单后执行事件
@Override
public boolean onContextItemSelected(MenuItem item){
        switch (item.getItemId()){
        case 0:
            fontSize = 10;
            break;
        case 1:
            fontSize = 16;
            break;
        case 2:
            fontSize = 20;
            break;
        }
        textView.setTextSize(fontSize);
        getLineColumn();// 根据选中的字号数获得行列数
        return super.onContextItemSelected(item);
}
// 注册快捷菜单到 TextSwitcher 上
ViewFile.this.registerForContextMenu(ts);
```

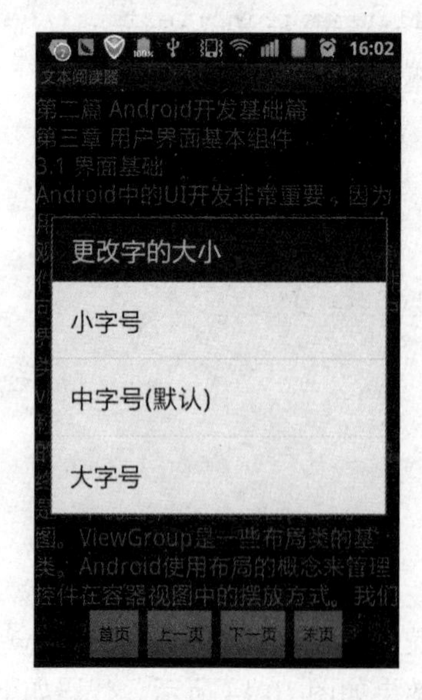

图 10.14　更改字的大小菜单

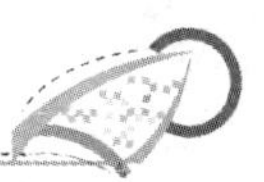

至此，文本阅读器的基本功能已经实现，本案例的程序源代码在改变字号后，不能重新计算页数，导致显示小字号时，屏幕下部分有空余，显示大字号时，屏幕不能显示全部内容，请读者在此案例基础上进行改进，便于提高自己的开发能力。

10.6　创建自定义组件

Android 提供了一个成熟强大的基于 View 和 ViewGroup 类的组件模型来建立 UI。Android 平台包含了大量的已经定义好的 Widgets 和 Layouts 子类，可以用它们来构建用户界面。Widgets 子类包括在第 3 章介绍的 Button、TextView、EditText、ListView、CheckBox、RadioButton、Spinner 等基本组件和本章前面 5 个案例项目介绍的 AutoCompleteTextView、ImageSwitcher、TextSwitcher 等高级组件。Layouts 子类包括 LinearLayout、FrameLayout、RelativeLayout 等。如果这些组件在实际项目开发的应用中不能满足用户开发需求，开发者可以定义自己的 View 子类，即自定义组件。

自定义组件主要有以下几种方式。

(1) 为实现某种功能创建一个完全自定义风格的组件，即界面完全由开发者来设计。例如，用 2D 图形绘制音量控件旋钮。

(2) 把几种组件结合形成一个新的组件。例如，ComboBox 组件和 Button 组件组合、两个列表的组合(选择左边列表的内容，右边列表内容随之改动)。

(3) 重写一个现有组件的显示或其他功能。例如，改变 EditText 组件在屏幕上的显示方式(给显示的内容加下划线)。

(4) 可以捕获如按键按下等事件，以一些通用的方法来处理这些事件。

10.6.1　继承已有控件实现自定义组件

Android 提供的控件都是继承 View 类，通过重写 onDraw( )方法绘制所需要的组件。基于这个原理，开发者可以通过两种方式自定义组件。

(1) 可以在已有控件的基础上，通过重写相关方法实现用户的需求。

(2) 继承 View 类或 ViewGroup 类，绘制用户需要的组件。

下面通过示例介绍上述两种方式。

1. 继承 RadioButton 的自定义组件

Android 提供的 RadioButton 按钮只能有一个 text，如果开发过程中想存储 key-value 对应的键值对，就需要自定义一个继承 RadioButton 的类 MyRadioButton。该自定义组件仅比 RadioButton 多了一个存储 value 值的功能。实现步骤如下。

(1) 在 values 目录下创建 attrs.xml 文件，该文件中可以包含若干个 attr 集合，代码如下：

```
<?xml version="1.0" encoding="utf-8"?>
<resources>
    <declare-styleable name="MyRadioButton">
        <attr name="value" format="string"></attr>
    </declare-styleable>
</resources>
```

如果自定义的组件需要有自定义的属性，需要在 values 目录下建立 attrs.xml 文件，在其中定义用户的属性。其中 resources 是根标签，可以在里面定义若干个 declare-styleable 标签，它是给自定义控件添加自定义属性用的，<declare-styleable name=" MyRadioButton ">中 name 定义了自定义组件的名称，下面可以再自定义多个属性，例如，<attr name="value" format="string"></attr>中，其属性的名称为“value”，format 指定了该属性类型为 string，表示属性 value 的值类型。format 还可以指定类型，见表 10-11，属性定义时可以指定多种类型值，如<attr name = "background" format = "reference|color" />。

表 10-11　format 类型

类型名	说　明	类型名	说　明
reference	表示引用，参考某一资源 ID	integer	表示整型值
string	表示字符串	float	表示浮点值
color	表示颜色值	fraction	表示百分数
dimension	表示尺寸值	enum	表示枚举值
boolean	表示布尔值	flag	表示位或运算

(2) 新建 MyRadioButton 类，该类继承 RadioButton，在该类中引用自定义属性，修改构造方法，context 通过调用 obtainStyledAttributes 方法获取一个 TypeArray，然后由该 TypeArray 对属性进行设置。代码如下：

```
TypedArray ta = context.obtainStyledAttributes(attrs,R.styleable.MyRadioButton);
this.mValue = ta.getString(R.styleable.MyRadioButton_value);
```

TypedArray 是一个存放资源的 Array，首先从上下文中获取到 R.styleable. MyRadioButton 这个属性资源的资源数组，attrs 由构造方法传进来，它对应 attrs.xml 文件，“ta.getString(R.styleable.MyRadioButton_value)”这句代码的作用是获取 attrs.xml 中定义的 value 属性，并将这个属性的值传给自定义组件的 mValue。调用结束后必须调用 recycle( )方法，否则这次的设定会对下次的使用造成影响。详细代码如下：

```
public class MyRadioButton extends RadioButton implements
        OnCheckedChangeListener {
    private String mValue;

    public MyRadioButton(Context context){
        super(context);
    }

    public MyRadioButton(Context context, AttributeSet attrs, int defStyle){
        super(context, attrs, defStyle);
    }

    public MyRadioButton(Context context, AttributeSet attrs){
        super(context, attrs);
        TypedArray ta = context.obtainStyledAttributes(attrs,R.styleable.MyRadioButton);
```

```
        this.mValue = ta.getString(R.styleable.MyRadioButton_value);
        ta.recycle();
        setOnCheckedChangeListener(this);
    }

    public String getmValue(){
        return mValue;
    }

    public void setmValue(String mValue){
        this.mValue = mValue;
    }

    @Override
    public void onCheckedChanged(CompoundButton arg0, boolean arg1){

    }
}
```

至此，编写程序时，在布局文件中设置的 value 值可以通过自定义组件中的 getmValue( )方法获得，也可以用 setmValue( )方法给自定义组件的 value 属性赋值。

(3) 在使用到的自定义组件 MyRadioButton 的布局文件中加入如下一行：

```
xmlns:nnutc="http://schemas.android.com/apk/res/cn.edu.nnutc"
```

其中“nnutc”是自己定义属性的前缀名字，“cn.edu.nnutc”是项目的包名，这样在自己定义的 MyRadioButton 的属性中，就可以使用在 attr 中定义的属性了。

```
<?xml version="1.0" encoding="utf-8"?>
<LinearLayout xmlns:android="http://schemas.android.com/apk/res/android"
    xmlns:nnutc="http://schemas.android.com/apk/res/cn.edu.nnutc"
    android:orientation="vertical" android:layout_width="fill_parent"
    android:layout_height="fill_parent">
    <cn.edu.nnutc.myControl.MyRadioButton
          android:id="@+id/mRadioButton1" nnutc:value="男" android:layout_
width="wrap_content"
        android:layout_height="wrap_content" android:text="男"  android:
textSize="24sp">
    </cn.edu.nnutc.myControl.MyRadioButton>
    <cn.edu.nnutc.myControl.MyRadioButton
        android:id="@+id/mRadioButton2" nnutc:value="女" ndroid:layout_
width="wrap_content"
        android:layout_height="wrap_content" android:text="女"  android:
textSize="24sp">
    </cn.edu.nnutc.myControl.MyRadioButton>
</LinearLayout>
```

在使用到自定义组件的 XML 布局文件中加入了“xmlns:前缀=……”，在 XML 布局文件中使用自定义属性的时候，使用“前缀:属性名”格式对自定义属性进行设置。如本示例中的“nnutc:value="女"”语句就是对自定义 value 属性设置值。读者可以参阅代码包中 Chap10_06_01 文件夹里的示例项目，该项目自定义了 MyRadioButton 组件，并使用该组件实现了性别选择功能。

2. 单独继承 View 类的自定义组件

在继承 View 类实现自定义组件时，至少需要重载构造方法和 onDraw( )方法，onDraw( )方法用来绘制自己所需要的控件，如果自定义组件没有自己独有的属性，可以直接在 XML 布局文件中使用，如果有自己独有的属性，那么就需要在构造方法中获取属性文件 attrs.xml 中自定义属性的名称，并根据需要设定默认值。实现步骤如下。

(1) 在 values 目录下创建 attrs.xml 文件，代码如下：

```
<?xml version="1.0" encoding="utf-8"?>
<resources>
    <declare-styleable name="myView">
        <attr name="textColor" format="color" />
        <attr name="textSize" format="dimension" />
    </declare-styleable>
</resources>
```

该自定义组件包含 textColor、textSize 两个属性，在使用自定义组件的布局文件中可以设置这两个属性值。

(2) 新建继承 View 类的 MyView 子类，该类继承 RadioButton，在该类中引用自定义属性，代码如下：

```
public class MyView extends View {
    private Paint mPaint;
    public MyView(Context context){
        super(context);
    }

    public MyView(Context context, AttributeSet attrs, int defStyle){
        super(context, attrs, defStyle);
    }

    public MyView(Context context, AttributeSet attrs){
        super(context, attrs);
        mPaint = new Paint();
        TypedArray ta = context.obtainStyledAttributes(attrs, R.styleable.myView);
        float textSize = ta.getDimension(R.styleable.myView_textSize, 30);
        int textColor = ta.getColor(R.styleable.myView_textColor,0x990000FF);
        mPaint.setTextSize(textSize);
        mPaint.setColor(textColor);
        ta.recycle();
    }
```

```
    @Override
    protected void onDraw(Canvas canvas){
        super.onDraw(canvas);
        canvas.drawRect(new Rect(10,10,300,300), mPaint);
canvas.drawText("测试", 150, 150, mPaint);
    }
}
```

其中，ta.getDimension(R.styleable.myView_textSize, 30)表示获得使用该自定义组件布局文件中设置的 textSize 的属性值，若没有设置，默认值为 30；mPaint.setTextSize(textSize)表示设置 Paint 画笔的文本尺寸；其他语句功能类似。

(3) 在使用该自定义组件的布局文件中添加组件，代码如下：

```
<?xml version="1.0" encoding="utf-8"?>
<LinearLayout xmlns:android="http://schemas.android.com/apk/res/android"
    xmlns:nnutc="http://schemas.android.com/apk/res/cn.edu.nnutc"
    android:orientation="vertical" android:layout_width="fill_parent"
    android:layout_height="fill_parent">
    <cn.edu.nnutc.util.MyView nnutc:textSize="100px"
        nnutc:textColor="#ABCDEF00" android:layout_width="fill_parent"
        android:layout_height="fill_parent" />
</LinearLayout>
```

完全自定义的 View 子类可以建立开发者想要的任意图形组件，只要在建立自定义组件时，重写 onMeasure( )方法或者重写 onDraw( )方法即可。本案例项目要在自定义组件上显示一个矩形并在矩形上写文字就是通过重写 onDraw( )方法实现的。读者可以参阅代码包中 Chap10_06_02 文件夹里的示例项目。

10.6.2　组合已有组件实现自定义组件

如果不想建立完全自定义的组件，而想使用现有的组件重新组合，这时便可以使用组合组件。组合组件就是将一些单一功能的组件组合起来。例如，在 Android 里，有两个组件已经是组合控件了，Spinner 相当于一个 TextView 与 RadioButton 的组合，AutoCompleteTextView 相当于一个 EditText 与 ListView 的组合。下面用 TextView 和 ImageView 组合进行自定义组件使用介绍。

Android 提供了 TextView 和 ImageView 来显示文本和图片，若在显示图片的同时还要显示文本，就需要组合这两个组件。实现步骤如下。

(1) 新建组件布局文件 combination.xml，代码如下：

```
<?xml version="1.0" encoding="utf-8"?>
<LinearLayout xmlns:android="http://schemas.android.com/apk/res/android"
    android:layout_width="fill_parent" android:layout_height="fill_parent"
```

```
    android:orientation="vertical">
    <ImageView android:id="@+id/btn1" android:layout_width="wrap_content"
    android:layout_gravity="center_horizontal" android:layout_height="wrap_content"/>
    <TextView android:text="TextView" android:id="@+id/text1"
        android:layout_gravity="center_horizontal" android:layout_width="wrap_content"
        android:layout_height="wrap_content"/>
</LinearLayout>
```

(2) 新建自定义组件类 ImageBtnWithText，该类继承 LinearLayout，代码如下：

```
public class ImageBtnWithText extends LinearLayout {
    public ImageBtnWithText(Context context){
        super(context);
    }

    public ImageBtnWithText(Context context, AttributeSet attrs){
        super(context, attrs);
         //在构造函数中将 Xml 中定义的布局解析出来
      LayoutInflater.from(context).inflate(R.layout.combination, this, true);
    }
}
```

自定义组合组件其实就是先创建一个继承 Layout 的类。本案例中的 ImageView 和 TextView 的组合要垂直摆放，这样就需要首先创建一个 combination.xml 布局文件，把这两个组件用“vertical”布局 LinearLayout。然后在新类的构造方法中获得关于两个组件摆放的布局文件。

(3) 在界面布局文件 main.xml 中使用自定义的组件，代码如下：

```
<?xml version="1.0" encoding="utf-8"?>
<LinearLayout xmlns:android="http://schemas.android.com/apk/res/android"
    android:orientation="horizontal" android:layout_width="fill_parent"
    android:layout_height="fill_parent">
    <cn.edu.nnutc.util.ImageBtnWithText
        android:layout_width="wrap_content" android:layout_height="wrap_content"
        android:id="@+id/okBtn"/>
        <cn.edu.nnutc.util.ImageBtnWithText android:layout_marginLeft="5dp"
        android:layout_width="wrap_content" android:layout_height="wrap_content"
        android:id="@+id/cancelBtn"/>
</LinearLayout>
```

其中，“cn.edu.nnutc.util”是组合组件类所在包名。

(4) 给自定义组件设置图片和文本，如果图片是固定不变的，可以直接在新建组件布局文件时，设置 ImageView 的 src 属性，如果图片是变化的，可以在新建 ImageBtnWithText 组件类时，直接使用自定方法实现，代码如下：

```
// 设置图片
public void setButtonImageResource(int resId){
```

```
        imageView.setImageResource(resId);
    }
    // 设置文本
    public void setTextViewText(String text){
        textView.setText(text);
    }
```

最后，在主界面中调用 onCreate( )方法进行设置即可。读者可以参阅代码包中 Chap10_06_03 文件夹里的示例项目。

10.6.3　自定义控件的外观

在应用开发中，Android 系统组件提供的外观一般情况下可以满足用户的基本需要，但某些情况下并不能满足用户的需求，此时就需要开发者通过一些方法来修改。

下面以基本组件 RadioButton(单选按钮)为例，介绍 RadioButton 默认外观的实现方法。

RadioButton 的外观是由其 Background、Button 等属性决定的，Android 系统使用 style 定义了默认的属性，在 Android 源码 android/frameworks/base/core/res/res/values/styles.xml 中的定义代码如下：

```
<style name="Widget.CompoundButton.RadioButton">
    <item name="android:background">@android:drawable/btn_radio_label_background</item>
    <item name="android:button">@android:drawable/btn_radio</item>
</style>
```

即其背景图是 btn_radio_label_background，其 button 的外观是 btn_radio。

btn_radio_label_background 的路径是："android/frameworks/base/core/res/res/drawable-mdpi/btn_radio_label_background.9.png"，它是 9patch 图片，用来做背景，可以拉伸填充。

btn_radio 的路径是："android/frameworks/base/core/res/res/drawable/btn_radio.xml"，它是 XML 定义的 drawable，其代码如下：

```
<selector xmlns:android="http://schemas.android.com/apk/res/android">
    <item android:state_checked="true" android:state_window_focused="false"
          android:drawable="@drawable/btn_radio_on" />
    <item android:state_checked="false" android:state_window_focused="false"
          android:drawable="@drawable/btn_radio_off" />
    <item android:state_checked="true" android:state_pressed="true"
          android:drawable="@drawable/btn_radio_on_pressed" />
    <item android:state_checked="false" android:state_pressed="true"
          android:drawable="@drawable/btn_radio_off_pressed" />
    <item android:state_checked="true" android:state_focused="true"
          android:drawable="@drawable/btn_radio_on_selected" />
    <item android:state_checked="false" android:state_focused="true"
          android:drawable="@drawable/btn_radio_off_selected" />
    <item android:state_checked="false" android:drawable="@drawable/btn_radio_off" />
    <item android:state_checked="true" android:drawable="@drawable/btn_radio_on" />
</selector>
```

selector 是一种背景选择器，也可以用来更改界面状态。它是在 drawable/xxx.xml 中配置的。它的 item 属性见表 10-12。

表 10-12　item 属性及说明

属性名	说　明
android:drawable="@[package:]drawable/drawable_resource"	背景图片
android:state_pressed=["true" | "false"]	单击状态
android:state_focused=["true" | "false"]	获得焦点状态
android:state_selected=["true" | "false"]	选中状态
android:state_active=["true" | "false"]	活动状态
android:state_checkable=["true" | "false"]	可选状态
android:state_checked=["true" | "false"]	选中状态
android:state_enabled=["true" | "false"]	可用状态
android:state_window_focused=["true" | "false"]	窗口焦点状态

item 属性一般组合使用来表示某种状态下组件的背景，当按钮的状态和某个 item 匹配时，就会使用此 item 定义的 drawable 作为按钮图片，例如，要表示选中组件时的图片背景，可用如下代码实现：

```
<item android:state_selected="true" android:drawable="@drawable/pic4" />
```

根据上面的分析，如果要修改 RadioButton 或其他系统组件的外观可以按如下步骤实现，这里以修改 Button(命令按钮)的背景为例介绍改变控件外观的方法。

(1) 制作一个 9patch 的图片作为背景图。9patch 格式，是在 Android 中特有的一种 PNG 图片格式，以“***.9.png”结尾。这种格式的图片定义了可以收缩拉伸的区域和文字显示区域，这样，就可以在 Android 开发中对非矢量图进行拉伸且仍然保持美观。如果使用位图而没有经过 9patch 处理，就会影响图片效果。Android SDK 中提供了制作 9patch 图片的工具，其启动命令是“draw9patch.bat”，位于“$ANDROID_SDK/tools/”目录下。(在 draw9patch.bat 第一次运行时，SDK 2.2 版本上会报错：java.lang.NoClassDefFoundError:org/jdesktop/swingworker/SwingWorker。需要下载 swing-worker-1.1.jar，放在$android_sdk/tools/lib 路径下，该 jar 包位于本教材资源包中的 tool 文件夹中)。运行 draw9patch 后的效果如图 10.15 所示。此时可以通过 File 菜单打开要处理的 PNG 格式图片，打开图片后的效果如图 10.16 所示，工具的右侧是能够各方向拉伸后的效果图，此时只要在图上最外侧一圈 1px 宽的像素上涂黑线。该黑线一共有 4 条，左、上两条黑线定义的 Strechable Area 区域表示可以进行拉伸。右、下两条黑线所定义的 Paddingbox 区域是在该图片作为背景时，能够在图片上填写文字的区域。每条黑线都是可以不连续的，这样就可以定义出很多自动拉伸的规格。涂上黑线后的效果如图 10.17 所示。

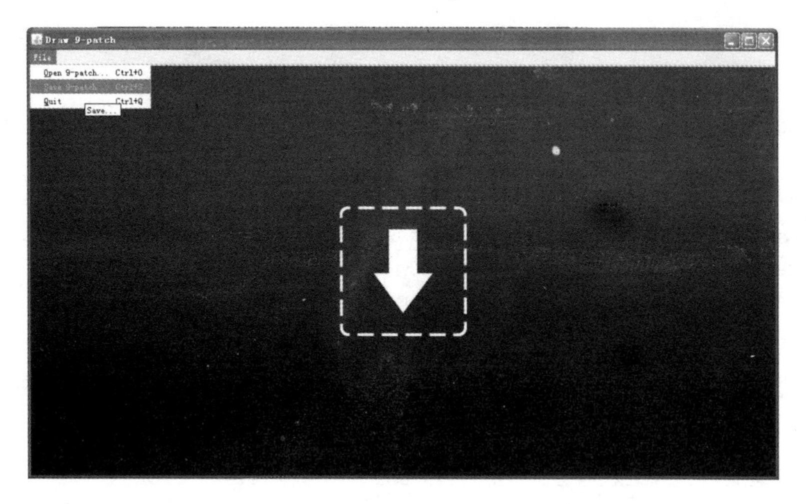

图 10.15　draw9patch 运行效果

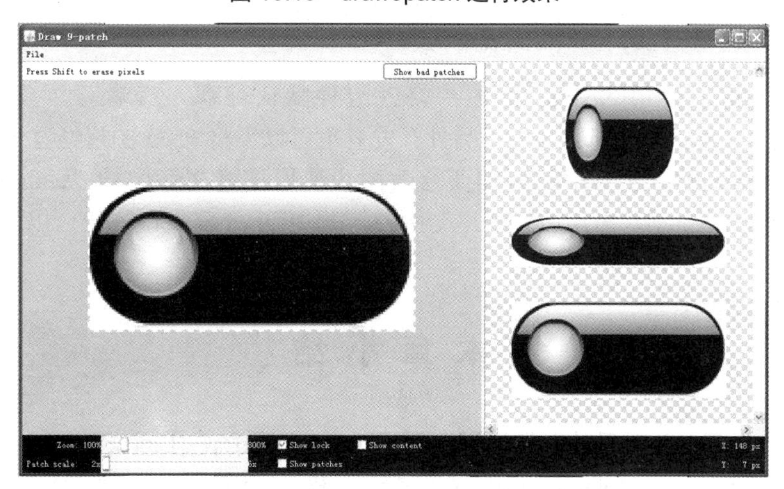

图 10.16　draw9patch 打开图片后的效果

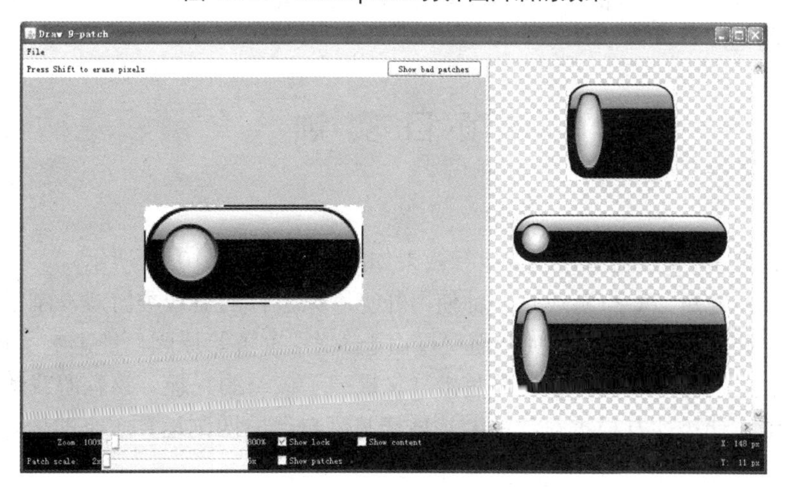

图 10.17　图片加上黑线后的效果

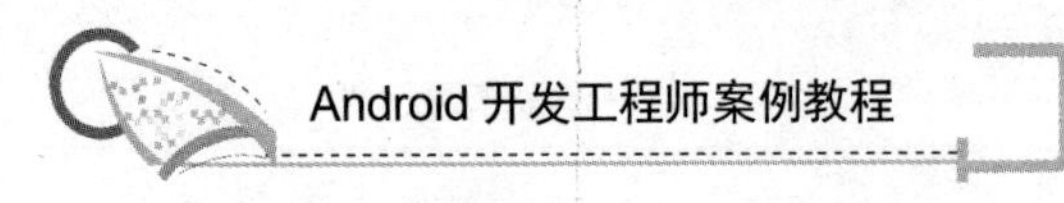

本案例创建了两个 9patch 图片用作 Button 背景：buttonup.9.png 表示正常状态背景，buttonenter.9.png 表示按下状态背景。

(2) 新建图片使用描述文件 bg_9patchbutton.xml，代码如下：

```
<?xml version="1.0" encoding="utf-8"?>
<selector xmlns:android="http://schemas.android.com/apk/res/android">
    <item android:state_pressed="true" android:drawable="@drawable/buttonenter" />
    <item android:state_focused="true" android:drawable="@drawable/buttonenter" />
    <item android:drawable="@drawable/buttonup" />
</selector>
```

(3) 在使用 Button 组件的布局文件中添加 Button 组件的定义，此时可以使用(2)中创建的 bg_9patchbutton.xml 文件作为该组件的 backgroud 属性值。代码如下：

```
<Button android:text="Button" android:id="@+id/button1"
        android:background="@drawable/bg_9patchbutton" android:layout_width=
"wrap_content"
        android:layout_height="wrap_content"></Button>
```

至此，实现了使用 9patch 的图片修改组件默认外观，读者可以参阅代码包中 Chap10_06_04 文件夹里的示例项目。另外开发者也可以不将 PNG 图片经过 9patch 的图片而直接放入 drawable 文件中，只需要修改图片使用描述文件中的“android:drawable="@drawable/buttonenter"”语句后的图片文件名，其他代码不需要改变也可以达到自定义组件外观的效果。

本 章 小 结

本章结合实际示例项目的开发过程介绍了 Android 系统中 LinearLayout (线性布局)、TableLayout (表格布局)、RelativeLayout (相对布局)和 FrameLayout(帧布局)的常用属性和使用方法，通过对本章常用布局管理器的理解和掌握，读者在将来的项目开发中可以设计出令用户满意的 UI。

项 目 实 训

项目一

项目名：儿童 24 点益智游戏 (运行效果如图 10.18 和图 10.19 所示)。

功能描述：儿童 24 点游戏是一种使用扑克牌来进行的益智类游戏，刚学四则运算的小朋友往往需要父母配合才能玩成，而父母由于工作、家务等原因可能影响了孩子的兴致。而儿童 24 点益智游戏既减轻了父母负担，又提高了孩子的兴趣。该款游戏还可以记录每次的游戏成绩，让小朋友根据每次的游戏成绩见证自己的四则运算水平的提高。

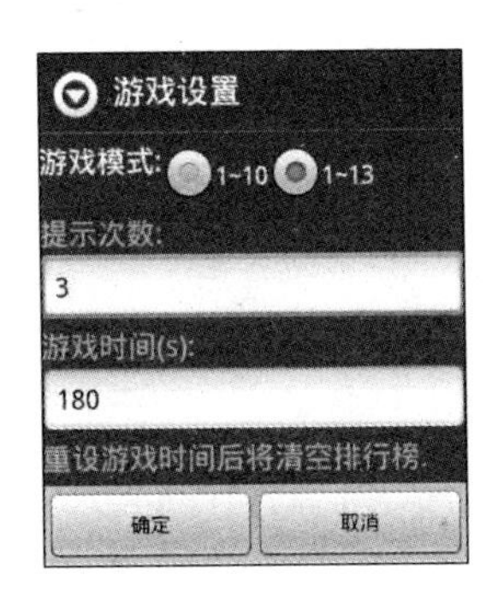

图 10.18　游戏设置界面

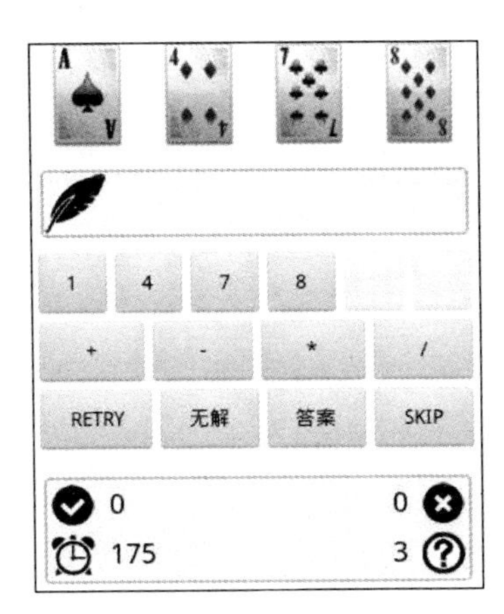

图 10.19　游戏界面

项目二

项目名：成语连连看。

功能描述：成语连连看是一个非常有趣的小游戏，精选了 200 个常用的四字成语，打乱显示在屏幕中，如果用户选择了正确的成语，则该成语消失。游戏共分为三关，每关显示的成语数不同，第一关显示 4 个成语共 16 个字，第二关显示 9 个成语共 36 个字，第三关显示 12 个成语共 48 个字，每关可重复玩，每次显示的成语都不一样。

北京大学出版社本科计算机系列实用规划教材

序号	标准书号	书　名	主　编	定价	序号	标准书号	书　名	主　编	定价
1	7-301-10511-5	离散数学	段禅伦	28	38	7-301-13684-3	单片机原理及应用	王新颖	25
2	7-301-10457-X	线性代数	陈付贵	20	39	7-301-14505-0	Visual C++程序设计案例教程	张荣梅	30
3	7-301-10510-X	概率论与数理统计	陈荣江	26	40	7-301-14259-2	多媒体技术应用案例教程	李　建	30
4	7-301-10503-0	Visual Basic 程序设计	闵联营	22	41	7-301-14503-6	ASP .NET 动态网页设计案例教程(Visual Basic .NET 版)	江　红	35
5	7-301-21752-8	多媒体技术及其应用(第 2 版)	张　明	39	42	7-301-14504-3	C++面向对象与 Visual C++程序设计案例教程	黄贤英	35
6	7-301-10466-8	C++程序设计	刘天印	33	43	7-301-14506-7	Photoshop CS3 案例教程	李建芳	34
7	7-301-10467-5	C++程序设计实验指导与习题解答	李　兰	20	44	7-301-14510-4	C++程序设计基础案例教程	于永彦	33
8	7-301-10505-4	Visual C++程序设计教程与上机指导	高志伟	25	45	7-301-14942-3	ASP .NET 网络应用案例教程(C# .NET 版)	张登辉	33
9	7-301-10462-0	XML 实用教程	丁跃潮	26	46	7-301-12377-5	计算机硬件技术基础	石　磊	26
10	7-301-10463-7	计算机网络系统集成	斯桃枝	22	47	7-301-15208-9	计算机组成原理	娄国焕	24
11	7-301-22437-3	单片机原理及应用教程(第 2 版)	范立南	43	48	7-301-15463-2	网页设计与制作案例教程	房爱莲	36
12	7-5038-4421-3	ASP .NET 网络编程实用教程(C#版)	崔良海	31	49	7-301-04852-8	线性代数	姚喜妍	22
13	7-5038-4427-2	C 语言程序设计	赵建锋	25	50	7-301-15461-8	计算机网络技术	陈代武	33
14	7-5038-4420-5	Delphi 程序设计基础教程	张世明	37	51	7-301-15697-1	计算机辅助设计二次开发案例教程	谢安俊	26
15	7-5038-4417-5	SQL Server 数据库设计与管理	姜　力	31	52	7-301-15740-4	Visual C# 程序开发案例教程	韩朝阳	30
16	7-5038-4424-9	大学计算机基础	贾丽娟	34	53	7-301-16597-3	Visual C++程序设计实用案例教程	于永彦	32
17	7-5038-4430-0	计算机科学与技术导论	王昆仑	30	54	7-301-16850-9	Java 程序设计案例教程	胡巧多	32
18	7-5038-4418-3	计算机网络应用实例教程	魏　峥	25	55	7-301-16842-4	数据库原理与应用(SQL Server 版)	毛一梅	36
19	7-5038-4415-9	面向对象程序设计	冷英男	28	56	7-301-16910-0	计算机网络技术基础与应用	马秀峰	33
20	7-5038-4429-4	软件工程	赵春刚	22	57	7-301-15063-4	计算机网络基础与应用	刘远生	32
21	7-5038-4431-0	数据结构(C++版)	秦　锋	28	58	7-301-15250-8	汇编语言程序设计	张光长	28
22	7-5038-4423-2	微机应用基础	吕晓燕	33	59	7-301-15064-1	网络安全技术	骆耀祖	30
23	7-5038-4426-4	微型计算机原理与接口技术	刘彦文	26	60	7-301-15584-3	数据结构与算法	佟伟光	32
24	7-5038-4425-6	办公自动化教程	钱　俊	30	61	7-301-17087-8	操作系统实用教程	范立南	36
25	7-5038-4419-1	Java 语言程序设计实用教程	董迎红	33	62	7-301-16631-4	Visual Basic 2008 程序设计教程	隋晓红	34
26	7-5038-4428-0	计算机图形技术	龚声蓉	28	63	7-301-17537-8	C 语言基础案例教程	汪新民	31
27	7-301-11501-5	计算机软件技术基础	高　巍	25	64	7-301-17397-8	C++程序设计基础教程	郗亚辉	30
28	7-301-11500-8	计算机组装与维护实用教程	崔明远	33	65	7-301-17578-1	图论算法理论、实现及应用	王桂平	54
29	7-301-12174-0	Visual FoxPro 实用教程	马秀峰	29	66	7-301-17964-2	PHP 动态网页设计与制作案例教程	房爱莲	42
30	7-301-11500-8	管理信息系统实用教程	杨月江	27	67	7-301-18514-8	多媒体开发与编程	于永彦	35
31	7-301-11445-2	Photoshop CS 实用教程	张　瑾	28	68	7-301-18538-4	实用计算方法	徐亚平	24
32	7-301-12378-2	ASP .NET 课程设计指导	潘志红	35	69	7-301-18539-1	Visual FoxPro 数据库设计案例教程	谭红杨	35
33	7-301-12394-2	C#.NET 课程设计指导	龚自霞	32	70	7-301-19313-6	Java 程序设计案例教程与实训	董迎红	45
34	7-301-13259-3	VisualBasic .NET 课程设计指导	潘志红	30	71	7-301-19389-1	Visual FoxPro 实用教程与上机指导（第 2 版）	马秀峰	40
35	7-301-12371-3	网络工程实用教程	汪新民	34	72	7-301-19435-5	计算方法	尹景本	28
36	7-301-14132-8	J2EE 课程设计指导	王立丰	32	73	7-301-19388-4	Java 程序设计教程	张剑飞	35
37	7-301-21088-8	计算机专业英语(第 2 版)	张　勇	42	74	7-301-19386-0	计算机图形技术(第 2 版)	许承东	44

序号	标准书号	书　名	主　编	定价	序号	标准书号	书　名	主　编	定价
75	7-301-15689-6	Photoshop CS5 案例教程(第 2 版)	李建芳	39	87	7-301-21271-4	C#面向对象程序设计及实践教程	唐　燕	45
76	7-301-18395-3	概率论与数理统计	姚喜妍	29	88	7-301-21295-0	计算机专业英语	吴丽君	34
77	7-301-19980-0	3ds Max 2011 案例教程	李建芳	44	89	7-301-21341-4	计算机组成与结构教程	姚玉霞	42
78	7-301-20052-0	数据结构与算法应用实践教程	李文书	36	90	7-301-21367-4	计算机组成与结构实验实训教程	姚玉霞	22
79	7-301-12375-1	汇编语言程序设计	张宝剑	36	91	7-301-22119-8	UML 实用基础教程	赵春刚	36
80	7-301-20523-5	Visual C++程序设计教程与上机指导(第 2 版)	牛江川	40	92	7-301-22965-1	数据结构(C 语言版)	陈超祥	32
81	7-301-20630-0	C#程序开发案例教程	李挥剑	39	93	7-301-23122-7	算法分析与设计教程	秦　明	29
82	7-301-20898-4	SQL Server 2008 数据库应用案例教程	钱哨	38	94	7-301-23566-9	ASP.NET 程序设计实用教程(C#版)	张荣梅	44
83	7-301-21052-9	ASP.NET 程序设计与开发	张绍兵	39	95	7-301-23734-2	JSP 设计与开发案例教程	杨田宏	32
84	7-301-16824-0	软件测试案例教程	丁宋涛	28	96	7-301-24245-2	计算机图形用户界面设计与应用	王赛兰	38
85	7-301-20328-6	ASP. NET 动态网页案例教程(C#.NET 版)	江　红	45	97	7-301-24352-7	算法设计、分析与应用教程	李文书	49
86	7-301-16528-7	C#程序设计	胡艳菊	40					

北京大学出版社电气信息类教材书目(已出版)

欢迎选订

序号	标准书号	书　名	主　编	定价	序号	标准书号	书　名	主　编	定价
1	7-301-10759-1	DSP 技术及应用	吴冬梅	26	47	7-301-10512-2	现代控制理论基础(国家级十一五规划教材)	侯媛彬	20
2	7-301-10760-7	单片机原理与应用技术	魏立峰	25	48	7-301-11151-2	电路基础学习指导与典型题解	公茂法	32
3	7-301-10765-2	电工学	蒋　中	29	49	7-301-12326-3	过程控制与自动化仪表	张井岗	36
4	7-301-19183-5	电工与电子技术(上册)(第2版)	吴舒辞	30	50	7-301-23271-2	计算机控制系统(第 2 版)	徐文尚	48
5	7-301-19229-0	电工与电子技术(下册)(第2版)	徐卓农	32	51	7-5038-4414-0	微机原理及接口技术	赵志诚	38
6	7-301-10699-0	电子工艺实习	周春阳	19	52	7-301-10465-1	单片机原理及应用教程	范立南	30
7	7-301-10744-7	电子工艺学教程	张立毅	32	53	7-5038-4426-4	微型计算机原理与接口技术	刘彦文	26
8	7-301-10915-6	电子线路 CAD	吕建平	34	54	7-301-12562-5	嵌入式基础实践教程	杨　刚	30
9	7-301-10764-1	数据通信技术教程	吴延海	29	55	7-301-12530-4	嵌入式 ARM 系统原理与实例开发	杨宗德	25
10	7-301-18784-5	数字信号处理(第 2 版)	阎　毅	32	56	7-301-13676-8	单片机原理与应用及 C51 程序设计	唐　颖	30
11	7-301-18889-7	现代交换技术(第 2 版)	姚　军	36	57	7-301-13577-8	电力电子技术及应用	张润和	38
12	7-301-10761-4	信号与系统	华　容	33	58	7-301-20508-2	电磁场与电磁波（第 2 版）	邬春明	30
13	7-301-19318-1	信息与通信工程专业英语（第 2 版）	韩定定	32	59	7-301-12179-5	电路分析	王艳红	38
14	7-301-10757-7	自动控制原理	袁德成	29	60	7-301-12380-5	电子测量与传感技术	杨　雷	35
15	7-301-16520-1	高频电子线路(第 2 版)	宋树祥	35	61	7-301-14461-9	高电压技术	马永翔	28
16	7-301-11507-7	微机原理与接口技术	陈光军	34	62	7-301-14472-5	生物医学数据分析及其 MATLAB 实现	尚志刚	25
17	7-301-11442-1	MATLAB 基础及其应用教程	周开利	24	63	7-301-14460-2	电力系统分析	曹　娜	35
18	7-301-11508-4	计算机网络	郭银景	31	64	7-301-14459-6	DSP 技术与应用基础	俞一彪	34
19	7-301-12178-8	通信原理	隋晓红	32	65	7-301-14994-2	综合布线系统基础教程	吴达金	24
20	7-301-12175-7	电子系统综合设计	郭　勇	25	66	7-301-15168-6	信号处理 MATLAB 实验教程	李　杰	20
21	7-301-11503-9	EDA 技术基础	赵明富	22	67	7-301-15440-3	电工电子实验教程	魏　伟	26
22	7-301-12176-4	数字图像处理	曹茂永	23	68	7-301-15445-8	检测与控制实验教程	魏　伟	24
23	7-301-12177-1	现代通信系统	李白萍	27	69	7-301-04595-4	电路与模拟电子技术	张绪光	35
24	7-301-12340-9	模拟电子技术	陆秀令	28	70	7-301-15458-8	信号、系统与控制理论(上、下册)	邱德润	70
25	7-301-13121-3	模拟电子技术实验教程	谭海曙	24	71	7-301-15786-2	通信网的信令系统	张云麟	24
26	7-301-11502-2	移动通信	郭俊强	22	72	7-301-23674-1	发电厂变电所电气部分(第 2 版)	马永翔	48
27	7-301-11504-6	数字电子技术	梅开乡	30	73	7-301-16076-3	数字信号处理	王震宇	32
28	7-301-18860-6	运筹学(第 2 版)	吴亚丽	28	74	7-301-16931-5	微机原理及接口技术	肖洪兵	32
29	7-5038-4407-2	传感器与检测技术	祝诗平	30	75	7-301-16932-2	数字电子技术	刘金华	30
30	7-5038-4413-3	单片机原理及应用	刘　刚	24	76	7-301-16933-9	自动控制原理	丁　红	32
31	7-5038-4409-6	电机与拖动	杨天明	27	77	7-301-17540-8	单片机原理及应用教程	周广兴	40
32	7-5038-4411-9	电力电子技术	樊立萍	25	78	7-301-17614-6	微机原理及接口技术实验指导书	李干林	22
33	7-5038-4399-0	电力市场原理与实践	邹　斌	24	79	7-301-12379-9	光纤通信	卢志茂	28
34	7-5038-4405-8	电力系统继电保护	马永翔	27	80	7-301-17382-4	离散信息论基础	范九伦	25
35	7-5038-4397-6	电力系统自动化	孟祥忠	25	81	7-301-17677-1	新能源与分布式发电技术	朱永强	32
36	7-5038-4404-1	电气控制技术	韩顺杰	22	82	7-301-17683-2	光纤通信	李丽君	26
37	7-5038-4403-4	电器与 PLC 控制技术	陈志新	38	83	7-301-17700-6	模拟电子技术	张绪光	36
38	7-5038-4400-3	工厂供配电	王玉华	34	84	7-301-17318-3	ARM 嵌入式系统基础与开发教程	丁文龙	36
39	7-5038-4410-2	控制系统仿真	郑恩让	26	85	7-301-17797-6	PLC 原理及应用	缪志农	26
40	7-5038-4398-3	数字电子技术	李　元	27	86	7-301-17986-4	数字信号处理	王玉德	32
41	7-5038-4412-6	现代控制理论	刘永信	22	87	7-301-18131-7	集散控制系统	周荣富	36
42	7-5038-4401-0	自动化仪表	齐志才	27	88	7-301-18285-7	电子线路 CAD	周荣富	41
43	7-5038-4408-9	自动化专业英语	李国厚	32	89	7-301-16739-7	MATLAB 基础及应用	李国朝	39
44	7-301-23081-7	集散控制系统(第 2 版)	刘翠玲	36	90	7-301-18352-6	信息论与编码	隋晓红	24
45	7-301-19174-3	传感器基础(第 2 版)	赵玉刚	32	91	7-301-18260-4	控制电机与特种电机及其控制系统	孙冠群	42
46	7-5038-4396-9	自动控制原理	潘　丰	32	92	7-301-18493-6	电工技术	张　莉	26

序号	标准书号	书　名	主　编	定价	序号	标准书号	书　名	主　编	定价
93	7-301-18496-7	现代电子系统设计教程	宋晓梅	36	128	7-301-22109-9	DSP 技术及应用	董　胜	39
94	7-301-18672-5	太阳能电池原理与应用	靳瑞敏	25	129	7-301-21607-1	数字图像处理算法及应用	李文书	48
95	7-301-18314-4	通信电子线路及仿真设计	王鲜芳	29	130	7-301-22111-2	平板显示技术基础	王丽娟	52
96	7-301-19175-0	单片机原理与接口技术	李　升	46	131	7-301-22448-9	自动控制原理	谭功全	44
97	7-301-19320-4	移动通信	刘维超	39	132	7-301-22474-8	电子电路基础实验与课程设计	武　林	36
98	7-301-19447-8	电气信息类专业英语	缪志农	40	133	7-301-22484-7	电文化——电气信息学科概论	高　心	30
99	7-301-19451-5	嵌入式系统设计及应用	邢吉生	44	134	7-301-22436-6	物联网技术案例教程	崔逊学	40
100	7-301-19452-2	电子信息类专业 MATLAB 实验教程	李明明	42	135	7-301-22598-1	实用数字电子技术	钱裕禄	30
101	7-301-16914-8	物理光学理论与应用	宋贵才	32	136	7-301-22529-5	PLC 技术与应用(西门子版)	丁金婷	32
102	7-301-16598-0	综合布线系统管理教程	吴达金	39	137	7-301-22386-4	自动控制原理	佟　威	30
103	7-301-20394-1	物联网基础与应用	李蔚田	44	138	7-301-22528-8	通信原理实验与课程设计	邬春明	34
104	7-301-20339-2	数字图像处理	李云红	36	139	7-301-22582-0	信号与系统	许丽佳	38
105	7-301-20340-8	信号与系统	李云红	29	140	7-301-22447-2	嵌入式系统基础实践教程	韩　磊	35
106	7-301-20505-1	电路分析基础	吴舒辞	38	141	7-301-22776-3	信号与线性系统	朱明早	33
107	7-301-22447-2	嵌入式系统基础实践教程	韩　磊	35	142	7-301-22872-2	电机、拖动与控制	万芳瑛	34
108	7-301-20506-8	编码调制技术	黄　平	26	143	7-301-22882-1	MCS-51 单片机原理及应用	黄翠翠	34
109	7-301-20763-5	网络工程与管理	谢　慧	39	144	7-301-22936-1	自动控制原理	邢春芳	39
110	7-301-20845-8	单片机原理与接口技术实验与课程设计	徐懂理	26	145	7-301-22920-0	电气信息工程专业英语	余兴波	26
111	301-20725-3	模拟电子线路	宋树祥	38	146	7-301-22919-4	信号分析与处理	李会容	39
112	7-301-21058-1	单片机原理与应用及其实验指导书	邵发森	44	147	7-301-22385-7	家居物联网技术开发与实践	付　蔚	39
113	7-301-20918-9	Mathcad 在信号与系统中的应用	郭仁春	30	148	7-301-23124-1	模拟电子技术学习指导及习题精选	姚娅川	30
114	7-301-20327-9	电工学实验教程	王士军	34	149	7-301-23022-0	MATLAB 基础及实验教程	杨成慧	36
115	7-301-16367-2	供配电技术	王玉华	49	150	7-301-23221-7	电工电子基础实验及综合设计指导	盛桂珍	32
116	7-301-20351-4	电路与模拟电子技术实验指导书	唐　颖	26	151	7-301-23473-0	物联网概论	王　平	38
117	7-301-21247-9	MATLAB 基础与应用教程	王月明	32	152	7-301-23639-0	现代光学	宋贵才	36
118	7-301-21235-6	集成电路版图设计	陆学斌	36	153	7-301-23705-2	无线通信原理	许晓丽	42
119	7-301-21304-9	数字电子技术	秦长海	49	154	7-301-23736-6	电子技术实验教程	司朝良	33
120	7-301-21366-7	电力系统继电保护(第 2 版)	马永翔	42	155	7-301-23754-0	工控组态软件及应用	何坚强	49
121	7-301-21450-3	模拟电子与数字逻辑	邬春明	39	156	7-301-23877-6	EDA 技术及数字系统的应用	包　明	55
122	7-301-21439-8	物联网概论	王金甫	42	157	7-301-23983-4	通信网络基础	王　昊	32
123	7-301-21849-5	微波技术基础及其应用	李泽民	49	158	7-301-24153-0	物联网安全	王金甫	43
124	7-301-21688-0	电子信息与通信工程专业英语	孙桂芝	36	159	7-301-24181-3	电工技术	赵　莹	46
125	7-301-22110-5	传感器技术及应用电路项目化教程	钱裕禄	30	160	7-301-24449-4	电子技术实验教程	马秋明	26
126	7-301-21672-9	单片机系统设计与实例开发（MSP430）	顾　涛	44	161	7-301-24469-2	Android 开发工程师案例教程	倪红军	48
127	7-301-22112-9	自动控制原理	许丽佳	30					

相关教学资源如电子课件、电子教材、习题答案等可以登录 www.pup6.com 下载或在线阅读。

扑六知识网(www.pup6.com)有海量的相关教学资源和电子教材供阅读及下载(包括北京大学出版社第六事业部的相关资源)，同时欢迎您将教学课件、视频、教案、素材、习题、试卷、辅导材料、课改成果、设计作品、论文等教学资源上传到 pup6.com，与全国高校师生分享您的教学成就与经验，并可自由设定价格，知识也能创造财富。具体情况请登录网站查询。

如您需要免费纸质样书用于教学，欢迎登陆第六事业部门户网(www.pup6.com)填表申请，并欢迎在线登记选题以到北京大学出版社来出版您的大作，也可下载相关表格填写后发到我们的邮箱，我们将及时与您取得联系并做好全方位的服务。

扑六知识网将打造成全国最大的教育资源共享平台，欢迎您的加入——让知识有价值，让教学无界限，让学习更轻松。

联系方式：010-62750667，pup6_czq@163.com，szheng_pup6@163.com，linzhangbo@126.com，欢迎来电来信咨询。